U0150152

中國茶全書

四川达州卷

冯 林 徐中华 主编

中国林业出版社

图书在版编目（CIP）数据

中国茶全书.四川达州卷/冯林,徐中华主编. —
北京：中国林业出版社，2024.4

ISBN 978-7-5219-2658-3

Ⅰ.①中… Ⅱ.①冯… ②徐… Ⅲ.①茶文化 – 达州
Ⅳ.① TS971.21

中国国家版本馆 CIP 数据核字（2024）第 067041 号

策划、责任编辑：杜　娟　陈　慧　马吉萍
————————

出版发行：中国林业出版社
　　　　　（100009，北京市西城区刘海胡同7号，电话83143577）
电子邮箱：cfphzbs@163.com
网　　址：www.forestry.gov.cn/lycb.html
印　　刷：北京博海升彩色印刷有限公司
版　　次：2024年4月第1版
印　　次：2024年4月第1次印刷
开　　本：787mm×1092mm　1/16
印　　张：25
字　　数：500千字
定　　价：298.00元

《中国茶全书》
总编纂委员会

《中国茶全书·四川达州卷》
编纂委员会

出版说明

2008年，《茶全书》构思于江西省萍乡市上栗县。

2009—2015年，本人对茶的有关著作，中央及地方对茶行业相关文件进行深入研究和学习。

2015年5月，项目在中国林业出版社正式立项，经过整整3年时间，项目团队对全国18个产茶省的茶区调研和组织工作，得到了各地人民政府、农业农村局、供销社、茶产业办和茶行业协会的大力支持与肯定，并基本完成了《茶全书》的组织结构和框架设计。

2017年6月，在中国林业出版社领导的指导下，由王德安、段植林等商议，定名为《中国茶全书》。

2020年3月，《中国茶全书》获中宣部国家出版基金项目资助。

《中国茶全书》定位为大型公益性著作，各卷册内容由基层组织编写，相关资料都来源于地方多渠道的调研和组织。本套全书可以说是迄今为止最大型的茶类主题的集体著作。

《中国茶全书》体系设定为总卷、省卷、地市卷等系列，预计出版180卷左右，计划历时20年，在2030年前完成。

把茶文化、茶产业、茶科技统筹起来，将茶产业推动成为乡村振兴的支柱产业，我们将为之不懈努力。

王德安

2021年6月7日于长沙

序

　　茶为国礼，盛世兴茶。茶叶是中华优秀传统文化的信使，蕴含着大道至简、天人合一、和而不同、美美与共的东方哲学智慧，是展现大国形象和推进文明交流互鉴的国家名片。编纂《中国茶全书》系列著作是在我们党带领人民建设农业强国新征程之际实施的重大文化工程。作为《中国茶全书》重要组成部分，《中国茶全书·四川达州卷》的编纂出版是达州茶产业发展的幸事，对于寻根茶叶历史、坚定茶业自信、把握发展机遇、解锁致富密码，以茶产业现代化发展推进乡村全面振兴具有十分重要的意义。

　　茶出巴蜀，岁月增金。达州是西南古茶区的一颗璀璨明珠，植茶历史悠久，文化厚重。穿过历史的烟云，茶人茶事响彻寰宇，茶诗茶歌闪耀星河。"达茶"不仅见证了巴文化的互动演进，也见证了巴人先民波澜壮阔的峥嵘岁月。寻根达茶，你可从陆羽《茶经》和"粮茶双丰收"奖旗中遥想奋斗激情；寻味达茶，你可于"武王贡茶"和"七五"全国星火计划成果博览会上品味醇香好茶；寻迹达茶，你可随茶马古道千里铃声和浙川协作中感受商埠繁华；寻音达茶，你可从元稹《一字至七字诗·茶》和《巴山青》歌曲中聆听悠扬的茶山乡音；寻梦达茶，你可从我国现存最完好、年代最早的记载种茶活动的《紫云坪植茗灵园记》摩崖石刻和大竹白茶"荒山变金山"的振兴典范中体会逐梦历程。

　　茶中佳品，天然馈赠。达茶吸天地之灵气，享日月之精华，受甘霖之宵降，承硒壤之丰育，嘉木榛榛，绿芽和露，木兰沾露香微似，瑶草临波色不如。达州位于四川东北部、川渝鄂陕中心接合部、大巴山南麓，地处北纬30°左右的中国黄金产茶带，是川茶主产地。达州靠山吻江、雄山秀水、山水相依、气候湿润、四季分明、无霜期长，独特的自然环境酝酿出天然的产茶温床，茶园基地平均海拔600m以上，山中常年云雾缭绕、云蒸霞蔚，茶树"山崖水畔，不种自生"。达州境内地层属扬子江区大巴山分区和四川盆地分区，土壤富含硒物质，境内万源市被誉为"中国富硒茶都"。富硒茶品"美、鲜、醇、香"，大竹白茶"高氨基酸"的独特品质，惊艳时光、益人康健、品之如饴、回味无穷。

　　盛世修典，存史启智。历史是最好的教科书，一切向前走，不忘走过的路；走得再远、走到再光辉的未来，也不忘走过的过去。一部茶叶卷，一段巴人史；一部茶叶卷，一首巴人曲。在推进达茶振兴新征程上，一代代达州茶人，矢志不渝、积极探索、开拓创新、砥砺奋进，谱写了达茶发展的壮丽诗篇，留下了大量具有重要历史价值和时代意义的珍贵文献，研发了众多唇齿留香、深受喜爱的茶产品。《中国茶全书·四川达州卷》以达茶的历史演变与发展开篇，对达茶发展脉络、生态栽种、工艺传承、诗词歌赋、科技创新、品质特性、助力脱贫等方面进行了全面系统的梳理，述录先人的奋斗，启迪来者的开拓。

奋楫江海，踏浪逐行。让达茶香飘世界，让世界品饮达茶，是达茶的使命，也是我们奋斗的目标。作为一名达茶"推销员"，我多次参加达州举办的各类茶事活动，多次去往各地宣传推介达州好茶。习近平总书记指出，民族要复兴，乡村必振兴。当前，达州正奋力建设"一区一枢纽一中心"，四川省委、省政府将茶产业确定为"5+1"现代产业体系和现代农业"10+3"产业体系优先发展，达茶发展恰逢其时，大有可为。达州市委、市政府把达茶产业振兴发展作为推动农业农村现代化发展的重要抓手，积极培育达州市茶叶区域公用品牌"巴山青"，确立茶产业面上提质和以"万源富硒茶""大竹白茶"为主导产品的单品突破战略，着力兴文化、塑品牌、提基地、强企业、研新品、拓市场，不断稳链、补链、延链、固链，不断推进茶、文旅、康养，不断推进达茶产业做大、做优、做强，不断助力乡村全面振兴。

茗香千年，通达世界。《中国茶全书·四川达州卷》是一部具有资料性、史志性、经典性、可读性的达茶百科全书，也是一张宣传推广传承达茶的新名片，该书林林总总、包罗万象、史料翔实、图文并茂、结构严谨。相信读者定能从中了解达茶的魅力，汲取发展智慧，相信达茶产业定会蒸蒸日上，欣欣向荣。

中国茶叶流通协会名誉会长

甲辰年春于成都

前言

茶。香叶，嫩芽。慕诗客，爱僧家。

1200年前，当中唐著名诗人元稹贬谪通州（今达州）任司马时，受"达茶"影响，以宝塔诗的形式描写了茶叶的形态、功用，表达了人们对茶的喜爱。其实，翻开达茶发展的历史，你会从厚厚的史料和古朴的文字中发现，在此之前，达茶就已风靡全国，并载于茶圣陆羽《茶经》，"茶者，南方之嘉木也，一尺，二尺，乃至数十尺，其巴山、峡川有两人合抱者，伐而掇之"。由此观之，达州植茶在当时就已非常普遍。巴人砍伐茶树后，"畲田"借灰以粪，新生丛枝，萌芽旺盛，以至"香茗"成园，轻易便可"掇之"。

中国是茶的故乡，达州是茶的源头。茶的发现和神农氏族的迁徙有密切联系。西汉·陆贾《新语·道基》："民人食肉饮血，衣皮毛；至于神农，以为行虫走兽，难以养民，乃求可食之物，尝百草之实，察酸苦之味，教人食五谷。"神农氏族中的巴族（或神农后裔），迁徙至茶的局部原生地区，在"尝百草""求可食之物"时发现了茶叶，进而采食利用。古代巴人发现茶叶后，经过漫长的孕育，文化的洗礼，茶饮逐渐普及，开启中华茶叶文明。达茶"发乎神农氏，纳贡周武王，茗饮于秦，风靡于唐宋，兴盛于明清，繁荣于当代"，巴渠大地"园有芳蒻、香茗"。特别是唐宋"榷茶制"、明代"巴茶易马"、清朝"茶引岸"等促进了茶叶的发展与改良，同时也繁盛了茶马贸易和茶叶贩运。作为"茶马之路"上的主角，达州茶叶从"生命茶"到"政治茶""团结茶""丝路茶"，在各个历史时期都有着重要的历史地位，发挥着重要的历史作用。可以说，一部达茶史，就是达茶走向世界、融入世界的开拓史，也是繁荣茶产业、丰富茶文化的贡献史。

千年生生不息，千年芬芳不止！

茶，一个传承千年的文化符号；茶，一片连接外界的神奇叶子；茶，一个融入血脉的饮食文明！而今，茶早已深深融入中国人生活，成为我们生命的一部分，成为传承中华文化的重要载体之一。新时代曙光涌现，东方大国从睡梦中醒来，茶叶在伟大的"一带一路"倡议下从历史深处再现昔日荣光，以其古老厚重的历史地位、和谐温润的文化品格，在"茶叙外交"中成为东方文明与世界文明交汇的大国名片。

达州，位于四川省东北部、大巴山南麓，巴河和洲河自北向南，神秘北纬30°贯穿全境，境内年平均气温14.7~17.6℃，无霜期300天左右，山间云雾缭绕，年日照1300~1500h；既有"巴人故里""秦巴药库"的核心地位，又有"高山云雾出好茶"的自然优势；种茶区主要是在海拔500~800m的低山岗地和海拔400~500m的丘陵地带；土壤中富含硒物质，是中国天然富硒茶区之一，其中，万源市被誉为"中国富硒茶都""四川富硒名茶之乡"。2010年"万源富硒茶"获得农产品地理标志认证。"十三五"以来，万源市获得"中国名茶之乡"称号，白羊生态茶园被评为"四川省十大最美茶乡"，巴山雀舌蝉联四届"四川十大名茶"，四川巴山雀舌名茶实业有限公司获"四川十大茶叶企业"，2020年万源市荣获"四川茶业十强县"……一串串亮眼的成绩见证着达州茶叶砥砺奋进、不忘初心使命的历程。新征程，境内大竹县顺应市场需求，从安吉引种试种"白叶1号"大获成功。十年磨一剑，经过十多年来的发展，大竹成为四川最大的白茶生产基地；"大竹白茶"成为富民强县、产业振兴的靓丽名片，实施国家农产品地理标志登记保护，并成功注册地理标志证明商标。2022年第十一届四川国际茶博会上，"国礼·白茶"获四川首批"最具影响力茶叶单品"奖，2023年大竹白茶基地更是荣获"四川十大最美茶乡"称谓。拼搏创造奇迹，实干赢得幸福，"大竹白茶"用实际行动抒写了"四川白茶看大竹，大竹白茶甲天下"之旷世美名。

达州是中国万里茶道的起点之一，具有千年演进史，是茶文化、茶古迹保存较多的地方。千年贡品留芳名，北宋石刻伫万源。其境内万源有现存最早记载植茶历史的摩崖石刻——北宋大观三年《紫云坪植茗灵园记》，详细记载了达州茶农引种植茶成园的艰难之路，通过对石刻及周围古迹的考证，让我们看到了"茶禅一味"茶文化在达州的盛行。千年演变，匠心传承。达茶经过一代代茶人的研制，逐渐形成"扁形""条（针形）形""卷曲形"名茶制法，"大竹白茶"制法和"大宗绿茶"制法。从20世纪70年代开始，达州也加快名优茶的开发力度，尤其是在"七五"全国星火计划成果博览会上，"巴山雀舌""雾峰银芽"斩获金奖。除此之外，万源参展的其余5种展品获优秀奖，创下了此次星火计划成果博览会绝无仅有的纪录——一个展团送展产品百分之百获奖。张爱萍将军欣闻喜讯，亲自书写"巴山雀舌"茶名。魏传统将军挥毫泼墨"富硒今日庆丰收，赢得国家褒奖优"，表达了对家乡茶叶喜获金奖的喜悦之情。自此，达州正式开启名优茶创制之路。在1992年四川省第二届"甘露杯"名优茶评审活动中，达州名茶获奖数目占全省获奖总数的三分之一，呈现出"四川名茶东移，好茶出在巴山"的盛况。达州名优好茶，如同夜空中最亮的星，照亮巴渠大地，执一杯"雪眉"，品一盏"蜀韵"，感悟"雀舌"疏淡清雅、"白茶"回甘鲜爽、"漆碑"浓郁醉人，漫谈日月，对话古今，人之幸，茶之幸。

一枝独秀不是春，百花齐放春满园。万源是四川最早生产工夫红茶的县之一，达州是最早生产川红工夫的茶区之一。20世纪50年代，万源青花窝窝店生产的红茶品质上乘，出口苏联。时光流转，斗转星移，达州红茶经历时代的痛楚，起起伏伏，2000年后的十余年间工夫红茶全面停产。随后，随着红茶市场走热，工夫红茶又重焕新机。2014年，达州市实施富硒茶产业"双百"工程，明确支持企业"加大茶叶综合利用"；同年，达州市茶果站农技人员在宣汉县九顶茶叶有限公司利用夏秋茶鲜叶恢复生产工夫红茶，推动达茶结构深度调整，"巴山雀舌·禧阙红茶""漆碑红""秀岭春天红茶""国礼·红茶"相继问世，吹响达州川红工夫新时代号角。立足新时代，达州积极贯彻落实习近平总书记关于"茶文化、茶产业、茶科技"统筹发展思想，积极延伸产业链条，深入挖掘茶产业文化属性、品饮属性，聚焦年轻消费群体，积极加大新式茶饮等茶衍品开发。2021年四川竹海玉叶生态农业开发有限公司与浙江杯来茶往生物科技有限公司合作，以"大竹白茶""万源富硒茶"为原料，研发出"杯来茶往冻干闪萃大竹白茶"和"冻干闪萃万源绿茶"，新式茶饮装扮达茶新场景，积极拓宽产品品牌，提升品牌知名度和影响力。党的二十大，吹响了建设"农业强国"的时代号角，勾画了"乡村美、产业兴"农村新图景，喊出了做强"土特产"的产业新声。让历史照耀现实，让现实走进历史，与时代同步，与青年共舞，共镶盛世。2023年，新式茶饮积极亮相成都大运会、杭州亚运会，让年轻消费群体感受到达茶的魅力和达茶的活力。

　　产业是品牌的根基，品牌是产业的形象。达茶发展的历程，也是达茶品牌不断改造塑造、不断被提升强化的过程。达茶虽征战茶博、出使塞外、点亮香江、远赴重洋，扬好茶之芳名，留清香于八荒，但品牌小而弱、散而乱的现状制约了产业的发展。实施品牌兴茶战略，发挥品牌效应，培育一批知名度、影响力、市场竞争力强的茶叶品牌迫在眉睫。为顺应时代需求，达州市委、市政府审时度势，提出"区域品牌＋企业品牌"两条腿走路的品牌发展之路。2020年，经达州市委、市政府专题会商，决定以"巴山青"作为达州市茶叶区域公用品牌，由达州市农业农村局、达州市市场监督管理局和达州市茶果站向国家知识产权局申请注册，2021年12月"巴山青"正式获准。"巴山青"完美形象生动地表达了达州茶叶悠久的历史、深厚的文化属性和绿色、生态、健康的自然属性，既彰显了"绿水青山就是金山银山"的发展理念，又展示了"高山云雾出好茶"的优良特征。"巴山青"标识（LOGO）设计灵感来自"雄山秀水孕精灵，一枝一叶天下茗"，以一枝一叶的茶形化巴山秀水之形，年轻活力，简约大气。品牌的成功确立，赋予了达州茶叶的内涵，提升了达州茶叶的影响力，带动了达州茶馆业的繁盛。如今达州茶馆茶楼也从零星分布发展到随处可见，茶叶专卖店也从无自主品牌销售店发展到拥有十多家

"巴山青品牌旗舰店"，并已成为市民买茶品茶、商务休闲的首选之地。尊重产权、保护品牌、做响品牌是达茶发展的关键。2022年，在茶叶故里万源，举办了"巴山青"品牌质量标准培训会暨首批授权使用企业签约仪式；同年8月，在达州职业技术学院召开了达州巴山青茶产业学院成立大会；10月，在第十一届中国（四川）国际茶叶博览会上，达州市以"富硒巴山青、一叶天下倾"为主题设立了达州茶叶主题展馆，达州市委、市政府隆重举办了"巴山青"品牌推介会。从来佳茗似佳人，2023年，"巴山青"宣传短片惊艳亮相第十二届中国（四川）国际茶叶博览会，"大竹白茶，点靓川茶"主题推介会震撼全场，巴山青主题歌曲响彻巴蜀。千年达茶从历史中缓缓走来，瑞气盈盈、楚楚惹人、醇香浓厚、艳压群芳、饮之佳品。

《山海经》中记载："西南有巴国。"达州历史渊远流长，自古属巴，从夏商到秦汉，达州都是巴人活动的中心地带，已有近5000年的考古史、2300余年的建制史，其间孕育而生了许多灿烂辉煌的民俗文化，茶文化便是其中的一个。

巴人故里，茶中圣地。5000年来，达州在中国茶文化的起源地——"巴蜀"书写下光辉灿烂的篇章，留下了众多茶经典、茶遗迹、茶故事、茶传说。千年等待，适逢盛世。沿着习近平总书记"要统筹做好茶文化、茶产业、茶科技这篇大文章"的重要指示，达州正全力推动茶与历史、茶与文化、茶与科技、茶与自然、茶与人民的高度融合，从绿水青山间走出一条香飘全球的致富之路，奋力书写一片叶子的传奇故事。

本书沿着历史的足迹，全面梳理达州茶历史、茶文化、茶技艺与茶产业发展历程。通过本书，我们不仅可以了解巴人故里悠久绵长的茶历史文化，也能从中汲取推进达州茶产业高质量发展的磅礴力量，展望达州"三茶统筹"发展、茶业兴旺的美好前景！

《中国茶全书·四川达州卷》编纂委员会

2024年2月

目 录

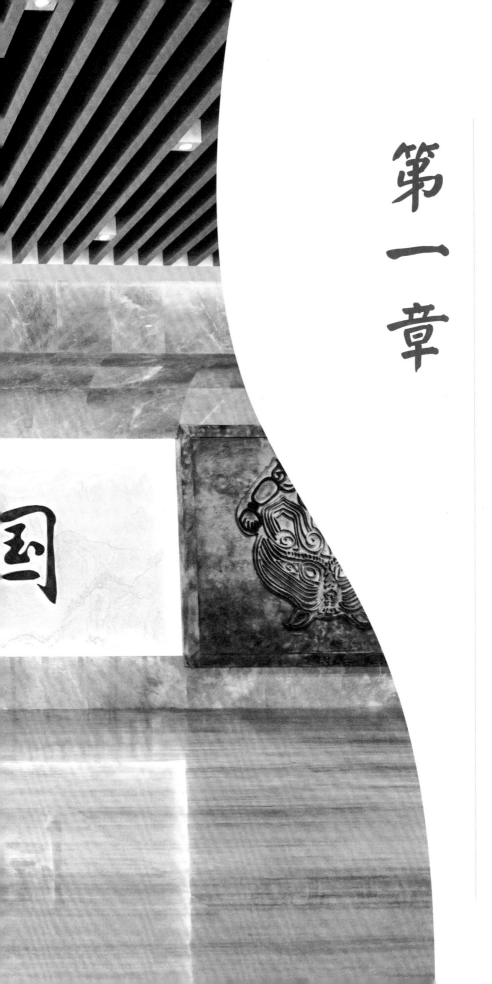

第一章　达州茶史

《华阳国志·巴志》载："华阳之壤，梁岷之域，是其一囿，囿中之国则巴、蜀矣。""达当太华之阳，梁州属也。""（达州）上古属巴地，夏属梁州城，商属雍州域，西周属雍州地，春秋战国时期属巴国地。"这颗嵌在陆羽《茶经》"巴山"腹地的"川东明珠"，闪耀着世代巴人创造茶叶文明的灿烂光辉，生生不息。

第一节　古代茶史

一、古代巴人发现利用茶

茶树物种起源于中国西南地区，茶的发现和神农氏族的迁徙有密切联系。人类在原始社会时期，靠采集渔猎为生，经历了漫长的与饥饿、疾病艰苦斗争的岁月，方才开启农耕文明。《神农本草经》中记载："神农尝百草，日遇七十二毒，得茶而解。"此后，茶最初为药用。陆羽《茶经》中也有相似记载："茶之为饮，发乎神农氏，闻于鲁周公。"据著名农史专家陈祖椝、朱自振考证，神农原是生活在川东、鄂西（武陵山区）被称为"三苗""九黎"的氏族或部落。神农氏早期居住于湖北西部一带，其中一部分西移川东，构成巴族，是最早发现和利用茶的部落（图1-1）。

后人塑造"神农"，便是为追念先民的伟大功绩。西汉陆贾《新语·道基》："民人食肉饮血，衣

图1-1　神农尝百草（袁智勇 供图）

皮毛；至于神农，以为行虫走兽，难以养民，乃求可食之物，尝百草之实，察酸苦之味，教人食五谷。"神农氏族的后裔巴族，迁徙至茶的原生区，在"尝百草""求可食之物"时发现了茶叶，进而采食利用。古代巴人发现茶叶后，在其活动中心川东（含今重庆市）区域经过相当长时期的孕育，逐渐开启中华茶叶文明。

达州古属巴国，是巴人的故里（图1-2）。境内考古出土的大量原始陶器（件）以及网坠、刮削器、砺石、石斧、陶纺轮、骨针等显示，新石器时代境内即有人类活动，见证了生活在达州的远古居民过着以渔猎为主、原始农业为辅的生产活动（图1-3、图1-4、图1-5）。《华阳国志·巴志》载："周武王伐纣，实得巴蜀之师，著乎《尚书》。武王伐纣，巴师勇锐，歌舞以凌，殷人倒戈。故世称之曰，'武王伐纣，前歌后舞'也。"生活

在川东的賨人，是巴渠的先民，也属巴人的支脉，其活动中心在今达州渠县一带。"賨民多居水左右。天性劲勇，初为汉前锋，陷阵，锐气喜舞。帝善之，曰：'此武王伐纣之歌也。'"汉高祖灭秦时，招募賨人共同平定三秦。賨人饮茶的生活习俗也随之流传到了北方。

图 1-2 巴国示意图（来源：达州市巴文化研究院）

图 1-3 罗家坝考古发掘现场（来源：达州市巴文化研究院）

图 1-4 罗家坝遗址出土的文物（来源：达州市巴文化研究院）

图 1-5 罗家坝遗址出土的巴王印章（来源：达州市巴文化研究院）

二、巴地"香茗""纳贡"

巴渠大地，美丽富饶，"土植五谷，牲具六畜""园有芳蒻、香茗"，巴人民风习俗独有风味。唐代通州（今达州）司马元稹诗"田畴付火罢耕锄""田仰畬刀少用牛"，即达州旧时"巴人畬田"的耕种习惯。陆羽《茶经》载："茶者，南方之嘉木也，一尺，二尺，乃至数十尺，其巴山、峡川有两人合抱者，伐而掇之。"到陆羽时期，"巴山、峡川"的野生大茶树少有不被"伐而掇之"。大巴山茶区茶农，历代耕耘，已掌握最初的茶树"台刈"更新方式。茶树经砍伐后，"畬田"借灰以粪，新生丛枝，萌芽旺盛，以至"香茗"成园，轻易便可"掇之"。据载，原万源庙坡乡三村（今属大竹镇）杨家院子，曾有大茶树一丛，树高6m，树蓬3m，共8根主干，萌芽早。1953年中国茶业公司（以下简称中茶公司）万源收购站对此茶树专门管理，年产鲜叶50kg，惜在20世纪70年代树冠枯萎，被砍去。

茶的培植和利用源于古代的巴地，距今已有3000多年的历史。《华阳国志·巴志》载："其地……桑、蚕、麻、纻、鱼、盐、铜、铁、丹、漆、茶……皆纳贡之。"这一记述反映3000多年前，茶在巴地已经得到了很好的利用，巴地所产之"香茗"已是特产，纳贡周王朝，使茶"闻于鲁周公"。巴地园中有"香茗"，茶叶"纳贡"，这是古代巴人生产活动的结果。茶叶作为巴地各民族辛勤劳动的结晶，或在商周以前，就是巴国"贡品"了。

三、茗饮之事的源头

春秋战国时期，巴国地界达州已有品茗饮茶之俗。战国周慎靓王五年（公元前316年），秦灭巴、蜀后，推行郡县制，于秦更元十一年（公元前314年）在故賨国地置宕渠县，以地临宕渠水得名，隶巴郡（治江州，今重庆市）。宕渠县境域相当于今达州市、巴中市和城口、垫江（今合川）、邻水、广安、蓬安、营山县全境及旺苍县东境，为川东北政治、经济、军事、文化中心。巴郡统辖11县，而渠江流域偌大地区，仅置宕渠一县，可见其人其地的重要地位及作用（图1-6）。

图1-6 渠县汉阙（来源：达州市巴文化研究院）

中国茶文化起源于巴蜀，清代著名学者顾炎武考证后说："自秦人取蜀而后，始有茗饮之事。"巴蜀一带盛行的茗饮之事由此扩大到北方中原地区，巴地之茶同时沿长江向东传播。公元前59年，从西汉王褒在《僮约》中描绘的"脍鱼炰鳖，烹茶尽具""牵犬贩鹅，武阳买茶"可见，2000多年前的巴蜀一带饮茶已经相当普遍，茶的商品属性也已形成，并且出现了茶的买卖市场。三国时期，茶的种植已从巴蜀传至荆楚。三国时魏人张辑《广雅》载："荆巴间采叶作饼，叶老者，饼成以米膏出之。欲煮茗饮，先炙令赤色，捣末置瓷器中，以汤浇覆之，用葱、姜、橘子芼之。"这讲述了茶叶直接制成茶饼，外用米汤刷黏固形的制作方法。同时也反映在秦汉以后，茶半制半饮，巴蜀、荆楚一带已尝试不同的茶叶制作和饮食方式。民国《达县志·物产》载："县境内南仙女山多有茶树……取嫩叶焙干煎茶，亦可口。"民国时期，达州一些地方仍有将茶叶放入搪瓷盅内，置于"火塘"或火炉上烤焦后，冲入沸水冲泡的喝茶方式。两晋南北朝时期，茶的产地已经不局限于巴蜀，而发展至长江中下游的湖北、湖南、安徽、江苏、浙江等地区。西晋孙楚《出歌》载：

"姜、桂、茶荈出巴蜀。"这说明巴蜀作为茶的源头，中国古人早已有了认同。

四、唐宋达州茶贸兴盛

自商周至战国后期，在大巴山西端葭萌（今广元）与宁强间的低山峡谷中，逐步开凿形成了汉中至成都平原的交通大动脉"金牛道"（石牛道，又称川陕大道）。其间，又穿插形成了剑阁道、米仓道、嘉陵道（小巴路）、大巴路、巴间小道及任河谷道，与巴山北麓的褒斜道、傥骆道、陈仓（故）道、子午道、通蜀大道相连接，形成了巴蜀北出中原的交通网络。

《旧唐书》《新唐书》记载，唐天宝年间，玄宗为满足宠妃玉环喜食荔枝之好，颁旨在涪州建设荔枝园，修整涪州至西安道路，置专驿、换人换马不换物，建立转运"荔枝"专线三日运送到西安（《涪州志》一说七日），唐时此道盛极一时，官商邮旅称便，茶、盐、棉、药材等物资沿此古道转运，实现了南北互通有无。宋代文学家、地理学家乐史在其著作《太平寰宇记》一书中，把唐玄宗从涪州至长安修建的这条专供运输荔枝的古驿道命名为"荔枝道"。宋人李复曾议修复，其《橘水集·与王楷书》有记述："自洋南至达州，往日曾为驿程，今虽坏废，兴工亦不难亦。"明清时，此道再度兴盛，《三省边防记》称之为"川陕要道"，明清两代盐茶官营，荔枝道成为川陕商贾的负贩之路，川陕交界地区至今还有"一条黄龙出川去、一条白龙入川来"的说法。2015年3月和2016年3月，四川省内外知名专家组成的30余人调查团队，详细考察了达川区、通川区、万源市、大竹县、渠县、宣汉县、开江县的文物。中国人民大学国学院教授王子今、中国社会科学院考古研究所研究员巫新华、北京大学教授齐东方、四川省文物考古研究院院长高大伦等专家认为，达州境内的6处唐宋时期摩崖造像，已经可以连成一条线，能勾勒出荔枝道的大致走向：梁平—大竹—达川—宣汉—万源—通江—万源市（竹峪乡、虹桥乡）。

荔枝古道不专指一条干道（官道、驿道），而是一个相互通联的路网。《宋史》载："陕西旧通蜀茶。"北宋时，在陕甘的熙河、秦凤地区设置买马场，"汉中买茶，熙河易马"。与陕南毗邻的巴山茶区所产茶叶以万源为枢纽集散汉中，达州茶叶大部分通过任河谷道、巴间小道运至汉中交易。《万源市茶业志》记载，钟亭、白果、大竹河、东乡所产之"后园茶"沿任河河谷顺流进入紫阳县界转"通蜀大道"经父子关去西乡至汉中；东乡、三墩、樊哙、漆碑、沙坝、梨子、石铁、固军、白羊、井溪、旧院等所产之"后园茶"经八台山、白沙、荆桥铺（东风坝）、茶垭、古东关入太平（万源），并青花、石岗、永宁、长石等所产之茶入太平经官渡水田绕至盐场关，经渔渡坝、固县坝，至定远（镇巴）顺泾洋河到西乡达汉中。

五、宋代榷茶制在达州弛禁并行

唐宋时期，经营茶叶贸易可以获得高额税利，以资国家财政和军费开支。唐德宗建中元年（780年）始征茶税。民国《渠县志》载："唐德宗建中元年，纳户部侍郎赵赞议税天下茶，以为常平本钱。""贞元九年（793年），复榷茶，产茶州县及出茶要路，皆估其值十税一，为水旱备。长庆中，增茶税率为钱，百增五十。"唐末，"西川富强，祇因北路商旅，托其茶利，赡彼军储。"巴蜀茶利弥补了唐政府巨大的军费开支。

受唐朝茶政的影响，北宋初期，先在东南地区实行茶叶专买专卖的榷茶制度，东南茶利成为宋王朝"裕国库、实力备"的区域经济支柱。《元史》载："榷茶始于唐德宗，至宋遂为国赋，额与盐等矣。"民国《渠县志》载："制引榷税，上以裕国，下以便民，前代视为要政。"而四川地处西南边隅，远离京师，交通不便，长途贩运，得不偿失，因此未先行榷茶制度。《宋史》载："天下茶皆禁，唯川峡、广南听民自买卖，禁其出境。"此时，"川峡四路"所产茶叶准许自由买卖，官府只征收茶园户赋税和商人商税，但禁止将茶叶贩运出境，以防川茶流入榷茶地区影响政府对茶的垄断。

宋朝的行政区划分为路、州（府、军）、县三级。宋真宗咸平年间，分置益州、梓州、利州、夔州四路，总曰"四川"。"川峡四路"共有"四府、四十州、八军"。今达州所辖行政区域，通川、达川、宣汉、万源（部分）、开江时属达州（隶夔州路），渠县、大竹时属渠州（隶梓州路），部分边界乡镇如万源市石窝镇时属巴州（隶利州路），均属四川主要的产茶州。

宋神宗熙宁年间，宋廷为收复河湟之地，发起熙和之役。因四川距熙和较近，宋廷决计在四川推行榷茶，以筹军饷和以茶博马。《宋史》载："（熙宁）七年，始遣三司干当公事李杞入蜀经画买茶，于秦凤、熙河博马。"宋熙宁七年（1074年），四川先从成都府路、利州路开始推行榷茶，以后再到梓州路，含大竹、渠县境。清道光年间《大竹县志·茶法志》记载："茶政古无，唐宋始盛。珍贡龙圃，大关马政，内便日用，外制夷情。"宋元丰七年（1084年），"夔州路达州有司皆义榷茶，言利者踵相蹑，然神宗闻鄂州失催茶税，辄蠲之。"夔州路达州榷茶由宋神宗赵顼御示否掉。夔州路至南宋绍兴二十四年（1154年）才实行榷茶，时在渠州、合州置合同场专卖夔州路茶，沿途纳脚税，买关引到合同场销售。饼团茶重25斤[①]，商人收买每斤120文脚税，合同场每斤260文收买。《朝野杂记》："韩球同提举茶、马，始榷忠、达州茶，即夔、合、广安置合同场，岁收以八万斤为额，然商人以利薄不通，但以引钱敷民间，民其苦之。"因茶利不多，夔州路

---

① 斤，古代长度单位，各代制度不一，今1斤＝500g。此处和下文引用的各类文献涉及的传统非法定计量单位均保留原貌，便于体会原文意思，不影响阅读。另有本书中其他传统非法定计量单位也保留原貌。

榷茶仅实行数年便罢，"绍兴三十年（1160年）二月，罢夔州路榷茶"。宋熙宁七年以后，四川实行榷茶制，除夔州路外，直到南宋灭亡以前，始终没有废止。因此，今达州境域，在宋时，榷茶制弛禁并行，全国罕见。

六、紫云坪植茗灵园

在今万源市石窝镇古社坪村，保存有一处创作于北宋大观三年（1109年）的岩刻《紫云坪植茗灵园记》，记录了北宋时期茶农王雅、王敏父子"引种建园""以茶为业"的历史活动："时在元符二载（1099年）……得建溪绿茗，于此种植……作如斯活计。"据《万源县石窝乡志》（1984年）记载："道光二年（1822年），石窝由巴州七乡拨归太平"，太平即今万源市。1822年以前，石窝属巴州管辖，隶利州路。榷茶制下，"紫云坪植茗灵园"之所以称作"园"，大概是因王敏一家种茶受榷山场管理，称"园户"。其所产茶叶必须全部卖给买茶场，成为宋廷实行"以茶易马""以茶治边"的重要来源。"紫云坪植茗灵园"是我国难以寻见的北宋时期"园户茶"遗迹，《紫云坪植茗灵园记》摩崖石刻也被证实为是我国迄今发现的保存最完好、年代最早的记载种茶活动的石刻文字资料（图1-7）。

图 1-7 北宋"紫云坪植茗灵园"遗址（冯林 摄）

七、"五君子"谪监达州茶场

唐宋时，达州概为名臣、英才贬谪流寓之所。乾隆《直隶达州志》："是以真儒，杰出不特，功成名立，甘棠兴歌。即侨居旅处，而山水都邑增辉实多，奕世而下，与有荣光矣。"这是说，凡到过达州的名杰，都会使达州的山水增辉，世代的达州人民也会因此而感到光荣。

乾隆《直隶达州志·卷三》载："陈弇，靖康初上疏言：'天下之治，当听直言、近正人、公喜怒、销朋党、明法度、谨财用。'又直斥蔡京之党，谪监达州茶场。"又有，"余应求，江西弋阳人，宋徽宗崇宁中进士，为监察御史。论童贯、谭稹以中人预军政，为国之辱。又言将相不宜争私愤，当早定战守之计。为时所忌，出监达州茶场，后官吏部外郎。"又据《达州市志》："政和至靖康年间（1111—1127年），陈弇、余应求、朱肱、李升、韩均，皆以言事切直，谪监达州茶场时，时称五君子。"

第一章
达州茶史

007

据考证，宋代全国产茶州（府、军）总计111个，辖县500个左右。宋廷在主要茶区设立官立茶场，称榷山场，主管茶叶生产、收购和茶税征收。陈弁等5人被贬达州，监管达州茶场，负责茶税征收事宜，反映出达州在宋时的茶叶生产已较成规模，属主要的茶区。"五君子"谪监达州茶场的史实，让达州茶融入中国历史发展的洪流，也为达州茶注入了"清正廉明、宁静致远"的精神内涵。

八、明代"巴茶易马"

南宋后期，端平二年（1235年），蒙古军扫荡达州，至德祐元年（1275年），被元军完全占领，"西川之人十丧八九"，达州人口亦锐减，整个社会经济遭受重创。《元史》载："元之茶课，由约而博，大率因宋之旧而为之制焉。"民国《渠县志》引《元史》："元至元六年（1340年），立西蜀四川监榷茶场使司，定长引、短引法。长引带茶一百二十斤，收中统钞五锭有奇；短引带茶九十斤，收钞四锭有奇。""天历二年，始罢榷司，归诸州县。"元朝统治时期，不缺战马，所以停止茶叶专卖和茶马交易，以致茶叶生产受阻，整个四川茶业一度衰落。

1368年，元朝覆灭，明政权建立。明洪武四年（1371年），明军攻克达州。明朝为了加强北部边防以遏制蒙古族的再起，实行"以茶驭番，联番制虏"的政策，恢复了茶马交易，主要靠川、陕茶叶博易西北边区少数民族的马匹。《明史》载："番人嗜乳酪，不得茶，则困以病。故唐、宋以来，行以茶易马法，用制羌、戎，而明制尤密。有官茶，有商茶，皆贮边易马。"明初规定陕南汉中府和川北保宁府所属州县的茶叶，全部实行官买、官卖、官销的专卖制度，运到西北边区的茶马司，用来买马，故称"马茶"。川北"马茶"产区包括今宣汉、万源、开江、巴中、通江、南江等大巴山地区，所以又称"巴茶"。《明史·卷八十·志第五十六·食货四》记载，明洪武四年（1371年）"四川巴茶三百一十五户[①]，茶二百三十八万馀株。宜令每十株官取其一。无主茶园，令军士薅采，十取其八，以易番马"。《明太祖实录》记载，明洪武五年（1372年）"四川产巴茶凡四百七十七处，茶二百三十八万六千九百四十三株，茶户三百一十五，宜依定制，每茶十株，官取其一，征茶二两，无户茶园，令人薅种，以十分为率，官取其八，岁计得茶一万九千二百八十斤，令有司贮候西蕃易马，从之"。《四川茶叶》（1989年修订本）载："由官府专卖的川北马茶约100万斤。"《宣汉县志》载："明朝宣德年间，产量400多担，除自食外，还远销陕西、甘肃、青海等地。"所产茶叶经陕南输出至西部，俗称"过西乡"（今陕西省西乡县）。

---

① 户，乡里保甲统计农户向官府登记的单位，不是今以家庭为单位的户。

明正统七年（1442年），"议准夔州、保宁二府所属茶，洪武年间经运至秦州。永乐间……茶课亦运赴保宁仓，一体令军夫关运"。明正统九年（1444年）题准："起倩四川军夫，给与口粮，将减半茶课四十二万一千五百三十万斤陆续运往陕西接界的褒城县茶厂。"明成化三年（1467年），粗茶50公斤收银5钱，芽茶35斤收银5钱。明成化十九年（1483年），"令四川保宁府茶课每年运茶10万斤至陕西接界处交收"，并规定"四川夔州、东乡、保宁、利州一带，附近陕西通茶地方，不论军卫有司，凡事于茶法者，悉听陕西巡茶御管理"。明弘治十七年（1504年），政府选派巡捕官管理茶叶。明正德十年（1515年）前后，万源为巴茶入陕的重要通道（巴间道、荔枝道、任河谷道），由陕西巡茶御史管理茶政。明嘉靖三年（1524年），重定茶引价，芽茶每引3钱，叶茶每引2钱，卖茶的地方三十取一。明嘉靖十四年（1535年），凡从事茶业的，均由陕西巡茶御史管理。明嘉靖四十年（1561年），茶课改征本色，经运徽州（徽县），直抵甘州易马。明万历十六年（1588年），户部责成在陕西汉中的关南道监督，府派1人专驻渔渡坝（今万源与镇巴边界处）查理，四川保宁府所属川北由府派1人专驻鸡猴坝查理，并各立哨官，率官兵防守缉捕。

九、清代达州茶引岸

明末清初，烽烟遍地，达州经历"生民以来，未有之灾变"。清康熙八年（1669年），太平知县王舟的《太平八无》说太平县"无民、无赋、无城、无讼、无学、无署、无土、无钱"，记录了明清之际天灾人祸对太平县毁灭性破坏的惨状。清乾隆二年至十二年（1737—1747年），先后两任达州知州陈庆门、宋名立纂乾隆《直隶达州志》亦说："达自明季以来，重罹兵劫，土著绝少。"可想此间，达州茶叶亦受重创。

清康熙、雍正年间，"招民入川农垦，恢复农业生产"。至清乾隆初，"国家休养生息，户口日增，荒芜日辟，赋税轻而徭役不杂，宜乎其安居乐业"。乾隆《直隶达州志·卷二·盐茶》论及茶叶生产利国利民："管仲煎山煮海而齐国富，君谟进御南郊而民用足，盐茶之利大矣哉！今国家计引收税，买卖之任一委诸商，法最便也。然而价高则民病，价低则商困，量其时势，酌其事宜，俾权制于官，而商不得行其奸；货运于商，而民有以敷其用，亦仁政所不可不亟讲者也。""直隶达州（赋税）：苎麻、棉花、翎毛、桐油、鱼鳔、茶叶、鱼油……今俱无征。"足见其时达州重视恢复茶叶生产。清雍正、乾隆年间（1723—1795年），达州所辖万源、宣汉一带茶叶生产得到很快的恢复和发展，是清代达州茶业兴旺时期。

清康熙二十年（1681年）以后，清廷开始在四川推行茶引制度，行销康藏地区为边引，行销天全土司地区为土引，行销川内地区为腹引。民国《渠县志》："胡清定制，凡不产茶之州县，认销产茶州县之茶，是谓腹引，无引者禁。"清雍正八年（1730年），四川巡抚宪德正式定川茶税制，茶业由盐茶道管理，改按茶叶产量计征茶税，茶税有课、封、羡、截、余息钱等项目。清乾隆年间，改"茶引制"为官商合营的"引岸制"。"引"即茶引，"岸"指口岸，由户部统一发放引票，对持有引茶商，从采购地区和销售地区，从产地到销地的经过路线均有规定，不准越岸经商和中途买卖，严密控制了茶商的活动范围，相当于"以销定产""产销对口"。清代的四川边茶主要在川西一带，川东北大片以内销细茶为主。《四川茶叶》（1989年修订本）谈及清代四川茶叶生产时亦说："川东大片茶区不制边茶，但内销细茶产量一定不少。"据达州各县旧志茶法所载的课税引额，清代的达州主产茶区在万源，次为宣汉，生产的茶叶以内销细茶为主，其余县为茶叶销区，主销万源、通江县茶。

据乾隆《直隶达州志》："（直隶达州）州地并不产茶，认销太平县腹引九十张，该县商人领引配运达州行销。"民国《达县志》（1938年铅印本）亦载："前清年征银五十六两二钱五分（由商认销太平县腹引九十张），见州志。按：此项课银，嘉庆以来已并入粮税征收，故旧县志不列。"

乾隆《直隶达州志》载万源："原额以茶每斤征课银四丝九忽，共征茶课银三两六分九厘八毫四丝三忽七微五尘。自雍正七年，钦奉上谕以解权课均颁引目，经巡抚都察院宪清查，酌中定议，具题以雍正八年为始，颁行腹引四十二张，每张行茶一百斤，随带耗茶一十四斤。于本县招商人六名：冉希贤、王元吉、席有试、庞尔瞻、庞学仲、陈仕璞领引，配行本省之渠县、大竹、岳池、达州、新宁、梁山，于本县隘口挚验放，经过州县截角挂号。每引一张征茶课银一钱二分五厘，每引一张征茶税银二钱五分，每张征余银九分八厘，每张征截角银一钱二分。雍正九年，分请增腹引六十张。雍正十一年，分请增腹引一百四十张。乾隆六年，分请增腹引一十八张。以上旧额新增共引二百六十张，共征茶课银三十二两五钱，共征茶税银六十五两，共征羡余银二十五两四钱八分，共征截角银三十一两二钱。前项课税银两起运驿传盐茶道衙门，上纳前项羡、截银两，除扣解朱、力银一两八钱二分外，存银五十四两八钱六分，全数扣支本县正杂养廉。"

乾隆《太平县志》载万源："额销茶腹引二百四十二张，内行达州引一百零七张，新宁引四十二张，岳池县引十二张，渠县引五十一张，大竹县引三十张，每张征课银一钱二分五厘，每年共征课银三十两零二钱五分；每张征税银二钱五分，共征税银六十两零五钱；每张征羡余银九分八厘，共征羡余银二十三两七钱一分六厘；每张征截角银一钱二分，共征截角银二十九两零四分。总共征银一百四十三两五钱零六厘。招商陈永禄、冉希贤、蒲国有、李仕章、庞时钦运销。盘查临口官渡（改设厂溪）、石岸口（改在罗文坝）、大竹河盐场关（无茶过，改设明通井），过秤验放，经过州县盘验，截角挂号，至报卖州县截角发卖。"

光绪《太平县志》（1893年刻本）亦载万源："原额茶腹引二百四十二张，共征税银六十两零五钱，课银三十两二钱五分，每引一张行茶一百斤，带耗一十四斤，于本境买配运至渠县、大竹、岳池、绥定、新宁等府县发卖。道光元年，奏请改拨事，按案内拨出腹引九十八张，归入城口厅，征解外尚存原额腹引一百四十四张，又巴州拨归腹引四十六张，又通江县拨归腹引一百四十六张。道光三十年，奉文裁拨茶腹引二百三十六张。现征茶腹引一百张，每张征课税银一钱二分五厘，征税银二钱五分，征羡余银九分八厘，征截角银一钱二分，共征课税羡截银五十九两三钱，随引照票十张，每张征票息银一两零八分，共征票息银十两零八钱。茶商胡天泰等认领，于县境一、二、三、四、六、十保九乡产茶地方采配行销。"《万源市茶业志》载："此课税执行到1908年。"

宣汉县所产之茶多自产自销。乾隆《直隶达州志》载宣汉县："雍正八年奉行清查。九年为始，配腹引三张。十年又据茶户王俸臣等请，增腹引二十二张。新旧共二十五张，每张征正税银二钱五分，截角银一钱二分，纸朱银三厘，脚力银四厘，每张随税纳课银一钱二分五厘，每年共征正税银六两二钱五分，截角银三两，纸朱、脚力银一钱七分五厘，课银三两一钱二分五厘。乾隆六年，又据茶户王俸臣等请，腹引一十三张，照额输税"。清嘉庆《东乡县志》（1821年增刻本）亦载："东邑向无茶引，雍正八年奉行清查，自九年始新增腹引三张，十年又据茶户王凤臣等请增腹引二十二张，新旧共二十五张，每张运茶一百斤，随带附茶一十四斤，每张榷课前一钱二分五厘，征税银二钱五分，每年征课银三两一钱二分五厘，征正税银六两二钱五分，又每张征羡银、截银一十四两八钱二分，例限五月完半，十月全完，批解监库上纳。茶引每岁二月赴道请领，给茶商于本县买茶，在本县发卖，并请领征收课、税、羡、截银两，应用连批由单各一张，以便填解其残引，定限甲缴，以防滋弊。"

乾隆《直隶达州志》载开江县："境内并不出产茶斤，亦无额销茶引课税。所有民间食用茶斤，向系通江县居民零星背负，或三五斤不等，以茶易米，以资民用。于雍正十二年二月，内奉文为详明宪示事，案内认销太平县腹引四十张，即系太平县商人领引，运茶于新宁县地方行销发卖，即于新宁县查验截角，其引税银两仍于太平县完解。"《新宁县志》（清道光十五年版）亦载："查县境内并不产茶，亦无额销引课，民间饮用茶茗，向系通江县居民零星背负，或三五斤，或十余斤不等，到境易米，两有所资。雍正十二年三月内奉文祥明宪示事，案内认销太平县腹引四十张，归太平县商人，领引运茶于新宁地方行销，发卖即于新宁县，查验截角，其引税银两仍由太平县完解（见旧志）。按：查验截角之例久已未行，亦不知何时变更无案可稽。近来销茶更多，其名有太平、通江、城口之分，或由该处居民贩运来县，或自境内前往负贩，俱系听民自便，不言利而利甚普也。现在境内前间有种植茶树者，气腥味涩，不甚适口，其异地弗能为良欤。"

大竹县原为种茶地区，至清代种茶反少。道光《大竹县志》（1822年刻本）载："天子理财财臣司胥律，重私奸课，分边、腹，竹引通江科条。""大竹县雍正十三年奉文认销通江茶腹引三十张，征正税银七两五钱，课银三两七钱五分，羡余银二两九钱四分，截角银三两六钱。共征税、课、羡余、截角银十七两七钱九分。"1928年《续修大竹县志》第十二卷载："茶有甜茶、藤茶、姑娘茶、老英茶等，而家茶反少，因清有茶税，种者伐之，以避催科，至茶去税存，入民国始获免……团坝铺茶山亦荒废。"

民国《渠县志》载："我县招商认案，领引行茶，二百年来，公私称便。""清雍正九年，奉文设立茶商，认销通江县茶，腹引一百五十张，每张征正税银二钱五分，共正税银三十七两五钱。每张征羡余九分八厘，共银十四两七钱。每张征截角银一钱二分，共银十八两。羡、截共银三十二两七钱，与正税银两俱系全年征解，历无增减。清嘉庆以后除腹引一百五十张，征正税银三十七两五钱，羡、截银三十二两七钱外，又征课银每张一钱二分五厘，共银十八两七钱五分，奉派茶照票十五张，每张征息银一两零八分，共银十六两二钱。光绪二十八年，新加引厘银二十六两六钱八分五厘，新加票息二两六钱二分，随同茶课一体完纳，每年所领引票，仍赴通江县买运回渠行销。"

"引岸制"在四川执行至1938年，原西康省延至1942年才停止执行，改征营业税。《万源市茶业志》："民国二十七年（1938年）七月十日，实行《四川省茶业营业税征收规则》，结束以引票收税的历史。"

民国《渠县志》对四川"茶引岸制"的变更记述较为详细："反正以后，政府废去腹引，于是税收减少，茶价亦贵。论者谓茶与盐不同，盐可就场征税，茶不能就场征税。盖产茶之地恒在高山深谷，荒芜散漫，偷漏既多，查禁为难，其烦扰更有甚于引岸者，而税收又不如引岸远甚，此盐茶两法根本上之差异。故盐可破除引岸，茶不能破除引岸也"；"辛亥革命废去腹引，于是茶法大紊，民间所食茶价贵于昔时，而公家税收仅恃边地，既党漫无限制，奸伪易生，更致良税不行，坐失成利。民国四年，（四川）财政厅长刘莹泽，奉中央财政部批饬，切实整顿茶法。乃拟定整理腹茶产销税暂行简章十八条，及茶照票颁发各县，饬令招商承办，查照前清引额。每年渠县应销腹茶票一百七十张，每张完纳库平银一两；准配天平称净茶一百斤，指定万源县采买，即渠岸每年应缴茶税银一百七十两，由本岸征收局收解，此外不许地方附加分厘。茶商认案之时，又须按照票额缴存押岸银一百七十两，规定颇为详明。自简章颁发后，虽迭催招商认案领票行茶，但因时事纷扰，各商皆裹足不前。至民国七年，始有广安王某认充渠岸茶商，惟以缴纳押岸不足额定数目，未予认为有效。后有徐某认商，又以缴押稍迟，亦未照准。以此，渠岸茶商久未实现"；"民国八年，四川省议会决定去引破岸，由商人自由贩卖，在产场征税，由征收局照杂税征收，每茶百斤为一担，征银一两，给票一张，附茶税印花二颗，咨请省长转饬财政厅拟定茶务征税试办章程，排印成册，转发各县遵照办理，于是废岸散销。民国九年军兴自主，复改订腹地茶税试办章程。厥后奸商私贩，络绎于途，私茶充斥，稽核维艰，成规固已荡然，税收亦觉锐减。民国十三年，财政厅长宋光勋整理茶务，规复引岸，就前财政部批准四川腹茶产销税简单办法，略为变通。各县设茶业总商一人，繁盛之区，得添设副商一人或二人。茶商认案后，按票额多寡，直接赴财政厅茶税处缴存押岸银两。每年销茶若干，认定立案，预先发给茶票印花，赴指定地方采配。凡腹茶票一张，得配腹茶印花两颗，每颗值银一元。每包连皮索重五十五斤，须贴腹茶印花一颗，较前每百斤完纳库平银一两税率加重三分之一。自简章改订颁发后，即通令各县，迅速选出总副商认案，缴押购领新制票花，卒因时方多故，认案无人，渠岸每年销茶斤若干，指定何地采买，应纳茶税若干，此刻不能预定也"；"扬榷道之四川茶法，反正以来几经变易。民国三年以前，为破除引岸时期。四年至七年，为规复引岸时期。九年至十二年，复为破除引岸时期。十三年以后，复为规复引岸时期。吾渠僻出一隅，兵去匪来，茶法一端，迄难整理，引岸亦终未规复，现由各商自往产茶地方贩运回渠行销，直是自由贸易，税额多寡，不能言也"。

清代达州茶业兴旺，茶帮、茶栈、茶贩亦非常活跃，直到民国年间，万源大竹河一带依旧往来茶客较多，茶栈繁华。诸如，蔡定发客栈，常住茶客达60多人，最高时可达100多人；游开兴、邹介维、唐崇祯、陈海涛等人开设的茶栈，茶客云集，茶市兴旺。茶叶上市时，茶商除了在大竹河座购，还委托茶栈找经纪人到县内白果、钟亭和外县的岚溪河、岔溪河、坪坝、冉家坝一带收购茶叶。茶客主要来自西乡、汉中，也有来自甘肃辉县、成县的粗茶客和西河、礼县的"毛葫芦"（甘肃省西河、礼县茶商，被当地人称为"毛葫芦"，这些茶商自购自运，自带干粮，自带炊具被服，饿了便就地用3块石头支撑铁罐做饭）。天水、甘谷等县的集散地，也有茶商将城口、万源、紫阳等地所产茶叶直接运往甘肃、青海经营。

第二节　20世纪达州茶业

清末民初，达州商品农业发展较快，有"渠县黄花大竹麻，宣汉黄牛万源茶，达县油桐与猪鬃，开江蚕丝和鹅鸭"之说，万源茶已作为达州土特名产进入市场。民国时期，万源的青花溪、大竹河和宣汉的土黄、樊哙为西北茶商集散地，万源、宣汉茶叶远销陕、甘、鄂等省，陆路出万源、宣汉，由西乡转销天水、甘谷、西河、礼县等地，水路由任河下紫阳达安康、老河口等处。抗日战争爆发后，四川茶区多数受挫，茶园荒芜殆尽。因川航滞塞，华中商旅转溯汉江而上，经任河谷道穿巴山、赴川渝。1938年，四川农村合作委员会训令成立万源县农村合作指导室；同年4月1日，指导成立青花溪茶叶生产运销合

图1-8 万源大竹河一带的"窝窝茶"

作社（社址青花乡关岳庙）；通过《保证责任万源县青花溪茶叶生产运销合作章程》，组织川东北茶区茶叶北运。任河谷道上的万源大竹河一带，因行旅增加，茶叶等土特产品畅销，"窝窝茶"得以很好利用，加上汉渝公路贯通达州南北，达州茶叶沿途行销（图1-8）。

新中国成立后，达州在国家茶叶政策影响下，不断调整茶类生产结构，满足和适应市场需求，逐步恢复和发展茶叶生产贸易。1958—1961年，受人民公社化运动、"大跃进"的影响，茶叶生产一度艰难；同时期也涌现出万源白果乡双手采茶、蒲家梁生产队"粮茶双丰收"先进典型，受到国家褒奖。1973—1980年，掀起为革命开荒种茶运动，茶园面积大幅增长，尤以宣汉、大竹、万源增速最快，面积从1972年的3700hm²增加到7667hm²，增长107.2%，产量从779t增长到1610t，增长106.7%。1978年，改革开放拉开大幕，农村经济体制改革建立了以家庭承包为主的双重经营体制，茶区大力推进茶叶生产责任制改革，稳定茶叶生产。社会主义市场经济的确立使茶叶的生产贸易更加开放，茶叶商品经济随之繁荣起来。改革开放后，茶叶研究机构、技术推广部门协同推广应用茶园低改、病虫综防、品种改良、名茶加工等科学技术，有效促进了茶叶增产增收（表1-1、图1-9、图1-10）。

表1-1 1949—1999年达州市茶叶种植面积与产量

年度	面积/hm²	产量/t	年度	面积/hm²	产量/t
1949	1524	321	1951	1591	376
1950	1524	355	1952	2410	442

年度	面积 /hm²	产量 /t	年度	面积 /hm²	产量 /t
1953	2436	551	1977	7891	1101
1954	2469	638	1978	6519	1369
1955	2470	897	1979	7476	1570
1956	2537	879	1980	7667	1610
1957	3805	818	1981	7629	1602
1958	3838	612	1982	7873	1736
1959	3865	812	1983	9360	2065
1960	3767	611	1984	8949	2433
1961	3700	489	1985	8916	2595
1962	3429	720	1986	8983	2546
1963	3430	721	1987	8759	2855
1964	3524	740	1988	8658	2906
1965	3657	768	1989	8675	3638
1966	4282	899	1990	8623	3354
1967	3787	796	1991	8700	3632
1968	3413	717	1992	9403	3693
1969	2940	617	1993	9745	3618
1970	3567	751	1994	8416	4220
1971	3860	813	1995	9263	4290
1972	3700	779	1996	8858	3442
1973	4133	870	1997	7024	2263
1974	4473	841	1998	8247	4531
1975	4362	946	1999	8291	3817
1976	6127	944			

数据来源：《达州市志》（1911—2003 年）。

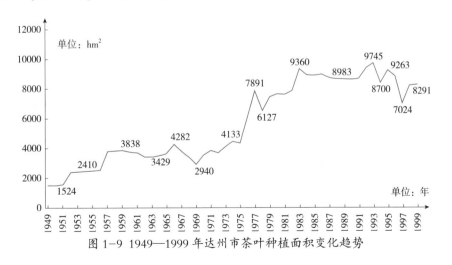

图 1-9 1949—1999 年达州市茶叶种植面积变化趋势

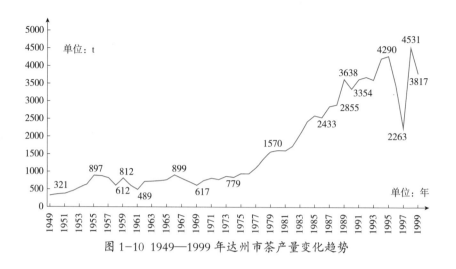

图 1-10　1949—1999 年达州市茶产量变化趋势

一、在艰难曲折中赢得褒奖

社会主义建设初期，达州茶业经历艰难曲折。1949 年后，达州茶园面积、产量总体上升；1958—1961 年茶叶生产一度艰难，产量大幅回落。

1958 年 9 月 7 日—11 日，四川省委一届八次全会做出了贯彻执行中共中央关于建立农村人民公社的决定，各地开始紧锣密鼓地组建人民公社，原则上一乡建一社；9 月 20 日，四川省委发出《关于建立人民公社过程中几个应该注意问题的通知》；至 9 月 26 日，全省原有 16 万个农业生产合作社经过并大社转公社的高潮，建成 5000 多个政社合一的人民公社；10 月，四川全省实现人民公社化，"四川整个人民公社化运动不到一个月，一哄而起、一蹴而就"。人民公社化后，合作社的公共财产收归公社所有，凡公社范围内的茶树收归公社或管区所有，有的命名为公社茶场或管区茶场。很多生产队和社员思想上承受不了，消极怠工。1958 年，茶叶总产量 612t，较上年减产 25%。1959 年春茶采收时，宣汉县樊哙公社安排建立 26 个采茶专业队，但生产队不出劳力，全部落空。

1959 年 3 月，农业部又召开全国蚕茶工作会议，向全国发出"八大倡议"，提出"一季超全年""夏茶赶春茶，秋茶赶夏茶"的丰产运动；4 月 2 日，四川省商业厅、农业厅召开春茶工作电话会议，要求各地采取推双手采茶等有效措施及时采制春茶。会后，万源、宣汉等县组织双手采茶能手在重点产茶社队巡回表演，现场示范，帮助重点产茶社队突击下树。万源县党政领导还决定实行粮茶并举的方针，将茶叶生产任务与粮食一同下达至管区，统一检查、统一评比，管区与生产队之间实行包工、包产、包成本"三包"，生产队与社员之间实行定人员、定地段、定产量、定质量、定工分"五定"，超产给奖的生产责任制。达县地区、县两级茶叶经营部门还抽调职工，帮助管区建立专业采茶队，实行农茶分工，发动城镇居民、中小学生、机关干部、小商贩等在采茶旺季突击采茶。这年，达县地区茶叶总产迅速回升至 812t。与此同时，强采滥采下带来的茶叶质量不高和树势进一步衰败问题愈加显现出来。

1960—1961年，由于自然灾害，加之人民公社化后茶权过分集中，粮茶缺乏统筹安排，采茶劳力上不去，茶叶生产受到严重影响，茶树出现大面积丢荒。1960年，万源大竹河区为集中保粮，采茶时间拖至秋收结束后，在10月26日的大风大雪天上山采茶人数达9000多人，采下老叶10700kg。其间，达州茶叶总产连续下滑，1960年总产611t；1961年急剧下滑至489t，为1953年以来历史最低水平。

1961年11月8日—21日，全国蚕茧、茶叶专业会议提出"巩固现有，积极恢复，提高单产和质量，有条件的地区适当发展，力争三年内恢复到一九五七年的生产水平"的蚕、茶生产方针。在深刻总结"大跃进"经验教训的基础上，四川省委改变原有决策，逐步缩小生产队规模。1962年5月，四川省委发出进一步明确林权划分的规定。随之，茶权下放到队，生产队干部、群众采制茶叶的积极性得以提高。1962年，万源县与社队干部民主协商，大队茶厂距离各生产队采送较近的，暂维持现状不动；距离较远的适当不下放部分制茶设备，由生产队自己制茶。此后，达州茶叶生产平稳起步。1962—1976年，达州茶叶总产稳定在700~1000t。到1977年突破1000t，1983年突破2000t，1989年突破3500t，1994年突破4000t。

20世纪50—60年代，达州涌现出一批全国茶叶生产先进典型。在整体出现采茶难、产量下滑的背景下，1958年，《大公报》介绍了湖北省宜昌专区五峰县采茶能手谢承珍双手采茶一天采鲜叶76.5kg的事例。是年5月，四川省商业厅、农业厅工作组到万源大竹河茶区白果乡，发现该乡村民李良才双手采茶一天采鲜叶50kg左右。是年7月，四川省棉麻烟茶贸易局会同达县专区棉麻烟茶站在万源国营青花溪茶场召开双手采茶现场会，万源、宣汉、南江、通江、开江、渠县、大竹、邻水8个县代表30多人参会，李良才在现场进行双手采茶操作表演，"以师带徒，每人日采鲜叶由5kg左右提高到25kg左右"。8个县代表回到本地又采取巡回表演、传授技术的办法，共培训双手采茶人员约1000人，双手采茶很快在重点产茶社推广开来。四川省棉麻烟茶贸易局还以省贸茶字第355号文件印发了《关于学习推广双手采茶的通知》。另据《万源县茶业志》，描述了"1958年5月，推广双手采茶法，大竹乡蒲家梁生产队蒲传秀创日采鲜叶67.5kg的纪录，万源推选出5名（大竹河茶区石庆兰、蒲传秀、蒲传新、丁茂碧、王长珍）双手采茶能手，参加南充、通江等县的现场技术交流会"的双手采茶事例。万源双手采茶经验一时间成为全国先进典型。1964年，万源白果乡双手采茶获得国务院表彰。后来，宣汉县还总结出"三快配三要"即"眼快要盯准，腿快要站稳，手快要指勤"的双手采茶技巧（图1-11）。"宣汉县土黄公社四大队茶场场员刘照香，苦练双手采茶，按照'三快配三要'12天采摘符合标准鲜叶408kg，平均日采34kg，获得超额现金9元4角7分。"

1966年2月25日至3月10日，全国茶叶专业会议在北京召开，各产茶省、市、县、社、队五级有关人员及国营茶场、科研单位代表参会。大会表扬了全国10个先进单位，其中就有万源县大竹河公社蒲家梁生产队获得"茶叶增产先进单位"表彰，并在会后颁发了由周恩来总理署名的"粮茶双丰收"奖旗（图1-12）。

图1-11 双手采茶

图1-12 "粮茶双丰收"奖旗
（来源：万源市茶叶局）

　　1973年1月，四川省农业局、商业局、农机局在筠连召开全省茶叶生产收购经验交流会。在这次交流会上，万源县大竹公社蒲家梁生产队作了题为《大巴山上蒲家梁，粮丰茶茂好风光》的经验交流文章，提到蒲家梁生产队"全队七十五户，三百四十八人，耕地三百八十亩[1]，其中茶园面积一百一十亩，分布在一坡一梁三条沟""一九七一年又夺得了一个粮茶好收成，粮食总产一十八万八千七百二十七斤，比七〇年增长百分之二十六点二。茶叶产量一万五千三百二十斤，比一九七〇年增长百分之五点五十二，超过了历史最高水平""已向国家交售茶叶一万四千四百斤，占计划的百分之一百零二点八，产值比一九七一年上升百分之二点六""八年多来，给国家提供商品粮一十四万九千多斤，商品茶叶一十万零五百八十九斤""一九五八年，开始改土造田，垦殖茶园""一九六四年又开展了轰轰烈烈的'农业学大寨'的群众运动，粮茶产量迅速上升，粮食达到二十二万一千斤，茶叶产量达到一万四千二百七十斤，一九六五年被评为全国粮茶双丰收十个先进单位之一，受到国务院的表扬"。

二、开荒建园大发展

　　1958年9月16日，毛泽东同志视察安徽省舒城县舒茶人民公社时，作出"以后山坡上要多多开辟茶园"的指示，是年10月4日《人民日报》刊发了这一重要活动。"以后山

---

① 1亩=1/15hm²。

坡上要多多开辟茶园"指示精神迅速在各大茶叶产区引起强烈反响，对茶叶开荒建园大发展起到了重要的思想推动作用（图1-13）。

图1-13 宣汉县1975年开荒建园时，达县地区茶果站张明亮随笔写下"以后山坡上要多多开辟茶园"

1972年7月15日—25日，中央农林部、商业部在湖南省桃江县召开全国茶叶生产收购经验交流会，会议重申"大力发展茶叶生产"的方针，进一步落实毛泽东同志"以粮为纲，全面发展"和"以后山坡上要多多开辟茶园"的指示。参加完全国茶叶生产收购经验交流会后，四川省农业局、商业局、农业机械局拟定召开全省茶叶生产收购经验交流会。经得四川省委、省革委审查批准后，于1973年1月10日—17日，在筠连县召开全省茶叶生产收购经验交流会，省内市、地、州和主要产茶县多种经营办公室、农业、商业、农机部门负责同志以及部分社队、生产队联办茶场干部800多人参加了会议。1973年3月10日，四川省商业局、农机局、农业局联合向省革委作《关于全省茶叶生产收购经验交流会议情况的报告》，指出会议"传达了去年全国茶叶生产收购经验交流和全国小型茶机选型交流会的精神，参观了筠连县巡司公社的生产队联办茶场，讨论了进一步发展我省茶叶生产的问题"。报告进一步提出："茶叶生产要有一个较快较大的发展……茶园比较少或没有茶园的地方，凡有条件的，都要因地制宜地大力开辟新茶园……全面规划，建立茶叶生产基地……要求各地在党委一元化领导下，根据国家计划和本地条件统筹安排，合理布局，把发展新茶园列入农田基本建设计划……初步设想，全省每年开荒种茶二十万亩，狠抓七八年，到'五五'计划末期茶园面积达到二百万亩，投产面积达到一百万亩，总产量达到一百万担，一九七五年达到四十万到五十万担。"

1973年4月5日，四川省革命委员会发文（川革发〔1973〕38号）批转三单位（四川省农业局、商业局、农机局）的报告，要求各市、地、州、县革命委员会结合当地实际情况，认真研究贯彻执行，指出："茶叶是农业多种经营中的一个重要项目，是我国的重要出口物资，是边疆兄弟民族的生活必需品，是城乡人民普遍爱好的饮料。发展茶叶生产，对巩固壮大集体经济，促进农业'四化'，建设社会主义，支援世界革命有重要作用。我省地域广阔，宜茶荒山荒坡较多，发展茶叶生产大有可为。当前，我省茶园发展缓慢，管理较差，产量很低，供求矛盾突出，与革命形势的发展不相适应。省革委要求各宜茶地区革委会，要把发展茶叶生产列入议事日程，认真贯彻落实毛主席关于'以后山坡上要多多开辟茶园'的指示，在'以粮为纲，全面发展'方针的指引下，因地制宜，做好规划，大力开辟新茶园，积极改造老茶园，加强培护管理，加速采、制茶的机械化进程，努力提高茶叶产量和品质。下决心狠抓几年，把我省茶叶生产较快地发展上去。"

由此，为革命开荒种茶的群众运动遍及四川全省，出现了老茶区新发展、新茶区大发展的形势。1973年11月26日至12月2日，全省茶叶生产科技工作会议召开，再次明确"茶叶生产一定要快上大上速成高产"，同时也强调"要科学种茶"。1974年3月，农林部、商业部、对外贸易部组织召开全国茶叶会议，再次提出"大力发展茶叶生产"的方针，指出"要巩固提高现有茶园，加速改造低产茶园，积极发展新茶园，努力提高单产，努力提高质量"，并计划在全国搞100个左右年产茶叶5万担左右的主产县，进一步加速茶叶生产的发展。1974年9月，四川省农业局、外贸局根据全国茶叶会议精神，制定了建立宣汉等8个年产5万担左右的县，建立万源等25个年产3万担左右的县的茶叶发展规划。

1973年起，达县地区6县开展了开荒种茶的群众性活动。至1976年，调进优良茶种子3811.6t，茶园种植面积迅速增加。1973年秋末，万源县采集茶籽26.35t（收购价0.3元，分配价0.35元）用于播种茶园。万源在1973—1978年先后从浙江安吉、武义县购买茶籽816.245t，在9个区50个人民公社办起295个公社、大队集体茶场，开荒种茶1666hm²。开江县广福公社十大队，1973年劈出"五坡四岭二十多里，三沟两槽"的荒坡33hm²，实种梯茶20hm²余，建立了联办茶场。大竹县仅1975年一年新增茶园面积1221hm²，增长2.8倍。宣汉县在1973—1976年从浙江、福建共调回茶籽1500t，新辟茶园2700hm²。宣汉东安公社先后调动17600人向荒山进军，仅42天开垦荒地226hm²，种茶167hm²，办起7个联办茶场。1974年，宣汉茶园面积突破2200hm²，位列全区第一（表1-2）。

表1-2　1973—1980年达州市各县茶叶种植面积（单位：hm²）

年度	万源县	宣汉县	大竹县	开江县	渠县	达县、达县市
1973	2199.73	1105.06	373.33	232	28.67	113.2
1974	2199.73	2208.33	432.6	345.13	407.87	290
1975	2199.73	2857.67	1653.93	383.67	450.13	496.6
1976	2229.4	3869.13	1466.67	624.26	420.8	428.8
1977	2496.07	3129.07	938.33	862.6	530.73	580.13
1978	2599.33	2906.47	1021.53	853.13	713.87	579.6
1979	2599.33	3174.53	1466.67	896.13	617.93	700.67
1980	3600	3389.27	1466.67	702.33	495.6	738.4

数据来源：达州市茶果站。

1977年5月26日至6月2日，农业部、外贸部、供销合作总社在安徽省休宁县召开全国年产茶5万担经验交流会。四川省参会代表共计20人，达县地区参会的有宣汉县、万源县革委会负责同志。会议议定四川省到1980年达到5万担的县有宣汉、万源、梁平、开县、南川、高县、筠连、雅安8个县，到1985年达到5万担的县有巴县、珙县、彭水、北川4个县。1980年，万源再辟茶园1000hm²，总面积达到3600hm²，茶园面积再度保持领先。在1983年8月四川省农业科学院茶叶研究所（以下简称四川省茶叶研究所）开展全国农业区划科技课题制定的《四川茶叶区划研究报告》中，万源与高县被列为四川省茶园面积5万亩以上的两个县，进入全省第一方阵。

　　达州市茶果站现存一份记录1975年秋冬时节宣汉县东安公社开荒种茶的珍贵历史影像。在每张照片的背面，附有文字介绍，并题小诗计9首（见本书第九章第二节诗词歌赋与美文《宣汉县东安公社辟荒山建茶园组诗》）。大巴山区广大干部群众面对重重大山发出"坡坡相连种何物"的感慨，在"以后山坡上多多开辟茶园"指示精神鼓舞下，决心大干苦干，展现出大巴山区人民誓叫荒山变茶山的豪情壮志！从照片中可以看出，坡地新辟茶园为集中成片的新型梯式茶园，改变了以往粮茶间作和田边地角零星种茶的状况（图1-14~图1-17）。

图 1-14 1975 年宣汉县东安公社三大队跃进茶场开荒的情景（来源：达州市茶果站）

图 1-15 1975 年宣汉县昆池区东安公社六大队东胜茶场新建梯式茶园点种情形（来源：达州市茶果站）

图 1-16 1975 年建成的宣汉县东安公社六大队东胜茶场（来源：达州市茶果站）

图 1-17 1975 年建成的宣汉县东安公社五大队辟力茶场（来源：达州市茶果站）

三、茶叶经营体制改革

新中国成立前，茶农种茶，一是自有自种，一是租佃耕种。租地主茶园耕种者占多数，生产数量最少几斤、最多数百斤（毛茶），所产茶叶大部分卖给茶商。1952年土地改革，茶地分给农民。1955年农业合作化，除茶农屋前屋后零星茶树外，其余折价入社。人民公社化后，茶叶生产分国营、集体、个体3种生产所有制形式，个体只是极少数；绝大数以生产队为核算单位，统一计划管理、统一栽培、统一采制销售、统一分工分配。1961年结合农业"三包一奖"，照顾茶多粮少的生产队，适当减少统购任务，兼顾"三者"利益。1962年贯彻"以粮为纲，全面发展，多种经营"的方针，建立农业集体经营的生产责任制。随着《农村人民公社工作条例修正草案》（即"人民公社六十条"）的贯彻，基本核算下放到生产队，茶农积极性提高，实行茶叶派购，包产多少派购多少，茶农自留地茶叶留部分自用外，其余纳入生产队的派购任务内。1973年各茶区在集体经营基础上相继组成联办茶场、大队茶场、生产队茶场，加强经营管理。当时虽然初步解决了过去茶粮争地、争劳、抢肥的矛盾，改变了种管落后的面貌，但"统"字依然束缚了茶农的生产积极性。

20世纪70年代中期，四川在全国率先进行农村经营体制改革的探索。1979年11月19日，四川省委出台的《关于进一步落实农村经济政策使生产队逐步富裕起来的意见》提出：要积极推广包工到作业组、联系产量的责任制；发展社队企业、鼓励社员经营好自留地和家庭副业；一些集体多种经营项目，可以包产到专业组、专业户、专业人员，实行奖赔责任制；有条件的生产队还可以划出一部分零星、边远瘦薄地，按常年产量包产到户经营。这是全国第一次在省委正式文件中提出包产到组和包产到户一级发展专业户，极大地促进了农村干部的思想解放，为推行家庭联产承包责任制打开了禁区。1980年7月25日，四川省委作出《关于扶持穷队发展生产治穷致富的决定》：要帮助穷队因地制宜地建立经营管理制度，认真搞好大田生产责任制，特别要以更大的精力抓好多种经营"专"与"包"的责任制；允许一些穷队可以对作业组实行"大包干"；允许一些长期低产缺粮、多年吃返销粮的穷队包产到户，引导他们向专业化分工方向发展。1980年7月25日至8月2日，达县、乐山、万县、雅安等地区先后专门召开会议，着重讨论和确立了适当调整和放宽政策，发展山区经济的问题，决定允许边远山区和长期落后的生产队按劳力包产到户。1981年2月10日，四川省委常委召开会议专门研究农业生产责任制问题，提出针对三类不同地区采取不同方法：一类是集体计酬和工副业"四专一包"（专业队、专业组、专业户、专业人员和包上交款）的责任制；一类是长期贫困落后的地区，应有领导地放手实行包产到户；一类是中间状态的地区，包括广大丘陵的地区和相当一部分山区实行联产到劳。1982年中央一号文件指出："包产到户、包干到户责任制，都是社会主义集体经济的生产责任制。"此后，家庭联产承包责任制在四川广大农村普遍确立和运转。

随着农村经营体制的改革，有一部分集体茶园由有种茶经验的农民组成专业队，实行专业承包；有一部分集体茶园承包给农户或联户，每年上交部分收入；有一部分集体茶园与大田生产责任一样，茶园划给农户，实行户营。作为长期贫困落后的山区，茶园包产到户实行户营是达州茶区主要的责任制形式。1989年，达州全市实行专业承包的集体茶场近400个，面积2500hm²，占总面积不到30%，茶叶总产量2100t，占到全市总产量的44%。

相较于户营茶园，集体茶园专业承包具有明显的优越性。如：宣汉县土黄镇十三村茶场，1981—1982年推行"专业承包、联产计酬"的生产责任制；1983—1984年推行茶场专业人员、驻点技术员、场管会干部"三结合"的责任制；1985年后推行双重承包责任制，即茶场向村委会承包，实行场长负责制，每年上交一定数量的纯利，茶场内部分组作业，实行"定面积、定人员、定任务、定投资、定报酬"超奖短赔的责任制。开江县广福公社十大队茶场，自1979年以来，采取"定额管理，联产到组"，按专业划分成3个组，其中茶叶组29人、副业加工组6人、养殖组1人，克服了吃大锅饭的现象，调动了广大场员的积极性，"人人都争取多做工、多收入，组组都完成了任务，年终可超计划指标10%左右""1981年与1976年相比，产量增加4.25t，收入增加1.85万元"。

户营茶园由于经营分散，规模小，经济收入占家庭总收入的比重不大，所以只采不管的情况十分严重，茶园日渐荒芜，导致产量、质量下降。如宣汉县漆碑乡，1982年全乡茶叶总产21.25t，1986年也才33.75t，年递增2.5t，茶农收入少，工厂生产吃不饱。经过调查分析认为，茶叶生产停滞不前的部分原因是部分茶园分户经营，只采摘，不管理，少投入或不投入，掠夺式经营，致使产量急剧下降。

根据茶园户营为主的经营体制的经验教训，达州把完善茶叶生产责任制作为重要工作内容，肯定了集体茶场规模适度、专业承包，有利于集中统一管理、推广先进技术、提高产量和质量，是一种好的茶叶生产责任制形式；提出茶场经营方案：一是实行专业承包或联户承包，完善承包内容，增加投入和增强茶叶生产后劲的指标，调节好集体与承包者之间的经济利益关系，并落实好茶场内部的生产责任制；二是对已分到户的，采取折价入股形式逐步将茶园集中起来，实行专业承包；三是新建茶园，不准再划到户，一律实行统一经营或专业承包；四是有条件的地方推行场厂联合，实行生产、加工、销售一体化。

这对稳定茶叶生产起到了一定的积极作用。宣汉昆池区对已下户的近600hm²茶园，集中起来，实行专业承包，茶园抛荒现象得到控制。宣汉县漆碑茶厂1987年终止了茶园个人承包合同，1989年全乡茶叶总产量82.5t，较1986年增产50t。1980年6月和8月，达州先后成立万源县农工商联合公司、大竹县农工商联合公司，推行场厂联合。万源县农工商联合公司以国营草坝茶场为依托，主要经营城守、罗文、河口、草坝、竹峪、黄钟6个区31个产茶乡所产茶叶（大竹、旧院、官渡区茶叶由外贸公司经营，仍委托基层供销社代购）。大竹县农工商联合公司以国营云雾茶场、观音茶场为依托，先后联合35个村办茶场和生产单位，实行集资入股，合股经营，独立核算，各计盈亏，参加单位所有制不变，分配形式不变，领导关系不变。大竹县田坝公社民兵茶场、皂角大队联办茶场、民主公社人民大队联办茶场加入联合公司成为股东后，公司将茶场所产毛茶运至国营云雾茶场代加工，所产商品茶叶交由联合公司经销，相较于社队茶场直接交售毛茶，大大增加了社队茶场的经济效益。

1991年，编制《达县地区国民经济和社会发展十年规划和第八个五年计划》，要求对已建的茶叶生产基地巩固提高，上档升级。1994年，达川地区地委、行署印发《关于加速茶叶商品基地建设的意见》：允许农户以使用权入股，建立股份合作制企业，以形成规模效益；集体茶园实行专业承包的，承包到期后，重新签订承包合同延长期至少10年，以调动承包者增加茶园基础设施投入的积极性。

1995年2月，万源市人民政府制定《关于一九九五年多种经营生产安排意见》，根据万源市"八山一水一分田"的市情，明确"发展多种经营是实现由温饱向小康跨越的关键"，将茶叶排在万源发展多种经营的十大骨干项目的首位。是年3月，万源市人民政府印发《关于一九九五年茶叶生产的安排意见》，针对茶园管理粗放、单产不高、加工落后、效益较差、名优茶品种多数量少等问题，提出"深化改革，强化管理，狠抓低改，猛攻名优，拓宽销路，提高效益"的茶叶生产发展指导思想，并成立万源市"三高"农业贷款茶叶项目实施领导小组。在深化改革方面，提倡走国营草坝茶场租赁承包鹰背乡村办茶场的路子，大力推进茶园的租赁承包制。

1998年，全市茶叶产值首次突破亿元大关。是年，全市有国有茶场3个，茶园面积267hm²；乡镇集体茶场760余个，面积5334hm²，占全市茶场总面积的70%以上；个体私营茶园2667hm²，占全市茶场总面积的25%。1999年，全市茶园面积8291hm²，总产量3817t，居全省第四位，茶叶成为达州农村经济的一大骨干产业。但随着广大农民群众多种经营的选择性更加宽泛，一些生产落后、不集中，"一老二稀三分散"的产茶乡镇逐渐退出茶业舞台。至今，仍可见农家田边地角遗存保留有几丛茶树，自采自制（图1-18）。

20世纪末的达州茶业，由于进一步提高茶叶生产水平的后劲不足，留下一系列复杂且突出的问题，与预期目标存在较大差距。从茶园分布来看，由于山高坡陡，茶园零星分散，粮茶间作，加上交通、劳力、能源、信息以及经济力量的限制，茶叶经营分散，难以形成规模；从种茶效益来看，由于生产成本大幅度提高，尤其是大宗茶的生产在各项成本大幅度提高的情

图1-18 农家田边地角保有的茶树（冯林 摄）

况下，茶价偏低，多数茶农基本无利可图，挫伤了茶农生产的积极性，相当一部分茶园失管丢荒；从企业发展来看，由于种茶效益不高，大多数茶叶企业经济效益差，生产单位进行技术、设备更新改造力不从心，不少企业亏损、倒闭和改行，生产企业很难稳定发展，剩下的是以中小企业、家庭小作坊为主体；其他诸如茶树良种化程度低、加工机械化程度不高、市场竞争力和市场开拓能力不强、较高层次产业化服务体系不健全等问题也相当突出。1993年7月，通江、南江、邻水等重点产茶县划出达县地区。1999年6月，撤达川地区，成立达州市。

第二章　茶乡达州

达州，是四川人口大市、资源富市、工业重镇、交通枢纽和革命老区，享有"巴人故里、中国气都"之称。达州坐落在茶圣陆羽笔下的"巴山"南麓，划属我国西南茶区，是川茶主产市之一，于川茶产业"C"形玉龙分布带龙头点睛处。全市7个县（市、区）均产茶，主产区万源市享有"中国富硒茶都"美誉。2014年后，大力推进茶园集中连片发展；至2022年末，全市茶叶种植面积23576.8hm²，年产干毛茶13616t，形成"一带三核四区十园"总体布局。

第一节　自然条件

一、地　理

达州市位于四川省东北部，大巴山南麓，地跨北纬30°38′~32°21′，东经106°38′~108°32′，北接陕西汉中，南邻重庆市，西靠南充市、广元市，东连重庆万州、涪陵，总面积16591km²，辖4县2区1市（开江县、宣汉县、大竹县、渠县、通川区、达川区、万源市）。

达州区位独特，是中国西部四大名城重庆、成都、西安、武汉交会辐射的中心地区。境内交通便利，襄渝铁路、G65高速公路、渠江航道横贯其中，金垭机场建成通航，成达万高铁、西渝高铁在达州十字交会，正式融入国家"八纵八横"高速铁路网。

达州境内河流密布，除众多的中小河流之外，还有起源于北部山区的巴河和洲河，其流向与山脉走向基本一致，由北向南，流经低谷，至渠县三汇镇两河汇合称为渠江，由渠县流入嘉陵江后再汇入长江。境内河流属嘉陵江水系，成树枝状分布各县、市，但除少数坪坝灌溉方便外，均流经低谷，需筑坝堵河，方能引、提灌溉。达州市地势东北高，西南低。大巴山横亘万源市、宣汉县北部，明月山、铜锣山、华蓥山由北而南，纵卧其间，全市区分为山区面积占70.7%、丘陵面积占28.1%、坪坝面积占1.2%。山地主要分布在万源市、宣汉县境内及开江县、达川区、通川区、大竹县、渠县的部分地方；丘陵主要分布在开江县、达川区、通川区、大竹县、渠县的平行岭谷向斜及渠江以西的渠县部分；坪坝呈条带状分布于境内渠江、州河、巴河及其支流沿岸。海拔高度最高2458.3m，最低222m，北部及北东边缘区一般为1000~2000m，南部北斜低山为800~1000m，向斜丘陵为300~500m，西南部丘陵为400~500m，中部低山一般为700~1000m。

二、气　候

达州市气候条件宜种茶。境内南北纬度差不足2°，却分属两个不同的气候类型区。境内南部属中国中亚热带四川气候区，包括宣汉县南部、开江县大部以及达川区、通川区、大竹县、渠县等地，此区气候温和，热量资源丰富，雨水充沛，光照适宜，具有冬暖、春早、夏热、秋凉、无霜期长的特点；北部属中国北亚热带秦巴气候区，包括万源市、宣汉县北部及开江县小部，此区位于大巴山腹地，垂直气候差异明显，雨水充沛，光照充足，但热量不足，具有回春迟、无酷暑、秋凉早、冬寒长、霜雪云雾多、无霜期短的特点。境域内以山地为主，在亚热带地带性气候类型（基带）上嵌套有多种垂直气候类型。其中，中低山较为集中的北部，山地垂直气候占主导地位，常具有"山下桃花山上雪，山前山后两重天"和"四季同山、冷热同天"的立体气候特色。

全市年平均气温14.7~17.6℃，无霜期300天左右。年平均降水量1076~1270mm，降水大多集中在夏秋雨季，盛夏少雨相对多伏旱，冬季降水特少。四季降水分布，夏季（6—8月）可占全部降水量的40.8%~48.8%，最多年可占61.7%~73.1%；冬季（12月至翌年2月）只占全部降水量的2.0%~5.7%，最少年仅占0.3%~2.5%；秋季（9—11月）占全部降水量的24.7%~29.9%；春季（3—5月），占全部降水量的21.1%~28.4%。各县（市、区）各月平均降水量以7月为最多，1月最少。各县（市、区）年平均相对湿度呈南大北小地域分布。其中，以大竹县为最大，年平均达84.7%；万源市最小，年平均为72.1%；其余县（市、区）为76.4%~81.3%。达州属全国多云区，境内山间多云雾，年日照1300~1500h。

三、土　壤

全市土壤类型分8个土类，16个亚类，39个土属，88个土种，共134.25万hm^2。其中，最主要的是紫色土类、水稻土类、黄壤土类，分别占土壤总面积的63.42%、16.39%、15.29%。大部分土壤具备茶树生长所需条件。酸性紫色土的面积4.41万hm^2，占耕地面积的34.19%，主要分布在多由砂岩盖顶的阶梯状低山顶部和单斜低山与背斜低山以砂岩出露为主的平缓地段，呈酸性反应，质地轻壤至中壤，全氮、全钾、碱解氮、速效钾的含量中等，有机质、全磷、速效磷含量低。黄壤土类分布于低山上部、中山中部、坪坝高丘顶部和少数夷平地面上。质地砂土至中黏，以重壤较多，pH值4.6~7.3多为6.2，有机质、全氮、碱解氮、速效钾的含量丰富，全磷、全钾含量中等，速效磷缺乏。

万源市东北大部、宣汉县东北小部中山区，一般海拔1500~2200m，相对高度在1000m以上，分布着棕色森林土和山地草甸土；万源市南部、宣汉县大部、达川区北部小部为台状、桌状低山区，一般海拔在600~1600m，相对高度在200~1000m，丘陵分布零星，分布山地黄壤；通川区、开江县、大竹县全部、宣汉县西南部、渠县东部为平行岭谷区，一般海拔在300~500m，并有不少坪坝，海拔在400m左右，分布有黄泥、白鳝泥、石骨子土；渠县西部、达川区西部小部为方山丘陵区，地势低陷，海拔一般在250~280m，丘陵相对高度在20~100m，石骨子土最多，还有大土泥、夹沙泥分布。

第二节　种质资源

一、群体品种

（一）地方群体品种

地方群体品种又称四川中小叶群体品种，基本属灌木型，少有小乔木型。在达州特定的地理、气候条件下，经过长期的自然选择，形成了丰富的茶树地方群体品种类型。

1979年7月10日—19日，农业部在厦门市召开茶叶生产、茶树良种繁育工作座谈会，会议要求在三五年内对全国各地的地方茶树品种资源进行调查，并印发了《茶树地方品种资源调查细则》。是年9月，四川省召开茶树良种工作座谈会，作出"要抓好茶树资源普查，摸清品种资源，争取在八五年基本要把我省茶树资源搞清"的工作部署。

1980年8月，达县地区茶果站对茶树资源调查工作进行了安排部署，指出"全区资源调查的重点，如南江大叶茶、南江金杯茶、万源矿山茶、宣汉鲁家山茶、渠县硐茶等品种"，7个县（南江、万源、宣汉、通江、邻水、大竹、渠县）分到调查任务，采取经费包干的办法，落实9名茶技人员负责。万源县依靠群众发现提供了三溪大叶茶、白羊大叶茶，宣汉县也发现了樊哙金花茶和漆碑大茶树等地方品种。1981—1984年，共搜集了20多个地方茶树良种（图2-1）。根据四川省农牧厅名茶评比会议鉴定和四川省茶叶研究所生化成分测定结果（图2-2、图2-3），筛选出万源矿山茶、宣汉金花茶、大竹云雾茶、渠县硐茶、南江大叶茶、通江枇杷茶、邻水甘坝茶等具有一定经济价值的地方品种（表2-1）。这些品种的共同特点是发芽早、持嫩性强、产量高、品质好，制出的绿茶香气高，耐冲泡，氨基酸含量和水浸出物都较高。但在当时，由于受到人力、物力、资金等条件的限制，除"南江大叶茶"外，其余均未做进一步的筛选、繁育，更没有开发利用。

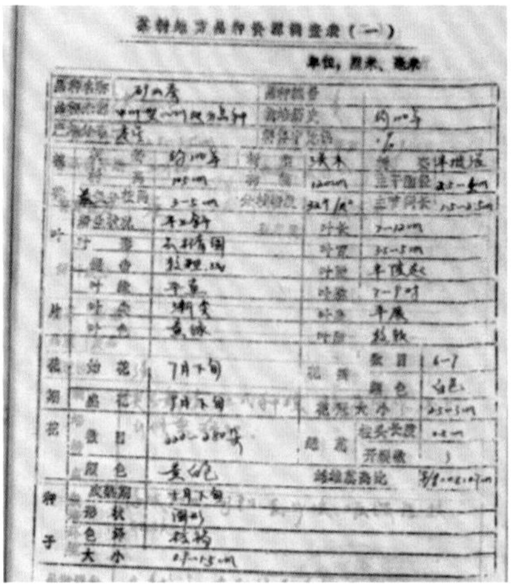
茶树地方品种资源调查表（一）

图 2-1 达县地区茶树品种资源调查期间翻印的农业部《茶树地方品种资源调查表》（万源矿山茶调查表）

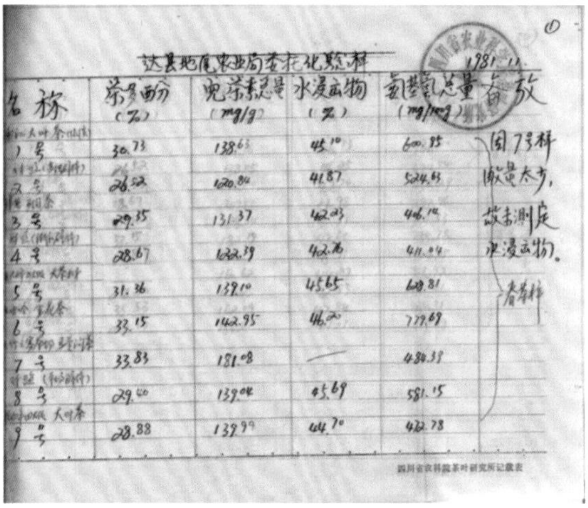
达县地区农业局委托化验样

名称	茶多酚（%）	儿茶素总量（mg/g）	水浸出物（%）	氨基酸总量（mg/100g）	备注
1号	30.73	138.63	45.10	600.85	因7号样收量太少，故未测定水浸出物。春茶样
2号	26.52	120.84	41.87	524.43	
3号	29.35	131.37	42.03	461.14	
4号	28.67	132.39	42.76	411.04	
5号	31.36	139.10	45.65	628.31	
6号	33.15	142.95	46.20	779.69	
7号	33.83	181.08	—	484.33	
8号	29.40	139.04	45.69	581.15	
9号	28.88	139.99	44.70	432.78	

四川省农科院茶叶研究所记载表

图 2-2 1981 年达县地区茶果站委托四川省茶叶研究所（永川）对茶树品种做生化成分检测的报告单（来源：达州市茶果站）

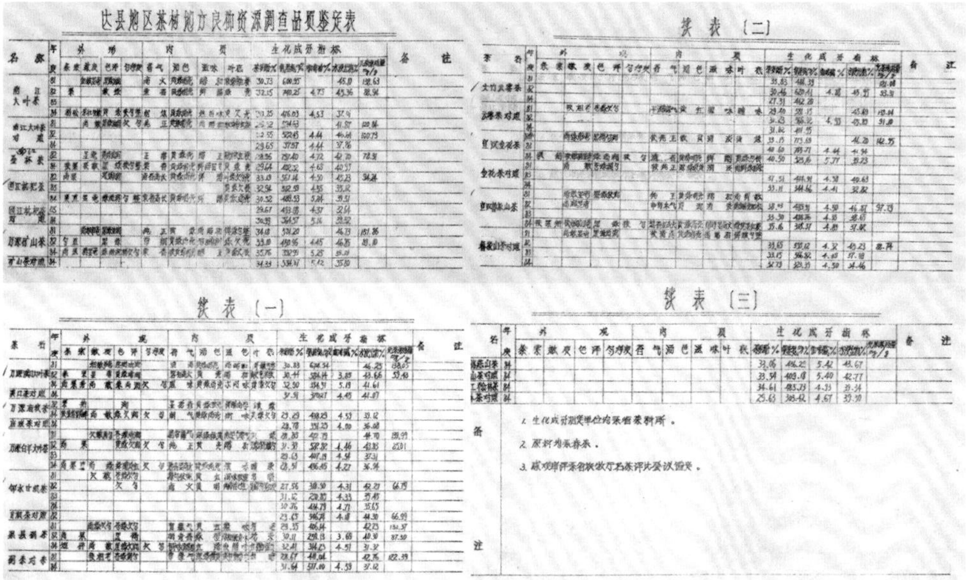
达县地区茶树地方良种资源调查品质鉴定表

续表（一）

续表（二）

续表（三）

图 2-3 1981—1984 年达县地区茶树地方良种资源调查品质鉴定表（来源：达州市茶果站）

表 2-1 1981—1984 年达县地区茶树地方良种资源调查品质鉴定表

品种	年度 / 年	茶多酚（质量分数）/%	氨基氮 /（mg/100g）	咖啡碱 /%	水浸出物 /%	儿茶素总量 /（mg/g）
万源矿山茶	1981	34.18	581.20	—	46.73	151.86
	1982	33.10	450.96	4.45	46.85	89.10
	1984	35.76	392.99	5.25	39.19	—
溪口大叶茶	1981	30.83	674.54	—	46.25	138.05
	1982	30.44	584.14	3.85	43.66	59.43
	1984	32.90	354.51	5.19	41.61	—

品种	年度/年	茶多酚（质量分数）/%	氨基氮/（mg/100g）	咖啡碱/%	水浸出物/%	儿茶素总量/（mg/g）
万源庙坡茶	1984	29.29	438.29	4.59	39.12	—
白羊大叶茶	1981	28.88	472.79	—	44.70	139.99
	1982	31.38	522.82	4.46	43.83	85.01
	1983	29.63	407.19	4.54	37.31	—
	1984	28.51	496.45	4.27	36.94	—
渠县硐茶	1981	29.35	406.14	—	42.23	131.37
	1982	31.11	259.13	3.69	40.30	87.30
	1984	32.41	314.23	4.51	31.32	—
大竹云雾茶	1981	33.83	484.39	—	—	181.08
	1982	30.46	620.41	4.88	45.95	93.31
	1984	27.31	462.20			
宣汉金花茶	1981	33.15	779.69	—	46.20	142.95
	1983	40.60	745.71	4.44	41.94	—
	1984	40.50	325.16	5.77	39.23	—
宣汉鲁家山茶	1982	38.03	485.91	4.50	46.87	97.79
	1983	33.30	498.76	4.38	38.65	—
	1984	35.16	318.37	4.89	37.02	—

注：①"—"系茶样数量少的原因，部分成分未进行测定。
②测定单位为四川省茶叶研究所（永川）。
③原表中达县地区巴中、南江、通江、邻水地方良种资源普查结果未列出。
④来源：达州市茶果站。

（二）紫阳群体品种

紫阳群体品种原产于陕西省紫阳县；有性系，以紫阳槠叶种为代表；灌木型、中叶类、中生种；万源市境内大竹河、庙坡一带分布较多；芽叶黄绿色，部分带紫色，茸毛中等，芽叶生育力强，产量中等，适制绿茶。1982年8月在临河乡（今大竹镇）茶叶品种测定结果显示，该品种含硒0.199~0.29mg/kg、茶多酚28.7%、氨基酸2.96%、咖啡碱4.37%，该品种在1985年作为优良品种在万源茶区推广。

（三）浙江群体品种

浙江群体品种以鸠坑种为代表，原产于浙江淳安县鸠坑；有性系，灌木型、中叶类、中生种；芽叶绿色，微带紫色，茸毛中等，芽叶生育力较强，产量高，适制绿茶。20世纪70年代，达州掀起"开荒建园"群众运动时期，从浙江安吉、武义等地大量引进浙江群体品种茶籽"直播"，联办茶场所植茶树多为该种。

二、无性系茶树良种

（一）名山131

名山131属无性繁殖系，省级良种；灌木型、中叶类、早芽种；树姿开张，分枝角度大；芽叶绿色，毫较多，发芽早；春茶一芽二叶含茶多酚18.7%，氨基酸5.1%，咖啡碱3.2%。2022年，达州市栽植面积约5048hm²，主要分布于万源市、宣汉县、达川区、开江县（图2-4）。

（二）福选9号

福选9号又名巴渝特早，无性繁殖系，省级良种；属小乔木型、中叶类、特早芽种；分枝较密，芽叶肥壮多茸毛，育芽力强；适制绿茶和显毫形名茶，产量高，抗逆性较强。2022年，达州市栽植面积约4587hm²，主要分布于万源市、宣汉县、开江县、达川区、渠县（图2-5）。

图2-4 万源市石塘镇栽植的名山131（来源：万源市茶叶局）　　图2-5 万源市石塘镇栽植的福选9号（来源：万源市茶叶局）

（三）白叶1号

白叶1号原产于浙江省安吉县山河乡大溪村；无性系，灌木型，中叶类；主干明显，叶呈长椭圆形；叶尖渐突斜上，叶身稍内折，叶面微内凹，叶齿浅，叶缘平；中芽种，春季新芽玉白，叶质薄，叶脉浅绿色；气温＞23℃，叶渐转花白至绿；抗寒性强，抗高温性弱；含氨基酸6.2%、茶多酚10.7%、咖啡碱2.8%；适制绿茶，品质优。2009年，大竹县试验引种白叶1号，试植表现优良，试制"白茶"品质优秀。2019年6月，四川竹海玉叶生态农业开发有限公司将其所产巴蜀玉叶牌白茶送农业农村部茶叶质量监督检验测试中心（中国农业科学院茶叶研究所）检测分析，检测结果显示所测样品含茶多酚11.4%、游离氨基酸12.0%、水浸出物49.6%、咖啡碱3.2%。2022年，全市栽植面积约2880hm²，其中大竹县1497hm²、宣汉县566hm²、万源市278hm²、渠县200hm²、达川区173hm²、开江县100hm²、通川区66hm²（图2-6、表2-2）。

图2-6 大竹县种植的白叶1号［来源：大竹县茶叶（白茶）产业发展中心］

表2-2 2022年达州市白叶1号种植面积与分布

县别	面积 /hm²	分布乡镇
大竹县	1497	团坝、月华、朝阳、乌木、高穴、妈妈、清水、清河、中华、观音、天城等
宣汉县	566	东林、黄金、天生
万源市	278	石塘、固军、旧院、石窝、草坝、鹰背、大沙、沙滩等
渠县	200	卷硐
达川区	173	龙会、罐子、米城、亭子
开江县	100	永兴、灵岩
通川区	66	碑庙

数据来源：达州市茶果站。

（四）福鼎大白茶

福鼎大白茶别名白毛茶，又名福鼎白毫，原产于福建省福鼎市柏柳村，无性繁殖系，国家级良种，属小乔木型、中叶类、早芽种；树姿半张开，分枝较密，叶片呈水平状着生；叶形椭圆，叶尖钝尖，叶色绿，叶片较厚软，叶面隆起，叶缘平整；育芽能力和适应性强，发芽密度中等，芽色黄绿，较肥壮，芽叶茸毛特多，持嫩性强，单产高；适制显毫形类高档名茶，如加工宣汉县雪眉类成品绿茶色泽绿翠、芽毫显露、粟香味鲜；亦适制红茶。2022年，达州市栽植面积约2226hm²，主要分布在万源市、宣汉县（图2-7）。

图2-7 万源市草坝镇栽植的福鼎大白茶（来源：万源市茶叶局）

（五）巴山早

巴山早系四川省茶叶研究所、万源市茶叶局、万源市科技局联合在万源市青花镇四川中小叶群体中经单株系统选育而成；无性系，小乔木型、中叶类；发芽特早，较福鼎大白茶早采15~20天；含茶多酚33.8%、游离氨基酸5.01%、咖啡碱4.89%，芽壮叶肥，持嫩性好，适应性广，抗逆性强，产量高且稳定。因是在纬度偏北、海拔较高的川东北茶区川茶群体中选育，其抗寒性较强。适制高档绿茶，成品茶香高味浓、回甘爽口、耐冲泡，具有独特的优良品质（图2-8、图2-9）。

2007年，万源市茶叶局协同四川省茶叶研究所开展四川省"十一五"重点科技攻关项目——四川省茶树特早品种选育课题《"巴山早芽"茶树地方品种选育》。2007年9月，"巴山早芽"茶树地方品种通过四川省茶树良种审定委员会审定为四川省茶树良种。2008年1月该品种经四川省农作物品种审定委员会审定为省级茶树优良品种，正式定名"巴山早"。巴山早的选育获2008年度达州市人民政府技术进步一等奖，填补了达州市无无性系茶树优良品种的空白。但由于良种繁育体系建设没有跟上，土地、市场需求等投入问题，巴山早在本地的栽种、推广面积不大，仅限于万源茶区，栽植面积337hm^2（表2-3）。雅安市名山区茶叶良种场品种园内有移植。

图2-8 "巴山早"茶树（来源：万源市茶叶局）

图2-9 巴山早茶树的新梢（来源：万源市茶叶局）

表2-3 2022年达州市各地区茶树品种栽植面积（单位：hm^2）

品种名	达州市	万源市	宣汉县	大竹县	达川区	开江县	渠县	通川区
名山131	5048	3737	1188		13	110		
福选9号	4587	3804	594		33	130	26	
白叶1号	2881	278	566	1497	173	100	200	66
福鼎大白茶	2226	1403	790				33	
巴山早	337	337						
黄金芽	261	168	43		46		4	

品种名	达州市	万源市	宣汉县	大竹县	达川区	开江县	渠县	通川区
龙井 43 号	133	45			133			
乌牛早	36	23	13					
四川中小叶群体品种	3870	3328	266		14	55	207	
浙江群体品种	3235	2656	503					76
紫阳群体品种	670	670						
其他品种	247	247						

数据来源：达州市茶果站。

第三节 产区分布

1978—1985年，农业区划研究是全国科学技术发展规划第一项重点研究项目。农业部关于1979年《全国农业科技重点项目计划的通知》和中国农业科学院《关于全国种植业区划的若干意见》指出，由中国农业科学院茶叶研究所主持全国茶叶区划研究。1982年，中国农业科学院茶叶研究所《全国茶叶区划研究报告》提出，达州的万源、宣汉、大竹、渠县、达县、开江均为商品茶生产县。《四川茶叶区划初步意见》，将达县地区与雅安、乐山及绵阳地区北部、温江地区一部分、阿坝州汶川县列为茶叶适宜区，划入川西北茶区。对此，达县地区茶果站提出意见，建议将达县地区划入川东北茶区更为恰当。

1979年9月，达县地区组建农业区划委员会，负责境内农业资源调查及农业区划工作。1981年，达县地区茶果站开展了全区茶叶生产区划工作，并提出了《对达县地区茶叶生产区划的意见》。根据茶树生态条件及适生区域，结合达县地区的地形地貌、气候特征、生态条件等，将境内总体划分3个不同等级的茶树栽培适生区域。其中，华蓥山茶区包括境内华蓥山、铜锣山的大竹、渠县、开江、达县、邻水的一部分低山区，为最适生区。该区地势相对较低，茶园一般分布在海拔300~700m，年平均气温在16.7~17.9℃，极端最低气温＜-5℃，≥10℃的年积温5250~5740℃，年降水量1000~1200mm，相对湿度80%左右，无霜期290~310天，土壤多为冷砂黄泥和卵石黄泥，光照强、热量足，茶叶生长快、生育期长，茶叶产量较高。1980年该区域茶园约有4000hm²，产茶1.5万担。米仓山茶区系大巴山复式背斜，米仓山南部的万源、宣汉、南江、通江及平昌、巴中的一部分中山区，为适生区。该区地势相对较高，茶园一般分布在海拔600~1000m，年平均气温14.7~16.9℃，极端最低气温＜-8℃，≥10℃年积温4490~5350℃，年降水量1100mm以上，无霜期240~280天，土壤多为卵石黄泥、冷砂黄泥、矿子黄泥或红紫泥。

该区热量稍次，空气湿度大，云雾多，适宜茶树生长。该区是达县地区主要茶区，时有万源、宣汉两个全国茶叶5万担基地县，1980年该区有茶园约10666hm²、产茶1500t。境内海拔1100m以上的高山区，因地势高、坡度陡、气温低，极端最低气温＞–12℃，霜雪大，易受冻害，无霜期在200天左右，茶树生育期短，年产量不高，经济效益低，不宜种茶，划为不适生区。1980年，该区有茶园约1000hm²。

1983—1984年，达县、宣汉、开江、万源、通江、南江、巴中、平昌、大竹、渠县、邻水11个县茶果站均完成了各自县内茶叶资源调查及区划报告工作，为地区综合农业区划编制工作提供了重要依据。1986年，地区综合农业区划编制完成，将境内分为3个一级区及其3个亚区。其中，南部平行岭谷农工商综合发展区（Ⅰ）包括达县市、开江、大竹、渠县及达县大部及宣汉县少部地区，中部低山农林特加并举区（Ⅱ）包括宣汉县大部、达县及万源的少部地区，两个区域均为特产茶叶区。万源市的大部及宣汉县少量地区，一般海拔高度1000~2000m，为北部中山林牧矿产综合开发区（Ⅲ），茶叶商品生产相对不易。

2014年，达州市人民政府实施达州市富硒茶产业"双百"工程，将全市6个县（市、区）划为茶叶产区，总体构成"一带两核四区十园"产业布局。"十四五"期间，达州市茶叶产业发展扩大至7个县（市、区），总体布局又上升为"一带三核四区十园"。不论如何，达州市始终遵循将茶叶产业布局在境内适生区的客观规律。

一、万源茶区

万源市地处四川东北边境，达州市北部，东临重庆市城口县，南接宣汉县，西抵巴中市平昌、通江两县，北与陕西省镇巴县、紫阳县毗邻，面积4065km²。境内山峦起伏，沟壑纵横，最高海拔2412.9m，最低海拔352m，大部分地方海拔600~1400m。万源市位于中国南北气候的分界线和嘉陵江、汉江的分水岭，为北亚热带季风气候，气候温暖湿润多雾，雨热同季，分布不均，垂直变化大，立体气候明显。年平均气温14.7℃，年平均无霜期236天，年平均降水量1169.3mm，年平均日照时数1474h。境内有中河、后河、秦河、喜神河、肖口河、任河、白沙河7条主要河流，分属渠江、汉江两大水系，全市流域20km以上的河流有52条，地表径流为29.2亿m³，境内水资源总量为31.42亿m³。境内共有6个土类，13个亚类，29个土床，64个土种，24个变种。宜茶土壤类型主要有：酸性紫泥土、粗骨性黄泥、矿子黄泥、冷沙黄泥、砂黄泥，以冷沙黄泥土壤生产的茶叶品质最佳，且产量高。但宜茶土壤往往与碱性或含钙较高的石灰性土壤成复合区分布，坡度多在25°以上。宜茶土壤垂直分布，海拔400~1600m，由高向低为山地黄棕壤、矿子黄泥、盖沙黄泥、紫泥土等，以海拔600~900m处分布的土壤最宜种茶。

境内留存的北宋大观年间岩刻文字《紫云坪植茗灵园记》，证实其具有悠久的种茶历史。1949年，万源约有零星丛植茶园1200hm²，产茶159.15t，分别占达州茶园面积、产量的78.74%、49.58%。改革开放后，万源各色优质名茶开发迅速，享誉海内外。20世纪90年代后，由于大量青壮年劳动力外出务工和县办、村办茶场（厂）经营不善，万源茶业步入发展低谷，但茶叶作为万源的传统产业和最具优势特色农业产业仍具有深厚的发展底蕴。到1999年，茶园面积4466.67hm²，产量1980t，分别占达州茶园面积、产量的53.87%、51.87%。

2019年撤乡并镇前，万源52个乡镇中有48个乡镇产茶。撤乡并镇后，全部31个乡镇中除官渡镇、白沙镇外，其余29个乡镇均出产茶叶，其中茶叶基地乡镇26个、茶叶专业村42个。万源现已发展成为"四川茶业十强县"，享有"中国富硒茶都""四川省富硒名茶之乡""中国名茶之乡"等美誉。2022年，茶树种植面积16696.3hm²，产茶6958t。培育茶叶加工企业38家，茶叶专业合作社40家，其中国家级农业产业化经营龙头企业1家、省级龙头企业2家、市级龙头企业8家。

根据地貌特征、乡镇界线和传统习惯，万源市境内又分为白羊茶区、大竹河茶区、青花茶区西部茶区4个茶区。

图2-10 四川最美茶乡——白羊生态茶园（来源：万源市茶叶局）

（一）白羊茶区

白羊茶区以固军镇（辖原白羊乡）、石塘镇为中心，包括固军、石塘、井溪、旧院、铁矿等产茶乡镇。2022年，白羊茶区共有茶园面积约11000hm²，产茶4500t。以固军镇、石塘镇为中心创建四川省四星级现代农业园区1个（图2-10）。

（二）大竹河茶区

大竹河茶区位于万源东北角，处于任河中游，以大竹镇为中心，东临重庆市城口县，西、北与陕西省紫阳县接壤，重点产茶乡镇有大竹（辖原庙坡乡）、临河、庙子、白果（辖原钟亭乡）、紫溪、皮窝，是万源富硒茶主要产区。2022年，大竹河茶区有茶园面积约1600hm²，年产茶叶700t。

（三）青花茶区

青花茶区以青花镇为中心，重点产茶乡镇有青花、沙滩、长坝、永宁、长石、太平镇（辖原茶垭乡部分），位于后河上游，210国道、襄渝铁路纵贯南北。青花茶区宜茶土壤多砾岩形成的卵石黄泥土、冷沙黄泥土、红紫泥土，光热条件好，茶叶品质优。2022年，茶区茶园面积约2500hm²，产茶1000t。

（四）西部茶区

西部茶区以草坝镇为中心，位于万源西南部，是万源市茶文化发祥地，重点产茶乡镇有草坝（辖原柳黄乡、新店乡）、石窝、曾家、罗文、河口（辖原秦河乡、庙垭乡）、大沙、鹰背、玉带、黄钟、竹峪等乡镇，著名的《紫云坪植茗灵园记》摩崖石刻就留存于茶区石窝镇。该区以原国有草坝茶场为代表，在海拔1000m左右的荒坡、岭脊、残林隙地垦殖的等高条植乡、村茶园，土壤多紫色土、黄红紫泥土，农耕条件较好，但茶园交通不便，缺乏加工条件。农村经济体制改革后，茶园多荒芜，茶叶产量略占万源总产量的10%。2022年，茶区茶园面积约1600hm²，产茶760t（图2-11）。

图2-11 西部茶区草坝茶园风貌（来源：万源市茶叶局）

二、大竹茶区

大竹县位于达州市南部，地跨北纬30°20′~31°58′、东经106°59′~107°32′；东临重庆市梁平区、垫江县，南连邻水县，西界广安、渠县，北接达川区；面积2078.79km²，有"扼川东之门户，锁达渝之咽喉"之称。大竹县地形由大巴山系向南延伸的华蓥山（西山）、铜锣山（中山）、明月山（东山）平行排列，东北—西南走向，斜贯全境，形似"川"字。"三山"一般海拔900~1000m，相对高度500~600m。"三山"之间为较宽且长的两槽浅丘地带，海拔多在300~500m。其地势中部高，南北低，构成似"州"字形的"三山两槽"地貌，最高海拔1196.2m，最低海拔300m。属四川盆地中亚热带湿润区，四季分明，热量丰富，雨量充沛，雨热同季，日照适宜。年均日照1166.5h，气温16.5℃，降水量1217.2mm，无霜期284天，相对湿度为78%~89%，土壤多为黄泥土、黄夹泥土、石骨子土、黄泡泥土，自然条件适合茶树的生长发育。

大竹县有较早的种茶历史，清代以前大竹县已产茶。城西境内的云雾山和八渡境内的大树垭地带，尚有过去遗留下来的老茶树。老农反映说："过去白坝、周家一带茶树较多，生产的茶叶叫后山茶，滋味醇和，耐冲泡，群众都喜欢饮用。有的茶农专职生产茶叶运到梁平、垫江等地出售，换回粮食为生。"民国年间，人民不得温饱，茶农弃茶种粮糊口，茶山荒废，"后山茶"失传。

1949年，全县有零星茶园20.67hm²，产茶9t。到1957年，已有大队联办茶场4个、队办茶场290个。1970年，茶园面积140hm²，产茶70.5t。1970—1975年，大竹县委、县政府采取多种形式，组织社、队开荒种茶，农业部门和外贸部门承担茶技辅导工作，茶叶生产发展提速。1975年茶园总面积1333.33hm²，是年，全县推广出口红碎茶生产。1976年，全县茶园面积1466.67hm²，有联办茶场132个、队办茶场44个，生产茶类主要有川（烘、炒）绿茶和红碎茶，其次是工夫红茶、花茶、沱茶。1979年开始，狠抓茶叶技术改革，是年产茶326.6t，其中，产细茶196t，较1977年提高21.4%。1980年，有85个重点茶场，其中，国营茶场2个，社办茶场3个，联办茶场80个，场员2626人，茶园面积862.53hm²。全县13个区，44个产茶公社，依山脉划分为11个茶叶带，分别是四方山茶叶带、白云茶叶带、云雾山茶叶带、华蓥山茶叶带、万里坪茶叶带、老龙洞茶叶带、清贫寨茶叶带、白岩山茶叶带、铜体河茶叶带、插旗山茶叶带、峰顶山茶叶带。1985年，产茶620t（其中细茶产量占60%），产值210万元。1986年，大竹县获批全省优质红碎茶基地县。1987年，引进云南大叶种、南江大叶茶，建立名优茶基地133.33hm²，但在境内的性状表现一般。1990年，有国营茶场2个，乡、村、社集体茶场146个，户办茶园471个，种茶面积1212.2hm²。20世纪90年代中后期，由于外贸体制改革，红碎茶逐渐停产停销，加之所植茶树品种适制性问题，导致名优绿茶开发跟不上市场需求，产品不适销对路。1994年，大竹县茶果站在达川地区茶叶学会召开的第一届二次会员代表大会上首次提出"开发一只名茶，建设一片基地，创立一块牌子，办好一个实体，富裕一方农民"的产业振兴思路。2000年，实施"国退民进"战略，随后"两场一司"（即国营观音茶场、国营云雾茶场、大竹县农工商联合公司）关闭，全县茶叶发展跌入低谷，至2002年全县茶园面积仅剩800hm²。

2009年11月，大竹县内首批引种"白叶1号"茶树良种3000株，植于团坝镇白坝村曾家沟。翌年春，茶苗吐露嫩芽，白化度好，且较之原种源地早发7~10天，"白茶"产业随即受到重视，随后全县掀起"白茶"种植热潮，原有茶园生机日渐恢复。至2022年，全县茶园面积1497.7hm²，产茶586t，有茶叶经营主体44家。

目前，大竹县茶产业形成"一核三带多片区"总体布局。即以团坝镇白茶基地构成大竹白茶产业发展的核心区，以铜锣山、华蓥山、明月山三条山脉为主线形成大竹白茶产业三条示范带，全域组成以团坝镇、高穴镇、清水镇、清河镇、观音镇等乡镇为主的多个重点片区。

（一）团坝镇白茶核心区

团坝镇是大竹县"白茶竹引"起源地。团坝镇因茶而兴、因旅而旺。2020年5月，因白茶产业特色优势突出，发展态势良好，在县村级建制调整时，团坝镇原白坝村和赵家村两村合并为一个特色产业村——白茶村，成功打造了云峰茶谷AAA级景区，为大竹县茶旅融合发展示范重镇。2022年11月，团坝镇（白茶）被农业农村部评为第十二批全国"一村一品"示范村镇。2022年，该区域共有茶叶企业6家，其中农业产业化经营省级重点龙头企业2家；茶叶种植专业合作社7家，茶叶种植家庭农场2个，培育有"国礼""蜀玉白月""巴蜀玉叶"等品牌。2023年9月，团坝镇白茶村被农业农村部评为"中国美丽休闲乡村"。

（二）铜锣山（白）茶带

铜锣山（白）茶带主要分布在铜锣山脉（中山）的西侧面，涵盖月华镇、朝阳乡、乌木镇、团坝镇、川主乡、高穴镇、妈妈镇7个乡镇。茶区基础设施设备配套较为完善，是现代白茶农业园区示范基地、茶旅文化培育基地和良种茶苗繁育示范基地。茶区依托云峰茶谷AAA级景区、巴蜀玉叶茶文化馆、茶文化公园，打造"曾家沟育苗基地—攀岩—云峰寨—茶园基地—国峰公司"和"曾家沟育苗基地—竹海玉叶公司—茶园基地—观光亭—滑翔—云峰民宿"茶旅线路2条。2019年，大竹县铜锣山大竹白茶现代农业园区经达州市人民政府命名为达州市现代农业园区。2022年，铜锣山（白）茶带有茶园总面积774hm²，占全县总面积的51.7%，年产白茶305t，占全县总产量的52.05%；有茶叶公司9家，其中农业产业化经营省级重点龙头企业2家、农业产业化经营市级重点龙头企业2家；注册有"巴蜀玉叶""国礼""云谷凡叶""蜀玉白月""玉顶山""竹尖香玉"等商标12个，有茶叶种植专业合作社13家，其中省级示范农民合作社1家，县级示范家庭农场3家。

（三）华蓥山（白）茶带

华蓥山（白）茶带现为大竹县第二大茶区，分布在华蓥山脉东侧面的万里坪、中华山、九盘山、云雾山、青山等地，山麓"峰奇、石怪、山绿、谷幽"，山势雄伟，山色秀丽，常有云雾缭绕。主要产茶乡镇有清水镇、清河镇、中华镇。境内交通便利，包茂高速G65、国道210竹庞路贯穿南北，张南高速G5515、国道318横跨东西。2020年，大竹县云雾山白茶现代农业园区经大竹县人民政府命名为县级现代农业园区。2022年，茶区有茶园面积667hm²，占全县总面积的44.56%，年产茶249t，占全县总产量的42.49%，有茶叶公司7家、茶叶种植专业合作社13家、家庭农场3家，其中农业产业化市级重点龙头企业1家、县级示范家庭农场3家，注册茶叶品牌商标11个。该茶区着力打造清水筑生态康养白茶示范园、云雾山茶旅经济融合发展示范园（三国古道—白茶现代农业园区—云雾古寺）、文化古镇白茶示范园（踏水桥—哨楼弯—龙洞坝脆李—万里坪）。

（四）明月山（白）茶带

明月山（白）茶带主要分布在明月山的西侧面，产茶乡镇主要有观音、天城、四合等，是大竹白茶发展和川渝特色产业合作的主阵地。明月山山势险峻，奇峰错列，植被丰茂，松杉竹林翁翳蔽日，最高峰为峰顶山，最高海拔1183m。2022年，茶区有茶叶专业合作社3家，茶园面积56hm²，占全县茶叶总面积的3.74%，年产茶32t，占全县茶叶产量的5.46%。

三、宣汉茶区

宣汉县地处达州市中北部，东北接重庆市城口县，东邻重庆市开州区，南界开江县，西接通川区、达川区，西北邻平昌县，北连万源市。县地东北高西南低，在四川地貌区划中属米仓山大巴山中山区和盆北低山区、盆东平行岭谷区的一部分，以低山和低中山为主。全县多年平均气温16.8℃，年均日照1596.8h。年均无霜期，坝丘区约296天，中山区约210天。年均降水量1213.5mm，一般夏半年（5—10月）降水占全年79%，但常有夏伏旱出现。境内宜种茶土壤有灰棕紫泥、棕紫泥、暗紫泥、沙黄泥、山地黄泥等。

宣汉县种茶历史悠久。《宣汉县志》记载："茶叶上市始于明朝宣德年间，产量400多担。除自食外，还远销陕西、甘肃、青海等地。"《达州市志》亦载："一千多年以前，县内就生产白秀茶、金花茶、天龙茶、鸡鸣茶等品种，以其体厚耐泡，香味醇浓，回味清香的独特风味远销外地。"20世纪80年代调查发现境内土黄、樊哈、新华等地深山河谷一带有几百年的老茶树，树高3~4m。作为四川老茶区之一，茶叶一直是当地农民"油盐钱"所依赖的"摇钱树"，也是宣汉县第一个出口创汇美元的农产品。1949年，全县茶园面积200hm²余，产茶121.6t。1950年，中茶公司西南区公司将宣汉县列为西南三省20个产茶县之一。1956年，通过对原有零星老茶树实施改造和种子直播发展，种植面积达到360hm²、产量241t。1961—1971年，农民将房前屋后茶树砍挖改种粮食和蔬菜，茶园面积下滑到206hm²，产量下跌至160t。20世纪70年代中期，宣汉县响应号召，掀起开荒种茶热潮。1974年，宣汉茶园面积突破2200hm²。1974年9月，四川省农业局、外贸局根据全国茶叶会议精神，将宣汉县列入全省8个年产茶5万担左右的县发展规划。1977年，"全国年产茶五万担经验交流会"确定宣汉县为1980年达到5万担的县。1979年，有重点社办茶场5个，大队办茶场6个，生产队联办茶场71个，产细茶109t。1981年，全县内销绿茶150t，主销国内西北各省及东北、西藏、新疆等地；外销红碎茶350t，主销英国、美国、法国等西欧国家。1984年，全县有"初精合一"社队加工茶厂18个，分布于全县12个茶区，拥有各式制茶机具241台（套），其中各式揉茶机108台、揉切机32台、烘干机34台、拣梗机20台以及杀青机、分筛机、风选机等74台，年加工量1000t以上，基本实现了加工生产半机械化。20世纪90年代中期后，大量茶园弃管还林。

自2014年，随着国家脱贫攻坚与乡村振兴战略的实施，达州市富硒茶产业"双百"工程的推进，宣汉茶业发展逐步提档升级。目前，宣汉县按照"跨域连片扩面、借力提质创牌"思路，制定"一带三组团"茶产业布局，着力建设"巴山大峡谷—北部山区生态锌硒茶示范带"核心产区，发展"石铁—樊哙—马渡关—土黄"优质绿茶主产、"东乡—黄金"高端白茶辅产、漆树良种红茶补产三大组团功能区。2022年，宣汉县茶园总面积3962.7hm^2、产茶5022t。

根据地貌特征、乡镇界线和传统习惯，全县又分为前河茶区、中河茶区、西部茶区、南部茶区。

（一）前河茶区

前河茶区包括华景乡、原月溪乡、白马乡、土黄镇、原三胜乡、原沙坝乡、樊哙镇、三墩乡、漆树乡、渡口乡、原河口乡、原鸡唱乡等12个乡镇。前河中游黄石乡、南坝镇、塔河乡、下八乡、上峡乡、原团结乡、原东安乡、原龙观乡、原平楼乡、峰城乡、桃花乡等11个乡镇，由于茶园全部为山坡梯形茶园，加之品种老化，于20世纪90年代后期，茶叶种植大部分弃茶还林。前河下游芭蕉乡1个乡，缘于与前河中游茶区同样原因，弃茶还林。2022年，前河茶区种植面积约2180hm^2，皆分布在前河上游，约占全县茶叶种植面积的55%。

（二）中河茶区

中河茶区以石铁乡为中心，与万源的固军镇相邻。重点产茶乡镇有石铁、新华、原河坝、黄金等4乡镇。2017年，在脱贫攻坚战略下，为推动产业扶贫，石铁乡新建良种茶园33hm^2；黄金镇有浙商沿陡坡新辟茶园200hm^2，栽植白叶1号、黄金芽。其余多数弃茶还林，散布于林间，相对集中的大窝茶、围墙茶、四边茶仍有利用。2022年，中河茶区种植面积1100hm^2，占全县茶叶种植面积的28%。

（三）西部茶区

西部茶区以马渡关镇为中心，重点产茶乡镇有马渡关镇、红峰镇2个乡镇。马渡关镇原有种植茶园65hm^2，已弃茶还林。2015年，马渡关镇党委借助达州市富硒茶产业"双百"工程的实施，规划建设马渡关石林茶海观光农业园，引进业主半年建成茶园66hm^{2}余，纳入达州市十大精品茶园。胡家镇原有种植茶园55hm^2，亦弃茶还林。2020年，红峰镇引进业主开发利用林下老茶园40hm²。2022年，西部茶区茶叶种植面积约240hm²，占全县茶叶种植面积的6%。

（四）南部茶区

南部茶区以天生镇、东乡街道原东林乡为中心，是2017年以后新发展白茶核心区。2022年，种植白叶1号396hm²，占全县茶叶种植面积的10%。

四、达川茶区

达州市达川区地处北纬30°49′~31°33′，东经106°59′~107°50′，东邻宣汉县、通川区、开江县，南接大竹县、重庆市梁平区，西与渠县交界，北和平昌县接壤。达川区位于成渝地区双城经济圈北翼，万达开川渝统筹发展示范区核心腹地，是达州市主城核心区，辖20个乡镇、4个街道，面积1550.3km²，人口80.2万，是全省乡村振兴先进区和现代服务业强区，素有"东川之秀壤，西蜀之名区"的美誉。全区耕地4.6万hm²，耕地大部分为侏罗纪沙溪庙组和蓬莱镇组的砂、泥岩分化而成。据土壤普查测定，平均有机质含量高达1.15%，全氮量为0.097%，速效磷为6.2mg/kg，速效钾为76mg/kg，土壤pH值5.5~6.5。丘陵酸性土壤占耕地总面积的30%以上，适合种植茶叶面积达1.34万hm²以上。

民国《四川省方志简编》载："达县以稻麦茶为大宗。"达县茶树种植的发展，是在1963年以后，尤其是1974年全国茶叶工作会议以后。1963年，从万源引进四川中小叶群体品种，分布于大风、碗厂、景市、葫芦、碑高等社。1974年前全县有茶园面积66.67hm²左右。1974年，引入浙江鸠坑群体品种，广泛分布于各种茶区、社，面积、产量逐年上升。1978年，从邻水引入云南大叶种，播植于渡市、龙会两地。据1980年达县地区重点茶场情况登记调查，时有重点茶场43个，茶园面积445.33hm²，茶叶产区主要分布在渡市、大树、堡子、赵家、景市、管村、米城、金石、南岳、红星、蒙双、亭子、新桥、麻柳、河市、碑庙、碑高、马家、龙会、大垭、平滩、百节、黄庭、罗江等区乡。1981年，全县产茶47.5t，其中细茶56.67t，亩产茶叶13.5kg，总产值近14.5万元。1982年，全县实有茶园面积600hm²，在管面积500hm²，投产面积233.33hm²，茶场69个，其中社办场3个，大队场58个，队办场8个、分布在11个区39个公社。

20世纪90年代，开发了"三清碧兰""平顶碧芽""米城银毫""千口银针"等在全省认知度较高的茶叶品牌，带动了当地的经济发展，成为当时全县特别是海拔较高的乡镇农民增收致富的重要产业。随着市场经济的发展，农村劳动力急剧减少，对全县茶叶产业形成了较大冲击。由于长期人力、财力投入的不足，缺乏有序发展的长效机制，严重地制约了全县茶叶产业发展水平。同时，由于茶区地处山区，交通、用水等制约因素突出，管理粗放，生产水平低，规模化程度小，综合生产能力不高，基础十分薄弱。加之产业企业化程度低，企业参与面窄，示范带动作用有限，辐射范围小，品牌效应不突出，优势不明显，内在潜力未发挥，本身品质未挖掘，导致全县茶叶得天独厚的优势蕴藏的巨大经济价值和社会效益没有完全发挥。从2005年起，达县逐步加大了对茶产业的扶持力度，不论是政策还是资金都全力支持茶产业的发展。全县恢复茶叶种植乡镇达到28个，面积33.3hm^{2}以上的茶园5个，13.3hm^{2}以上的茶园18个，培育茶叶加工企业3家，茶叶专业合作社5个，家庭式作坊超过50家。目前，全区已形成东南部和西部两大优势产区。东南部茶区以景市镇为中心，包括南岳、平滩、万家、大树等乡镇。西部茶区以龙会、罐子等乡镇为中心，涉及大堰、米城、石桥等乡镇。2022年，全区茶叶种植面积412.1hm^2，产茶245t。

五、开江茶区

开江县位于达州市东部，介于北纬30°47′41″~31°15′39″、东经107°41′46″~108°05′16″，面积1032.55km^2。县境为川东平行岭谷区，坪坝占25.03%，丘陵占31.59%，低山占43.38%，最高海拔1375.7m，最低海拔272m，有"巴山小平原"的美誉。东南部有南门场山（南山）与重庆梁平分界，西北部有七里峡山与宣汉接壤，北部是大巴山南坡，中部明月山将县境分为前后两厢，两厢内诸多丘陵与坪坝广布，土地肥沃，有"梁平坝子新宁田，种上一季管三年"俗语。全县宜茶土地面积约1.2万hm^2，其中，坡度25°以下适合种茶的面积近6667hm^2。

新中国成立前，开江茶区因战乱受摧残，茶园荒废，生产极度衰败。到1949年仅长岭乡产茶，且多数零星分散，种植很不规范，成片仅6.7hm^2，年产茶仅13.35t。新中国成立后，全县茶业得到发展。广福镇双河茶场1958年在全县率先发展茶叶，由双河口村3个生产队联办，统一从浙江龙井茶场采购茶苗种植，是达州市最早的联办茶场，是出口创汇的重要基地，因外贸茶兴旺近半个世纪。1973年，全县有6个区、23个公社、39个大队、227个生产队种茶，茶园面积发展到654.87hm^2，其中，联办茶场面积348.33hm^2，生产队茶园面积215.8hm^2。1979年，有单个面积10hm^{2}以上的重点社办茶场3个、大队办茶场16个、生产队联办茶场1个，经营方式由过去零星分散种植，逐步变成相对集中成片。制茶工艺由原始的脚蹬手揉，逐步变成半机械化、机械化加工，绿茶生产逐步转为烘青、炒青，茶叶品质和产量都有所提高。

2022年末，开江县有茶园基地13个，茶叶种植面积394.7hm^2，年产量433t，主要分布在广福镇兰草沟村，讲治镇镇龙寺村，永兴镇柳家坪村、门坎坡村、开源村，灵岩镇社区、白竹山村，普安镇罗家坡村等地。形成了3个茶叶产区，分别是广福茶区，以南门山开江一侧广福镇为中心，辐射八庙、长岭、任市等乡镇，茶叶经营主体主要有达州天池金鳞茶业有限公司、开江县福龟茶叶种植专业合作社、开江县双河鸿鑫茶叶有限公司；讲治茶区，以明月山北缘讲治镇为中心，辐射普安、新宁等乡镇，主要企业有四川双飞农业开发有限公司、达州市蜀茗茶叶种植专业合作社；灵岩茶区，以大巴山南坡灵岩镇为中心，辐射永兴、梅家等乡镇，有白竹山茶园、天源油橄榄—白茶基地、李家嘴茶园、翰林村茶园、柳家坪村茶园。

六、渠县茶区

渠县位于四川省东部、达州市西南部，总面积2018km²，地处渠江流域核心区，与广安、南充、巴中山水相连。据《渠县志》卷二十八茶法记载：渠县旧不产茶，于清雍正九年奉文设立茶商，认销通江县茶；清乾隆五年，渠县盐茶纳入税贡。"硐茶"由卷硐场而得名，距今已有200多年，现在卷硐境内的观音岩、龙潭乡的龙寨文家湾和汇南乡的青山一带，尚有过去遗留下来的老茶树。

渠县是四川盆地东北边缘开发较晚的历史茶区。这里峰峦叠翠、沟壑纵横、气候温和、雨量充沛，山顶自然植被保存较好，并有大量次生株夹杂其间，水源涵养丰富，土壤流失较少，pH值4.5~5.5，海拔650~1200m，年平均温度16℃，年降水量1500mm以上，年日照数1000~1200h。西南大学茶学教授刘勤晋认为，渠县茶区"实为四川省东部难得的'冬无严寒、夏无酷暑'的山地茶区之一"。20世纪70年代，渠县兴起开荒种茶热潮。1974年，渠县东安、新兴、卷硐、奉家、望溪、双土、龙潭、大峡、汇东、汇南、大义、义和、农乐、龙凤等公社开始开荒种茶，茶园由过去零星分布在卷硐、龙潭、汇南等乡的约13.33hm²，发展到三汇、临巴、琅琊、大峡、卷硐等区乡333.33hm²。新发展的茶园成片集中，由生产队联合经营，专业化基础好，建设质量较高。20世纪70年代末，全县茶园面积达666.hm²。1984年产茶150t，以炒青绿毛茶为主，并且出现了亩产细茶超过300斤的大面积丰产茶园——大峡乡白水茶场和东方茶场。1991年，渠县供销社茶厂"龙洞牌一级茉莉花茶"获中商部优质产品称号。渠县茶叶珍眉、贡熙、绿眉、雨茶、硐茶系列茶产品被收录进《中国食品工业年鉴》。

2022年，全县茶园面积470hm²，年产茶290t。茶区以临巴镇、卷硐镇为重点，另有三汇镇、新市镇、贵福镇等产茶乡镇，主要茶叶企业有四川秀岭春天农业发展有限公司、四川蜀凰生态农业有限公司。

七、通川茶区

通川区位于达州市中部，州河北岸。地理位置介于北纬31°11′~31°24′、东经107°22′~107°38′。1976年，经国务院批准，析达县城关区置达县市；1978年，复兴公社、磐石公社划入达县市；1993年，更名达川市；1996年6月，更名通川区。1979年，有重点茶场2个，分别为1976年10月新建大队联办茶场磐石十四大队茶场，茶园面积13.33hm²，场员14人；1977年10月新建社办茶场复兴茶场，茶园面积20hm²，场员124人。1979年，幼龄茶园即产细茶900kg。碑庙十二大队队办茶场，时属达县，1977年办场，有茶园面积10hm²，场员14人；五大队茶场，1974年办场，有茶园面积6hm²，场员10人。2013年7月18日，区划调整将原达县碑庙镇等乡镇划归通川区管辖。2019年后，通川区在碑庙镇千口岭村、锣鼓村引进业主，兴办茶企2家，种植白叶1号茶树良种约66hm²，建设区级现代农业园区。2022年春，对复兴镇铁山茶场老茶园实施台刈，当年夏秋，新枝丰茂，恢复试制名茶"铁山剑眉"。注册品牌商标有"千口一品""巴晓白""铁山剑眉"等。2022年，通川区有茶园面积143.3hm²，产茶82t，同时借助城市近郊优势，着力打造"巴山茶文化主题公园"等精品茶旅项目，建设达州茶文化、茶产业、茶科技统筹发展新高地。

第四节　中国富硒茶都

一、万源茶叶含硒量的测定

1990年，四川省科学技术委员会下达"万源县富硒茶开发研究"项目，"万源县土壤和茶叶含硒量的测定"作为项目重要研究内容。1990年6月至1992年6月，西南农业大学刘勤晋对万源县庙坡乡、皮窝乡、大竹河区、固军乡、旧院区、白羊乡、钟亭乡等区域3批共111个茶叶样品和8个土壤样品进行了含硒量测定。结果表明万源茶叶中含硒量的频率分布呈近正态分布，含硒量在0.2~0.5mg/kg范围的占70%以上（表2-4、表2-5、图2-12）。1992年9月11日，由四川省科学技术委员会下达，西南农业大学和万源县草坝茶场共同承担的星火计划项目"巴山富硒茶系列产品开发"成果验收鉴定会在四川大学学术交流中心举行。由来自农业、外贸、医学、经济等方面的专家组成的评委会听取了项目工作总结、技术报告，审阅了各项技术文件，审评了样茶，认为"研究成果填补了四川天然保健食品研究的一项空白"。

表 2-4　1990—1991 年万源县主要产茶区茶叶含硒水平

地域	含硒量范围 /（mg/kg）	平均含硒量 /（mg/kg）	标准差	变异系数 /%	样本数 / 个
草坝	0.184~0.534	0.358	0.087	24.27	30
青花	0.037~0.515	0.327	0.132	40.28	54
旧院	0.157~0.623	0.352	0.144	40.09	16
大竹河	0.262~0.670	0.485	0.151	31.22	16
全县	0.037~0.670	0.359	0.135	37.53	117

表 2-5　万源茶叶和土壤含硒量的频率分布

含硒量 /（mg/kg）	占总样本数 /%			
	1990 年 10 月		1991 年 5 月	1991 年 12 月
	51 个茶样	8 个土样	29 个茶样	31 个茶样
0.0~0.1	5.9			16.1
0.1~0.2	7.8	37.5		29.0
0.2~0.3	13.7	12.5	27.6	45.2
0.3~0.4	31.4	25.0	44.8	6.4
0.4~0.5	25.5	12.5	27.6	3.2
0.5~0.6	7.8	2.5		
0.6~0.7	5.9			

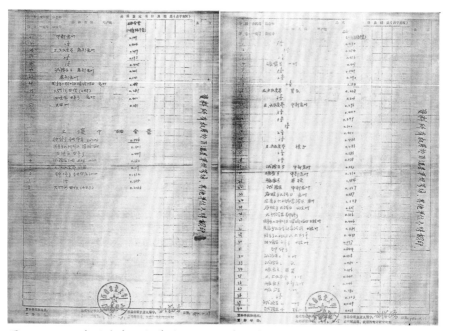

图 2-12　1990 年西南农业大学对万源县土壤和茶叶含硒量的测定报告（来源：达州市茶果站）

我国对富硒茶的硒含量水平尚无统一的标准。程良斌等在1989年提出茶叶硒水平标准为：低硒茶＜0.1mg/kg，中硒茶0.1~0.35mg/kg，富硒茶0.35~5mg/kg，高硒茶＞7mg/kg。刘勤晋根据对万源县茶叶的实测结果，提出富硒茶的标准为：一般茶＜0.1mg/kg；中硒茶0.1~0.4mg/kg；富硒茶＞0.4mg/kg。参照此标准，万源县茶叶的普查结果显示，万源县55%以上的茶叶达到富硒茶标准（富硒茶＞0.4mg/kg）。

2002年，由湖北省农业厅经济作物处、农业部茶叶质量监督检验测试中心、湖北省恩施土家族苗族自治州农业局共同起草的NY/T 600—2002《富硒茶》提出富硒茶的含硒量范围为0.25~4mg/kg。据此标准，万源县在1990年测试的51个茶叶样本有72.6%以上达到富硒茶标准；1991年5月测试的29个茶叶样本72.4%以上达到富硒茶标准。

2009年，万源市茶叶局在DB 511781/T 003.6—2009《万源天然硒绿茶》中提出天然硒绿茶含硒量范围为0.01~4mg/kg，但并未在标准文件中明确富硒茶中硒的含量范围。

2014年，由中华全国供销合作总社杭州茶叶研究院、浙江科技学院、杭州亨达茶业技术开发公司共同起草的GH/T 1090—2014《富硒茶》提出富硒茶的含硒量范围为0.2~4mg/kg。2021年，团体标准DB 61/T 307.4—2021《紫阳富硒茶生产 绿茶质量等级》、DB 61/T 307.5—2021《紫阳富硒茶生产 红茶质量等级》、DB 61/T 307.6—2021《紫阳富硒茶生产 白茶质量等级》指出紫阳富硒茶的含硒量范围为0.15~4mg/kg。对照这两个标准，万源县在1990年测试的51个茶叶样本有86.3%以上达到富硒茶标准，1991年5月测试的29个茶叶样本100%达到富硒茶标准，1991年12月测试的31个茶叶样本54.8%以上达到富硒茶标准。

二、万源市硒的地球化学特征及开发价值研究

2006年4月至2007年12月，由成都理工大学与达州市科技局和万源市科技局共同完成达州市市校合作项目"四川省万源市硒的地球化学特征及开发价值研究"。在万源市4065km^{2}的土地范围内完成了岩石、土壤及部分农作物中硒的地球化学调查，采集样品250件，分析了硒、铜、铅、锌、砷、汞、镉、铬、铁、钴、镍、锰、氟、氮、磷等元素及农作物的有机组分。样品由具有国家分析资质的国土资源部（现自然资源部）成都矿产资源监督检测中心和四川省农科院分析测试中心分析，共获得数据4803个。经过数据处理，制作了"地球化学图册"两套共58幅。2007年12月27日，项目通过四川省科技厅专家鉴定；是年，"万源市富硒茶种植区划和发展规划研究"项目获得万源市2007年度科技进步奖一等奖、达州市2007年度科技进步奖一等奖。2008年1月9日，"四川省万源市硒的地球化学特征及开发价值研究"项目举行新闻发布会，成都理工大学倪师军教

授作为发布人，介绍了硒对人体健康具有抗氧化、提高免疫功能及拮抗、防治肿瘤等作用和项目取得的主要成果。项目取得的主要成果如下：

1.万源市存在大面积富硒土壤。土壤含硒量为0.05~1.74μg/g，平均0.32μg/g。高于全国土壤背景值（0.215μg/g），也高于四川省土壤平均值（0.0815μg/g）。

2.万源市大部分土壤是优质富硒土壤，不仅富硒而且清洁。大部分地区土壤中的重金属元素含量较低，达到国家二级土壤标准，部分地区达到国家一级土壤标准。绝大部分土壤 pH值为微酸性到微碱性，没有明显酸化。土壤也含有丰富的营养元素 N、P、K，其中 N、P含量达到一级土壤水平，K大部分达到一级土壤水平，部分达到二级土壤水平。

3.万源市土壤含硒量具有分带性。大竹河片区全部、青花和旧院片区的一部分是富硒（＞0.3μg/g）土壤分布带，约占万源市土地面积的27.5%；青花、旧院和竹峪片区的大部分地区是适量硒（0.1~0.3μg/g）土壤分布带，约占万源市土地面积的57.5%；草坝片区和竹峪片区的一部分是不足硒（＜0.11μg/g）土壤分布带，约占万源市土地面积的15.0%。

4.万源市的优质富硒土壤与其独特的地质背景密切相关。调查发现万源市存在富硒地层和岩石。岩石含硒量为0.006~1.349μg/g，平均0.145μg/g。万源市岩石中含硒量大部分高于地壳丰度值（0.08μg/g）。地质时代由新到老，从白垩系、侏罗系、三叠系、二叠系、志留系、寒武系到震旦系地层，岩石的含硒量平均值分别为0.048μg/g、0.088μg/g、0.091μg/g、0.201μg/g、0.044μg/g，0.274μg/g、0.548μg/g。不同岩性岩石中的含硒量不同：页岩中硒的含量最高，平均为0.355μg/g；其次是碳酸盐岩，为0.113μg/g；砂岩中硒的含量最低，为0.088μg/g。万源市土壤含硒量的分带性受地表出露地层岩性分布的控制。东北部的大竹河片区主要出露震旦系和寒武系地层，同时也是高硒土壤分布区；中部、东南部的青花片区和旧院片区主要出露志留系、三叠系和二叠系地层，是中硒和部分高硒土壤分布区；西南部和西北部的草坝片区和竹峪片区主要出露侏罗系和白垩系地层，是低硒和部分中硒土壤分布区。

5.万源市富硒土壤上生长有天然富硒农作物。在茶叶、稻谷、玉米、马铃薯、稻米、核桃、珍珠花菜中均发现有较丰富的硒。

6.土壤中硒的有效态（水溶态、可交换态和有机态）含量较高，其含量与茶叶中的含硒量呈显著正相关。其中硒的水溶态的含量为3.93~12.35μg/g，硒的可交换态的含量为4.32~14.91μg/g，硒的有机态的含量为 0.66~192.23μg/g。

7.调查发现，当地60岁以上居民比例与土壤富硒程度有相关关系。从低硒土壤分布区、中硒土壤分布区到高硒土壤分布区，80岁以上长寿老人所占比例分别为6%、8%和

19%，70~80岁居民所占比例分别为30%、38%和26%，60~70岁居民所占比例分别为64%、54%和55%。

8.调查发现万源还有富锌土壤。土壤锌的含量为50.67~433.55$\mu g/g$，均值为89.94$\mu g/g$，高于四川土壤锌的平均值（82.1$\mu g/g$）和全国土壤锌的平均值（67.7$\mu g/g$）。

三、创建"中国富硒茶都"誉名

2006年，万源市茶叶局注册"中国富硒茶都""中国富硒名茶之乡""巴山雀舌"中文网络域名，着手建立巴山雀舌名茶网站，规划建设巴山雀舌茶博园，树立巴山雀舌名牌、富硒茶都、生态旅游形象宣传窗口。2007年12月3日，万源市委办、市政府办成立万源市申报"中国富硒茶都"誉名工作领导小组，高度重视中国食品工业协会花卉食品专业委员会对万源市申报"中国富硒茶都"的评审验收工作；12月16日，"中国富硒茶都"誉名认定在北京评审通过，中国食品工业协会授予万源市"中国富硒茶都"荣誉称号。

2008年4月7日—9日，"中国富硒茶都——四川万源首届天然富硒茶文化节"举办。活动由中共达州市委、达州市人民政府主办，中共万源市委、万源市人民政府承办，以"品天然富硒茶，走健康人生路"为主题，邀请四方宾客听茶曲、唱茶歌、诵茶文、话茶史、赏茶艺、走茶园以及参观茶园展销、艺术作品展览、天然富硒茶基地、摩崖石刻《紫云坪植茗灵园记》，开展茶叶拍卖会、品牌推介会和四川茶产业发展理论研讨会等。中国农业科学院茶叶研究所、中国食品工业协会、四川省科技厅、四川省农业厅、四川省茶叶研究所、四川农业大学、西南大学、成都理工大学及湖北省、陕西省、四川省茶产区市县专家参会。开幕式上，中国食品工业协会常务副秘书长王作周向万源市颁授"中国富硒茶都"铭牌（图2-13、图2-14）。

图2-13　"中国富硒茶都"授牌仪式（来源：万源市茶叶局）

图2-14　"中国富硒茶都"铭牌
（来源：万源市茶叶局）

第三章　生产技术

第一节　种植管理

一、近现代"点种"

　　刘子敬修、贺维翰纂《万源县志》（民国1932年版）载："种茶之法，亦分点种、移苗两项。惟不及桐树之易活易长。嫩苗尚须人力保护，收获在植定七年以后。"达州茶区采用种子"点种"，一般在初冬或早春与农作物相间，或零星种植于房前屋后、田边地角、坡楞坎下，俗称"套种茶""零星茶""大窝茶""窝儿茶""围墙茶""四边茶"，少有成片，称"满天星"茶园；茶种一般选择霜降前后的茶果，以果仁饱满、色微黄为宜；播种前，先掘一穴，深15~18cm，宽18~25cm，穴距2m有余，每穴投茶种四五粒，上盖薄土；"点种"茶树投产采摘需7年左右。"移栽"一般选在晚秋或早春过后，九十月秋雨多，茶农多选阴天或雨后，先在地上开沟，行距130cm、窝距40cm，一手轻提茶苗，一手向窝内填入细土，边填土边压紧，使之根系伸展；填土后，浇水定根，再盖泥土，成活率达90%；这一时期的茶园常与农作物同耕共管，未给茶丛专施肥料，长势弱，产量低。新中国成立前，四川省遗留下来的20多万亩老茶园，零星分散，粮茶同耕共管，基本上无集中成片的茶园。据《万源市茶业志》载：1919年，万源全县零星丛植茶园1200hm²，产茶159t；1952年，万源全县主要产茶区大竹河、白羊、青花有茶2680799丛，折合574.67hm²；1953年有茶3343921丛，折合743.09hm²。

二、群体品种"条播"与密植栽培

　　1953年秋，四川万源茶叶试验场首次试验梯地单条行茶种直播建园。沿用群众茶果育苗移栽方法，改丛植为单条行栽植。1956年8月，国营万源草坝茶场播种单条行茶园，大行距150cm，株距30cm。

　　20世纪70年代，开荒建园，亦采用种子直播，双行或单行条播建等高梯形茶园（图3-1），集中成片，计有面积10666hm²。20世纪70—80年代，茶叶科技工作者对茶树高产规律进行了系统的研究，推广茶

图3-1　20世纪70年代群体品种梯级茶园——万源市军培茶场（来源：万源市茶叶局）

树密植栽培技术。主要措施为：①深耕施足底肥，底肥须与土壤拌匀；②勤除杂草，及时追肥；③定型修剪，培养强壮树冠；④合理采摘，"按标准，及时多次分批留叶采"；⑤加强病虫害的防治。技术人员为推广密植茶园栽培技术，编有顺口溜如下：

选好土地第一条，深耕二尺不可少。施足底肥一百担，油枯磷肥混和好。

精选种子一百斤，每亩不少二万苗。三行四行因地定，均匀排列最重要。

茶籽盖土不宜厚，尽量争取早出苗。苗期及时除杂草，兼施稀薄人粪尿。

为使茶苗过早季，行间铺放嫩杂草。若把病虫关把好，秋后茶苗一尺高。

修剪部分不宜高，离地五寸可剪掉。只要把培管理好，高产双百不会少。

生产发现，密植栽培前期投入大，立体要求严格，管理难度大，茶园易早衰。在开荒建园过程中，多数茶场并没有完全按照"开发荒山荒坡发展茶园，要注意保护林木，保持水土，实行综合治理，充分利用。开辟新茶园，必须坚持高质量，高标准，等高梯地，深耕施肥，合理密植"的要求，选择的园地土壤深度未达到要求，地块坡度大，水土流失严重，开垦时未施底肥，茶园种植质量较差，加上后期管理粗放，导致茶园未老先衰，亩产普遍低于25kg。据达县茶果站（今达川区茶果站）李纯斌、梁尤超、袁建中等人通过调查形成的《达县茶叶资源调查及区划报告（1983年）》描述："达县茶叶，在大发展初期，只重视扩大面积，盲目强调开荒建园，忽视了建园质量。不少茶园坡度大（35°~40°），土层浅（60~65cm），梯台宽窄不一，梯坎不牢；内部设施不完善，水土流失严重，茶树根系裸露。多数茶园深耕不够，未施基肥，养分缺乏，加之出苗后肥水不足，妨碍了茶树的正常生长发育，茶树长势弱、投产迟、单产低、品质差。大部分茶园是投产后才开始施肥而且施肥不合理，单施氮肥，且用量极低。多年来，茶园很少耕锄，土壤团粒结构差。播种后，有的茶园只采未剪，有的不顾茶苗生育好坏及生育规律，仅搞过一次定型修剪。早采、强采、乱摘，采狠心茶，一把捋、'剃光头'相当普遍。"万源、宣汉山区部分茶园树高树幅都不到50cm，有的茶园杂草丛生，产量很低，平均亩产15~20kg，低于20世纪50年代平均亩产40kg的水平。又由于制茶设备简陋，生产技术落后，茶叶品质差、效益不高，大大挫伤了茶农的生产积极性，严重阻碍了茶叶生产发展（图3-2）。

图3-2 达川区景市镇现存的20世纪70年代所建茶园
（李雷 摄）

三、从"群体种"到"无性系"

建立群体品种茶园，选用的茶种主要是地方群体品种、紫阳群体品种和20世纪70年代大发展时期从浙江安吉、武义等地调进的茶籽。由于群体种纯度差，物理性状不一致，给茶叶采摘和加工带来诸多不便，影响茶叶品质。部分良种表现较好，如福鼎大白茶优于四川和浙江群体品种，适制名优绿茶。也有部分引进良种由于不太适应当地环境条件，表现不良。如云南大叶种在大竹县表现一般，而宣汉县在1978年大量引进了云南大叶种，由于地理环境不适，出现"头年种、二年生、三年大部分死亡"的现象。李家光在《发展茶树良种的几个问题》一文中也谈到"有些地方片面认为只要是国家级良种就可以普遍推广，而大量引种的结果并不理想"。

1985年，农业部在云南思茅、贵州遵义和晴隆、四川名山、湖南彬县、湖北咸宁、安徽休宁和东至建立茶树良种繁育场。四川省在宜宾等地相继建立二级良种繁育场。特别是名山、宜宾、永川良场的建立，为达县地区提供优质良种苗木、扩大无性系良种茶园起到促进作用。1994年，为加快推进茶叶生产由产品经济向商品经济过渡，达川地区地委、行署印发了《关于加速茶叶商品基地建设的意见》，提出"三万亩名优茶基地建设"任务，加速发展良种茶叶基地。1997年，农业部正式提出"淘汰种子直播和移栽实生苗的传统做法，实现无性系良种化"的指导意见。

20世纪70年代后期，随着名优茶商品化生产需求增加，茶叶生产基地向"一优两高"（优质、高产、高效）发展，新建无性系茶园推广等高双行错窝栽植技术。无性系茶树良种的推广，在发展之初，技术推广部门有计划地结合低产茶园改造，逐步进行改植换种。到1999年，全市无性系良种茶树比例仍不足5%。在推进"群体种"向"无性系"发展的过程中，名优茶开发及茶叶商品经济的迅速发展，机械化采茶的推广，无性系茶树良种的经济效益越来越高，优越性逐渐显示出来，并被广大茶农和技术人员认识和接受，新建茶园均采用无性系良种茶树。

随着现代茶业的发展，标准化茶园的建立在无性系茶园建立基础上更加注重系统性的规划和功能配套，如：更加注重根据茶树生长习性选择宜茶地块；更加注重茶园厂区、路网、水网、电网及生态环境

图3-3 大竹白茶连片基地（巫君兵摄）

等系统性的规划设计;更加注重深翻改土、定点放线、深施底肥、搭配良种等茶园开垦质量和技术要求;随着现代科技的进步和茶旅融合发展的趋势,又更加注重水肥一体化、物联网及休闲观光功能区等基础设施配套。2014年,达州市人民政府启动实施富硒茶产业"双百"工程,大力推进标准化茶园建设。2014年以后,万源市以白羊、石塘,宣汉县以漆碑、东林,大竹县以团坝,达川区以龙会,开江县以讲治、广福等乡镇为中心推进标准茶园集中连片发展(图3-3)。

四、茶树良繁基地建设

1979年9月,四川省召开茶树良种工作座谈会,提出"加快茶树良种繁育和推广,建立茶树良种繁育基地"。随后,达县地区开展了茶树资源调查,筛选了20余个地方茶树良种,推动了"南江大叶茶"良种繁育。1991年4月18日—28日,由四川省农牧厅经作处张世民、李长沛,四川省茶叶研究所钟渭基,四川农业大学李家光,西南农业大学李华钧,达县地区茶果站张明亮6名专家组成的"四川省茶树良种考察组",先后到大竹县金鸡乡,宣汉县土黄、漆碑、平楼、茶河,万源草坝茶场进行实地考察,指出全区茶叶经济效益低的原因,在于缺乏茶树良种。随后,达县地区有计划地启动了茶树良种繁育基地建设工作。

1994年,农业部下达"达川地区优质茶树良种苗木基地建设"项目,大竹县被列为达川地区茶树良种繁育基地,先后引进福鼎大白茶、南江大叶茶、筠连早白尖、蜀永1号、蜀永2号系列等十多个茶树良种,在大竹县国营云雾茶场建设母本园2.67hm^2,苗圃2.67hm^2,产穗条360万枝,茶苗250万株,填补了达州无无性系良种茶树母本园的空白。1999年,达州市茶果站、万源市茶叶局在青花镇干溪沟村进行了茶树短穗扦插技术示范。

达州市在实施茶叶"552"工程期间,为推进名优茶商品基地建设,突出品种结构调整,提高全市无性系良种茶园比例,大力推进茶树良繁基地建设,进一步掌握了茶树良种自繁自育技术。2000年1月,达州市茶果站在《2000年茶叶工作要点》中根据良种茶园远远低于全省水平的现状,提出良种推广要走"引繁结合,以繁为主"的路子,茶叶生产县必须建立规范的良种茶繁育基地。是年,达州市茶果站在大竹县建立市级茶树良种母本园3.33hm^2、苗圃1.33hm^2;宣汉县新建良种母本园6.67hm^2;万源市新建良种母本园1.6hm^2、苗圃0.8hm^2,扦插福鼎大白茶250万株。

2001年,万源新建茶树良种母本园3.33hm^2;宣汉县新建茶树良种母本园6.67hm^2、扦插苗圃0.67hm^2,共扦插1000多万株良种茶苗。宣汉县派出3名技术员到名山学习茶树扦插育苗技术，并投入45万元在东乡镇黄金槽建起川东北第一个标准化、规范化的茶树良种母本园和苗圃，品种有福鼎大白茶、福鼎大毫茶、名山131、福选9号，扦插成活率达到90%。

2000—2001年，达州市茶果站实施财政专项业务项目"春茶提早上市技术研究"，万源市茶叶局、宣汉县茶果站协同参与。研究比较了大棚增温、生长调节剂和推广早熟良种三种方法，肯定了推广早熟品种的潜力，同时强调注意比例搭配。项目在2000、2001年分别扦插"巴山早芽"0.31万、2万株，有效推动了"巴山早芽"自繁自育。万源市、宣汉县还从名山、永川等地调入早熟品种筠连早白尖35万株、舒茶早13万株，发展早熟茶园4.13hm²。

2002年，全市建设茶树良种母本园10hm²（宣汉县6.67hm²、万源市3.33hm²），苗圃3.33hm²。2003年，万源市在青花镇、固军乡、罗文镇引进福鼎大白茶、名山131、福鼎大毫茶建立3个茶树种苗繁育基地，建设茶树母本园33.33hm²，苗圃16.67hm²，扦插繁育良种穗条50t，在青花镇、白羊乡、井溪乡分别建立良种茶发展科技示范园6.67hm²。2004年，在万源市固军乡、青花镇分别建立茶树良种苗圃13.33、3.33hm²，繁育良种茶苗3000万株，满足固军、井溪、青花、梨树等乡镇良种茶园的需要。2005年，万源市加快"巴山早芽"地方优良茶树品种选育，扩繁种苗13万株，建立品种园333.5m²，大田实验观察园667m²。2008年1月，"巴山早芽"通过四川省农作物品种审定委员会审定为省级茶树优良品种，正式定名为"巴山早"。

2012年11月，万源市新建茶树良种苗圃13.33hm²，扦插穗条5000万株。宣汉县在土黄镇建立无性系茶树良繁基地，扦插福鼎大白茶、名山131茶苗510万株。2013年，万源市在太平镇四合村建设茶树良种苗圃6.67hm²，利用自繁自育的福选9号、名山131以及巴山早茶苗1000万株，新建无性系良种茶园133.33hm²，其中，白羊乡46.67hm²、旧院镇26.67hm²、固军镇33.33hm²、石窝镇26.67hm²（图3-4）。

图3-4 2013年万源市茶树良种苗圃（冯林 摄）

2014年，达州市将茶树良种繁育工程纳入富硒茶产业"双百"工程重点内容，指出茶树良种繁育对全市茶产业大基地建设实现苗木自给自足具有重要战略意义。是年，按照"立足自给为主，外部调剂为辅"的苗木发展原则，全市共计新发展良繁基地

73.99hm²；其中，母本园45.33hm²，苗圃28.66hm²，出圃茶苗8000万株；分别是达川区天禾茶叶专业合作社建设母本园40hm²；万源市巴山富硒茶厂建设母本园5.33hm²；万源市白羊茶叶专业合作社、万源市兴茗茶树种业有限公司在白羊乡大地坪村、三清庙村、太平镇四合村建设苗圃基地各13.33hm²，扦插穗条4000万株；宣汉县建设苗圃2hm²，扦插穗条1000万株。同时，万源市实施200hm²茶苗采购招标；宣汉县采取委托育苗方式与雅安市名山区金福苗木种植农民专业合作社达成无性系良种茶苗繁育协议，在名山区繁育无性系良种茶苗6.67hm²，共2500万株，其中，名山131品种1250万株，福鼎大白茶1250万株。2016年，全市共建茶树良繁基地46.67hm²，出苗1.26亿株，满足1666余公顷新建茶园用苗，其中，万源市在太平镇四合村、石塘镇瓦子坪村、白羊乡大地坪村建设母本园3.33hm²、苗圃33.33hm²，繁育品种有名山131、福选9号、巴山早等；宣汉县在樊哙镇花梨园村1社建设苗圃13.33hm²。2017—2018年，万源市在石塘镇长田坝村、白羊乡三清庙村建设苗圃20hm²，宣汉县东林乡业主从大竹县调运白叶1号茶树枝条，建设苗圃2.67hm²，扦插茶苗600多万株（图3-5）。2021年，大竹县在团坝镇扦插繁育白叶1号4hm²。

图3-5 2017年宣汉县东林乡白叶1号苗圃（冯林 摄）

五、茶园管护

20世纪70年代前，国营茶场实行茶园专业管理。幼龄茶园每年浅耕锄草2次，并施粪肥。投产茶园春夏锄草，中耕施肥，秋末施基肥，肥料种类以有机肥为主，如饼肥、骨粉、人畜粪尿、磷、钾肥，作物秸秆、杂草堆肥，也提倡茶行间种植绿肥，花期翻入土。20世纪70—80年代，推广定型修剪、合理施肥、勤除杂草、中耕、隔年深耕、合理采摘等速成丰产茶园管理技术。《万源市茶业志》描述，1984年，青花矿山茶园肥培管理技术为幼龄茶园每年浅锄2次，深2cm，勿伤根系，浇水肥2次；壮龄茶园每年中耕2次，春初追肥1次，秋末冬初施基肥。

2000年后，开始引进茶园管理机械，推广机耕、机剪，引导茶园管理机械化。2009年，万源市按照无公害茶园生产技术规程，推广标准化茶园管理技术，茶园重施基肥，亩施饼

图 3-6 2016年宣汉县石铁乡茶叶生产技术培训
（黄福涛 摄）

肥200kg、农家肥2500kg以上，离地5cm定型修剪。2016年1月5日，达州市茶果站到宣汉县石铁乡斜水村开展技术扶贫工作，发现该乡茶农在茶苗栽植后不注重修剪、舍不得修剪等问题突出。茶技人员就茶树修剪及配套施肥、采养技术为石铁乡党委、斜水村委及80余户茶农做了详细指导（图3-6）。

达州茶区投产茶园的修剪，分茶树品种和季节茶生产的不同有所区别。只采春茶的茶园，每年春茶结束后深修剪1次，夏秋蓄梢留养，秋末适当修剪徒长枝（图3-7）。浙江茶商在达州市种植的白化品种茶树，春茶结束后，一般采取深修剪偏重修剪的方式留养夏秋梢（图3-8）。生产夏秋茶的茶园在春茶、夏茶、秋茶后分别轻修剪1次。

图 3-7 深修剪（来源：万源市茶叶局）

图 3-8 大竹白茶园修剪后蓄养的夏梢
（冯林 摄）

茶园的施肥，除建园前的底肥外，主要是追肥和基肥。基肥一般在10—11月结合深耕施入，亩施有机肥1500~2500kg，或饼肥100~150kg，过磷酸钙25~50kg，硫酸钾15~25kg，沿茶树蓬面边缘垂直向下位置开沟深施，每年更换位置，沟深20~30cm。追肥一般每年进行3~4次。由于达州茶区春茶产量比重高，一般在早春的2月中旬左右施催芽肥。春茶、夏茶和秋茶结束后，分别进行追肥，3次追肥的比例一般按4∶3∶3或2∶1∶1的方式分配。追肥使用的肥料常用速效氮肥（尿素）、硫酸钾型复合肥或茶叶专用肥。叶面追肥、测土配方施肥等技术在实际生产未大面积应用。

2015年以来，随着农业供给侧结构性改革的推进，达州茶区贯彻化肥、农药零增长行动，实施"药肥双减一增"，逐步减少化肥、农药的使用，增施有机肥。2018年后，达

中国茶全书·四川达州卷

060

州茶区新建茶园采用覆盖地膜（地布）种植，防止杂草滋生，同时起到土壤保温保湿、减缓劳力紧缺、减少资金投入的作用。2019年，万源市在白羊—石塘现代农业园区大面积采用行间地布覆盖，起到了良好作用（图3-9）。茶区设立农膜回收点，防止面源污染。

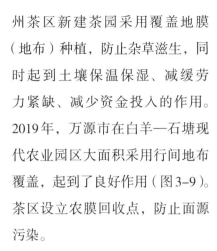

图3-9 万源市茶叶现代农业园区采用地布覆盖控草（来源：万源市茶叶局）

六、茶叶采摘

（一）手 采

过去，茶叶采摘图数量不顾质量，芽梢长至三四叶时即"捋、抓、揪"将粗细、老嫩、大小不一的茶叶全部采下，称作"一道光"或"一道清"，导致树势衰弱，鸡爪枝、对夹叶多，品质低劣。1955年，为贯彻部、省增加边茶生产、改善边茶供应的指示精神，达州茶区以细转粗，扩大边茶生产，提出"分批采摘，采摘一芽三四叶，留青桩、鱼叶"的技术要求。1958年，万源涌现双手采茶典型，后在全省推广。20世纪70年代，强采、乱采普遍，推广"按标准采、及时采、分批采、留叶采"，即：春茶前期采一芽二叶制特级或一级茶；春茶中期采一芽二三叶和对夹叶制二级、三级茶；春茶后期、夏茶前期留一片真叶，其余各季均留鱼叶采摘；适当提早春茶采摘期，5~7天/次，增加采摘批次，全年采摘20批次；严格按标准采摘，坚持采摘"五不准"，即"不准老嫩叶一把抓、不准搬鸡腿、不准带花果、不准带老叶、不准带杂物"。20世纪80年代，开发名优茶后，形成了采单芽和一芽一叶初展制扁形名茶，采一芽一叶至一芽二叶初展制针形、卷曲形名茶，采一芽二三叶及同等嫩度对夹叶制优质炒青茶的采茶标准，至今适用。

生产中，强调不用指甲掐采。幼龄茶园的采摘，按照"以养为主，以采为辅"的原则，一般树高不到40cm的，要求只养不采，当年生长超过40cm的，可适当打顶采，第二年春修剪后再养高20cm打顶，夏季新梢留二三叶采摘，秋茶留一二叶采。衰老茶树的采摘采取酌情多留，或停采一季留养。更新复壮的茶树，在更新前进行强采，强采后立即修剪更新。壮年茶树的采摘一般全年均留鱼叶采，以加强营养生长，减少开花结果，延长丰产年限。达州茶区盛装鲜叶一般使用竹制采茶篓，茶叶开采一般在3月中旬至下旬，同一品种南早北迟。

大竹县引种白叶1号茶树良种后，以"养"为重、"采、剪、养"相结合的管护方式，培育立体采摘树势，确保翌年春采壮芽单位面积的个数。大竹白茶以春采一芽一叶为主，

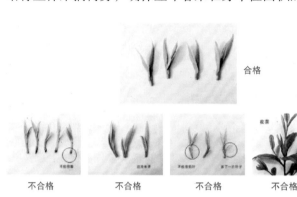

图3-10 大竹白茶采摘标准示意图

多制"凤形"高档白茶。采摘要求芽叶成朵、大小均匀、洁净，强调提手采、轻采轻放、竹篓盛装、竹筐贮运，不采鱼叶、碎叶，不带蒂头、老叶，留柄要短。大竹白茶一般在每年3月中旬至4月上旬采摘，采摘时长15~20天（图3-10）。

（二）机 采

党的十一届三中全会以后，随着农村经济体制改革的深化，乡镇企业迅速发展，在务工、经商和务农收入量悬殊这一经济杠杆的支配下，大批农村劳动力向第二、第三产业转移，造成采茶这个劳动密集型作业的劳动力日益减少，导致茶区在采茶高峰期人手不够，茶芽不能及时下树，茶叶产量受到影响，茶园逐渐荒芜。其次，采摘成本直线上升，尤其是夏秋茶的生产，因入不敷出，被迫放弃采摘。

20世纪90年代，达州市劳务输出加剧，季节性劳动力十分紧缺，给茶叶生产带来很大困难。1992年，达县景市镇茶院寺茶园，由于大量劳动力外出打工，茶叶生产遭受冲击，春茶下树率仅65%，夏秋茶无人采摘。达县地区茶果站张明亮、李少敬、汤子江、唐开祥等人开始实施机械化采茶试验示范，从浙江购回一台日本产采茶机，推广机械采茶（图3-11）。1993年达县景市茶场产鲜叶4.5万kg，1994年产鲜叶4.7万kg，1995年达到5万kg。机械采茶逐步推广到附近马家乡沙坝村茶场、百节乡十村茶场。1994年，鲜叶采摘工资由1993年的0.6元/kg上升到0.75元/kg，上涨了25%。达川地区茶果站进一步开展机械采茶推广试验，工效比手工采茶提高10~15倍，成本降低50%，茶叶品质较手采无明显差异。1994年，由于劳力不足，宣汉县、大竹县春茶下树率不足70%。1996年，春茶下树率75%，乡村集体茶场夏秋茶基本无人采摘。1996—1998年，由达川地区茶果站李少敬、唐开祥主持，与大竹县茶果站、宣汉县茶叶公司、万源市茶果站、达县茶果站协同实施达川地区农业专项业务项目"微型采茶机的推广应用"，推广由安徽农业大学研究、江苏省无锡市生产的微型采茶机，并购买了20台采茶机，采取巡回现场示范形式，加大推广力度（图3-12）。

图 3-11 1992 年达县地区茶果站在达县景市镇茶院寺茶场推广应用双人采茶机（来源：达州市茶果站）

图 3-12 1996—1998 年达川地区茶果站推广微型采茶机（来源：达州市茶果站）

2017 年，四川省农业厅制发《四川省茶叶机采工程推进方案》。2017、2018 年，达州市连续召开机采茶园建设现场会和机采技术培训会，推广机采茶园培育、茶叶机采技术和机采新装备。目前，达州茶区适宜机采的茶园，品种多为福选 9 号、龙井 43 号、乌牛早等无性系良种，具有优质高产、株型紧凑、发芽整齐、持嫩性强、节间长、芽叶再生力强的特点。茶园为平地或坡度低于 15° 的缓坡，坡度高于 15° 则建设等高梯级茶园。等高梯级茶园，梯面宽 2m 以上，距离内侧 1m 处条栽。茶园一般集中连片，地形不复杂，利于规模作业。双行条栽规格一般为大行距 1.5~1.8m，小行距 35~40cm，株距约 30cm。成龄树冠高度在 70~90cm，行间保留操作道 20~30cm，茶行长度 50m 以内，无缺株断行，走向利于机采卸茶和机器调头，种植密度 3500~4000 株。树冠形状多呈水平形，少有弧形。手采茶园改机采茶园的，技术跟低产茶园改造类似，主要通过深修剪、重修剪、台刈等修剪技术，培育树高 70~90cm 的冠面平整高产茶园。

达州茶区春茶前期名优茶一般手采，后期优质茶和夏秋茶实行机采。一般春季采摘 1~2 次，夏茶 1 次，秋茶 2~3 批次，全年机采批次在 4~6 次，每批次每亩可采鲜叶 200kg。由于采摘强度大，树体的机械损伤较大，芽叶带走的养分较多。肥培管理上，一般每亩增施农家肥 3000~5000kg、加尿素 150kg，或者饼肥 150~200kg、加 150kg 尿素。全年机采结束后施基肥，一般在 9 月下旬至 10 月中下旬开沟深施，亩施饼肥 150kg，配合尿素约 30kg。每机采一批次，追肥一次。施肥后即平整作业地面，清除蓬面及地面杂物，方便作业。

达州市依托茶叶龙头企业组建机采服务队，如万源的华明农业机修机采服务队、邓和盛机采服务队等。机采作业装备主要选用平形往复切割式采茶机，单人背负手提式或双人担架式，汽油机驱动，坡地实用性强。使用单人采茶机机采作业时，一般 2 人配合操作，1 人采茶、1 人收集鲜叶。使用双人采茶机，一般 3~4 人协作，2 人抬采，1~2 人收

图 3-13 四川秀岭春天农业发展有限公司自主研发的电动采茶机

集鲜叶。茶行两侧来回各采 1 次。浙江川崎茶叶机械有限公司生产的 NV45H 型单人采茶机、PHV-100 型双人采茶机在茶区推广应用较多。达州茶企技术人员也积极参与实用新型采茶机的研发，四川秀岭春天农业发展有限公司自主研发的一种筛选茶叶的电动采茶机获得实用新型专利（图 3-13）。

七、茶树病虫害防治

达州茶区茶树害虫有 20 余种，以茶小绿叶蝉、茶毛虫、茶半跗线螨、茶网蝽（军配虫）及蚧类为主；病害 10 余种，以炭疽病、白星病为主。

（一）茶毛虫核型多角体病毒防治茶毛虫

1981—1983 年，达县地区受茶毛虫严重为害，茶叶生产受损。1982 年，万源、宣汉、大竹、通江、南江、邻水等县 6246.3hm² 茶园，虫口密度每亩高达 10 万头以上，万源数千亩茶园虫口密度高达每亩 30 万~40 万头。四川省农牧厅 1983 年第八十四期《农业简报》刊登："万源一万多亩茶园遭受茶毛虫为害，损失茶叶十五万斤左右；固军公社 3818 亩茶园被吃光 2000 亩；河口公社五大队 60 亩茶园被虫吃成光杆杆儿。"1983 年，四川大学生物系在万源开展茶毛虫核型多角体病毒防治茶毛虫实验取得成功。1983 年 6 月 25 日—26 日，达县地区在万源县红旗公社一大队四队茶场召开了"应用茶毛虫多角体病毒防治茶毛虫现场会"。1984 年，茶毛虫多角体病毒应用列为四川省新技术重点推广项目，并成立了"四川省茶毛虫多角体病毒应用协作组"，达县地区茶果站张明亮、李少敬，万源县植保站胡崇睦参加了该项目。1984 年 1 月，达县地区成立了"茶树病虫综合防治协作组"，协同开展茶毛虫多角体病毒的应用推广。1982—1984 年，省、地、县协作应用茶毛虫核型多角体病毒防治茶毛虫，在全区防治面积 7000hm²，控制面积 11333hm²，从虫口挽回茶叶损失 600t，挽回经济损失 240 万元，收到了显著的经济效益、社会效益和生态效益。此后，茶毛虫在达州茶区得到有效控制。

应用茶毛虫核型多角体病毒防治茶毛虫方法简单易行，具有减少化学农药使用，保护有益昆虫，维持茶园生态，提高茶叶产量和质量，节本增效等优点。病毒的复制制备方法有三：一是田间采集4~5龄幼虫，用浸泡过病毒液的茶鲜叶室内饲养，收集虫尸；二是选择高密度虫源，留出小面积茶园，待虫龄4~5龄时，喷洒病毒，及时收回感染死亡的茶毛虫尸；三是采集茶毛虫卵块，经消毒后人工孵化，饲养健康幼虫，待虫龄4~5龄时，饲喂两次带有茶毛虫核型多角体病毒的茶鲜叶，约七八天后茶毛虫幼虫开始染病并陆续死亡，收集虫尸备用。

田间防治时需要掌握防治适时，虫龄愈小、温度愈高，感病死亡愈快。据试验，在茶毛虫即将进入3龄期投毒可使其很快感病死亡。施用前，先将茶毛虫尸体磨细，加少量清水充分搅拌，用纱布滤去粗渣，再加水稀释至使用浓度。一般稀释的病毒制剂每毫升含有25~50个病毒多角体，能有效控制茶毛虫危害。一般4~5龄感病虫尸，每头约有50个病毒多角体，10头虫尸约重1g，每亩用50~100头或5~10g虫尸（春多夏少），加清水50kg即配成25~50个病毒多角体的使用剂量。在病毒稀释液中加50mL乳化剂或皂角液，可提高病毒制剂在叶片上的黏附力。喷雾时要求均匀地喷洒于茶树叶片上，尽量使茶叶正背面都能喷到，以叶背喷湿为度。

茶毛虫核型多角体病毒在复制制备后宜将感病虫尸存放于50%甘油中或加水放于耐腐蚀的玻璃瓶中，室温下存放病毒活力可保持数年。保存后的病毒制剂常有臭气，是腐败性的细菌分解虫体残留有机质的结果，对茶毛虫核型多角体病毒没有影响。2001年，万源市茶叶局将一瓶制备于1984年6月的茶毛虫核型多角体病毒制备样取出测试病毒活力：4~5龄茶毛虫在喂食经浸泡过病毒稀释液的茶鲜叶后，幼虫第7天开始死亡，第12天全部死亡；将病毒稀释液喷洒于茶园内，第5天茶毛虫开始发病，食欲减退，行动缓慢，继而腹部发白，体节肿胀，7~8天茶毛虫大部分倒挂枝梢。

（二）茶树病虫害综合防治

20世纪50—70年代，茶园虫害以化防为主。20世纪60年代前期，茶园蚧壳虫大面积发生，采用有机氯"六六六"杀灭。20世纪60年代后期，叶螨类大发生，使用有机磷"DDT"杀灭。常年施药水平高的国营茶场，昆虫种类少，但单一性的茶半跗线螨的种群密度很高，经常超过经济临界线。1975年贯彻"预防为主，综合防治"的方针，其目标仍为"消灭"害虫，缺乏种群间生态平衡观念。地、县茶叶技术推广部门协同全省成功开展了"以螨治螨"的生物防控方法。通过研究发现，德氏钝绥螨可以取食多种螨类，还取食花粉，当茶园中茶半跗线螨虫口上升时，它以此螨为主食，从而有效地控制了半跗线螨的增长。当半跗线螨密度很小时，以其他螨类、花粉为主食，从而保存了本身的种群数量。1981年6月，达县地区茶果站张明亮、李少敬等人在宣汉县土黄公社十三大队茶场一块333m²套作蔬菜的茶园中发现有德氏钝绥螨，提出，在茶园周围种植适合德氏钝绥螨生存的植物，如聚合草、苏麻、洋姜等可以使其种群密度增大，再加上人工助迁，可以有效地控制茶半跗线螨的猖獗。

1981年，大竹县城西乡红碎茶厂生产的1500kg红碎茶由于农残超标，在上海口岸被迫销毁。1983年，大竹县金鸡乡红碎茶1号样检出"DDT"含量高达18.34mg/kg，超过国家规定标准90多倍。1983年，宣汉县茶河茶场农药费达891元，但仍然受到茶蚜园蚧的严重为害，被害茶树树势衰弱，叶片脱落，枝干枯死，甚至整丛死去，严重影响茶叶的产量和质量。对此，四川省农业科学院植保所、宣汉县农业局联合开展了茶蚜园蚧防治方法的研究。1984年，茶河茶场采取助迁瓢虫与施药协调配合的措施，只花药费396元即有效地控制了茶蚜园蚧的为害，也使茶园生态系统中的益害关系发生了根本的变化。

针对化学农药滥用问题，1984年1月，达县地区成立"茶树病虫综合防治协作组"，同时参加了四川省茶树病虫害综合防治试验示范协作组，重点在达县米城乡卫星茶场和宣汉县东南乡炉坪茶场开展试验示范。在卫星茶场设置综合防治技术组装小区12.67hm²、定调查点80个，其中四川省茶叶研究所承担2hm²、定调查点30个，化学防治对照区1.33hm²、定调查点10个，自然控制区0.33hm²、定调查点10个。炉坪茶场综合防治小区4.48hm²、定调查点50个。

1984年5月，四川省协作组在苗溪茶场举办茶树病虫害综合防治训练班，达县地区派出18名技术员参加学习。1984年7月2日—6日，达县地区农业局在邻水县举办第一期"茶树主要病虫综合防治训练班"，达县、大竹、渠县、邻水4县的部分重点茶场共47人参加学习，开设了《茶树病虫综合防治的基本知识》《茶树主要害虫的综合防治》《茶树主要病害的综合防治》《农药的使用技术》《茶树病虫田间调查及资料整理》5门课程。1985年3月，在宣汉县举办了第二期"茶树主要病虫综合防治训练班"，7个县部分重点茶场技术员共计84人参加了培训学习，进一步明确了长期乱用和滥用农药的危害性，认识到合理使用农药是综合防治工作中的一种辅助手段。"茶树病虫综合防治协作组"不定期印发了7期500份技术协作简报，并铅印了《茶树病虫综合防治技术资料选编》2200份，发到各县有关区乡及重点茶场，受到了广大茶叶科技人员及茶农的欢迎。

其间，达县地区茶树病虫综合防治协作组组织参加省茶树病虫综合防治训练班学习的技术员，对全区茶园"不同茶树树龄""不同海拔高度""不同办场形式""不同施药水平""不同产茶水平"的茶园害虫及天敌群落结构进行了考察。"不同树龄"是指20世纪50年代前种植的不成片的衰老茶树、20世纪70年代种植的成片集中的成龄茶树以及新发展的家庭小茶园3种类型；"不同海拔高度"是指海拔1000m以上的高山茶区、海拔600~800m的中山茶区、海拔600m以下的低山茶区3种类型；"不同办场形式"是指联办茶场、生产队茶园以及茶叶生产专业户3种形式；"不同施药水平"是指亩用农药费10元以上施药水平高的、亩用药费2~10元施药水平中等的以及亩用药费2元以下低水平施药的3种类型；"不同产茶水平"是指亩产细茶75~100kg单产高的、亩产细茶50kg以下单产低的两种类型茶园。一共调查10个县、77个茶场及专业户，调查面积达526.67hm²，初步掌握了全区不同类型茶园的害虫的种群动态和天敌种类及其分布：全区害虫的种群随着茶叶生产的发展，不断发生演替，由体型大的害虫向体型小的害虫方向演替，由发生代数少繁殖率低的害虫向发生代数多繁殖率高的方向演替，由咀嚼式口器向刺吸式口器方向演替，特别是小绿叶蝉、茶跗线螨、茶毛虫、茶蓑蛾、蚧类发生较为普遍，成为全区茶树害虫的优势种群；全区茶园主要有螳螂、蜻蜓、草蛉、七星瓢虫（图3-14）、蜘蛛、食蚜蝇、捕食螨、德氏钝绥螨、茶毛虫寄生蜂、益鸟、家禽等虫害天敌10余种。

图3-14 1985年宣汉县漆碑九村茶场茶园内一只瓢虫正在吃蚜虫（来源：达州市茶果站）

在调查害虫种类及天敌种类情况下，采取农业防治、化学防治、生物防治相结合的综合防治。卫星茶场14.33hm²茶园，1984年茶叶总产量3623.1kg、现金收入7200元，分别较1983年增长107%、80%。炉坪茶场4.48hm²茶园，1984年产茶3345.55kg，较1983年增长47.8%，农药费用由1983年的159.63元下降到131.7元，降低了21.7%。其间，协作组还开展了韶关霉素在不同海拔高度、不同茶季、不同喷药次数、不同浓度处理的药效试验，并在宣汉县、邻水县推广面积233.53hm²。

1988年8月，达县地区茶果站张明亮主持实施由四川省农牧厅、财政厅下达的"无公害茶叶生产新技术配套推广应用"项目，采取常规防治、生物防治、农业防治（以增强树势，降低虫源、病原为主体，采用合理施肥，合理采摘，选育抗病虫品种等技术措施）和综合防治对比试验，在宣汉、万源、大竹、邻水、南江、通江、平昌、达县、开江、渠县开展无公害茶叶病虫害防治的试验示范。到1988年底，全市推广应用茶树病虫综合防治面积8600hm²，促进了全市茶叶长期保持在无公害的水平。20世纪90年代，全面推广应用茶树病虫综合防治技术，强化生物多样性综合治理，突出减少害虫群体数量和对生物种的保护。2002年，万源市2000hm²茶园获四川省农业厅无公害茶叶基地认证。

（三）茶军配虫的防治

茶网蝽，达州茶区习惯称茶军配虫。2007年夏末秋初，万源市固军、白羊、井溪、旧院等地近600hm²茶园和宣汉县石铁乡66.67hm²茶园，遭遇几十年不遇的爆发性军配虫为害。受灾茶丛平均百叶虫量453.6头，最高单叶虫量达28头。2007年11月，达州市农业局紧急发文，指出茶军配虫的防治事关全市茶叶产业化经营，要求各地切实抓好防治工作，明确防治工作责任制，随文印发达州市茶果站编写的《茶树军配虫防治技术》。

同时，达州市农业局邀请省级专家前来会诊，制定了具体的防治措施：结合冬季修剪作业，进行重剪，剪除被害枝叶集中烧毁；选用高效低毒的化学农药如阿克泰、80%敌敌畏乳油、2.5%联苯菊酯乳油（天王星）、35%赛丹乳油或2.5%三氟氯氰菊酯乳油，同时联配生物农药（1.8%阿维菌素）进行药物防治。2007年用上述药物喷洒，杀灭越冬成虫，2008年5月上旬用上述药液喷洒茶树中、下部叶片背面，杀死3龄前若虫。连续喷2~3次，控制茶军配虫的虫口基数。

各县（市、区）根据当地茶军配虫发生实际，发生特点，组织技术力量广泛开展茶军配虫综合防治技术和茶园无公害防治培训和指导工作。通过示范片、现场会，组织田间培训，提高防治技术的到位率。茶叶、植保技术人员深入田间地头，指导茶农安全、合理使用农药，避免盲目用药、滥用药和随意配比药物浓度，防止茶叶农药超标，确保茶叶质量安全。特别是组织好外出务工农户茶园军配虫的防治，防止因失治而造成重大损失。由于各级政府、技术部门和广大茶农及时防治，灾情得到一定的控制。2010—2011年，宣汉县、万源市等茶区再次暴发灾情。

（四）病虫害绿色防控

21世纪起，采取生态控制、生物防治、物理防治等环境友好型绿色防控措施来控制有害生物、保护有益生物和生态环境，促进茶叶安全生产。

2009年，万源市开始推广使用生物、物理等防治技术，推广频振式杀虫灯、黄板，采用保蛛治虫、以螨治螨、病毒治虫及以菌治虫等生物防治技术，限制使用高毒高残留的化学农药，控制性使用高效低毒低残留农药进行综合控制病虫害，推广无公害茶叶生产综合配套技术。

近年来，达州茶区广泛应用杀虫灯和黏虫板进行物理防治，一般每亩悬挂20~25张黄板，每20~30亩安装一盏太阳能紫外杀虫灯，有效控制了黑刺粉虱、小绿叶蝉和鳞翅目类害虫的发生。生物防治推广应用捕食螨控制茶跗线螨，应用苏云金杆菌和白僵菌制剂防治茶毛虫、茶尺蠖、卷叶蛾类、刺蛾类、毒蛾类等鳞翅目幼虫，应用茶尺蠖核型多角体病毒防治茶尺蠖，应用茶毛虫核型多角体病毒防治茶毛虫，应用油桐尺蠖核型多角体病毒防治油桐尺蠖，应用性引诱剂诱杀茶毛虫、茶细蛾等。采用石硫合剂、矿物油等冬防、封园，降低病虫越冬基数。推广"茶+李""茶+樱花""茶+银杏""茶+松""茶+大豆""茶+三叶草""茶+鸡"等复合栽培模式，对改善茶园生态环境，维持茶园生物多样性和稳定的昆虫群落结构，控制茶园病虫草害起到显著效果。

当前，达州茶区在推广绿色防控技术的过程中，仍未低估化学农药在茶树病虫综合治理中的地位和作用。在逐步减少化学农药使用的同时，将其作为综合防治的补充措施，推广选用高效、低毒、低残留化学农药，合理用药，严格农药安全间隔期和禁用农药的使用。

2023年6月28日，达州市茶果站、万源市农业农村局在万源市石塘镇瓦子坪村召开全市夏秋茶开发利用现场会，推广布置杀虫灯10盏、新型天敌友好型诱虫板1万张，将茶叶新科技成果在茶区示范推广应用（图3-15）。

图 3-15 万源市石塘镇瓦子坪村布置的杀虫灯和天敌友好型诱虫板（冯林 摄）

八、低产低效茶园改造

20世纪70年代"大发展"起来的茶园，由于仓促上马，建园质量差，建成后投入少，严重缺肥，管理粗放，茶树未老先衰，未能形成丰产的茶蓬，茶农只收"白水茶"，茶园亩产量低，茶叶品质差，亩产量普遍低于25kg。1983年10月，达县地区在万源县召开"改造低产茶园学术交流会"。是年，宣汉县改造低产茶园500hm²，成为全省先进典型。1983年11月中旬，"全省低产茶园改造现场观摩会议"在宣汉县召开，全省51个县有关同志参加。1983年年底，达县地区财政局安排支农周转金24万元，以无息贷款形式用于扶持低产茶园改造。周转金采取借贷形式，由地区茶果站、各县财政局（各县茶果站具体实施）等项目实施单位分别与达县地区财政局签订借款合同，分期还款（图3-16）。

图 3-16 1983年达县地区改造低产茶园项目周转金借款合同（来源：达州市茶果站）

1984年1月，达县地区茶果站、达县地区茶叶学会牵头成立“达县地区改造低产茶园技术规范化研究协作组”（以下简称“协作组”）。在项目选址上，协作组提出“凡是参加低产茶园改造协作的茶场，实行投标承包，自行组阁，把茶园承包期延长到5~10年或更长，使茶农有利可图，积极去进行茶园基本建设”；在技术上，协作组提出了“改树、改土、改稀为密、改革采摘制度的‘四改’措施”（图3-17）。1984年3月，四川省改造低产茶园技术攻关协作组在达县地区召开改造低产茶园技术培训会。1984年11月19日，四川省“改造低产茶园学术讨论暨课题协作总结会”在宣汉县召开。1986年5月，四川省“改造低产茶园技术措施规范化研究达县片现场评议会”在达县召开（图3-18~图3-21）。

改造低产茶园<茶叶>情况统计表　表一　84.6.4.

场名	改造面积（亩）	改前组茶亩产（斤）	八三年春茶 产量	产值	均价	八四年春茶 产量	产值	均价	技术指导人员	改造主要措施
土黄4大队[illegible]	65	45	850	1066.19	0.23	1130	1061.66	0.304	余[illegible]	改树、改土、增肥
[illegible]1—茶场	49	25	8130	2431.53	0.291	9171	2091.51	0.261	[illegible]	改土、增肥
[illegible]5—茶场	80	42							[illegible]	
[illegible]6—茶场	40	35	1776.8	2520.86	1.42	2028.5	2060.47	1.00	[illegible]	修剪、增肥
[illegible]7—茶场	60	40	2400	3484	1.46	3620	4344	1.20	向[illegible]	修剪、增肥、[illegible]
老君6—茶场	40	30	1363	2540	1.28	1375	2152	1.48	蒋兴[illegible]	改土、增肥
东方12—茶场	50	45	9282.7	4518.61	0.46	12689.4	4631.63	0.365	王[illegible]	改土、修剪、增肥
东方11—茶场	20	25	1200	264.00	0.30	1600	400.00	0.25	王[illegible]	改土、修剪、增肥
芭蕉2—茶场	50	40	754	1347	1.77	1800	1800	1.00	王一平	修剪、[illegible]
芭蕉11—茶场	30	23							王一平	
芭蕉5—茶场	16	45							王一平	
合计	500									

说明：部分茶场以干细茶计称，部分场以鲜叶计称。

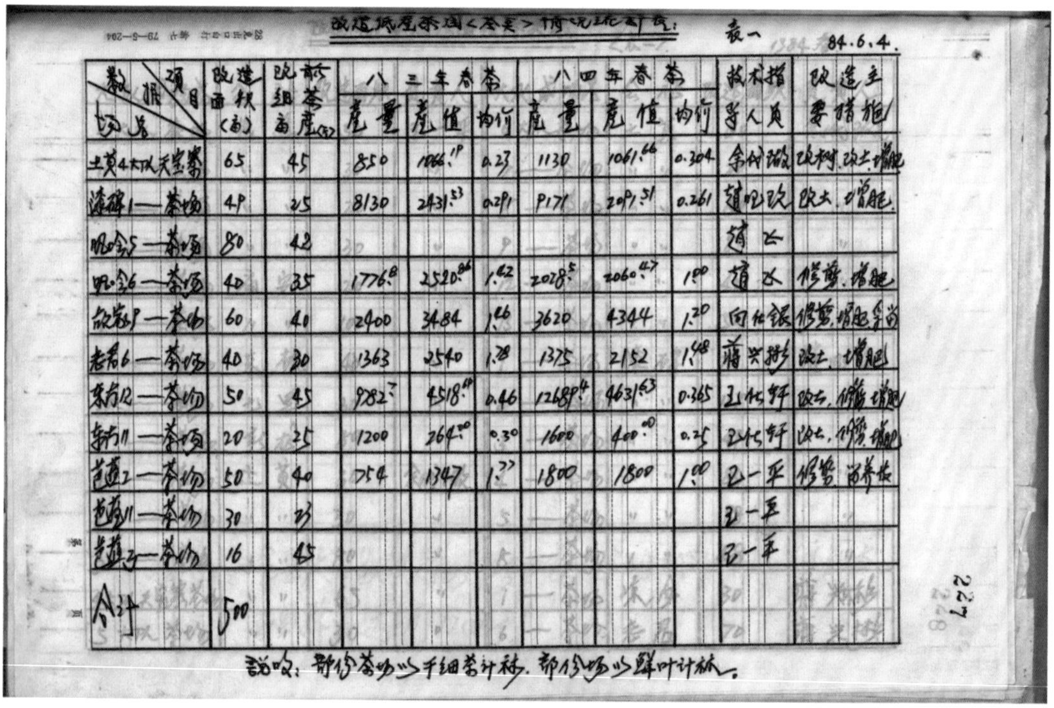

图3-17 1984年达县地区改造低产茶园项目记录单（来源：达州市茶果站）

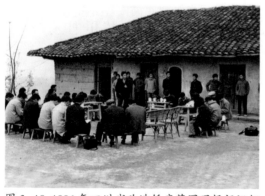

图3-18 1986年四川省改造低产茶园现场评议组在达县米城茶场座谈（来源：达州市茶果站）

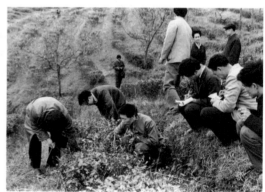

图3-19 1986年四川省改造低产茶园现场评议组在宣汉茶河乡六村茶场进行现场鉴定（来源：达州市茶果站）

图3-20 1986年四川省改造低产茶园现场评议组在宣汉茶河乡六村茶场与部分场员合影（来源：达州市茶果站）

图3-21 1986年四川省改造低产茶园技术措施规范化研究达县片现场评议会（来源：达州市茶果站）

1986年，达县地区万源、宣汉、渠县、白沙等8个县（区）被国家和省列为贫困县。1986年10月，达县地委、行署决定成立达县地区贫困地区经济开发领导小组（简称达县地区开发办），各贫困县（区）成立相应机构。随后，达县地区遵照党中央、国务院和省委、省政府的部署，有计划、有组织、有领导地全面系统开展扶贫开发工作。自1987年起，扶贫开发办每年安排一定数量的扶贫贴息贷款，对低产茶园进行改造。同时，省、地、县财政每年都安排了一定数量的资金对国营茶场的低产茶园进行改造。1987年，万源县划拨专项化肥100t、机动粮260t，发放贴息贷款31万元，用于改造低产茶园、添置加工设备和收购茶叶奖售。据统计，1984—1986年，达县地区279个乡、551个茶场分期改造茶园面积达4458.67hm²，累计增加产量达145万kg，增加产值580万元，增加税利140万元。到1990年，按技术规范化改造合格的茶园近3000hm²，平均亩产干茶45.1kg，比改造前增产近一倍（图3-22）。

图3-22 1988年3月宣汉县漆碑乡九村茶场实施重修剪（来源：达州市茶果站）

1991—1997年，万源市低改茶园733.33hm²。2000—2003年，实施国家星火计划项目"无公害优质富硒绿茶基地建设"，全市按无公害、无污染、高优质标准低改茶园2400hm²。2004—2014年，万源市累计改造低产茶园3114.33hm²。2014年6月，达州市茶果站联合万源市茶叶局在万源市大竹镇染坊坝村实施茶园低改项目，支持大竹镇茶园低改项目资金10万元。2022年9月16日，达州市农业农村局、达州市茶果站制定《"巴山青"

第三章　生产技术

071

标准示范茶园建设及低产低效茶园改造实施方案》，提出到2025年全市改造低产低效茶园6666hm²。2022年，达州市农业农村局、达州市茶果站实施全市巩固拓展脱贫攻坚成果同乡村振兴有效衔接专项资金"巴山青"品牌培育推广项目，在全市改造低产低效（老旧）茶园333hm²，万源市曾家乡、通川区复兴镇原铁山茶场等一批20世纪60—70年代建设的可利用抛荒茶园完成改造并恢复生产。四川紫云茗冠茶业有限公司，在海拔约1300m

的万源烟霞山，将1966年曾家乡政府种植的，荒废了40多年的老树茶园进行了清理，开发出了高品质、无农残、纯天然的健康绿茶和红茶，得到了社会各界的广泛认可（图3-23）。2023年，达州市农业农村局、达州市茶果站实施全市巩固拓展脱贫攻坚成果同乡村振兴有效衔接专项资金"巴山青"品牌培育推广项目，在全市改造低产低效（老旧）茶园646hm²。

图 3-23 2022年万源市曾家乡荒野茶园改造

目前，达州茶区低产茶园的改造技术采取"改树""改管""改土""改园"等技术手段相结合。"改树"以修剪为主，依据茶树的不同衰老程度，采用不同的修剪技术。对树冠"鸡爪枝"丛生，生产枝细弱，育芽能力低，新梢出现大量的单片和对夹叶，而茶树骨干枝仍然生长比较旺盛的茶树采取深修剪方式，一般剪去树冠顶部10~15cm的新梢；对半衰老或未老先衰，产量明显下降，但其多数主枝尚有一定育芽能力的茶树采取重修剪方式，一般在春茶后剪去树冠1/3~1/2，以剪口离地30~45cm为宜，同一块茶园中修剪高度就低不就高；树势已严重衰老的茶树采取台刈，一般在早春或春茶后离地5~10cm剪去全部枝条，随后喷一次石硫合剂或波尔多液清园消毒。台刈后第一年不采茶，第二年采高留低，第三年适当留叶采摘。"改管"指加强肥培管理、修剪养蓬、合理采摘、防治病虫、勤除杂草等。"改土"即深耕施肥，是在茶树修剪的同时，沿茶树树冠边缘垂直往下挖深50cm、宽40cm的一条沟，单丛茶树绕根部挖成半圆形；施肥以有机肥（农家肥）为主，化肥为辅；一般每亩施有机肥1000~1500kg，复合肥50kg；施肥时先施有机肥，后施化肥，最后覆盖。对缺株断行较多，茶树品种性状表现不佳、生产利用价值不高、树势恢复能力较弱的茶园采取"改园"处理，通常"移植归并"的少，"改植换种"的多。"移植归并"是将茶树修剪后（重修剪）留下少数枝叶连根挖出，将茶树在黄稀泥中蘸根，然后按一定间距移植成园。近年来，达州茶区多利用老茶园地换种白叶1号、黄金芽等茶树良种，仅在园内保留部分原种，一为种质资源保护，二为生产历史见证（图3-24）。

图3-24 换种白叶1号的大竹县云雾茶场（甘春旭 供图）

九、有机茶生产

达州茶区的有机茶园一般建在立地条件较好、植被丰富、气候适宜的山区和半山区。茶园四周常有天然的防护林带，园中一般植有银杏、樱花等行道树，间种林木或套种绿肥，形成"茶—林""茶—草"等立体复合栽培模式。茶园禁用化肥、农药，施有机肥、微生物肥，人工精耕细作，勤浅耕，勤除草，综合利用生态调控、农业措施、物理措施和生物方法绿色防控，抑制茶园病虫害的暴发。冬季封园，全面喷施石硫合剂、矿物油、波尔多液等矿物源农药。采摘季节，及时、分批、多次采茶，用竹制茶篓盛装鲜叶，不与常规茶园鲜叶混装、混运、混摊。加工人员经过有机茶生产与加工培训后，在上岗前和每一年度均做体检，健康合格者方才上岗。茶厂均建有一套完善的卫生管理制度和记录制度，生产人员进入生产车间要通过净手、更衣、换鞋、戴工作帽和口罩等规范性操作。

目前，达州茶区茶厂一般覆盖多个茶园，加工有机茶亦加工常规茶，因而一般没有配备独立的有机茶加工生产线，而是与常规茶加工生产线共用。加工时，有机茶与常规茶错开加工日期。常规加工结束后，对设备彻底清洗后再加工有机茶，采取冲顶加工方法。渠县的四川秀岭春天农业发展有限公司，全园通过有机茶认证，茶厂也实现整体加工认证。

达州茶区企业生产有机茶，认证机构主要有浙江杭州中农质量认证中心（OTRDC）、中欧联合检验认证有限公司、华兴检验认证有限公司、华鉴国际认证有限公司、欧希蒂认证有限责任公司等。2023年，达州市通过有机茶认证（含转换认证）企业9家，认证茶园面积382.898hm²，有机茶加工产量56.37t（表3-1）。

表3-1 2023年达州市有机茶认证（含转换认证）情况

主体名称	认证类型及规模
四川秀岭春天农业发展有限公司	生产；基地面积65.59hm²
四川秀岭春天农业发展有限公司	加工；加工厂面积0.4hm²，绿茶产量12.67t
开江县广福镇福龟茶叶种植专业合作社	生产；基地面积47.33hm²，茶鲜叶53t

主体名称	认证类型及规模
开江县广福镇福龟茶叶种植专业合作社	加工；绿茶 10.5t
四川竹海玉叶生态农业开发有限公司	生产；有机转换认证茶（白茶）6.66hm²，产量 3.5t
万源市蜀韵生态农业开发有限公司	生产；基地面积 38.66hm²，茶鲜叶 20t
万源市蜀韵生态农业开发有限公司	加工；加工厂面积 0.23hm²，绿茶产量 4.5t
四川巴晓白茶业有限公司	生产；有机转换认证基地面积 80hm²，茶鲜叶 33hm²，产量 0.7t
四川巴山雀舌名茶实业有限公司	生产；基地面积 19.67hm²，茶鲜叶 2.3t
四川巴山雀舌名茶实业有限公司	加工；"巴山雀舌"牌雀舌 0.15t，"巴山雀舌"牌毛峰 0.35t
四川巴山雀舌名茶实业有限公司	生产；有机转换认证基地面积 20hm²，茶鲜叶 2.6t
四川国储农业发展有限责任公司	生产；基地面积 33.33hm²，茶鲜叶 30t
四川国储农业发展有限责任公司	加工；绿茶 1.2t，红茶 0.6t
四川千口一品茶业有限公司	加工；加工厂面积 0.12hm²，白茶（白叶一号）0.3t，红茶 0.1t，黄金芽 0.1t，绿茶（雀舌）0.1t
达州市达川区天禾茶叶种植专业合作社	生产；基地面积 72.158hm²，鲜叶产量 108.2t
达州市达川区天禾茶叶种植专业合作社	加工；绿茶 21.6t

第二节　绿茶加工

达州茶区按照茶树品种适制性、市场需求和消费习惯，主要加工绿茶和红茶。绿茶又分特种绿茶和大宗绿茶。特种绿茶以形状而定，又分扁形茶、条形茶（针形）和卷曲形3类。大宗绿茶因最后干燥工序方法不同，分为烘青绿茶和炒青绿茶。

一、绿茶加工技术的演变

新中国成立以前，达州茶区所产绿茶，称青毛茶，当时制茶工艺粗糙，平地架锅炒鲜叶，太阳摊晒，脚蹬手揉，做成了有地方特色的晒青茶。万源晒青茶民间称"太平青茶"。民国《万源县志》（1932年版）载："制茶，于采回时入锅搅炒，以梗叶皆软为度，晾至半干，盛于麻袋内，以足团之，或一次二次，至多不过三次，则叶成条而拳曲，曝干或阴干，后拣去枝干贮袋内，筑成包，外束以绳，便于输运。此而大宗，年来增益农家经济不少，惟俗有点种桐、茶，恐得桐痨茶痨之忌，故多雇孤老行之，亦殊可笑。"

万源大竹河茶区制晒青茶工序为：炒，揉，踩，晒，打锅汗，再踩，再晒。"踩"是在鲜叶杀青后用手揉后装在袋内成丸状，人手扶栏杆，双脚蹬动茶袋，扭动腰肢，上下翻腾。十余人一起踩茶，一起行动，一边流汗，一边歌唱，所唱的踩茶歌历数前朝人物故事，韵味优美，独具特色（见本书第九章第二节诗词歌赋与美文《倒采茶》）。外地茶客来大竹河购进茶叶，经过拣花、筑包等工序后再行运输。"拣花"即将购进的毛茶，经人工挑选出茶梗、黄片叶。清明过后，大竹河街上就搭起茶板开始拣茶，随着茶叶上市量增加，拣茶板可达40多处，每处茶板可围坐拣茶女工20余人，用双手快速地拣出茶梗、黄片，每天工资可换回盐巴500g或大米1L，略可糊口。"筑包"是在拣叶后，茶商就雇人先将拣出的黄叶和梗茶研成粉末，搭配到净茶中，再经过发汗，装入麻布包中，脚踏甩滚，筑成圆包或长圆形包，每包茶15~30kg，成包后用竹签在茶包上插眼透气，即成包待运。茶叶的运输，由茶客雇旱力运出（新中国成立前夕，纸币暴落，当时发往西乡旱力每50kg要4.8银元），运输路线大多数从陆路运到西乡，途中翻山越岭，往返1月左右；一部分从任河装船下运紫阳转汉中；也有用粗纸壳包装，运到湖北老河口销售。

新中国成立后，国家重视改良茶叶制作工艺，派大批茶叶技术干部深入茶区推广新的茶叶制作技术，改变了"脚蹬手揉"的原始生产状况。1954年，中国茶业公司万源收购站在青花、白羊采用竹篾烘笼焙茶叶，改变了万源"晒青"历史，制出了香气浓郁的"烘青茶"。1957年前后，引进畜力揉茶机、木质揉茶机，改变了手揉脚蹬的老办法。采摘茶叶推行"及时分批、留叶、护苞"及"双手采茶法"，可提高品质，提高工效。1964年，在旧院、青花两地小范围生产烘青茶；是年，外贸公司正式开始制定样价，收购炒青茶。1965年推广双动四桶揉茶机，引进铁质揉茶机、杀青机和烘干机。20世纪70年代后期，发展应用手拉百叶烘干机和全自动电力烘干设备。地区大竹河茶厂和国营草坝茶场生产的精制茶产品，从初制到精加工都采用半机械化和机械化作业，产品主要以内销川绿、川烘、川青为主。

改革开放后，达州各级茶叶技术推广部门抓住名茶市场机遇，率先开发名优绿茶，同时在各大茶厂（场）培训示范，革新制茶工艺技术。1978—1983年，在传统烘青茶基础上，挖掘、恢复制出万源溪口烘青、宣汉金花寺烘青等省级优质茶。

20世纪80年代，多数茶场设施设备仍很落后，加工环境较差，许多茶场（厂）从事加工的生产人员没有制茶理论基础，制茶全凭经验，针对茶叶品质差的问题找不出原因，加工技术长期得不到改进和提升。1984年8月，达县地区茶果站唐开祥到达县米城乡卫星茶场开展驻点技术服务工作，在这里所见的制茶情形大致反映了当时茶叶加工的落后状况：

"卫星茶场是1972—1974年大发展时期建园的。由于当时历史条件的局限，建园基础相当差，生产管理水平也很低，生产出的茶叶外形条索松弛弯曲，没有香气，滋味苦涩，汤色红、浑暗，叶底枯暗花杂，红叶、红梗、烟焦异味都很严重，投产后6~7年一直存在把尚好或较好的原料制成了低质劣茶的问题。1984年8月至次年春茶初期，通过深入调查秋、春茶生产全过程和贮藏情况，初步弄清了茶叶品质低劣的原因：其一，管理混乱，技术薄弱。该场茶叶生产历史短，场员普遍缺乏茶叶生产技术知识，场内懂技术、有经验的制茶技术人员奇缺。生产分工上，由于轮班频繁，每个人都难以摸索到技术要点，难以提高技术。同时，监督、检查制度不健全，场员的责任心差，致使茶叶品质长期得不到提高。其二，加工工艺落后，生产粗制滥造。加工人员技术水平低，加工时固化采用'杀青—揉捻—干燥'基本工艺，不能根据品质需求灵活增减工序。其三，加工环境差。加工前后，从不清理机具，致使茶叶产生异味。其四，该场的机具是从各地聚拢而来，性能都不太理想。加上设备残缺不全，安装不合理，致使整套机组工作性能差，给生产优质茶带来障碍。最突出的是一组变速皮带轮，直径不符合工艺要求，导致茶叶杀青时翻炒不匀，易粑锅，进而产生焦烟，揉捻机转速过慢而成条难。其五，无独立的贮藏库房，茶叶、肥料、农药混装，造成茶叶吸异变劣。"

针对上述问题，1985年春茶期间，驻点茶技人员协助场内搞好计划安排等管理工作，在加工各工序中，采取定员定质，把生产责任落实到人头。利用现有设备，调整、改换不合理的组装，满足工艺的需求：重新设计变速皮轮，绘好图纸后在新达水泵厂翻砂制成；调整杀青机灶燃烧室。经调改后的机具，达到制茶工艺要求，且工效大大提高。腾出专门单独储藏库房，做到无异味，能防潮。同时，召集全场人员，讲解、示范茶叶生产技术。根据不同类型的鲜叶原料，在"杀青—揉捻—干燥"工艺基础上，适当增加一些工序。杀青采用"嫩叶老杀，老叶嫩杀"，做到老而不焦，嫩而不生；坚持杀透杀匀，杜绝红梗红叶；并在杀青时适当排风，以利提高香气。揉捻采用"轻—重—轻"，注意掌握适度，并在揉捻后进行解块，夏、秋较粗老的原料复揉。干燥采用"毛火"和"足火"两段进行，以利优质茶的形成。技改后，制出的茶叶成条好，香气浓郁，滋味醇和，汤色黄绿明亮。中上档比例由1984年的25%上升到42%，低档茶滋味纯正。达县地区茶果站将基点所取得的经验，因地制宜地在全区推广，品质大有好转。

1984—1987年，创新扁形茶制作工艺，成功研制出以碧兰、巴山雀舌为代表的新名茶。1988年后，各地掌握名茶制作工艺技术，创制出巴山毛峰、巴山毛尖、九顶翠芽、九顶雪眉、雾山云雀、铁山剑眉、米城银毫、平顶碧芽等一大批扁形、条形（针形）和卷曲形名茶。到1999年底，全市累计创制名茶20只，发展初精制加工厂120余个，初精加工机械1200台（套），其中名优茶加工机具300台（套），推进名茶手工与机制相结合。

2000年后，又研制出巴山玉叶、迎春玉露等省级优质名茶。

名优茶的开发促进了实用栽培、采摘和加工技术的革新和推广；提高了茶园的基本素质，对达州茶叶生产和茶业经济的发展产生了积极作用：一是促进了茶树良种，特别是无性系良种茶园的发展，新发展茶园开始转向建设优质高产高效的商品茶基地；二是开发名优茶后，各茶场变"老嫩一把抓"的掠夺式采摘为采早、采小的精细分批采；三是加工上逐渐引进电炒锅、小型杀青机、揉捻机、理条机等高效、节能、省工的名优茶机具，逐步从单纯的手工制作发展到了半机械化、机械化生产，促进了从手工名优茶到名优茶机制的转变，使得原有获奖名茶逐渐投入批量生产，加快了茶叶商品化进程；四是极大地丰富了茶叶品类，优化了产品结构，提升了茶叶质量，增强了市场竞争力，提高了生产效益，增强了茶叶在农村多种经营品种中的比较优势，调动了一部分茶农生产的积极性，茶叶成为他们脱贫致富，增加收入的一个骨干产业；五是名优茶的开发极大地提高了达州茶叶的知名度，支撑了达州茶叶产业持续稳定发展。

二、扁形名茶制法

扁形名茶是达州特种名茶最主要的产品类型，以巴山雀舌、九顶雪眉、巴山玉叶、秀岭龙芽为代表，其加工工艺基本一致，只是手工制作上略有不同。

（一）巴山雀舌

巴山雀舌鲜叶采摘要求按标准采、提手采，确保原料嫩、整、匀、净，不带紫色叶，不带蒂头、花果，不含鳞片、鱼叶，无劣变或异味，无其他非茶类夹杂物。适制特级、一级巴山雀舌的鲜叶原料要求大小均匀的单芽、一芽一叶初展，芽长于叶或芽叶等长，全长不超过30mm。

巴山雀舌手工炒制的基本手势有二：其一，顺芽轴横向翻炒。即注意芽叶的翻炒方向，杀青开始，逐步将芽叶纵向理顺，横向翻炒，使芽叶由锅心向左运动，由左向右翻转，促使叶片向芽轴收拢起来，杀青后茶条便初具平直。要点是右手五指并拢、伸直、掌心向下微凹，左手掌心向上、指尖朝向右手掌心、自然微弯，双手配合做左右往复运动。其二，"丁"字纵向推压。茶条平直略硬，七八成干，可逐步用力推压。要点是右手伸直，掌心向下，拇指与四指分开，由右向左纵向合拢茶条，沿锅左方向前推压，顺势退回，向左翻撒茶条，往复进行至茶条扁平直即可。巴山雀舌的炒制手势，融汇了多种扁形茶单一炒制手法为连贯的手势，因此简练、精湛、易掌握而成为具有科学性、先进性和实用性的独特的炒制工艺，被国家科学技术委员会刊录至《中国技术成果大全》（图3-25）。

图3-25 巴山雀舌手工制作（李华供图）

巴山雀舌的手机合制工艺流程为：鲜叶摊放→杀青→摊凉→槽锅理条→筛分定档→辉锅及清风割末→烘焙。

1. 鲜叶摊放

鲜叶进厂后分级验收，分别摊放，做到晴天叶与雨（露）水叶分开。上午采的叶与下午采的叶分开，不同品种、不同老嫩的叶分开。摊放场所要清洁卫生，阴凉通风，不受正午阳光直射。摊放以室内自然摊放为主，也可用鼓风方式缩短摊放时间。摊放厚度、时间视鲜叶老嫩和失水程度而定。春季高档叶摊放1kg/m²，摊叶厚度10~20mm，中低档叶摊叶厚度20mm，摊放时间一般4~6h。摊放过程中，注意检视失水情况，适时翻动，并避免翻伤叶片，促使鲜叶水分散发均匀和摊放程度一致。摊放程度以叶面萎蔫，叶质变软，叶色转暗绿，青气消失，略具清香，叶茸毛倒伏，银色显露为适度。鲜叶减重率10%~15%，勿使鲜叶失水过度或出现变红。

2. 杀青

杀青前应清洁场地，开动机器，生火或通电加热。用6CST-30型滚筒杀青机，筒体前中段内壁温度300℃，经验估测筒体内辐射温度有灼手感。投叶有轻微暴响声。开始少量投叶，杀青叶流出视杀青程度正常后，每60s投叶0.4~0.5kg，投叶至出叶约90s。以叶质变软，梗折不断，清香显露为适度。

3. 摊凉

杀青叶出锅后，除去焦煳的单叶片、鳞片、鱼叶及花果、梗杂等，及时摊匀在篾席上，摊凉时间约30min，不宜太长。

4. 槽锅理条

首次理条锅温180℃，二次锅温140℃。投叶量每槽0.1~0.2kg。当芽叶基本成条，手捏不断时，加压2~3min后出锅筛分。筛上复压2~3min。操作时注意检视"火力"大小，如遇茶叶黏锅、搭叶、色变等情况，及时处理。关键防止茶汁溢出变色和焦煳，加压不过早、过迟、过轻、过重。

5. 筛分定档

筛分前备好所需案台，精加工竹筛、撼簸（或采用小型精制设备）。手工操作用4号半或5号筛分段，筛面复压后重复分段和整形。筛下用7号或6号筛去断碎，风选或撼簸后辉锅。

6. 辉锅及清风割末

辉锅用龙井锅、偏锅、多功能名茶机均可。使用简易平台式槽锅辉锅，锅温先低后高，前期100℃，后期120℃。操作手势以"丁"字推压为主，辅以翻、压、抖等手法。注意看茶做茶，用力适当，外形达到要求，含水率10%左右，用10号筛割末轻簸后上烘。

7. 烘 焙

选用热风炉或电热式名茶烘焙机作业，烘干至足干下机，摊至室温后归堆入库。

巴山雀舌品质香高味醇，具明显的炒烘型特点。工序操作要点，一是鲜叶杀青之后，采用较高温度多次理条及相应增加摊凉次数，使茶坯水分重新分布，提高干燥速度，降低叶温，减缓茶坯内含物化学变化；二是初精连作，分段炒制，减少碎断；三是辉锅时叶温先低后高，低温长炒，有利固形，发展香气。

（二）九顶雪眉

九顶雪眉制茶鲜叶原料要求细嫩，特级采单芽，一级采一芽一叶初展。鲜叶采回后薄摊5~6cm，时间为4h左右。九顶雪眉亦有手工制法和机械加工制法两种。手工炒制技术要点如下：

1. 杀 青

投叶量0.5kg，初始锅温180~200℃，在投叶前用制茶油涂抹锅面，手法有抖、抹、搭3种，杀至茶香显露为宜，下锅摊凉。

2. 做 形

锅温90~100℃，先是抖、抓两种手法，炒到茶叶含水量40%左右，温度降至70~80℃，手法转为搭、捻、抓、摊4种，使茶叶含水量在10%左右，提毫、下锅烘焙。

3. 毛 火

温度90℃，勤翻动，时间3~4min。

4. 足 火

温度65℃，烘至茶叶含水量4%左右下烘，冷却，选剔，匀堆包装。

九顶雪眉的机械加工工艺：鲜叶摊放→杀青→轻揉→整形→烘焙→选剔包装。采用名茶连续杀青机杀青，杀青后摊凉，再用15型揉茶机轻揉1~2min，随后投入多功能理条机中整形。随着茶叶水分减少，逐渐降低往复频率。形状基本固定后下机待烘。采用红外线名茶烘干机烘干，温度与手工炒制的烘温相同，至茶叶含水量4%左右时下烘，选剔，匀堆包装。

图 3-26 巴山玉叶（赵飞 摄于 2003 年）

（三）巴山玉叶

巴山玉叶系2003年由宣汉县茶果站技术人员在原东乡镇黄金槽茶叶科技示范园研制的高档名茶，获2003年四川省农业厅"甘露杯"优质名茶评比第一名（图3-26）。巴山玉叶工艺流程为：鲜叶→杀青→拉老火理条整形→低温脱毫炒干→烘焙→分段提香。

1. 鲜叶标准

新鲜的单芽或一芽一叶。

2. 鲜叶摊放

用竹簸箕、篾垫摊放，厚度为2~4cm，春茶摊放8~10h、夏秋茶摊放4~6h。

3. 杀 青

40型连续杀青机，杀青温度：进口一侧筒内空气温度130~150℃或筒壁温度250~300℃；投叶量：台时20kg；杀青时间：120~150s；杀青程度：青草气散尽，茶香显露，杀青叶含水量为58%~60%。

4. 拉老火理条整形

采用多功能理条机，温度150~160℃；每槽投杀青叶0.12~0.15kg；理条时间4~5min，加棒根据槽的大小用0.06~0.1kg的棒加压，时间1~1.5min；取出棒再炒1min，起锅出茶，摊凉0.5~1h。

5. 低温脱毫炒干

采用多功能理条机，温度70~75℃，投叶量每槽0.15~0.2kg，炒10~15min，起锅出茶，摊凉0.5~1h。

6. 烘 焙

用自制专用名茶烘箱，温度100~110℃，烘至茶叶含水量5%~5.5%，下烘摊凉，摊凉时间0.5h。

7. 分段提香

温度140~160℃，时间60~120s，如冷藏的茶叶提香，采用160℃提香，至茶叶含水量4.5%左右，起锅出茶。

8. 分筛去杂，包装出厂

筛除片末，拣剔杂物，密封包装，低温贮存，按需出厂。

（四）秀岭龙芽

1. 采 摘

鲜叶原料须在清明前天气晴好之日，待晨露干后进行采摘，只取肥壮芽头。

2. 摊 放

将鲜叶均匀摊放于室内竹筛上，防止茶叶窝堆发酵变质，待鲜叶水分散失15%左右进入杀青工序。

3. 杀 青

利用微波杀青机对摊放后的鲜叶进行杀青，称为"头青"，温度控制在300℃，时间3~5min（图3-27）。第二次利用理条机进行杀青，称为"二青"，温度控制在180℃（表盘温度）左右，时间5min。

4. 脱 毫

将杀青后的茶坯适量投至理条机，理条去毫，温度60~80℃，时间90min。

图 3-27 秀岭龙芽微波杀青（来源：四川秀岭春天农业发展有限公司）

5. 筛分回潮

用1.8mm的筛子筛选出片茶、碎断，再分别回潮，回潮时间120~200min。

6. 做 形

通过在理条机中的压棒作用，使茶叶成扁平状，温度控制在100℃（表盘温度）左右，时间2min左右。

7. 干 燥

投入一定茶量至辉锅机中，干燥至茶叶含水量15%左右，温度从60℃逐渐升温至130℃（表盘温度），时间120min。起锅冷却进行下一道工序。

8. 提 香

采用提香机提香，促使茶叶芳香物质转化，温度控制在180~210℃（表盘温度），时间20min左右。

9. 精 选

采取一人一筛的形式，对放入竹筛的茶叶进行手工精选分级，使其颜色、条形一致。

三、条形（针形）名茶制法

条形茶的鲜叶采制与处理，与扁形茶基本相同，摊放、杀青、摊凉工序亦与扁形茶相同。揉捻可用25型、35型名茶揉捻机揉捻，也可用手工揉捻，机器揉10min左右，手工揉5min左右，边揉边解块，嫩叶揉时短，老叶揉时长，成条率达75%~80%即可。炒二青是将锅温降至85~90℃，理条抖炒，散失水分。通过理条甩条，失水至30%~35%，条茶出锅待烘，若是针形茶则继续做形。搓条时，把理直的茶条置于手中，双手掌心相对，四指微曲，用力适当，反复搓条，直到条索初步紧结，白毫略为显露，含水量减少到12%左右即可。搓条温度应控制在50~60℃，时间15~20min。成型茶下锅摊凉60min左右，即可上笼烘焙至足干。初制后，剔出梗、片、杂物等，清风割末即可归堆包装出厂。

达州所产条形名茶以九顶翠芽为代表，最早是由四川省茶叶研究所（永川）、达县地区茶果站、宣汉县茶果站技术人员借鉴永川秀芽制作工艺，在宣汉县漆碑乡研制，因宣汉县九顶山生态优越冠名"九顶"。九顶翠芽外形紧直细秀、峰毫显露、色泽翠绿、香气嫩香持久，汤色碧绿清澈，滋味鲜醇回甘，叶底嫩绿明亮，其手工制作工艺如下。

①**原料**：采用一芽一叶初展或开展，完整、新鲜、无病虫。采回摊放在干燥通气的竹簸上5~10cm，时间5~6h，叶质变软后付制。

②**杀青**：锅温160℃，每锅投叶量0.25kg，杀透杀匀，4~6min下锅。

③**初揉**：以双手在竹簸内团揉，解块2~3次，条索紧卷，茶汁渗出即可。

④**抖水**：锅温100℃，炒至四五成干起锅摊凉。

⑤**复揉**：双手团揉，揉至茶条紧细，茶汁渗出为止。

⑥**做形**：锅温70℃，复揉叶置锅中翻炒，茶叶受热变软不黏手时开始做形，两手将茶条在锅内理顺握入手中，两手心相对滚动茶团，茶条从指间散落于锅内，反复进行，直至茶条紧细达到八成干起锅摊凉待烘。

⑦**烘焙**：用烘笼或名茶烘干机均可。火温60~70℃，将茶均匀撒在烘笼的白布上，3~5min翻动一次，时间60min，烘至含水量6%下烘摊凉，用铁听或纸盒定量包装，阴凉、干燥贮存。

四、卷曲形名茶制法

卷曲形的代表名茶有大竹县的雾山毛峰，其条索紧结卷曲，毫毛显露如雪花飞舞，清风袭人，滋味爽口，汤色绿亮，叶底嫩匀。卷曲形名茶制造工艺：鲜叶→摊放→杀青→摊凉→揉捻→复炒→摊凉→搓团提毫→摊凉→烘干→选剔→包装。

卷曲形名茶制造的前四道工序与条形名茶工序完全相同，第五道工序是复炒，锅温80℃左右，动作应轻，防止黏锅，炒10min左右。搓团提毫设置锅温60~70℃，将茶放在手心双掌相对团搓，方向一致，不能反搓，抖搓结合，时间10~15min，做至含水量12%~15%出锅。经摊凉烘干后定级归堆装包。

五、大竹白茶制法

　　大竹白茶的加工工艺流程为：鲜叶→摊青→杀青→理条→毛火→冷却回潮→足火→精制，具体加工技术可参阅地方标准DB 5117/T 51—2022《大竹白茶加工技术规程》。鲜叶选用一芽一叶，要求芽叶玉白且完整、新鲜、匀净。选用专用摊青设备摊青，厚度在2~4cm，时间4~8h，摊至芽叶微软、清香显露，含水量68%~70%。杀青采用多功能杀青机或连续杀青理条机，杀青温度第一阶段为250~350℃，第二阶段为180~200℃。要求杀青叶叶面失去光泽，青气消散，清香显露，嫩梗折而不断，含水量58%~65%。理条采用理条机，温度100~120℃，每槽投叶量80~90g，时间4~5min，至手握茶叶有刺手感，含水量20%~25%。毛火采用烘干机或烘焙提香机，温度100~120℃，茶叶摊放厚度2~3cm，时间10~15min，达到条直、质硬、有刺手感，含水量10%~15%时及时下机摊凉。下机摊凉回潮的初烘叶应迅速薄摊在通透的摊凉床（网）或竹匾里，尽快散失余热，茶叶茎、叶水分重新分布均匀后再进行足火处理。足火采用烘干机或烘焙提香机，茶叶摊放厚度2~3cm，温度70~80℃，时间30~40min，当手捏茶条成粉末，含水量5%~7%时下机冷却。大竹白茶的精制主要是筛分大小，割除碎茶和片末，剔除暗条、杂质，使成茶净度、匀度及色泽一致（图3-28）。

图3-28 大竹白茶的加工（廖超 摄）

六、大宗绿茶制法

（一）炒青绿茶的初制

　　①摊青：进厂鲜叶在清洁的摊凉槽或竹席上摊2~8h，中途应翻2~3次，防止闷堆烧叶。

　　②杀青：用90型杀青机杀青，将锅温升至260℃左右，即白天见锅烧得发白，晚

上看见锅发红，人接近很难受，即可投摊放鲜叶。投叶数量每次15kg，冒大气开排风扇间断排湿，杀青全程用时6~10min。做到杀匀杀透，不能有红梗红叶，但也不能焦煳。

③摊凉：杀青叶出锅后应及时摊凉降温，散去湿气和青气，保证杀青叶色泽绿。

④揉捻：可用55型或65型揉捻机揉捻；揉捻时间30~50min，投叶是以杀青叶装满揉桶为准；方法是"空揉—轻揉—重揉—轻揉"；成条85%，略出茶汁适宜；茶叶出揉桶应及时解块摊开。

⑤烘二青：以前为全炒，现改为烘二青，能改善茶叶的滋味、香气和汤色。烘干机进风温度110℃左右，烘程5~10min，烘至含水量50%左右即可。下机及时摊开散热。

⑥干燥：用110型或八角型炒干机将二青叶炒至八成干出锅摊凉60min左右。

⑦足干：用110型炒干机炒至含水量在6%以下出锅摊凉归堆。

（二）烘青绿茶的初制

烘青绿茶与炒青绿茶制作方法基本相同，以前全烘青是从烘二青开始就一直把茶叶烘至足干，现在的烘青是将炒青制作工序的烘二青改为炒三青，其主要目的是改善烘青茶外形大小。以后的工序全部用烘的干燥方法烘至足干即可。

第三节　红茶加工

早期的川红工夫制作技术是以"自然萎凋""手工精揉""木炭烘焙"为主，采用的是古代贡茶制法。1951年中国茶业公司西南办事处派工作组来万源加工工夫红茶，采取由作业组或合作社集体加工，人工操作，设备简单，其工艺程序为：萎凋、揉捻、发酵、干燥。萎凋在室内晒席上进行。1957年推广畜力揉茶机，1958年茶技干部在大竹乡推广了水力揉茶机，用手揉捻或蹓口袋，以后又推广了手推揉茶机。发酵用竹锅盖盛茶，上盖发酵布发酵，温度及湿度全凭自然环境，用玻璃温度计衡温。干燥采用竹烘笼烧白炭烘茶。分两次烘干，第一次毛火烘至七成干，摊凉0.5~1h再足火烘干。至20世纪70年代，改以人工加温萎凋、机制揉捻、烘干机烘干等现代制法，产量有所提高，但品质上开始下降。

目前，达州所产工夫红茶，生产工艺采用"萎凋—揉捻—发酵—干燥"的基本工艺。为获取高品质的工夫红茶，达州将发酵视为生产过程中最关键的一道工序的同时，注重对整个工艺流程中每道工序、每项技术因子的关键把控。

萎凋讲求嫩叶薄摊、老叶厚摊、大叶薄摊、小叶厚摊、均匀的原则。在当前生产中，采用较多的萎凋方式主要有室内自然萎凋和萎凋槽萎凋。室内自然萎凋是在室内排设萎凋架，架上置萎凋帘，鲜叶摊于萎凋帘上，摊叶0.5~0.75kg/m²，室温20~24℃，相对湿度60%~70%，萎凋时间需18h左右。如果空气干燥，相对湿度低，8~12h可完成萎凋。萎凋室内要求通风良好，避免阳光直射。根据空气相对湿度和风力大小，用启闭门窗的方法调节温度和湿度。气温低或阴雨天则在室内加温，各点的温度要求均匀一致。萎凋槽萎凋工效快，且萎凋叶能达到较好的质量，因而被目前大多茶叶加工厂选择。萎凋槽配有鼓风机，有条件的还配有加热设备，以达到控温控湿的目的。技术要点有：风温控制在30~35℃，风量15000~20000m³/h，摊叶厚度16kg/m²左右，即叶厚18~20cm，一般在每小时停止鼓风10min时翻拌一次，翻拌时要求上下层翻透抖松，使叶层通气良好。一般以8~10h完成萎凋的品质较好，小叶短、大叶长。

茶鲜叶进行日光萎凋的时候，多选择在傍晚有阳光照射的时间。高香型工夫红茶的制作，其萎凋方式一般采用先将鲜叶进行日光萎凋，再进行室内吹风或自然萎凋。在晴朗的天气，选择地面平坦，避风向阳，清洁干燥的地方铺上晒簟，鲜叶均匀摊放在晒簟上，摊叶0.5kg/m²，以叶片基本不重叠为度。中间翻叶1次，结合翻叶适当厚摊。萎凋达一定程度时，须移入阴凉处摊放散热并继续萎凋至适度。这种方法简便，萎凋速度快，但受自然条件限制大，萎凋程度很难掌握，因此在实际生产中很少应用。萎凋适度时，叶形皱缩，叶质柔软，嫩茎萎软，曲折而不脆断，紧握萎凋叶成团，松手可缓慢松散。叶表光泽消失，叶色转为暗绿，青草气减退，透发清香，含水量60%~64%。随萎凋程度的加重，条形由松到紧，汤色由亮到红到暗，香气由清到甜，滋味由强到醇。

揉捻加压方式一般讲求"轻—重—轻"的原则，并根据投叶量、在制品质量等来灵活掌握。由于在进行揉捻的同时，发酵也在进行，所以一般要求控制揉捻环境的温湿度在利于发酵的温湿度范围内，低温高湿，室温控制在20~24℃，相对湿度85%~90%。揉捻时间在1~2h，嫩叶分2次揉，每次30min；中级叶分两次揉，每次45min；较老叶可延长揉捻时间，分3次揉，每次45min。每次加压7~10min，减压3~5min，加压与减压交替进行。揉捻后解块筛分，解散团块，散发热量，降低叶温，使揉捻均匀、分清老嫩、发酵均匀。揉捻以细胞破碎率85%左右为适度，不宜过低或过高。茶汁通过揉捻溢出并附着于茶叶表面，利于茶叶的冲泡，使茶条增加光泽度。同时，揉捻对于工夫红茶来说即是做形，一般要求成条率达到80%以上，条索紧卷茶汁充分外溢，黏附于茶条表面，用手紧握，茶汁溢而不成滴流为度。

揉捻叶细胞破碎程度对发酵起到基础性的作用，同时，温度、相对空气湿度、氧气是红茶发酵的主要影响因子。发酵室温应注重先高后低的变温发酵，一般叶温较室温高2~6℃，叶温保持在30℃最适，气温24~25℃为宜，相对湿度达95%以上较好（图3-29）。红茶发酵中物质氧化需消耗大量氧气，同时释放二氧化碳，因此，应保持叶层中的空气新鲜。发酵堆的厚度8~10cm为宜，嫩叶和叶型小的薄摊，老叶和叶型大的厚摊，气温低时要厚摊，气温高时要薄摊。发酵程度需要根据叶色、香气的变化灵活掌握，发酵时间只能作为一个参考指标。从揉捻算起，一般春季气温较低，需3~5h，夏秋季温度较高，应以发酵程度为准。发酵过程中，叶色呈现由青绿、黄绿、黄、红黄、黄红、红、紫红到暗红色的变化趋势，香气则由青气、清香、花香、果香、熟香以后逐渐低淡，叶温也发生由低到高再低的变化。发酵不足时，干茶色泽不乌润，香气不纯，带有青气，滋味青涩，汤色欠红，叶底花青。发酵过度的情况下，干茶色泽枯暗，不油润，香气低闷，甚至有酸馊味，滋味平淡，汤色红暗，叶底暗。

图3-29 万源工夫红茶采用发酵机"发酵"（来源：万源市茶叶局）

发酵适度时，一般叶子青气消失，显一种清新鲜浓的花果香味，叶色红变（春茶略泛青）。实际操作中，发酵程度通常掌握适度偏轻，这是因为发酵工序完成并不等于发酵作用的终止。

干燥应在发酵结束后立即进行。一般采用烘干机干燥，少量的高档红茶是用烘笼进行干燥。干燥一般分毛火和足火进行。毛火遵循高温短时的原则，温度在100~120℃，有的甚至更高，但要避免产生焦味，毛火茶的含水量在21%~25%。足火低温慢烘，以发展香气，温度控制在90~100℃，干燥至含水量4%~6%。在毛火与足火之间，要适当地摊凉，使叶内水分重新分布，以利干燥均匀、充分。

第四节 技术标准

在执行相关国家、行业标准的同时，达州市相应地制定了适应地方茶叶生产的技术标准。1991年10月，宣汉县漆碑茶厂发布实施Q/XQBC 01—91《川烘、川绿、川青茶》、Q/XQBC 02—91《九顶翠芽、九顶香茗、九顶毛峰茶》、Q/XQBC 03—91《珍眉、雨茶、贡熙（出口绿茶）》、Q/XQBC 04—91《红碎茶（出口）》、Q/XQBC 05—91《茉莉花茶（内销）》、Q/XQBC 06—91《普洱茶》6个企业标准。1994年，由西南农业大学编制，万源草坝茶场、万源青花茶场、万源茶叶公司共同发布了《巴山富硒茶》企业技术标准，将巴山富硒茶分为名优茶（巴山雀舌、巴山毛峰、巴山毛尖、雾峰露芽、雾峰茗尖、雾峰春绿）、炒青绿茶及烘青绿茶3个类别。1998年12月，万源市质量技术监督局、万源市茶叶局、万源市茶叶集团公司编制了Q/70907283-7-20-1998《万源市特种绿茶》企业标准，主要应用于国营草坝茶场、万源市茶叶公司、万源市农工商联合公司，该标准将万源市特种绿茶分为雀舌、毛峰、毛尖3类。1999年5月，国营草坝茶场《99中国国际农业博览会名牌产品认定申报书》，提到"特种绿茶巴山雀舌，产品分为四个等级：极品、精品、燕羽、尾羽"，执行万源市特种绿茶企业标准。

2009年，万源市茶叶局编制地方标准DB 511781/T 003—2009《万源市天然硒绿茶》，标准包括无污染生态茶园栽培技术规范、鲜叶采摘技术规程、机械采茶修剪配套技术规程、茶叶加工场所技术条件规程、绿茶加工技术规程及产品质量标准6个部分。

2015年，达州市茶果站应达州市打造区域公用品牌的需求，编制四川省（区域性）地方标准DB 511700/T 31—2015《巴山雀舌》，包括栽培技术规范、加工技术规范、产品质量标准3个部分，首次建立起达州市市域性的茶叶地方标准体系。该标准在"巴山雀舌"终止作为达州市茶叶区域公用品牌后废止。

2020年，宣汉县农业农村局、宣汉县茶叶果树技术推广站等单位编制DB 5117/T 29—2020《地理标志产品 漆碑茶》，对国家地理标志产品"漆碑茶"的栽培技术、加工技术和产品质量标准进行了规范。2021年，大竹县农业农村局、大竹县茶叶（白茶）产业发展中心联合四川省茶叶研究所茶叶专家编制DB 5117/T 50—2022《大竹白茶栽培技术规程》、DB 5117/T 51—2022《大竹白茶加工技术规程》。

2022年1月26日，达州市茶果站编制的DB 5117/T 48—2022《巴山青茶栽培技术规程》、DB 5117/T 49—2022《巴山青茶加工技术规程》发布。为配套巴山青茶的栽培、加工技术标准，达州市市场监督管理局指导达州市茶叶协会制定巴山青茶产品质量团体标准，对巴山青茶产品分类与等级、要求、检验方法、检验规则、标志、标签、包装、运输、贮存进行规范，以满足达州市茶叶协会成员单位生产的巴山青茶执行统一标准。2022年6月22日，达州市茶果站起草的团体标准T/DZCX 01—2022《巴山青茶》通过全国团体标准信息平台正式发布（图3-30）。为规范巴山青茶的生产，现将相关技术规范要点和质量要求介绍如下。

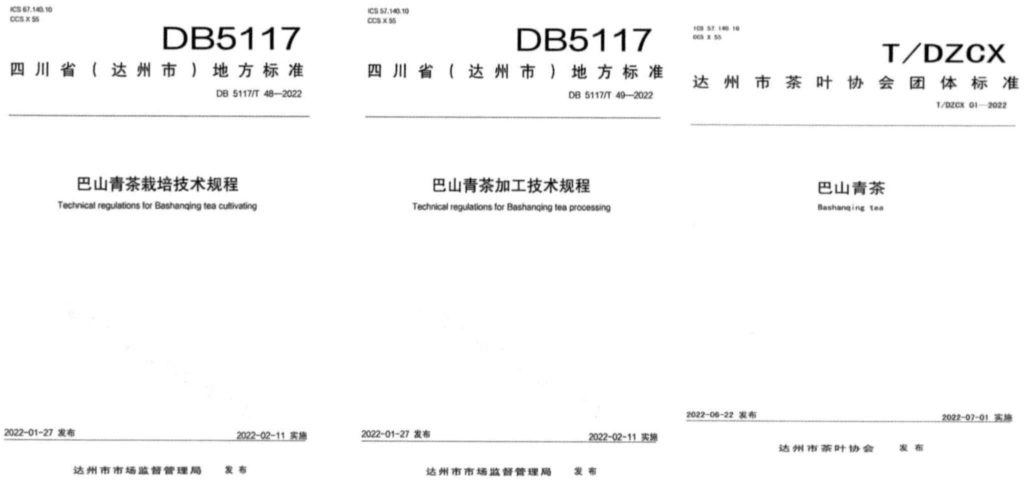
ICS 67.140.10
CCS X 55
DB5117
四川省（达州市）地方标准
DB 5117/T 48—2022
巴山青茶栽培技术规程
Technical regulations for Bashanqing tea cultivating
2022-01-27 发布 2022-02-11 实施
达州市市场监督管理局 发布

ICS 67.140.10
CCS X 55
DB5117
四川省（达州市）地方标准
DB 5117/T 49—2022
巴山青茶加工技术规程
Technical regulations for Bashanqing tea processing
2022-01-27 发布 2022-02-11 实施
达州市市场监督管理局 发布

ICS 67.140.10
CCS X 55
T/DZCX
达州市茶叶协会团体标准
T/DZCX 01—2022
巴山青茶
Bashanqing tea
2022-06-22 发布 2022-07-01 实施
达州市茶叶协会 发布

图 3-30 “巴山青茶”系列标准

一、巴山青茶栽培技术

（一）选址与苗木

茶园的选址应符合NY/T 5018—2015《茶叶生产技术规程》的规定。苗木品种应选择适制巴山青茶的无性系茶树良种。苗木质量和调运应符合GB 11767—2003《茶树种苗》的规定。

（二）规划与整地

整地前，应合理规划茶园生态、道路及沟渠，以利于改善茶园环境，便于茶园管理，提高原料质量。茶园生态应遵循保护与建设并重的原则。生态建设宜采取营造防护林、栽植行道树和遮阴树及在行间、梯、壁、坎、边种草等措施。茶园道路包括干道、支道、步道和地头道，应边开垦边筑路。缓坡丘陵地茶园的干道和支道宜设在坡顶。坡度较大的山地茶园，干道宜设在坡脚，支道与步道宜按“S”或“之”字形绕山开筑。机耕茶园应设地头道，方便设备掉头。茶园沟渠包括隔离沟、纵沟、横沟、蓄水池等，应能蓄能排。平地茶园应以排水为主，坡地及梯地茶园应以蓄水为主。面积较大的茶园应根据茶树品种不同、地势条件不同，分区划片。

整地应在茶树种植前3个月进行。坡度小于15°的平地或缓坡茶园应等高开垦；坡度大于15°时应建筑内倾等高梯级茶园。开垦深度应在50cm以上，并破除障碍层。整地后应将石块、树根、树兜等杂物清除出园。

（三）茶树种植

按实际划定的大行规格划线开厢，种植沟深40cm、宽50cm。施足底肥并与沟底土拌匀，再覆表土20cm。春季栽植在2月中旬至3月上旬，秋季栽植在10月上旬至11月下旬，宜在秋季栽植。

双行栽植规格按照大行120~150cm，小行30cm，丛距30cm，每丛栽植茶苗2株。单行栽植规划按行距110~130cm，丛距30cm，每丛栽植茶苗2~3株。机采茶园应根据机械设备作业要求设定行距。

栽植方法是在划定的种植沟上打窝，现打现栽。将茶苗的根茎部入土深2~3cm，将茶苗略向上提，使茶根自然伸展，然后压实。栽后盖一层松土，浇足定根水。视天气情况，适时浇水。

（四）茶园管理

1. 定型修剪

幼龄茶树按照定型修剪，应分3次进行：第一次是在栽植后，树高达25cm，主茎粗0.3cm以上时，剪去20cm以上主干，保留侧枝；第二次，在上次剪口上提高15cm，水平剪；第三次，在第二次剪口上提高15cm，水平剪。

2. 轻修剪

成龄茶树茶季结束后适时修剪。采用平剪或弧形剪，剪去树冠表面鸡爪枝、细弱枝、病虫枝和突出枝。每次修剪深度比上次剪口提高5cm。

3. 深修剪

春茶结束后，剪去树冠10~15cm。以采收春茶为主的茶园可采取深修剪，随后蓄梢留养。

4. 重修剪

春茶结束后，对老龄、低产茶园剪除离地面40cm以上树冠部分。

5. 台 刈

春茶结束后，对严重衰老茶园剪除离地面10cm以上树冠部分。台刈后的茶树按定型修剪方法培养树冠。

6. 土壤管理

采用合理耕作、施肥等方法改良土壤结构，宜将耕作与除草、施肥相结合。浅耕除草深度在10cm以内，宜在2月中下旬施催芽肥时耕作一次，春茶结束后应勤除杂草。幼龄茶园应采取人工除草、覆盖、间作等方式控草、培肥，禁止喷施化学除草剂。低产老茶园改造可进行深翻改土，深度20~30cm。

7. 施肥管理

施肥分为基肥和追肥。基肥以有机肥为主，配施磷、钾肥。秋茶新梢停止生长后开沟施入，沟深20cm以上。追肥以速效氮肥为主，年施3次：第一次，春茶开采前15~30天，一般在2月中下旬；第二次，春茶结束后；第三次，夏茶结束后。茶园使用的肥料中的有毒有害物质的限量应符合国家标准GB 38400—2019《肥料中有害有毒物质的限量要求》的规定。提倡施用有机肥，减少化肥施用。有机肥施用应符合T/CTSS 8—2020《茶园有机肥施用技术规程》的规定。

8. 封　园

秋茶结束后，清蔸亮脚，去除花果，全面清园。11月下旬清园后，对茶园全面喷施石硫合剂、矿物油等杀菌剂封园。

（五）病虫害防治

茶园主要病害有茶饼病、炭疽病、云纹叶枯病、白星病、芽枯病、根腐病类等；主要害虫有茶网蝽、假眼小绿叶蝉、茶橙瘿螨、毒蛾类、蚧类、黑刺粉虱、茶毛虫、蓑蛾类、茶丽纹象甲等。遵循"预防为主，综合治理"的防治原则。优先采用农业、物理、生物防治方法。主要病虫害的防治按国家标准GB/T 8321（所有部分）《农药合理使用准则》、NY/T 5018—2015《茶叶生产技术规程》的规定执行。

（六）自然灾害防治

1. 旱害防治

高温期间应减少茶园作业，采取灌溉、施肥、覆盖、遮阴、间作绿肥等措施抗旱。高温过后，应通过修剪培养树冠，强化肥培管理。

2. 涝害防治

完善排水系统。灾害发生时应及时排除积水，灾害过后应及时将茶苗扶正、培直，剪除失活部分树冠，并采取中耕松土、合理肥培、合理采摘、防治病虫、补植改植等措施。

3. 冻害防治

采取生态建设、合理施肥、深耕培土、行间覆盖、茶园间作、茶园灌溉、合理采剪等措施增强茶树抗寒能力。冻害后待气温回暖，应剪除受损枝叶，浅耕施肥，合理采摘。

二、巴山青茶加工技术

1. 加工要求

加工厂房、设备及人员应符合国家标准GB/T 32744—2016《茶叶加工良好规范》的规定。鲜叶采摘方式分手采和机采。应按标准采，芽叶应完整、新鲜、匀净，不夹带鳞片、鱼叶、茶果与病虫枝叶。采用安全、清洁、透气性良好的器具储运鲜叶。巴山青茶分为雀舌、毛峰、毛尖、炒青4个类别。鲜叶分级应对应产品类别，鲜叶分级要求见表3-2。

表3-2 鲜叶分级要求

品类	分级要求
雀舌	单芽至一芽二叶初展
毛峰	一芽一叶初展至一芽三叶初展
毛尖	一芽一叶初展至一芽三叶
炒青	一芽二三叶，同等嫩度对夹叶

（二）雀舌的加工

工艺流程：鲜叶→摊青→杀青→摊凉→理条→脱毫→辉锅→干燥→精制。

摊青场所应清洁卫生、阴凉通风，不受阳光直射。器具宜用竹制器具或萎凋槽、萎凋床。方式应以室内自然摊放为主，视加工需要可选择鼓风方式。要求老叶厚摊，嫩叶薄摊，时长视气温和含水量而定，一般在4~8h。以青气消失、清香略显、叶色暗绿、叶质变软、茶毫显露为适度。含水量65%~70%。

杀青遵循"高温杀青，先高后低；透闷结合，少闷多透；老叶嫩杀，嫩叶老杀"的原则。采用锅炒杀青方式，锅底或筒内空气温度120~150℃，投叶量应视杀青叶质量控制。以青气消失，清香显露，叶质变软，梗折不断，手捏成团为适度。含水量58%~60%。在制品出锅后，应迅速冷却回潮。

采用理条机理条。温度宜先高后低，首次理条锅温100~110℃，二次锅温80~90℃，每槽投叶量0.1~0.2kg。应根据含水量的变化调节温度和震动频率，勤翻多透，适时加棒压扁。以外形扁、平、直，无闷黄、焦尖、爆点、破皮、碎断等现象为适度。含水量30%~35%。

采用理条机将茶毫去尽。锅温70~80℃，每槽投叶量0.2~0.25kg，时间5~10min。采用辉干机、炒干机或理条机将茶条收紧。温度50~70℃，时间30~60min。以干茶色泽光亮，扁平挺直，茶香浓郁为适度。含水量8%~10%。

采用烘干机、炒干机或理条机进一步收紧茶条，发展香气。温度80~120℃，时间10~20min。茶叶含水量≤6%。根据成品茶要求，筛分大小，割除碎茶和片末，剔除暗条，使成品茶净度、匀度及色泽一致。

（三）毛峰的加工

工艺流程：鲜叶→摊青→杀青→摊凉→初揉→解块→初烘→摊凉→复揉→解块→整形提毫→干燥→精制。

摊青、杀青、摊凉与雀舌加工相同。采用揉捻机初揉，宜自然投叶至装满揉桶，不加压轻揉5~10min。采用解块机解散揉后产生的团块。初烘温度100~110℃，时间

5~8min；以叶色暗绿，茶条收紧，略有刺手感为适度，含水量45%~50%。复揉，宜轻压装叶至离揉桶口3~5cm；宜先空揉，随后按"轻—重—轻"原则，逐步加压，轻重交替进行，时间10~15min；以茶条成形，茶汁黏附叶面，有黏手感为适度，成条率≥90%。采用理条机整形提毫，理条机槽锅温度在80~90℃时投叶，理条时间10~15min；以茶条紧直，峰毫显露，有刺手感为适度，含水量10%~15%。采用烘干机、提香机或电炒锅干燥，温度90~110℃，时间8~10min，茶叶含水量≤6%。

（四）毛尖的加工

工艺流程：鲜叶→摊青→杀青→摊凉→初揉→解块→二青→摊凉→复揉→解块→做形→干燥→精制。

摊青、杀青、摊凉、初揉、解块与毛峰加工相同。二青是采用炒干机、烘干机或理条机，温度110~120℃，时间5~10min；二青叶要求青气消失，叶质柔软，富有弹性，手捏不黏，叶色尚绿，含水量35%~40%。采用曲毫机做形，温度70~90℃，宜先低后高，时间10~15min；以茶条紧卷，茶毫显露为适度，含水量10%~15%。采用烘干机、提香机或电炒锅，按毛火、足火分段干燥；毛火温度100~110℃，时间8~10min；应摊凉后再足火；足火温度80~90℃，时间10~15min。茶叶含水量≤6%。

（五）炒青的加工

工艺流程：鲜叶→摊青→杀青→揉捻→二青→三青→辉干→精制。

摊青、杀青、二青与毛尖的加工相同。揉捻时，宜适当紧压装叶至离揉捻机揉桶口3~5cm；加压宜先轻后重，逐步加压，轻重交替，最后不加压；揉捻后解块筛分，筛面茶复揉；时间40~60min；以茶条成形，茶汁黏附叶面，有黏手感为适度；成条率≥80%，碎茶率≤3%。二青叶摊凉后，采用炒干机继续炒干；温度40~50℃，宜先高后低；时间40~60min；以栗香显露，条索紧缩，手折可断为适度；含水量10%~15%。采用炒干机辉干，温度60~70℃，时间50~60min；以条索紧实匀整，色泽绿润，茶香浓郁，手碾成末为适度；茶叶含水量≤7%。

三、巴山青茶质量等级要求

巴山青茶分为雀舌、毛峰、毛尖、炒青。雀舌分为特级、一级、二级，毛峰分为特级、一级、二级，毛尖分为特级、一级、二级，炒青分为特级、一级、二级、三级，各等级的感官指标见表3-3，理化指标见表3-4。污染物限量、农药残留限量、净含量、感官审评方法、理化指标检验方法、检验规则及标志、标签、包装、运输、贮存按团体标准T/DZCX 01—2022《巴山青茶》的要求执行。

表 3-3　巴山青茶感官指标

品类	等级	外形				内质			
		条索	整碎	色泽	净度	香气	滋味	汤色	叶底
雀舌	特级	重实饱满扁平挺直	匀整	绿润光滑	洁净	鲜嫩高爽	鲜爽	嫩绿清澈	嫩绿肥厚
	一级	扁平直	匀整	绿润	洁净	清高	鲜醇	黄绿明亮	黄绿明亮
	二级	扁平尚直	尚匀整	绿尚润	洁净	清香	醇厚	黄绿尚亮	黄绿尚亮
毛峰	特级	紧直显锋苗多毫	匀整	绿润	洁净	嫩香馥郁	鲜醇	嫩绿明亮	嫩绿明亮
	一级	紧直有锋苗带毫	匀整	绿润	洁净	清高	浓醇	黄绿明亮	黄绿明亮
	二级	尚紧直	尚匀整	尚绿润	洁净	清香	醇厚	黄绿尚亮	黄绿尚亮
毛尖	特级	细紧卷曲多毫	匀整	绿润	洁净	嫩香浓郁	鲜醇	嫩绿明亮	嫩绿明亮
	一级	紧结卷曲带毫	匀整	绿润	洁净	清高	醇厚	黄绿明亮	黄绿明亮
	二级	尚紧卷	尚匀整	尚绿润	洁净	清香	醇和	黄绿尚亮	黄绿尚亮
炒青	特级	紧结显锋苗稍有嫩茎	匀整	绿润	洁净	清鲜	浓醇	清绿明亮	黄绿明亮
	一级	紧实有锋苗有嫩茎	匀整	绿尚润	洁净	清高	醇厚	黄绿明亮	黄绿明亮
	二级	紧实显嫩茎	尚匀整	尚绿润	洁净	清香	醇和	黄绿尚亮	黄绿尚亮
	三级	尚紧实有嫩梗片	尚匀整	黄绿	洁净	清纯	平和	绿黄尚亮	黄绿尚亮稍有摊张

表 3-4　巴山青茶理化指标

品类	指标			
	水分质量分数 /%	总灰分质量分数 /%	水浸出物质量分数 /%	粉末质量分数 /%
雀舌	≤ 6.5	≤ 6.5	≥ 37.0	≤ 0.5
毛峰	≤ 6.5	≤ 6.5	≥ 37.0	≤ 1.0
毛尖	≤ 6.5	≤ 6.5	≥ 37.0	≤ 1.0
炒青	≤ 6.5	≤ 7.0	≥ 37.0	≤ 1.0

第五节 技术推广

一、掀起科技兴茶的热潮

新中国成立后，随着茶叶生产贸易的恢复和发展，广大茶农依靠科学技术发展生产的积极性日益高涨。1959—1965年，每年春季，省、地、县茶叶公司均派员到茶区指导生产，深入村组，与茶农同吃同住同劳动，参与"丰产茶园""台刈更新""短穗扦插"和推广"双手采茶"法等。1966年以后，上级公司很少派人到基层指导工作。

改革开放后，随着茶叶开放市场的出现，各级茶叶技术推广部门，在抓好生产的同时，大胆探索，积极尝试，开展了各种形式的系列化服务，引导和帮助茶农、茶企参与茶叶种植、管理、加工和流通，掀起了科技兴茶的热潮。1973年后，达州地、县农业部门均成立茶果站，负责茶叶技术推广工作。1974年宣汉聘请了93名茶叶、烟叶农民技术员分派社队驻点技术指导。1981年11月12日，以地、县茶果站，外贸茶叶公司茶叶技术人员为主要成员的达县地区茶叶学会成立。时任达县地区农业局局长唐国玺任第一届理事会理事长，达县地区茶果站站长张明亮、地区外贸茶叶公司陈绍允任副理事长，刘国材任秘书长。学会坚持"科学技术是第一生产力"，贯彻"经济建设必须依靠科学技术，科学技术必须面向经济建设"的科技工作方针，提出了"稳定面积，主改单产，提高品质，增加效益"的茶叶生产工作思路，大力推进科学种茶，科学制茶，为促进茶园单产和经济效益的提高注入了更多的科技支撑。1982年7月宣汉土黄中学招收了一期茶叶班。

图3-31 1992年达县地区茶果站编印的《茶树栽培技术》手册

农村经济体制改革后，从1980年开始，农作物技术推广实行无偿服务与有偿服务相结合，其中有偿服务形式主要有技术承包、技术培训、技术咨询、提供经济信息、举办技术市场等，既改善了技术推广人员的生活待遇，稳定了技术队伍，也有力地促进了茶叶生产的发展。这一时期，茶叶技术推广部门与部分乡村茶场挂钩，承包技术，加强系列化服务，既解决茶场迫切需要的技术问题，又帮助组织农药化肥等生产资料，受到茶农的欢迎。1990年全区实现技术承包的茶园面积达到1600hm^2。

1992年1月，达县地区茶果站应宣汉县漆碑乡茶场需求，编印了《茶树栽培技术》手册，用作茶场茶叶生产技术培训教材（图3-31）。教材由张明亮主编，李邦才、李少敬副主编，张明亮、李少敬、王一平、王世轩撰稿。全书详解新茶园建立、茶树良种选育、茶园管理、茶树修剪、科学采茶、低产茶园改造及茶树病虫害防治技术，科学实用，通俗易懂，手绘图示，形象生动。1978—1999年，达州茶园面积、产量分别增长27.2%、178.8%，茶叶科学技术的推广应用，有效地促进了茶叶增产增收。

二、新时代茶叶科学技术推广

近年来，市、县茶叶技术推广部门主要采取举办技术培训会、到点技术指导等公益服务形式向茶企、茶农推广茶叶新品种、新技术、新装备。

2014年11月6日—8日，为推进全市茶叶生产"绿色、融合、循环、高效、创新"发展，达州市茶果站在市农广校会议室组织举办"全市茶叶生产技术培训会"。达州市、县茶果站技术人员、茶企负责人、主产乡镇农技员、专业大户共计60余人参加培训。四川省茶叶研究所研究员王云及副研究员王迎春、唐晓波讲授"新植茶园生产技术""茶园管理技术""茶树病虫防治技术"，就达州境内茶叶虫害发生较为普遍的军配虫防治、标准化茶园建园规范、茶园管护方面有针对性地进行了问答交流（图3-32）。

2015年8月28日—29日，达州市茶果站在万源市组织召开"全市'巴山雀舌'绿茶加工技术暨有机产品标准和实施规则培训会"。全市6个产茶区县茶叶技术部门负责人及20余家茶叶企业、专业合作社代表技术人员共40余人参加培训学习。达州市茶果站在会上就发布实施的地方标准DB 511700/T 31—2015《巴山雀舌》作了宣贯解读，并要求各地加大科技服务力度，适时、适当引进茶树新品种，改良、革新装备技术，提高茶叶加工水平，多元化开发茶产品，同时要求重视茶叶品牌化发展，推动"互联网+茶叶"融合发展。四川省茶叶研究所研究员王云、四川省农业厅园艺作物技术推广总站农业技术推广研究员张冬川应邀分别就"巴山雀舌"绿茶加工技术理论及有机产品标准和实施规则授课（图3-33）。2015年8月29日上午，在万源市白羊乡白羊茶叶专业合作社开展名优绿茶加工鲜叶杀青、理条造形现场演示。

图3-32 2014年达州市茶叶生产技术培训会

图3-33 2015年达州市"巴山雀舌"绿茶加工技术暨"有机产品标准和实施规则"培训会

2016年10月21日，达州市茶果站在达川区龙会乡组织召开"全市茶叶冬管技术现场培训会"。全市7个县（市、区）农业局分管领导、茶果站（茶叶局）站长、技术员及29家茶叶企业、专业合作社技术人员共计70余人参加了培训。四川省茶叶研究所研究员王云开展了新茶园开辟和茶叶冬管技术的理论培训，并进行现场深翻施肥及茶树修剪演示。万源市、大竹县分别作了富硒茶产业"双百"工程推进经验交流发言，达川区天禾茶叶专业合作社介绍了茶场管理方法和发展经验，侯重成就推进实施全市富硒茶产业"双百"工程做了安排部署（图3-34）。

图3-34 2016年达州市茶叶冬管技术现场培训会
（冯林 摄）

2017年6月27日，为贯彻落实《四川省茶叶机采工程推进方案》，加快推进机采茶园建设，大力推广茶叶机采技术，达州市农业机械研究推广站在万源市举办"茶叶机械化采摘技术推广培训会"。达州市农业局分管领导、农机化科负责人，达州市茶果站、农机推广站负责人，各县（市、区）农业（林）局分管领导、茶果站、农机站负责人，部分茶叶种植乡镇农技站、茶叶种植专业合作社负责人共计70余人参加会议。2017年6月27日上午，与会人员参观了万源市白羊乡新开寺村茶园机械化采摘和茶园管理现场，观摩了万源市白羊乡创新茶叶种植专业合作社机械化生产流水线和产品展示，技术人员现场演示了茶叶机械采摘、机械修剪、机械翻耕等技术操作（图3-35）。采茶机的高效率作业，赢得了与会人员一致好评，认为推广运用机械化采摘技术是解决当前茶叶生产中雇工难、成本高的最好方式。下午，召开经验交流和理论培训会。万源市农业局就万源茶叶产业和农机化发展作了经验交流发言，达州市茶果站冯林就机采茶园培育及茶叶机采进行授课。达州市农业局分管负责同志李晓霞对推进茶叶机采工作提出要求：一要充分认识推广茶叶采摘机械化工作的重要意义，增强使命感；二要正确分析茶叶采摘机械化推广工作面临的形势，增强紧迫感；三要

图3-35 2017年达州市茶叶机械化采摘技术推广培训会

认真做好茶叶采摘机械化推广工作，增强责任感。

2017年10月31日，达州市茶果站在万源市组织举办"全市机采茶园建设现场会"。现场参观了万源市白羊茶叶专业合作社已建成的机采茶园示范基地和四川国储农业发展有限责任公司在石塘镇瓦子坪村新建机采茶园现场，技术人员现场演示机械化采茶和操作要领，并讲授茶树品种选择、栽植规格及肥水管理技术。达州市、县农业局、茶果站负责人，26家茶叶企业及专业合作社负责人参加会议。四川省茶叶研究所研究员王云就机采茶园的培育与管理作了专题技术讲座。会议期间，万源市、大竹县代表人员分别从组织保障、规划布局、基地建设、产品加工、品牌打造、市场营销等方面对各自茶产业发展成效作了经验交流发言。达州市农业局要求各县（市、区）在建设机采茶园时要注重先规划后实施、突出抓引领示范，不断提高机采茶园建设水平（图3-36）。

图3-36 2017年达州市机采茶园建设现场培训会（冯林 摄）

2018年10月30日，达州市茶果站在万源市举办"全市推进机采工作会"。会议参观了万源市浙川东西部协作茶叶基地建设现场。万源市、大竹县负责同志作了经验交流发言。四川省茶叶研究所研究员王云向与会人员做了理论培训和现场技术指导（图3-37）。

2019年8月21日—22日，四川省农业农村厅园艺作物技术推广总站在万源市举

图3-37 2018年达州市机采茶园建设现场会
（冯林 摄）

办"农业农村部协同推广项目工夫红茶加工技术培训班"，绵阳市、广元市、巴中市、达州市、北川县、平武县、青川县、旺苍县、平昌县、通江县、南江县、宣汉县、万源市、达川区、开江县、渠县、大竹县农业农村局和经作站（茶叶局）负责同志以及各地重点龙头企业负责人共计70余人参加培训，培训会由四川省园艺作物技术推广总站段新友研究员主持，宜宾学院赵先明教授现场教学，现场观摩了四川巴山雀舌名茶实业有限公司红茶加工生产线（图3-38）。

2019年11月6日，达州市茶果站在大竹县举办"茶叶生产技术培训会"。达州市农业农村局分管领导，特色产业科、市茶果站负责同志，各县（市、区）农业农村局、茶果站、万源市茶叶局、大竹县茶叶（白茶）产业发展中心及茶叶企业、专业合作社、有关贫困村负责同志、技术人员共计60人参会。会议参观了大竹县团坝镇白茶基地。四川省园艺作物技术推广总站段新友研究员、四川省茶叶研究所马伟伟分别就川茶产业发展、茶叶品牌建设等方面授课（图3-39）。

图3-38 2019年农业农村部协同推广项目工夫红茶加工技术现场培训会（冯林 摄）

图3-39 2019年达州市茶产业培训会（冯林 摄）

图3-40 2019年大竹县白茶产业技能培训会（冯林 摄）

2019年11月14日，大竹县白茶产业协会在大竹县兵峰集团举办"大竹白茶产业技能培训会"，协会秘书长唐明轩主持会议，达州市茶果站冯林、唐开祥做技术培训（图3-40）。2010—2022年，大竹县先后在白坝村、赵家村、汇水村、偏岩村、井岗村、万里坪村、六合村等村开展白茶种植技术培训，培训约1300人次。

2020年12月2日，达州市茶果站在通川区举办"全市茶产业培训会"，进一步提升全市茶叶产业发展水平，推进茶产业扶贫成果同茶产业振兴有效衔接，四川省茶叶研究所王云研究员到会指导。

2023年6月28日，为促进茶叶增产茶农增收、推动达州茶产业振兴发展，达州市农业农村局主办，达州市茶果站、万源市农业农村局联合承办了"2023年达州市夏秋茶开发利用现场会"。会前，达州市茶果站、万源市农业农村局、万源市茶叶局在现场布置了天敌友好型诱虫色板1万张，太阳能杀虫灯10盏，推广绿色防控新技术，并对万源市鑫王馨种养殖专业合作社茶叶加工厂地坪、茶机按照清洁化加工要求进行改造。会议当天，参会人员在暴雨中参观了万源市石塘镇瓦子坪村茶园绿色防控、茶叶机采、茶树机修等技术和配套新型机器设备（图3-41），观摩了万源市鑫王馨种养殖专业合作社清洁化茶叶加工厂（图3-42），开展了夏秋茶产品的品鉴与审评（图3-43）。会上，万源市、宣汉县、大竹县代表人员分别进行发言和交流，四川省茶叶研究所王云研究员就达州市夏秋茶品质优势、加工利用前景和产品开发等提出对策建议，四川省茶叶研究所加工中心副主任刘飞就工夫红茶生产、加工、品质评价及常见工艺问题分析作系统培训。达州市农业农村局特色产业科、市茶果站负责人，各县（市、区）农业农村局分管负责同志、茶叶技术推广部门负责人和业务骨干，重点茶叶企业共60余人参会。达州市政协副秘书长王梦出席会议并代表市茶叶专班领导讲话，达州市农业农村局四级调研员侯重成主持会议并部署全市茶产业高质量发展工作（图3-44）。

图 3-41 2023 年达州市夏秋茶开发利用现场会
茶园观摩（冯林 摄）

图 3-42 2023 年达州市夏秋茶开发利用现场会加
工车间观摩

图 3-43 2023 年达州市夏秋茶开发利用现场会
夏秋茶产品审评

图 3-44 2023 年达州市夏秋茶开发利用现场会
召开工作会

三、技能竞赛

达州茶区采茶、制茶技艺精湛。2015年，万源市获得"第五届中国（成都）采茶节制茶比赛"四川省一等奖。2019年9月20日，万源市在八台镇茶文化小镇举办"2019年中国

图 3-45 万源市 2019 年中国农民丰收节绿茶手工制作大赛

农民丰收节绿茶手工制作大赛"。达州市茶果站、万源市茶叶局茶叶专家组成大赛裁判。四川国储农业发展有限责任公司、万源市生琦富硒茶叶有限公司、四川巴山雀舌名茶实业有限公司等9家茶叶企业推荐的共10名手工制茶参赛选手现场制作绿茶。万源市安科实业有限公司王忠华获一等奖（图3-45）。

2021年4月17日，达州市总工会、达州市农业农村局、重庆市梁平区总工会联合主办"2021年'蜀韵杯'茶叶行业职业技能大赛"，来自四川省达州市通川区、达川区、万源市、宣汉县、大竹县、开江县、渠县和重庆市梁平区的8支代表队共计40名采茶工人、16名制茶工人参加了竞赛。四川省茶叶研究所、达州市茶果站茶叶专家担任大赛裁判。开江县郭德术（女）（图3-46）荣获手工采茶个人一等奖，万源市王新茂（女）、通川区李秀兰（女）荣获二等奖，通川区颜休兰（女）、沈会兰（女）和梁平区陶丹丹（女）荣获三等奖；通川区代表队、梁平区代表队、宣汉县代表队分别荣获手工采茶团队一、二、三等奖（图3-47）。万源市袁正武荣获手工制茶个人一等奖，渠县徐世平（女）、宣汉县向荣分别荣获二等奖，宣汉县崔文书、万源市王伦、开江县谢续辉分别荣获三等奖（图3-48）；宣汉县代表队、万源市代表队、渠县代表队分别荣获手工制茶团队一、二、三等奖。2022年12月29日，根据《达州市总工会关于表扬2021年达州市"五一劳动奖状、五一劳动奖章、工人先锋号、金牌工人"的通报》，郭德术（女）、袁正武被授予"达州市五一劳动奖章"。

2022年2月19日，由达州市茶果站领队，组织四川国储农业发展有限责任公司袁正武、四川巴山雀舌名茶实业有限公司王伦、万源市蜀韵生态农业有限公司胡年生、万源市大巴山生态农业有限公司张传会、四川秀岭春天农业发展有限公司蒋中和、达州市达川区茶果站陈会娟6名制茶技术人员赴泸州市参加"'天府龙芽杯'2022年四川省扁形绿茶手工制作职业技能竞赛"，达州市代表队荣获团体二等奖（图3-49）。

图 3-46 2021 年"蜀韵杯"茶叶技能大赛采茶一等奖获得者郭德术（左三）

图 3-47 2021 年"蜀韵杯"茶叶技能大赛通川区代表队（前排）荣获一等奖

图 3-48 2021 年"蜀韵杯"茶叶技能大赛手工制茶竞赛获奖选手与大会裁判合影

图 3-49 2022 年四川省扁形绿茶手工制作职业技能竞赛达州市代表队

2023 年 3 月 25 日，四川省总工会和中共达州市委、达州市人民政府主办的"首届大巴山茶叶行业职工职业技能大赛"在万源市举办，赛场设置在固军镇三清庙茶叶基地。大赛以"一叶巴山青·传承茗匠心"为主题，来自川渝的 13 支代表队 74 名选手参赛。乐山市代表队陈明芳荣获手工采茶一等奖，达州市代表队的袁正武（图 3-50）荣获手工制茶一等奖，广元市代表队荣获团体一等奖。

图 3-50 2023 年首届大巴山茶叶行业职工职业技能大赛袁正武正在炒茶（冯林 摄）

四、科教与技术推广机构

（一）四川省农业科学院茶叶研究所

达州市无专门的茶叶科研机构，茶叶科研主要依托省级茶叶科研单位——四川省农业科学院茶叶研究所，简称"四川省茶叶研究所"。四川省茶叶研究所始建于 1951 年 2 月，历经"川西灌县茶叶改良场""川西灌县茶叶试验场""四川省灌县茶叶试验场""四川省灌县茶叶试验站""四川省农业厅茶叶试验站""四川省农业科学院茶叶试验站""四川省农业科学院永川茶叶研究所""四川省农业科学院茶叶研究所"名称变更。1951年2月至1962年10月，所（场、站）址位于四川省灌县（今都江堰市）。1962年10月，迁至今重庆被设立为永川。1997年重庆被设立为直辖市后，四川省茶叶研究所的郫县实验场留由四川省农业科学院管理，在永川境内的所部划转今重庆市茶叶研究所。

四川省茶叶研究所现址位于成都市锦江区静居寺路20号，是四川省专门从事茶学科研、新技术新产品开发及生产技术指导的唯一省级研究所。主要从事茶树育种、栽培、植保、茶叶加工、生理生化、新产品开发及茶叶经济等方面研究，以茶叶应用和开发研究为主，同时有重点地开展茶学基础理论研究。

四川省茶叶研究所自成立以来，在各个时期都对达州茶叶生产发展产生了重要的推动作用。1953年，四川省农林生产工作会议确定在万源青花镇设立四川省万源县茶叶试验场，隶属四川省灌县茶叶试验场和地方双重领导；是年12月改为"四川省灌县茶叶试验场万源分场"。20世纪50年代起，四川省茶叶研究所在今四川省和重庆市内具有代表性的重点茶区建立了茶叶科技试验、示范基点，万源是其较早的基点之一。1956年6月15日，四川省灌县茶叶试验场万源分场又改为"万源基点工作组"。1956年，四川省灌县茶叶试验站罗瑞君、许廷灿到万源县、大竹县推广红茶制造新技术。1959年，试验站蒋心崇、狄化焰在万源大竹公社建立的365m²高产茶园，单产达379.32kg，高出当地平均单产的6~12.8倍，茶叶质量也较当地一般茶园为高，结合万源、雅安两个基点，总结出小面积茶园的丰产经验：采用有机无机肥相配合、重施底肥、勤施追肥和连喷根外肥的施肥技术；保证茶园有充足的水分；推行分批多次采摘、及时采摘。1965年，在万源开展茶叶科技活动，1966年后即停止在万源的基点工作。20世纪50年代，四川省灌县茶叶试验站还为达州培养了张明亮、袁德玉、杨虹芸、魏玉阶、谢达松等第一批领导和指导地方茶产业、茶科技发展的专业技术骨干。

1981年，四川省茶叶研究所对达县地区茶树资源调查出的20多个地方茶树品种进行了生化成分检测和品质评价，筛选出万源矿山茶、宣汉金花茶、大竹云雾茶、渠县硐茶、南江大叶茶、通江枇杷茶、邻水甘坝茶等一批具有一定经济价值的地方品种。1985—1986年，在达县地区推广改造低产茶园技术规范。1986—1989年，开展的国家"七五"攻关项目"茶树种质资源农艺性状、加工品质和抗寒性、抗病虫性鉴定"结果显示，"四川大茶树类型的抗寒性均较差，万源种、龙溪种的抗寒性较强，其他材料居中"。1990—1994年，在达川地区推广应用"提高春茶产量的剪采调控技术"。1992年，在达县地区推广扁形、卷曲形名茶新工艺技术，与达县地区茶果站、宣汉县茶果站及漆碑乡茶技人员先后共同研制出针形名茶"九顶翠芽"、扁形名茶"九顶雪眉"，先后被评为四川省"甘露杯"和达县地区优质名茶。

2000年后，四川省茶叶研究所专家每年来达参与茶区茶叶生产技术培训工作，指导茶叶生产，推动达州茶叶基地建设、名茶产品开发及茶叶品牌化发展不断适应新的发展需求。尤其是2007年在万源开展四川省"十一五"重点科技攻关项目——四川省茶树特早品种选育课题《"巴山早芽"茶树地方品种选育》，成功选育出达州市第一个，也是目前唯一一省级无性系茶树优良品种"巴山早"，填补了达州市无无性系茶树良种的空白。

（二）四川省园艺作物技术推广总站

四川省园艺作物技术推广总站是四川省农业农村厅所属事业单位，主要承担全省水果、茶叶、蔬菜、中药材、棉麻蔗等园艺作物产业主要技术措施的制定并组织实施；负责指导园艺作物结构调整、区域布局及技术推广、技术培训工作；负责园艺作物新品种、新技术等的选育、引进、试验、示范和推广；承担园艺作物重大项目的论证、立项并组织实施。同时，负责全省休闲农业发展；全省农产品加工业（产地初加工）、产业强镇、新产业新业态、乡村产业振兴、产业融合发展；全省农业产业化经营、乡村企业发展；全省特色种养、特色食品、特色编织、特色制造和特色手工业等乡土产业，一村一品、绿色循环发展、农业供给侧结构性改革等工作。

四川省园艺作物技术推广总站是全面推动四川茶业发展的业务领导机构，对达州茶区在川茶产业体系中的总体布局和发展定位、基地建设、加工升级、龙头培育、绿色防控、茶叶机采、"三品一标"、品牌打造及市场推广等涉及茶产业的方方面面都有极大的推动和支持。

（三）达州市茶果技术推广站

达州市茶果技术推广站是达州市农业农村局直属公益一类事业单位，办公地址位于达州市通川区荷叶街52号。达州市茶果技术推广站源于1973年建立的达县地区茶果技术推广站，1993年改达川地区茶果技术推广站，1999年更名为达州市茶果技术推广站至今，简称"达州市茶果站"。1992年7月9日，依托茶果站成立四川省达县地区优质农产品开发服务站，后更名为"达川地区优质农产品开发服务站""达州市优质农产品开发服务站"，2007年撤销。达州市茶果站负责全市茶叶、水果生产技术推广与普及工作；参与制定全市茶叶、水果产业发展的总体规划和年度计划并组织实施；检查、督促、指导、考核茶叶、水果产业生产年度及阶段目标任务的完成；承办上级相应机构制定的业务工作，对下级相应机构进行技术指导和培训；负责全市茶叶、水果新技术、新品种的引进试验示范及相关科技成果的推广应用和项目论证；承担上级交办的其他工作。单位核定事业编制13个，设领导班子成员2名，其中站长1名，副站长1名。2023年底，有在职在编职工12人，其中：副高级职称资格4人（聘任2人），中级职称资格4人（聘任6人），初级职称资格4人；硕士研究生学历7人，本科学历4人，大专学历1人。截至2023年12月，历任站长为张明亮、沈世仁、张明、李少敬、王志德、贾炼、刘军、冯林。

计划经济时期，负责制定并下达茶叶生产、派购计划，协同搞好茶叶生产与外贸工作。20世纪70年代中后期，推动达县地区茶叶"开荒建园大发展"，奠定达州茶叶大市地位。20世纪80年代起，先后牵头开展地区茶树资源普查、茶叶区划研究、低产茶园改造、名茶研制开发等，推广科学种茶、病虫害综合防治、无公害茶叶生产、茶树优质丰产栽培、绿色食品茶叶生产、优质高效茶叶生产、无性系良种茶扦插繁殖、茶叶机采、名优茶开发、名优茶机械化加工等技术，填补达州无名茶、无良繁基地等空白，推动全市茶树品种从"群体种"到"无性系"的结构性调整，先后研制"铁山剑眉""米城银毫""迎春玉露"等省级优质名茶，推动"巴山雀舌""九顶雪眉""九顶翠芽"等名茶美誉度、品牌影响力不断扩大。2000年后，深化茶叶产业化开发，探索整合茶叶品牌，加速推动达州从传统茶业向现代茶业跨越，先后主持实施达州市人民政府"茶叶生产'552'工程""茶业富民工程""富硒茶产业'双百'工程"等市级重大茶叶专项。脱贫攻坚时期，积极开展驻村帮扶、技物服务和产业扶持，推进茶产业助力打赢脱贫攻坚战。当前，深入贯彻落实市委、市政府决策部署，以打造达州市茶叶区域公用品牌"巴山青"统揽茶产业发展全局，全链式推进茶叶良繁、栽培、加工、品牌、市场及人才等方面建设，引导达州茶叶不断满足新的时代需求，加速实现产业振兴。

（四）万源市茶叶局

1973年9月4日万源县茶果技术推广站成立。1993年10月，撤销万源县茶果技术推广站，建立万源市茶果技术推广站。1998年5月18日，原万源市茶果技术推广站更名为万源市果树站，分流人员成立万源市茶叶局，隶属万源市农业局，办公地址位于万源市古东关街道长征路75号。成立之初，核定事业编制8个，实际在编8人。2022年4月，事业编制调整为11人，实际在编10人。截至2023年12月，历任局长为张军、向淑道、刘明亮。

万源市茶叶局的职能职责：制定万源市茶叶生产中、长期发展规划和年度计划，并组织实施；指导茶叶基地建设、茶园改造、品种改良、产品加工、新产品研发和茶叶产业化发展；负责茶叶生产、加工技术的培训，推广和新技术引进、试验示范，名优茶新产品开发，以及茶叶产品生产、销售过程的质量管理；负责茶叶生产开发资金的争取和管理；对各乡（镇）及生产经营部门的茶叶生产和完成情况进行考核。2020年，万源市茶叶局被评为达州市建市20周年先进集体。

（五）宣汉县茶叶果树技术推广站

宣汉县茶果站成立于1974年11月22日，办公地址位于宣汉县蒲江街道宝寺社区新桥街155号，主要负责制定全县茶果产业发展规划，并组织实施；开展茶果新品种、新技术、新装备的引进及区域试验示范；开展茶果良种繁育、栽培、加工等科学技术的运用和推广；指导辖区内农技推广单位、群众性科技组织及农民技术人员开展农技推广工作；指导茶果生产单位产业化发展等。单位核定事业编制20人，设领导班子成员3名，其中站长1名，副站长2名。2023年底，有在职在编职工20人。截至2023年12月，历任站长为吴会文、钟富全、黄国海、王一平、林成开、陈兴平、武涛。

（六）大竹县茶叶（白茶）产业发展中心

1949年12月，大竹县人民政府成立，设建设科主管农业、林业等；1953年4月，建设科设置农业技术指导站，统一指导全县农业生产技术；1961年6月大竹县农学会成立，设农业、气象、畜牧3个学组；1964年改名为农学组；1966年后解体；1978年11月恢复，下设农学、茶果等10个专业学组；1972年，成立大竹县茶果站，负责茶叶、果树的栽培技术、良种引进推广、人才培训及茶叶、果品的贮藏、加工技术开发等；1983年3月，大竹县委决定改革农业技术推广体制，县成立"农业技术推广中心"，设置农技、植保、土肥、茶果、苎麻五站；1985年，茶果站设站长1人，职工14人；1992年1月28日更名为大竹县茶果技术推广站，主要负责茶果、经济作物技术试验、示范、推广、培训、经营服务；2004年3月大竹县茶果技术推广站增挂"大竹县经济作物站"牌子（同一班子成员，两块牌子），是年，全站职工22人（其中，干部19人，工人3人）；2017年6月，撤销大竹县茶果技术推广站，保留大竹县经济作物站，新成立大竹县茶叶（白茶）产业发展中心。

2017年6月，整合大竹县农林局下属事业单位机构编制，决定成立大竹县茶叶（白茶）产业发展中心，公益一类事业单位，核定编制5名，负责全县茶叶（白茶）产业发展规划的实施、政策宣传和生产技术推广指导工作，承担茶叶（白茶）新技术、新品种、新物资引进、试验、示范及推广应用，参与相关项目的立项、论证及组织实施，以及承办大竹县农林局及上级单位交办的其他工作。2017年11月底，茶叶中心正式开展工作，时有在职人数4人，主任王飞，另有卢文丁、张典全、杨梦琦3人。2020年5月，增核茶叶中心事业编制3名，编制数8名。2022年1月，再次增核茶叶中心事业编制2名，编制数增至10名。

（七）达州市达川区茶果技术推广站

1978年4月经达县县委批准成立达县茶果水产站。1984年1月达县人民政府批准与水产分离，成立达县茶果站，隶属达县农业局，是专门从事茶叶、水果新品种引进、新技术、新物质推广的公益一类事业单位。2013年9月，因区划调整更名为达州市达川区茶果站。2023年，有专业技术人员8人，其中高级农艺师3人、农艺师4人、高级技师1人，有5位从事茶果工作30年的退休高级农艺师作为技术支撑。主要职能：负责制定全区茶叶发展规划，负责全区茶叶新品种引进试验推广，负责全区茶叶新技术推广指导，负责全区茶叶新物质新产品的运用推广。

（八）渠县茶果站

1976年2月，渠县茶果站成立。1991年定编31人。2020年12月，成立渠县水果产业发展中心，挂渠县茶果站牌子。2021年7月，更名为渠县茶果站，挂渠县水果产业发展中心牌子。2022年12月，将渠县茶果站的职责、编制和实有人员划转到渠县经济作物站，撤销渠县茶果站；将渠县经济作物站更名为渠县特色农产品发展中心，于2023年5月正式挂牌。职能职责：从事茶果、蔬菜、中药材、蚕业等的生产发展、规划、试验示范、技术指导培训及咨询服务等。

（九）开江县茶果站

开江县茶叶果树站成立于1979年，主要职能：负责全县茶叶、水果的生产管理服务工作；负责拟定全县茶果产业发展的总规划、结构调整、标准化配套技术；组织茶果项目的实施、综合协调、监督考核等工作；负责全县茶果新技术、新品种的引进试验示范及相关科技成果的应用、相关项目的论证、立项。

（十）四川省达县农业学校

1977年恢复高考，四川省达县农业学校中专部招收茶叶专业中专生50人，学制3年，1980年毕业分配到地、县茶果站和外贸茶叶公司及国营茶场工作。1978年招收茶叶专业中专生50人，学制3年，1981年毕业分配工作。1979年招收茶叶专业中专生50人，另外招收地、县外贸委培生20人，学制3年，1982年毕业分配工作，20名委培生回原单位工作。1977—1979年，从达县地区（含巴中、邻水）共招收茶叶专业220人，其中大专生50人，委培生20人，绝大部分成为茶叶战线上的业务骨干。例如，茶果专业教研室主任胡国金，授课老师有谢达松、袁士义、代万萍。2001年，学校与原达县教育学院、达州卫生学校、达州农业机械化学校四校合并组建成立达州职业技术学院（图3-51）。

图3-51 四川省达县农业学校校门（钟达 供图）

五、专家团队与院士（专家）工作站

（一）四川省人才办"科技下乡万里行"茶叶专家服务团

2021—2025年，帮扶达州市、巴中市，提供茶叶产业发展决策咨询、解决茶叶生产技术问题、推广应用茶叶新技术等服务。

首席专家：王　云　四川省茶叶研究所 研究员

成　　员：刘　飞　四川省茶叶研究所 副研究员

王迎春　四川省茶叶研究所 副研究员

邓　佳　四川省农机院 高级工程师

冯　林　达州市茶果站 高级农艺师

（二）达州市人才办高层次人才服务团茶叶种植技术服务团

2022年组建，提供茶叶产业发展决策咨询、技术指导、科研攻关、项目建设、课题研究等服务。

团　长：冯　林　达州市茶果站 高级农艺师

成　员：黄　涛　达州市农业科学研究院 农艺师

黄福涛　达州市茶果站 高级农艺师

（三）达州市科技局达州市现代农业"9+3"产业科技特派员茶叶服务团

2023—2025年，示范推广新技术、新品种、新装备、新产品，组织申报科技项目，开展技术培训及业务咨询等。

团　　长：冯　林　达州市茶果站 高级农艺师

顾　　问：贾　炼　达州市农机站 正高级农艺师

副团长：刘明亮　万源市茶叶局 推广研究员

成　　员：陈兴平　宣汉县茶果站 高级农艺师

黄　涛　达州市农业科学研究院 农艺师

谢　丹　达州职业技术学院 高级茶艺技师

陈会娟　达州市达川区茶果站 高级农艺师

李　双　开江县茶果站 农艺师

黄思黎　大竹县茶叶（白茶）产业发展中心 农艺师

袁正武　四川国储农业发展有限责任公司 厂长

（四）达州市现代农业园区专家服务团茶叶团队

2020年组建，开展茶叶现代农业园区建设技术指导工作。

队　长：冯　林　达州市茶果站 高级农艺师

成　员：贾　炼　达州市农机站 正高级农艺师

　　　　李　松　达州市农业科学研究院 高级农艺师

　　　　马　健　达州市土肥站 高级农艺师

　　　　高小倩　达州市植检站 高级农艺师

（五）大竹县茶叶产业园区专家服务团队

2023年，开展大竹县茶叶现代农业园区建设技术指导工作。

队　长：卢文丁　大竹县茶叶（白茶）产业发展中心 高级农艺师

专　家：王　飞　大竹县茶叶（白茶）产业发展中心 工程师

　　　　王大权　大竹县农业机械推广中心 工程师

　　　　陈先国　大竹县农业技术推广中心 高级农艺师

　　　　戴小祥　大竹县农广校 高级农艺师

　　　　张典全　大竹县茶叶（白茶）产业发展中心 农艺师

　　　　罗　军　大竹县植保站 农艺师

　　　　骆　旭　大竹县植保站 高级农艺师

（六）院士（专家）工作站

截至2023年12月，茶叶企业经达州市人民政府批准建立的院士（专家）工作站共6个，见表3-5。

表3-5　茶叶企业经达州市人民政府批准建立的院士（专家）工作站

建站茶企	进站院士（专家）	
	姓　名	单位及职务职称
四川秀岭春天农业发展有限公司（2016年第三批）	童华荣	西南大学食品科学学院教授
	司辉清	西南大学食品科学学院副教授
四川巴山雀舌名茶实业有限公司（2018年第五批）	王云	四川省茶叶研究所研究员
	李春华	四川省茶叶研究所研究员
	唐晓波	四川省茶叶研究所副研究员
	刘飞	四川省茶叶研究所助理研究员
	马伟伟	四川省茶叶研究所助理研究员
	张厅	四川省茶叶研究所助理研究员
四川绿源春茶业有限公司（2019年第六批）	李春华	四川省茶叶研究所研究员
	唐晓波	四川省茶叶研究所副研究员
	张厅	四川省茶叶研究所助理研究员
	刘飞	四川省茶叶研究所助理研究员

建站茶企	进站院士（专家）	
	姓 名	单位及职务职称
四川巴晓白茶业有限公司（2022年第九批）	王云	四川省茶叶研究所研究员
	冯林	达州市茶果技术推广站高级农艺师
	刘飞	四川省茶叶研究所副研究员
	屈艳英	达州市茶果技术推广站高级农艺师
	黄涛	达州市农业科学研究院农艺师
四川省万源市欣绿茶品有限公司（2022年第九批）	高鸿	四川大学轻工科学与工程学院教授
	钟凯	四川大学轻工科学与工程学院副教授
	吴艳萍	四川大学轻工科学与工程学院副研究员
四川千口一品茶业有限公司（2023年第十批）	王云	四川省茶叶研究所研究员
	唐晓波	四川省茶叶研究所研究员
	张厅	四川省茶叶研究所副研究员

六、非物质文化遗产名录

截至2023年12月，入选达州市市级非物质文化遗产名录的茶叶技艺共3个，见表3-6。

表3-6　入选达州市市级非物质文化遗产名录的茶叶技艺

项目名称	批准机关	批准文号	保护单位
开江福龟茶叶传统手工技艺	达州市人民政府	达市府发〔2016〕17号	开江县文化馆 开江县广福镇福龟茶叶种植专业合作社
巴山早富硒茶制作技艺	达州市人民政府	达市府发〔2023〕5号	万源市文化馆（万源市美术馆） 万源市蜀韵生态农业开发有限公司
賨岭龙芽手工茶传统制作技艺	达州市人民政府	达市府发〔2023〕5号	四川秀岭春天农业发展有限公司

第四章

茶叶产品

第一节 名优绿茶演变与开发

一、历史上的名茶山场

达州茶叶在漫长的历史浸润中，形成了生态与人文交融的名茶山场（产区），延续至今。清光绪十九年（1892年）《太平县志》卷三货属："春季茶市颇盛，白羊庙、青花溪、固军坝、锅团园四处产者佳。"刘子敬修、贺维翰纂《万源县志》（民国版）："茶，邑大宗……县属产茶以三区之白羊庙、四区之锅团圆、八区之青花溪、十区之大竹河白果坝等处最为驰名。"万源白羊茶叶生产历史悠久，尤以新开寺、苦竹垭所产茶叶久负盛名，畅销陕西、甘肃、青海等省。据传，新开寺原产茶10余斤，与城口鸡鸣寺产茶同为朝廷贡茶。

万源青花镇4村矿山不足3km²，海拔760~830m，阳坡日照时间长达10h。此地灌木丛生，春日晨雾笼罩，气候适宜，土壤为干鹅卵石、青麻石夹冷砂泥，底层富含铁和煤矿，所产之茶名"矿山茶"，是万源人口中的"广山茶"，相传曾为皇朝贡品，最受茶客青睐。清末民初，绥定府的川东老茶馆门上有一副对联"宣汉清溪水，万源广山茶"。矿山茶外形浑厚，叶尖带圆不显白毫，叶梗比一般茶壮实，开汤绿豆色，清澈见底，其味清香浓郁，饮时先微苦涩而后回甜，比一般茶耐泡，七泡仍有余香。

《达州市志》载，1000多年以前，宣汉县内就生产白秀茶、金花茶、天龙茶、鸡鸣茶等品种，以其体厚耐泡、香味醇浓、回味清香的独特风味远销外地。土黄、樊哙等山区的一些保甲以种茶为主，樊哙清明前采的茶称"火前茶"。民国时期，宣汉茶叶产地以上东区及东北区之十字溪（今石铁乡）、铁矿坝（今石铁乡）为盛，毛尖惟土黄场（今土黄镇）、樊哙场（今樊哙镇）采之。以雨前毛尖为最，次曰头茶、二茶、三茶；最下者挨刀茶，或曰宰叶子；西行陕甘，东下夔门，均为大宗。

1928年《续修大竹县志》第十二卷载："今云雾山嫩茶出境，颇绕清香，惜产额不多。"《渠县志》第七卷"食货志"记载，"清乾隆时就已产茶叶，'硐茶'由卷硐场而得名。"

二、名优茶开发序章

新中国成立以前，达州茶区所产绿茶，称青毛茶，万源晒青茶民间又称"太平青茶"。新中国成立后，先后生产出烘青绿茶、炒青绿茶。改革开放后，人民的生活水平逐步提高，名茶生产陆续恢复，名优茶市场逐渐活跃，需求开始增加。达州抓住这一机遇，充分利用本地优越的生态环境，大力发展名优茶生产，所产巴山名茶香、味、色、形别具一格，在各类名茶评选活动中独展风采，赢得了茶界专家的高度赞誉，获得了茶叶市场的广泛认可。从1978年开始，达州加快发展名优绿茶，推进形成了以绿茶为主的生产格局。到1999年，全市绿茶生产比重已占到80%。2022年，达州市生产绿茶1.1729万t，占茶叶总产量的86.14%。

1978—1983年，达州开始对传统、历史名茶进行挖掘和恢复试制，这一阶段开发的名优茶主要以地方茶树品种名来命名。1981年，达县地区茶果站在制定的《对达县地区茶叶生产区划的意见》中，指出南江、通江应积极将晒青茶有计划地改为烘青茶或炒青茶，达县、南江、通江、万源及渠县部分茶区应积极试制名茶和生产优质出口绿茶。1982年开始，万源县茶果站茶技人员薛德炳、张正中、贾德先等人在开展万源县茶树品种资源普查工作的同时，平地架锅起灶，试验扁形茶炒制手法。

1983年5月17日—20日，全省首次地方名茶审评座谈会在成都召开。据《四川省1983年名茶审评简况》记载，这次名茶审评会全省一共56个单位70多名代表参加了会议，达县地区及万源、宣汉、大竹分别派1名代表参加了会议。审评会议共收到34个单位的茶样113个，其中历史名茶、创新名茶42个，其他茶样71个，审评出17个优质名茶和7个优质茶。达县地区农业局向7个县征集地方名茶样品14个参加了名茶审评活动（表4-1），其中，万源溪口烘青、宣汉金花寺烘青获得优质茶称号，是全区2只首次获得省级优质茶奖的茶样。1983年5月17日《四川省地方名茶第一次审评记载单》记录，万源溪口烘青外形尚紧直、墨绿尚润，香气栗香高长，汤色绿明亮，滋味浓爽，叶底黄绿亮、稍欠匀；宣汉金花寺烘青外形尚直、翠绿尚润，带扁条松泡，香气清香显花香，汤色黄绿尚亮，滋味醇爽，叶底黄绿明亮。同时，也可以看出，此时整个达县地区的名茶还处于空白。

表4-1 1983年达县地区征集选送参加全省名茶审评会的样茶品种、类别及数量

县别	品种	烘青毛茶样数量/kg	蒸青茶样数量/kg
万源	溪口大叶茶	2.5	
	矿山茶	1	
	白羊大叶茶	2.5	
	庙坡茶	1.5	
宣汉	鲁家山茶	2	0.25
	金花茶	2	0.25
	漆碑大叶茶	0.5	0.25
渠县	硐茶	2.5	0.25
大竹	云雾茶	0.5	

县别	品种	烘青毛茶样数量/kg	蒸青茶样数量/kg
南江	南江大叶茶	2.5	
	金杯茶	2.5	
通江	乐村枇杷茶	2.5	0.25
	翰林茶	1	0.25
邻水	甘坝茶	1.5	

注：①烘青毛茶样供四川省茶叶研究所（永川）、达县地区茶果站审评用，蒸青茶样供生化测定用。
②来源：达州市茶果站。

1984年1月，达县地区茶果站张明亮制定了一份"茶叶生产、加工试验示范"科研计划任务书，提出："拟定1984年试制特种绿茶——巴山银峰和金花毛峰，力争进入全省名茶产区行列，填补我区名茶空白……主要是采用不同鲜叶标准、不同杀青叶量、锅温、手法等为主攻方向的制茶工艺，要求在色、香、味、形方面，特别是香、形方面独具一格……2月成立试验小组，3月'银峰'在渠县长久茶场试制，4月在万源县庙坡公社试制，'金花毛峰'在宣汉樊哙公社金花寺试制。"据达州市茶果站汤子江回忆：1984年3月，达县地区茶果站张明亮、汤子江同达县地区外贸茶叶公司刘国材、陈绍允等人在渠县汇南公社长久茶场制作了一批扁形茶，取名"碧兰"，参加了全省名茶选优并获奖，填补了达县地区无名茶的空白。后在达县三清茶场以"碧兰"命名开发的名茶"三清碧兰"，入选了1989年陈椽主编的《中国名茶》名录，是达县地区唯一入选的中国名茶（图4-1）。

图4-1 1989年陈椽主编的《中国名茶》收录达县"三清碧兰"
（来源：达州市茶果站）

1981—1984年"达县地区茶树地方良种资源调查品质鉴定表"显示，1984年万源县茶果站所制"万源庙坡茶"外形描述为"较紧结显扁碎"（图4-2）。至1985年8月，万源县茶果站具有地方自主知识产权的绿茶系列产品雀舌、毛峰、毛尖名茶工艺初步定型。同时，将名茶工艺技术向区域内4家茶叶生产、经营企业培训示范、指导名茶生产工艺技术。1985年，国营万源草坝茶场生产的优质绿茶"巴山青"包装上市（图4-3）。

续表〔一〕

茶名	年度	外观				内质				生化成分指标					备注
		条索	嫩度	色泽	匀整度	香气	汤色	包泡	滋色叶底	水浸出物%	茶多酚%	咖啡碱%	水仙%	氨基酸含量 g	
万源溪口叶茶	81	细数紧结		黑褐油润		清香	黄绿尚亮	尚酵爽	青嫩软匀	30.83	674.54		46.25	138.05	
	82	尚紧	显毫	尚绿略润		浓高火	黄亮尚	尚酵	细软青匀	30.44	584.14	3.85	43.66	59.43	
溪口茶对照	84	尚紧秀	尚嫩	尚绿尚润	欠匀	尚正	味黄绿尚亮	尚爽回甜	黄绿尚匀	32.90	354.51	5.19	41.61		
	84									37.91	370.27	4.45	41.07		
万源庙软茶	81	紧细		润		豆花香	黄绿尚绿	浓醇尚厚	浓绿软						
	84	按条细秀弯曲	尚嫩	尚绿	欠润	欠匀	气	黄绿尚亮	尚醇	黄绿软匀	29.29	438.29	4.59	39.12	
庙软茶对照										28.78	351.25	4.00	36.08	
万源白羊大叶茶	81		欠嫩尚匀	青绿尚润		陈带香气	绿绿微黄	尚醇尚浓	绿软匀	28.88	422.79		44.70	139.99	
	82	尚紧		黄绿欠润	欠匀	尚纯	正黄	尚亮醇	尚绿尚匀	31.38	528.88	4.46	43.83	85.01	
	83									29.63	407.19	4.54	37.31		
	84	尚紧尚显	尚嫩	嫩绿尚红	欠匀	陈香尚欠纯	黄绿尚亮	尚焦	杏绿嫩匀	28.51	496.45	4.27	36.94		
邻水甘坝茶	81	尚嫩	欠匀	青绿尚润		陈气微气	高火黄	明亮	尚活陈焦	绿尚匀	27.56	318.90	4.31	42.27	66.79
	83									31.12	270.85	4.33	39.45		
	84									30.76	434.79	4.71	35.65		
甘坝茶对照	82									23.65	546.74	4.18	44.30	66.99	
渠县调茶	81	尚条欠匀	欠匀	尚绿欠匀		有霉气	黄绿	红尚	尚活		29.35	406.14		42.23	131.37
	82	尚紧	显毫	黑绿	尚匀	明滑香绿	尚绿	尚发明	带花红	茶软	30.11	295.35	3.69	87.30
	84	短碎尚紧	尚嫩	黄绿欠匀	欠匀	陈闷味尚香	正绿	尚发明尚亮	尚红尚软匀	32.41	314.23	4.51	31.32	
调茶对照	81	按粗老	欠嫩欠匀	尚绿欠润		带霉气陈香绿微微	深绿尚绿	决尚尚亮	软暗	28.67	411.04		42.76	122.39
	84									31.64	517.00	4.59	37.12		

图4-2 1981—1984年达县地区茶树地方良种资源调查品质鉴定表（来源：达州市茶果站）

图4-3 1985年国营万源草坝茶场生产的优
质绿茶"巴山青"包装盒（李华 供图）

图4-4 1987年巴山雀舌首款茶叶包装
（李华 供图）

1987年3月14日，万源县农业局、万源县茶果站、西南农业大学有关人员在万源青花茶场座谈后，将万源扁形茶定名"巴山雀舌"。1987年4月，巴山雀舌投放市场（图4-4）。1987年5月21日—24日，"全省地方名优茶评优选优会"在成都市召开。评选会议上，对历年获得国际金质奖、部级优质产品，以及省级地方优质茶进行了展览，展览茶样共计112个，"碧兰"参展。据四川省农牧厅《一九八七年全省名优茶评选会纪要》，评选会共收到35个单位79个茶样，评选出优质名茶12个，其中包括"万源县的雀舌"（即巴山雀舌）；14个优质茶，其中有"大竹县的炒青茶样"（即大竹县乌木乡永兴茶场开发生产的"永绿"炒青茶）。以碧兰、巴山雀舌为代表的新名茶的成功研制，拉开了以扁形茶为代表的达州新名茶开发的大幕，带动达州各色名优茶快速发展起来。

1986年冬至1989年年底，达县地区开展扶贫开发工作期间，西南农业大学在万源县开展科技扶贫专项工作，并与万源县人民政府共同实施《万源县科技扶贫综合技术开发与推广》课题。1990年达县地区农贸办、开发办编辑的《春到巴山——达县地区扶贫开发工作经验汇集》一书收录王金善《志在山乡播星火 科技扶贫结硕果》一文，文中谈道："1986年冬，一支由西南农大教授、专家组成的科技扶贫队在副校长周新远的带领下，带着党的重托，冒着寒风霜雪，开进了万源县，从此在山乡点燃了科技扶贫之火。他们在分析万源农业资源和区划资料，深入实地考察的基础上，经过评估论证，确定了7个系列、24个子课题作为科技扶贫突破口。三年来，先后组织有210名教授、124名研究生和毕业实习生到万源参加科技扶贫攻关。"西南农业大学食品学系在此期间，主要就万源茶叶、黑鸡等特色农牧产品的开发开展科技帮扶。时任西南农业大学食品学系主任陈宗道、副主任刘勤晋、系茶学栽培室主任杨坚、系食品加工室主任吴永娴、系制茶室主任龚正礼、系食品感官审评室主任姚立虎、助教吴建生和包先进等人先后分批到万源考察、指导茶叶生产和名茶开发工作，推动了巴山雀舌名茶知名度的迅速提升和科技进步。

三、四川名茶东移，好茶出在巴山

1988年后，各地抓住名优茶经济发展机遇，集中在国营茶场及少部分乡、镇茶场（厂），积极创制了一批具有地方特色的名优茶，花色品种迅速增加。

1990年5月，四川省首届"甘露杯"名茶评比活动举办。达县地区选送的"巴山雀舌"等8个茶样获奖，获奖数占全省的三分之一。评审专家们认为："达县地区生态条件好，为巴山茶区奠定了发展名茶的基础，发展名茶大有希望。"1989年8月至1990年8月，巴山雀舌、毛峰、毛尖及巴山青名优绿茶加工工艺技术先后通过达县地区科学技术委员会鉴定。1990年10月，巴山雀舌加工工艺技术由国家科学技术委员会编入《中国技术成果大全》第16分册。

1991年4月20日—30日，由国家旅游局、浙江省人民政府主办的"九一中国杭州国际茶文化节"在杭州举办。其间，开展了"中国文化名茶"评选活动。达县地区选送万源草坝茶场生产的"巴山雀舌"取得名茶评选第五名，赢得"中国文化名茶"称号，并获得名茶奖杯（图4-5）。1991年4月，四川省茶叶研究所、达县地区茶果站专家到宣汉、大竹等茶区现场培训扁形、针形名茶制作技术，培训500人次。1991年5月，达县地区开展名茶评选活动，全区选送23只茶样，其中8只原有名茶、5只创新名茶获得地区优质名茶称号。是年，农业部将"名优茶开发"列入国家"八五"计划重点农业技术推广项目，组织全国产茶省（区）集中力量，采取推广茶树良种，改进栽培和加工技术、商品化处理等综合措施，来推进名优茶的开发。四川省农牧厅作为参与单位，将巴山雀舌、巴山毛峰的开发列入全国名优茶开发项目。

图 4-5 国营万源草坝茶场"巴山雀舌"荣获中国文化名茶奖杯（来源：万源市茶叶局）

1991 年 11 月 2 日—7 日，国家科学技术委员会举办的"七五"全国星火计划成果博览会在北京展览馆举行。1991 年 11 月 14 日，《经济参考报》第一版刊文《革命老区万源县飞出金凤凰 七种名茶进京参展全部获奖》："该县送来参加全国七五科技成果博览会的七种富硒茶全部获奖。江泽民参观万源展台时，对'巴山雀舌'和'雾峰银芽'连声叫好。此次万源县进京参展的七种茶叶，除'巴山雀舌''雾峰银芽'获金奖外，'巴山毛峰''巴山富硒茶'双获银奖，'雾峰春绿''巴山毛尖''雾峰名尖'获优秀奖。一个展团送展的展品百分之百获奖，创下了此次星火计划成果博览会绝无仅有的纪录。一些曾在万源县浴血奋战的老将军特地赶到万源展台品茶叙旧，对万源茶叶赞不绝口。新华社记者李生南摄下江泽民同志参观万源展台的经典瞬间。"张爱萍将军闻此喜讯，亲自书写"巴山雀舌"茶名。魏传统将军也题《富硒茶二首》："星火运筹奇，万源开拓广。富硒赢品题，茶道今神怡。""富硒今日庆丰收，赢得国家褒奖优。星火运筹多巧计，燎原至胜存神州！"

1992 年 5 月 20 日，四川省农牧厅第二届"甘露杯"名优茶评审活动举办。宣汉县"金花茶""九顶翠芽""九顶雪眉""红岩曲毫"，西南农业大学与宣汉县联合创制的"铁峰翡翠"，万源的"巴山银针"，大竹县的"雾山云雀""雾山毛峰"获得优质名茶；宣汉县"青龙雾绿"被评为优质茶；宣汉县"九顶松茗"、万源县"巴山春芽"因品质较优良受到表扬。在这届"甘露杯"名茶评选活动中，达县地区名茶获奖数目占到全省获奖总数的三分之一，专家们不禁赞叹道："四川名茶东移，好茶出在巴山！"（表 4-2、图 4-6）

图 4-6 "甘露杯"优质名茶奖杯（来源：万源市茶叶局）

表4-2 1990—2003年四川省"甘露杯"达州名茶获奖名单

届别	茶名	产地	称号
1990年四川省首届"甘露杯"	银峰	达县地区	优质名茶
	巴山雀舌	万源草坝茶叶总场	优质名茶
	巴山毛尖	万源草坝茶叶总场	优质名茶
	巴山毛峰	万源草坝茶叶总场	优质名茶
1992年四川省第二届"甘露杯"	金花茶	宣汉县茶果站	优质名茶
	九顶翠芽	宣汉县漆碑茶厂	优质名茶
	九顶雪眉	宣汉县漆碑茶厂	优质名茶
	红岩曲毫	宣汉县宣汉红岩茶场	优质名茶
	铁峰翡翠	宣汉县、西南农业大学食品学院	优质名茶
	巴山银针	万源县农工商公司	优质名茶
	雾山云雀	大竹县云雾茶场	优质名茶
	雾山毛峰	大竹县云雾茶场	优质名茶
	青龙雾绿	宣汉县茶河	优质茶
1994年四川省第三届"甘露杯"	铁山剑眉	达川地区茶果站、达川市铁山茶厂	优质名茶
	米城银毫	达川地区、达县米城茶厂	优质名茶
1995年四川省第三届第二次"甘露杯"	巴山春芽	万源市	优质名茶
	平顶碧芽	达县景市茶场	优质名茶
	九顶绿茶	宣汉县漆碑茶厂	优质名茶
1997年四川省第四届"甘露杯"	龟山茗芽	开江县茶果站	优质名茶
	九顶雪眉	宣汉县漆碑茶厂	优质名茶
1999年四川省第五届"甘露杯"	巴山雀舌	万源草坝茶叶总场	优质名茶
	古峰露芽	宣汉县樊哙古峰茶厂	优质名茶
	古峰毛尖	宣汉县樊哙古峰茶厂	优质名茶
2003年四川省第六届"甘露杯"	巴山玉叶	宣汉县茶果站	优质名茶
	迎春玉露	达州市茶果站	优质名茶

四、名优茶商品化生产

20世纪90年代初，达州名优茶还未形成批量的商品化生产。1991年10月，达县地区名优茶开发课题及机械采茶项目研讨会举办。会议通报1991年达县地区生产名优茶产量占总产量的1.6%，产值却占到毛茶总产值的8.5%，肯定了1991年茶叶效益增收是走了名优茶开发路子的结果，提出要进一步扩大名优茶生产规模。1992年，全区生产名优茶122.6t，约占总产量3693t的3.3%，产值455万元，占毛茶总产值的17.5%。1993年，全区生产名优茶252t，约占总产量3618t的7.0%，产值1004万元，占毛茶总产值的35.5%。名优茶产量、产值占比逐年提高，证明了达州市凭借独特的自然条件发挥名优茶生产优势，既能够提高产品质量、满足市场需求，又能提高经济效益，解决山区农民脱贫致富，前景十分广阔。

1991—1993年，达县地区科学技术委员会下达"名优茶开发"项目，由达县地区茶果站牵头，与有关县和重点茶场组成项目协作组，分别在南江、通江、宣汉、万源、大竹五县国有和集体茶场实施，三年建成名优茶生产基地4506hm^2，平均每亩增产名优茶7.6kg，累计生产名优茶62.83t，优质茶45.085t，提高项目区内3565t大宗茶一个等级，名茶127.68元/kg，优质茶28.14元/kg，大宗茶0.8元/kg。

1994年，为加快推进茶叶生产由产品经济向商品经济过渡，达川地区地委、行署印发了《关于加速茶叶商品基地建设的意见》，提出"三万亩名优茶基地建设"任务，其中，宣汉县、大竹县、万源市在1994年分别建成1000hm^2、400hm^2、600hm^2，成为推动全区大力发展名优茶的一项重大举措。1994年11月10日—11日，达川地区茶叶学会召开第一届二次会员代表大会，地、县茶果站茶叶专家及行业代表围绕名优茶开发作了学术论文交流（表4-3）。其中，大竹县针对1994年生产名茶184kg，占总产的比例不足千分之一，名茶尚未形成商品，未给茶农带来普遍的经济效益的现状，提出"开发一只名茶，建设一片基地，创立一块牌子，办好一个实体，富裕一方农民"的路子。这次会议对推动达州茶叶向"一优两高"（优质、高产、高效）发展产生了积极作用。

表4-3　达川地区茶叶学会第一届二次会员代表大会学术交流文章（部分）

论文题目	作者	作者单位
对实现我区茶叶优质高产高效益途径的探讨	王治国	达川地区茶果站
机制名茶制造工艺	唐开祥	达川地区茶果站
初议达川地区名优茶发展前景及对策	李少敏	达川地区茶果站
扩大名优茶生产，提高规模效益	汤子江	达川地区茶果站
开发名优绿茶如何提高经济效益	薛德炳	万源市茶果站
大竹县名优茶开发的前景及对策	卢文丁	大竹县茶果站
建设名茶原料生产基地，确保名茶生产健康发展	袁世义	达川地区农校
浅谈通江名优茶生产的现状及对策	朱兆舜	通江县茶果站
立足资源优势，狠抓名优茶开发		宣汉县漆碑茶厂

1994年，受气候影响，全区茶叶普遍减产，但由于名优茶生产的带动，产值不降反增，起到了减产增收的良好效果，茶农收入得到了提高，大大刺激了生产的积极性。主产茶区乡、茶场，积极要求开发名优茶，请求技术部门重点指导技术。是年，达川地区有名茶生产场30余个，创制名茶17只，累计生产名优茶265t，占总产量4420t的6.0%，产值1150万元，占毛茶总产值的33.8%。1998年，全市名优茶产量1030t，占总产量的23%，产值4300万元，占总产值的43%。

1999年，四川省丰牧办下达达川地区茶果站"茶叶优质高产综合配套技术"项目，达川地区茶果站牵头，组织万源、宣汉两县市实施，推广名优茶机制。是年3月，举办机制名茶现场培训会，万源、宣汉机制名茶得到迅速推广，带动了茶园大面积的生产。1999年全市茶叶面积8333hm²，产量约4000t，产值1亿元以上，创税2000万元左右。研制出的20只名茶先后获得省、部级优质名茶称号，其中"巴山雀舌""九顶雪眉""九顶翠芽"等名茶先后50余次获国家级、省部级奖励。

2000年6月，达州市启动实施茶叶生产"552"工程，即用5年时间，发展无性系良种茶园5万亩，年产名优茶增加2000t。2010年1月，达州市启动实施茶业富民工程，重点推进"高效生态茶园建设、品牌整合打造、龙头企业培育、加工企业优化改造"四大工程，到2010年底，各县基本确立"一县一品"，其中又以万源的巴山雀舌和宣汉的九顶雪眉为两大优势名茶产品。2014年3月，达州市启动实施富硒茶产业"双百"工程。2014—2018年，全市集中连片地建设了一批标准化茶园，改变了过去基地分散、不成规模的局面，为茶叶现代农业园区的建设打下了基础，促进了名优茶生产向万源市的固军（白羊）、石塘、井溪、草坝、石窝、青花，大竹县的团坝、城西、高穴、清水、黄滩、周家，宣汉县的漆树（漆碑）、东乡（东林）、樊哙、石铁、土黄，开江县的广福、讲治、达川区的龙会，渠县的临巴等重点产茶乡镇集中。

第二节　其他茶类生产

一、川红工夫

1951年，中茶公司西南区公司确定了四川、西康茶叶生产边销茶和外销红茶为主的经营方针，经得西南区贸易部同意，在筠连、高县、宜宾和万源的青花、白羊设5个红茶技术推广站，开始在四川推广生产外销工夫红茶，万源成为四川最早生产工夫红茶的县之一。1951年3月，中茶公司西南区公司在青花成立"第四红茶推广站"。1951年4月，万源在白羊、青花改制红茶。1951年6月，中茶公司西南区公司派技师何德钦、技术人员杨宝琛、李侠安到万源白羊、青花试制和推广工夫红茶。当时,万源红毛茶收购分甲、乙、丙、丁四等十一级,所购红毛茶经达渝公路运往重庆。1952年,推广站在白羊、青花培训茶农475人,由他们在全县教会制红茶的人数达10033人,培训内容除红茶制作技术外,还有茶叶采摘、茶园管理、秋耕施肥和封山育林。1952年,万源县大竹河红茶推广指导站成立。20世纪50年代,万源青花窝窝店村生产的红茶品质上乘,出口苏联。

1952年3月,西南区农林部、贸易部转发中央农业部、贸易部《关于茶叶产销工作联合指示》,有关茶叶的实验研究推广改良及初制工作移交农业行政部门领导办理,中国茶业公司专营收购精制与贸易业务。1953年,四川省农林生产工作会议确定在万源县青花乡设立万源茶叶试验场(后更名为万源茶叶试验站),受四川省灌县茶叶试验场管理,人员以红茶推广站为基础,干部编制15人,工人19人,负责川东北万源、南江、通江、宣汉县的技术指导工作。1953年7月,试验场正式投入工作。为推广工夫红茶生产,万源从西南农林水利局运回揉茶机样机,仿制50台(1955年仿制230台)(图4-7),推

图4-7 20世纪50年代万源茶区仿制的木质揉茶机(来源:万源市茶叶局)

广木质手推揉茶机和木炭焙茶技术,变革传统的脚蹬、手揉、太阳晒等加工方法。印发了《茶园管理》《红绿茶初制浅说及图解》《为什么要增产茶叶》《怎样提高万源茶叶产量》《怎样做好红茶》《如何防治病虫害》《秋耕施肥》《白露封山育林》等小册子5000多份,散发到各茶区,开办茶农技术培训班5期,学员150人,其中宣汉38人,制茶新技术传到了宣汉。

1969年,对外贸易部鉴于绿茶与边茶货源不足,工夫红茶大量积压,建议四川、浙江、福建、安徽等省将工夫红茶改产部分绿茶和边茶。四川省外贸业务组根据外贸部的上述建议,决定将达县、万县地区的红茶全部转产绿茶,宜宾地区的兴文、长宁、珙县将红茶转产绿茶,保留高县、筠连、宜宾3县继续生产工夫红茶。1970年,万源停产工夫红茶,宣汉、大竹继续生产,1986年又扩大到渠县、达县。20世纪80年代,达州年产工夫红茶500~900t。1990年后,由于受到国际市场的冲击、出口成本的增加、企业改制等,工夫红茶生产逐年减少。到1998年,全市仅宣汉产工夫红茶30t。2000年后的10余

第四章 — 茶叶产品

年间，工夫红茶全面停产。

近年来，随着红茶市场走热，达州逐步恢复生产工夫红茶。2014年，达州市人民政府实施富硒茶产业"双百"工程，明确支持企业"加大茶叶综合利用"。通过不断的政策引导和持续地带领企业走出去学习，宣汉县漆碑乡、渠县龙潭乡先后恢复生产工夫红茶，宣汉县"漆碑红"、渠县"秀岭春天"红茶相继问市。随后，工夫红茶又在万源、达川区、开江县恢复生产，大竹县亦采用白叶1号加工红茶。自2015年起，四川巴山雀舌名茶实业有限公司、四川国储农业发展有限责任公司、四川蜀雅茶业有限公司等企业引进配备红茶发酵机的工夫红茶自动化连续生产线，大大提高了工夫红茶生产效率。据统计，2022年，达州市已有16家茶叶企业生产红茶，产茶近1900t，约占茶叶总产量的14%，

图4-8 万源"龙潭金芽"茶汤（来源：万源市茶叶局）

代表性的工夫红茶有四川巴山雀舌名茶实业有限公司生产的"禧阙红茶""巴山红"，四川国储农业发展有限责任公司生产的"正红红茶"，四川省万源市欣绿茶品有限公司与四川农业大学合作研发的"巴山正红"，万源市金泉茗茶有限公司生产的"龙潭金芽"（图4-8），达州市宣汉县红冠茶叶有限公司生产的"漆碑红"，四川当春茶业有限公司生产的"当春红芽"，四川秀岭春天农业发展有限公司生产的"秀岭春天·逸刻红茶"等。

二、红碎茶

1965年，国营万源草坝茶场根据指示生产红碎茶，仅一年即停产。1975年，根据全国红碎茶生产会议确定在人民公社发展红碎茶生产的要求，四川在农村社队推广红碎茶生产，宣汉、大竹、万源试点成功。1975年，国营大竹河茶厂和国营万源草坝茶场联办红碎茶厂生产红碎茶，当年产红碎茶28.56t。1976年8月，国营大竹县云雾茶场试制红碎茶，茶样送四川省外贸审评，"符合国家出口标准，滋味浓强，汤色红鲜"，四川省农业厅给予5万元奖金。1978—1980年，大竹县外贸局先后在城西、金鸡、团坝3个公社建立红碎茶厂，年产量75~100t，远销国外，1978年全县出口红碎茶4.8t。

宣汉县先后建立起土黄镇红碎茶厂、土黄镇十三村红碎茶厂、三胜乡红碎茶厂、成虎红碎茶厂、樊哙乡五村红碎茶厂、三墩乡红碎茶厂、三墩乡六村红碎茶厂、漆树乡红

碎茶厂、渡口乡红碎茶厂、上峡乡红碎茶厂、东安乡三村红碎茶厂、平楼乡红碎茶厂、峰城乡红碎茶厂、团结乡红碎茶厂等加工企业。20世纪70年代中后期及20世纪80年代中期，宣汉县80%的茶树鲜叶加工成红碎茶，一些无红碎茶加工条件的地方加工绿茶以及利用秋冬老叶、修剪枝叶加工成砖茶、沱茶等边销茶，完成支援藏区、满足边疆少数民族的生活需要。1980年，宣汉县红碎茶经国家外贸总局质量检测，符合国际出口茶叶标准，被批准为出口免检产品，由宣汉外贸局组织直接出口到欧洲市场，每年经达县地区外贸局返得宣汉县10万美元外币。是年，达县地区红碎茶产量占绿茶的17%。1981年，达县地区茶果站制定《对达县地区茶叶生产区划的意见》，在红碎茶生产布局上，依据红茶适制性客观规律，提出稳步发展红碎茶，重点提高品质；南江、万源因才开始发展红碎茶，且布点较少，建议停止发展，宜充分发挥绿茶优势；因宣汉县的红碎茶布点较宽，加之外贸在宣汉县建立了1个红碎茶精制加工厂，建议暂时不变；提出宣汉、大竹、邻水3县的16个红碎茶生产点，面不扩大，产量不增加，在制茶工艺上下功夫；根据外贸市场的趋势，以后在大竹、邻水等县有计划地扩大红碎茶生产。1982年，万源停产红碎茶。1985年后，国际茶叶销售萎缩，茶叶出口受阻，红茶外销量下降。1986年，四川省计经委、省经贸厅下达《四川省出口商品生产基地、专厂（车间）试行办法》，正式命名大竹县在内的省内8个县为优质红碎茶基地县，并建立达县茶厂等8个专厂，同时颁发了证书。是年，大竹县内有红碎茶厂7个、年产红碎茶约450t。宣汉县开始转向生产绿茶，烘青茶主要为成都、浙江等地花茶生产企业提供茶坯。当年，全市红碎茶产量达到历史最高，即480t。1992年，宣汉停产红碎茶。1996年后，全市逐步停产红碎茶。

三、边 茶

达州"粗茶""细茶"的生产经历了"细—粗—细"的转变过程。民国时期，万源一带茶叶种类有毛尖、细蔓子、粗蔓子、粗茶，分别占总产量的5%、25%、40%、30%。毛尖为清明前后采制一芽二三叶，芽叶细嫩，用手工揉捻，阴干，表面有毫。细蔓子为立夏前采摘一芽三至五叶，揉捻用麻袋滚沓。粗蔓子为立夏后采摘一芽四五叶，多用麻袋脚蹬揉捻。粗茶为小满前后采摘四五叶，制造用麻袋蹬揉多次。春夏茶末有一次拣园茶，老嫩不一，老叶果梗多，入粗茶。宣汉一带的"挨刀茶""宰叶子"，亦为粗茶。

1955年，达州产细茶占总产量的90%以上。1954年1月，中央商业部民族工作调查组向中央、西南财委报告反映藏区茶叶供应日渐紧张，边茶生产上升速度赶不上需求的增长速度。四川省按照改善边茶供应的工作要求，提出1955年开始在达县、万县、绵阳3个专区将部分细茶转产边茶，达县地区主要生产南路边茶原料。1955年，为贯彻部、省增加边茶生产、改善边茶供应的指示精神，达县地区开始实行以细转粗，扩大南路、西路边茶生产，以南路边茶为主。1955年，达县地区茶叶总产量1126.55t，其中细茶648.35t、粗茶478.2t，总产量较1954年增加310.4t、细茶减少118.05t、粗茶增加428.45t。

将细茶转产边茶后，每年仅春季采一次细茶，夏、秋均采边茶原料，并收购冻茶梗、修剪枝叶、果等，同时对边茶实行预购。当时万源年产边茶约200t，占全县茶叶总产量的45%，其中60%由大竹河茶厂加工康砖，其余南路边茶原料调雅安茶厂。西路边茶的生产中，曾组织收购荒野茶、冻梗茶、茶果、茶壳、水泡茶等作为原料。1956年，大竹河茶厂开始加工西路边茶。1957年万源西路边茶调甘肃104.759t，调青海68.46t。

1962年，达县地区产粗茶超细茶，粗茶、细茶产量分别为461.6t、257.6t。1973年，全省茶叶生产科技工作会议上，四川省茶叶土产进出口公司提交了《关于我省今后茶类生产的初步意见》，提出："今后应大力增产细茶，提高粗茶质量，粗茶产量稳定在现有计划水平上，随着细茶的增长有所增加。新茶园全部生产细茶，利用茶树修剪管理的修剪叶生产粗茶。"达县地区按照"增产细茶，稳定粗茶"的生产经营方针，以后逐步增产细茶。到1979年，细茶又超粗茶。1996年后，粗茶过少，不再统计。

图4-9 万源富硒砖茶

2013年，达州市以提高效益为重点，加快多类茶产品研发，助推加工企业改造升级。四川巴山雀舌名茶实业有限公司投资1200多万元建成富硒砖茶生产线，研制出独具特色的"万源富硒砖茶"（图4-9）。该生产线每日可加工茶砖1000块，压制条包茶砖4000条（8000块），日产能达5t，年产能达1500t。

四、普洱茶

1979年，四川为扩大出口茶类品种，开始用绿毛茶改制普洱茶。1980年，普洱茶生产发展到达州万源、宣汉部分茶厂（场）。1980年10月16日，《通川日报》报道："大竹河茶厂试制普洱茶成功。万源县大竹河茶厂试制外销的普洱茶，经国家进出口商品检验局检验合格。首批10t于9月29日自厂部启运达县直转香港，运销东南亚各国。普洱茶原系云南省产的一种名茶，以其制法独特，郁香可口，供不应求。去年普洱茶试销香港，受到外商欢迎。今年大行河茶厂承担了上级分配的生产、加工普洱茶任务。广大职工学

《决议》见行动，40多天来在省、地外贸单位技术指导下，学习钻研制茶技术，为了履行向外商交货时间，昼夜加班赶制品质优良的普洱茶10t，及时调出支援出口，为社会主义建设作出贡献。"

五、沱 茶

1980年，大竹河茶厂试制沱茶成功。万源县供销社茶厂生产的荥经、雾峰沱茶在达县地区行销，获得好评。1982年9月14日《川物商情》报道："达县地区大竹河茶厂，继去年试制普洱茶成功后，今年7月生产出5t可与云南下关沱茶媲美的万源沱茶，由外贸部门出口外销……万源沱茶色泽暗绿墨润，香浓味醇，汤色黄亮，含氨基酸、儿茶素，及多种维生素。能去油腻，助消化，减肥降压，兴奋神经，清暑解热，包装美观，分二两、五两规格，便于携带保管。"《四川农民报》曾介绍："万源沱茶，呈碗白形，色泽暗绿墨润，香味浓郁，汤色黄亮，能去油腻、助消化、减肥降压、兴奋神经、消除疲劳、清暑解热，堪与重庆山城沱茶媲美。"1984年，万源县供销社茶厂试产雾峰牌沱茶。

六、黄 茶

硐茶（黄茶），原产于地处四川华蓥山中段的渠县卷硐门一带，随着茶叶生产的发展和炒青绿茶制法的普及，这一历史名茶制法濒临失传，其品质风格已鲜为人知。据渠县卷硐一带老茶农和品尝过硐茶的老人回忆，硐茶的形质特征为"外形粗壮重实，色泽金黄显毫，香气似熟炒黄豆，滋味浓醇经泡"。其制造方法，据渠县外贸公司谢无亮和原渠县农业局干部余永江多年前访问当地老茶农，称硐茶的制造过程为"摊—焖—揉—堆—炒—揉—晒—炒"。1985年，西南农业大学刘勤晋等人在渠县经实地走访调查后，认为硐茶系由卷硐一带寺僧和茶农创制的一种"晒炒结合"的高档茶，从制法和品质看，属黄茶类。1985年，刘勤晋在渠县外贸公司支持下，采用大峡白水茶场清明前后一芽一叶多批试制、比较，制出了香气高雅，滋味浓醇、微苦，汤色黄绿、清、明亮的黄茶类"硐茶"（表4-4）。2018年，万源市欣绿茶品有限公司与四川农业大学联合研发黄茶产品，获达州市科技成果登记。

表4-4　硐茶1号与蒙顶黄芽审评结果比较

茶样	外形	色泽	香气	汤色	滋味	叶底
蒙顶黄芽	扁齐肥厚	金黄显毫	清纯持久	黄绿明亮	醇厚甘甜 耐泡	嫩黄匀亮
硐茶1号	紧细匀直 芽叶完整	黄绿显毫	嫩香持久	黄绿匀亮	浓醇耐泡	黄尚匀亮

注：摘自1985年刘勤晋、陈宗道《"硐茶"研究初报》。

七、老鹰茶

老鹰茶是"非茶之茶"，属樟科，在川渝等地流行饮用。老鹰茶在达州的生产历史悠久。《达县志》载："一乔木，曰老英茶，叶长狭，捋叶或枝煎之，隔日夜不变味。"《宣汉县志》载："又有老鹰茶者，乔木也，叶色较白，味微甜。"1928年《续修大竹县志》载："茶有甜茶，藤茶、姑娘茶，老英茶等。"

图 4-10 开江县老鹰茶大茶树群落（冯林 摄）

开江县广福镇现有的野生老鹰茶树，有超过600年树龄的古树，呈原生状态分布于海拔1000m左右的林场和当地居民的房前屋后（图4-10、图4-11）。开江县广福镇福龟茶叶种植专业合作社采用红茶制作工艺，研制的一款老鹰（红）茶，成茶条索纤细紧实、色泽金黄、茶毫保留丰富，茶汤橙红明亮，滋味回甜绵长，樟香悠远，具有一种奇异的"兰麝之香"（图4-12）。

图 4-11 老鹰茶的鲜叶（来源：开江县福龟茶叶种植专业合作社）

图 4-12 "达州福龟"牌老鹰（红）茶（来源：开江县福龟茶叶种植专业合作社）

八、深加工产品

达州茶企坚持创新驱动，优化产业结构，立足时代发展需求，不断研发茶叶新产品、新品类，延长茶产业链条，增强市场竞争后劲。

2022年8月5日，中共达州市委、达州市人民政府举办了以"新茶饮、新气象、新发展"为主题的达州市茶叶区域公用品牌"巴山青"新式茶饮发布会，发布了由四川竹海玉叶生态农业开发有限公司、四川国峰农业开发有限公司、浙江杯来茶往生物科技有限公司联合生产、经销的速溶茶产品——"杯来茶往"冻干闪萃大竹白茶（图4-13）。随后，以"万源富硒茶"为原料的"杯来茶往"速溶茶产品在浙江投入生产，对达州茶叶发展深加工、延伸产业链起到了一定的推动作用（图4-14）。

图4-13 "杯来茶往"大竹白茶［来源：图4-14 "杯来茶往"万源绿茶（来源：万源市茶叶局）
大竹县茶叶（白茶）产业发展中心］

第三节 地标产品

一、万源富硒茶

（一）万源富硒茶农产品地理标志登记信息

2010年3月8日，"万源富硒茶"获农业部农产品地理标志登记（图4-15）。"万源富硒茶"产品生产总规模茶园面积10000hm^2，茶叶年产量7500t，地域保护范围为四川省万源市草坝镇、固军镇、青花镇、井溪镇等31个乡镇。2022年，"万源富硒茶"品牌估值17.26亿元（图4-16）。"万源富硒茶"历年中国茶叶区域公用品牌价值评估及排名见表4-5。

图4-15 "万源富硒茶"农产品地理标志登记
证书

图4-16 2022年"万源富硒茶"中国茶叶区域
公用品牌价值评估证书

表4-5 "万源富硒茶"历年中国茶叶区域公用品牌价值评估及排名

年度	品牌价值/亿元	排名	年度	品牌价值/亿元	排名
2012	3.96	73	2018	10.7	64
2013	4.21	82	2019	12.19	66
2014	5.32	80	2020	14.26	60
2015	7.11	74	2021	16.86	61
2016	8.29	69	2022	17.26	66
2017	8.54	68			

（二）万源富硒茶产品标识与代表单品

万源富硒茶产品标识如图4-17。2023年，"万源富硒茶"用标企业有8家（表4-6），代表单品有四川巴山雀舌名茶实业有限公司生产的巴山雀舌、万源市蜀韵生态农业开发有限公司生产的巴山早雀舌等（图4-18、图4-19）。巴山雀舌自2006年起连续四届获得"四川十大名茶"称号，其外形扁平光滑、色泽嫩绿，香气嫩栗香、浓郁持久，汤色嫩绿明亮，滋味鲜嫩醇爽，芽叶完整，叶底黄绿明亮。"巴山雀舌·众妙绿茶""巴山早·万里挑雀舌"先后被评为"四川最具影响力茶叶单品"（图4-20、图4-21）。

表4-6 2023年"万源富硒茶"用标企业

序号	企业名称	序号	企业名称
1	万源市金泉茗茶有限责任公司	5	四川国储农业发展有限责任公司
2	万源市大巴山生态农业有限公司	6	四川巴山雀舌名茶实业有限公司
3	四川省万源市欣绿茶品有限公司	7	万源市利方茶厂
4	万源市蜀韵生态农业开发有限公司	8	万源市生琦富硒茶叶有限公司

图4-17 "万源富硒茶"产品标识

图4-18 巴山雀舌（李华 供图）

图 4-19 巴山早·万里挑雀舌（来源：万源市蜀韵生态农业开发有限公司）

图 4-20 巴山雀舌·众妙绿茶获评首批"四川最具影响力茶叶单品"

图 4-21 巴山早·万里挑雀舌获评第二批"四川最具影响力茶叶单品"

（三）品鉴万源富硒茶

万源富硒茶分为雀舌、毛峰、毛尖、炒青 4 个产品类型，雀舌、毛峰、毛尖细分为特级、一级、二级、三级 4 个等级，炒青茶分为特级、一级、二级、三级、四级、五级 6 个等级，各等级茶叶的感官指标见表 4-7。

表 4-7 万源富硒茶各等级产品感官指标

品名	级别	外形	香气	滋味	汤色	叶底
雀舌	特级	扁平挺直、绿润	嫩香馥郁	鲜爽回甘	杏绿明亮	嫩绿肥厚
	一级	扁平匀直、绿润	鲜嫩持久	醇爽回甘	嫩绿明亮	嫩绿明亮
	二级	扁平尚直、尚绿润	清高	鲜醇	黄绿明亮	嫩匀尚亮
	三级	扁尚匀、尚绿润	清香	醇厚	黄绿明亮	黄绿尚亮
毛峰	特级	紧直显峰苗、绿润有毫	毫香浓郁	鲜爽醇厚	杏绿明亮	嫩绿明亮
	一级	紧直匀整、绿润带毫	清高持久	鲜浓醇	嫩绿明亮	嫩绿明亮
	二级	紧实尚匀、尚绿带毫	栗香	鲜醇	黄绿明亮	黄绿明亮
	三级	尚紧实、墨绿带毫	清香	鲜纯	黄绿明亮	黄绿尚亮

品名	级别	外形	香气	滋味	汤色	叶底
毛尖	特级	紧细匀卷、绿润有毫	栗香浓郁	鲜爽醇厚	杏绿明亮	嫩绿明亮
	一级	紧结卷曲、绿润带毫	栗香持久	鲜浓	嫩绿明亮	嫩匀明亮
	二级	卷曲匀整、尚绿带毫	栗香尚浓	鲜醇	黄绿明亮	黄绿尚亮
	三级	尚紧卷、墨绿带毫	栗香	醇厚	黄绿明亮	黄绿尚亮
炒青	特级	紧细有峰苗、匀整、绿润、稍有嫩茎	带栗香	浓爽	黄绿明亮	细嫩黄绿明亮
	一级	紧实有峰苗、匀整、绿尚润、有嫩茎	清高	浓醇	黄绿尚亮	绿明亮
	二级	紧实尚匀整、绿稍润、显嫩茎	清香	尚浓醇	黄绿明	黄绿尚嫩明亮
炒青	三级	尚紧实、尚匀整、黄绿有嫩梗片	纯和	平和	绿黄尚明	黄绿欠嫩稍摊张
	四级	粗实、欠匀整、绿黄、有梗朴片	稍低	稍粗淡	绿黄	黄绿有摊张
	五级	粗松、欠匀整、稍枯黄、显梗朴片	有粗气	粗淡	绿黄稍暗	黄绿粗片稍暗

万源富硒茶雀舌类产品冲泡大都采用上投法或中投法，用透明玻璃杯冲泡，水温80~85℃，茶水比为1：50，杯沿注水达七分满，茶叶便会徐徐展开。雀舌类产品在冲泡的过程中，品饮者可以观赏茶的浮沉起落，领略茶的天然风姿。品鉴时，一般以闻香为先导，再品茶啜味，以评鉴出雀舌类茶的真味。毛峰、毛尖类产品大都采用下投法，水温85~90℃，茶水比为1：50，注水达七分满，3~5min后，茶叶内含物质及香气达到最佳，再辅以闻香品味。

二、大竹白茶

（一）大竹白茶农产品地理标志登记信息

2020年12月25日，"大竹白茶"获农业农村部农产品地理标志登记，证书持有人大竹县茶叶（白茶）产业发展中心，产品生产总规模3333hm²、160t/年（图4-22）。地域保护范围为达州市大竹县所辖月华镇、团坝镇、高穴镇、清河镇、杨家镇、清水镇、庙坝镇、天城镇、观音镇、周家镇、文星镇、石子镇、乌木镇、欧家镇、中华镇、妈妈镇、朝阳乡、八渡乡、川主乡共计19个乡（镇）192个行政村。地理坐标为北纬30°20′07″~31°00′06″，东经106°59′54″~107°32′17″。2021年11月14日，"大竹白茶"取得地理标志证明商标（图4-23）。

图 4-22 "大竹白茶"农产品地理标志登记证书　　图 4-23 "大竹白茶"地理标志
证明商标注册证书

（二）大竹白茶品鉴

大竹县独特的气候、土壤、环境条件，使得大竹白茶具有上市早、品质优、卖相好、价值高等明显市场优势，深受广大消费者的喜爱。一般情况下，大竹白茶在3月15日前后开采，在同类白茶中上市时间相对较早。品质上，大竹白茶严把原料质量和茶叶加工两个关键控制点，使其形神兼具，特别是洁净度好，观赏性强，内在品质高。据检测，大竹白茶游离氨基酸含量约占干物质总量的9%，高的可达12%。大竹白茶外形条索紧直成朵，色泽绿黄鲜润带毫，香气嫩香浓郁持久，滋味鲜醇爽口回甘，汤色嫩绿明亮，叶底绿黄匀整。大竹白茶代表单品有"巴蜀玉叶""国礼·白茶""蜀玉白月""玉顶山""鼎茗春"等。

2015年8月，大竹县"巴蜀玉叶白茶"获得第十一届"中茶杯"全国名优茶评比特等奖，成为达州市首只荣获此项殊荣的名茶。2017年8月，"巴蜀玉叶白茶"再次获得第十二届"中茶杯"全国名优茶评比特等奖，并获得"四川名茶"称号。2018年，"巴蜀玉叶白茶"获得中国国际茶叶博览会金奖。2019年，"巴蜀玉叶白茶"荣获"中茶杯"第九届国际鼎承茶王赛特别金奖和茶王奖，排名全国参评绿茶组第一位。在2020年"中茶杯"第十届国际鼎承茶王赛上，大竹县4只名茶又获得金奖或特别金奖。2021年，大竹县"国礼·白茶""蜀玉白月白茶"双获"中茶杯"第十一届国际鼎承茶王赛茶王奖，成为全国

图 4-24 国礼·白茶获评首批"四川最具影响力茶叶单品"

仅有的2只绿茶组茶王。2022年，"国礼·白茶"与"巴山雀舌"一同被评为首批"四川最具影响力茶叶单品"（图4-24），成为四川省实施单品突破行动打造的首批具有较强市场竞争力的川茶精品，达州名茶在全省10个最具影响力茶叶单品中占得两席，再次彰显了达州名茶独特魅力和发展优势。2023年6月，"玉顶山"牌大竹白茶斩获"中茶杯"第十三届国际鼎承茶王赛（春季赛）茶王奖，排名全国参赛绿茶组第一位。大竹白茶系列名茶产品一跃成为川茶乃至中国名茶的后起之秀（图4-25、图4-26）。

图 4-25 大竹白茶干茶（冯林 摄）　　图 4-26 大竹白茶冲泡［来源：大竹县茶叶（白茶）产业发展中心］

三、漆碑茶

（一）国家地理标志保护产品"漆碑茶"保护信息

图 4-27 国家地理标志保护产品漆碑茶铭牌

2013年9月26日，"漆碑茶"经国家质量监督检验检疫总局审查批准为国家地理标志保护产品（图4-27）。地理标志保护范围为四川省宣汉县现辖土黄镇、樊哙镇、石铁乡、渡口土家族乡、三墩土家族乡、漆树土家族乡（含原漆碑乡）、龙泉土家族乡共7个行政乡镇所辖行政区域。

（二）漆碑茶品鉴

漆碑茶分为炒青绿茶、烘青绿茶。炒青绿茶分为特级、一级、二级，烘青绿茶分为特级、一级、二级，各等级茶叶的感官指标见表4-8。漆碑茶代表单品有九顶雪眉、绿源雪眉、当春茶等（图4-28、图4-29）。

表4-8　漆碑茶感官品质要求

项目		烘青绿茶			炒青绿茶		
		特级	一级	二级	特级	一级	二级
外形	形状	细嫩有毫	细紧带毫	紧细尚直	紧细显锋	紧细浑实	紧实
	色泽	墨绿油润	墨绿油润	墨绿	灰绿油润	灰绿尚润	灰绿稍润
	匀度	匀整	匀整	匀整	匀整	匀整	匀整
	净度	净	净	尚净	净	净	尚净
内质	香气	清高	清香	清正	带栗香	香高	尚高
	汤色	黄绿明亮	黄绿明亮	黄绿尚亮	黄绿明亮	黄绿尚亮	黄绿尚明
	滋味	醇爽	尚醇爽	尚醇爽	浓爽	尚浓爽	浓尚爽
	叶底	黄绿细嫩有芽	黄绿细嫩带芽	黄绿尚嫩	黄绿细嫩有芽	黄绿细嫩带芽	黄绿嫩匀

图 4-28　绿源雪眉

图 4-29　当春雀舌

美茶乡 **巴山**

四川达州茶叶区域公

第五章 茶叶品牌

第一节 区域公用品牌"巴山青"

一、名牌产品产业化开发

自2000年起，达州市着力推进农业产业化发展，将茶叶品牌开发工作作为达州特色农业产业化发展的龙头，狠抓"巴山雀舌""九顶雪眉""九顶翠芽"等主要名牌产品开发力度。2001年7月5日，达州市农业产业化工作会议提出将抓产品作为茶叶产业化的切入点，选择"巴山雀舌""九顶雪眉""九顶翠芽"等主要名牌产品作为重点，推进名牌产品上规模、上档次、做大做强，实现一县一品。

2004年，四川省农业厅印发《关于加快茶业发展促进茶农增收的意见》，将"巴山雀舌"列入全省市场前景好、特色突出的川茶名牌产品大力培育。2005年，万源市积极推介"巴山雀舌"富硒茶开发招商项目。2006年5月，万源市茶叶局与"四川鑫朗能源实业有限公司"业主罗烈云签订引资协议，四川巴山雀舌名茶实业有限公司在万源市注册成立，享有"巴山雀舌"商标所有权。为扶持产业化龙头企业发展，四川巴山雀舌名茶实业有限公司被列为达州市、万源市农业产业化重点龙头企业扶持，对"巴山雀舌"富硒茶开发项目实行"一事一议""一企一策"，专门成立"巴山雀舌"富硒茶项目开发协调领导小组，加大对企业在建设土地征用、建设规划设计、基地建设、品牌宣传等方面的领导协调服务力度和政策扶持、项目支持、技术服务，确保项目开发的正常运作。

二、第一次品牌整合

2007年7月17日，达州市人民政府办公室印发《关于切实抓好茶果产业发展的通知》，提出"按照一个企业、一个品牌、一个产业配套发展的要求，着力打造巴山雀舌品牌，以四川巴山雀舌名茶实业有限公司为依托，重点培育巴山雀舌品牌，力争在2010年建设成为四川驰名商标和著名品牌"。2008年4月，达州市茶果站李少敬在《达州茶叶产业化经营现状及发展对策》中对达州茶叶品牌整合进行了初步的设想："有享誉全国的名牌产品'巴山雀舌'，如果和宣汉的'九顶雪眉'加以整合，做大做强'巴山雀舌'一个品牌，极易发挥品牌效益。"2010年1月，达州市人民政府印发《关于大力实施茶业富民工程的意见》指出：茶叶主产县要统筹茶叶品牌建设，加大宣传推介力度，培育一批知名度高、影响力大、市场竞争力强的茶叶品牌；重点培育和打造好"巴山雀舌"品牌，要以"巴山雀舌"作为达州茶叶区域品牌，大力实施名牌战略，充分发挥品牌效应，全面提升品牌的市场影响力；要打破行政区域界限，加快原产地域保护，加快品牌整合，实施“区域品牌+企业品牌”双品牌（母子商标），尽快形成名茶、名地、名牌等完整品牌系列，实现“巴山雀舌”品牌资源共享。

2012年12月12日—13日，达州市、县人民政府，市、县农业局及四川巴山雀舌名茶实业有限公司、宣汉县九顶茶叶有限公司一行10余人，前往汉中市学习考察茶叶基地建设、品牌整合打造等方面经验，形成了打造达州市茶叶区域品牌的共识。根据当时全市茶叶品牌发展情况，从品牌知名度、影响力考虑，提出以名茶品牌“巴山雀舌”作为市级茶叶区域公用品牌。2013年初，达州市农业局着手茶叶品牌整合事宜，印发《2013年茶业富民工程项目实施方案》，提出做大做强“巴山雀舌”主导品牌，成立品牌整合推进机构，制定品牌整合实施细则，推进“巴山雀舌”的使用。经与时任四川巴山雀舌名茶实业有限公司董事长罗烈云多次沟通、协商，达成了初步授权委托协议。后又多次协商、多方征求意见，2013年4月15日，四川巴山雀舌名茶实业有限公司与达州市茶果站签订了《“巴山雀舌”商标使用权授权委托合同》，明确将“巴山雀舌”品牌商标使用权，授权给达州市茶果站监管，供市域范围内符合条件的茶叶企业无偿使用（图5-1）。

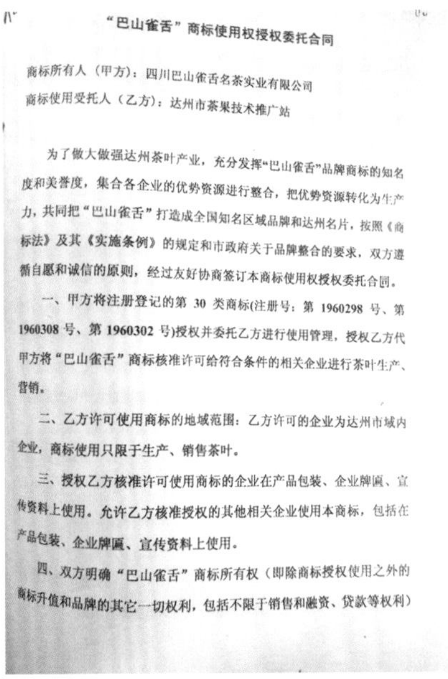

“巴山雀舌”商标使用权授权委托合同

商标所有人（甲方）：四川巴山雀舌名茶实业有限公司
商标使用受托人（乙方）：达州市茶果技术推广站

为了做大做强达州茶叶产业，充分发挥“巴山雀舌”品牌商标的知名度和美誉度，集合各企业的优势资源进行整合，把优势资源转化为生产力，共同把“巴山雀舌”打造成全国知名区域品牌和达州名片，按照《商标法》及其《实施条例》的规定和市政府关于品牌整合的要求，双方遵循自愿和诚信的原则，经过友好协商签订本商标使用权授权委托合同。

一、甲方将注册登记的第 30 类商标(注册号：第 1960298 号、第 1960308 号、第 1960302 号)授权并委托乙方进行使用管理，授权乙方代甲方将“巴山雀舌”商标核准许可给符合条件的相关企业进行茶叶生产、营销。

二、乙方许可使用商标的地域范围：乙方许可的企业为达州市域内企业，商标使用只限于生产、销售茶叶。

三、授权乙方核准许可使用商标的企业在产品包装、企业牌匾、宣传资料上使用。允许乙方核准授权的其他相关企业使用本商标，包括在产品包装、企业牌匾、宣传资料上使用。

四、双方明确“巴山雀舌”商标所有权（即除商标授权使用之外的商标升值和品牌的其它一切权利，包括不限于销售和融资、贷款等权利）

图5-1 2013年四川巴山雀舌名茶实业有限公司与达州市茶果站签订“巴山雀舌”商标使用权授权委托合同

2013年5月，达州市相继出台《关于推进达州市茶叶品牌整合工作的意见》《关于印发达州市“巴山雀舌”商标使用管理办法的通知》《关于印发“巴山雀舌”茶包装物印制管理办法（试行）的通知》等文件来推动品牌整合工作。在品牌使用上，指出了“巴山雀舌”商标所有权人为“四川巴山雀舌名茶实业有限公司”，该公司同意许可达州市茶果站以“巴山雀舌”商标作为达州市茶叶区域公用品牌独家长期无偿使用。在品牌管理上，明确由达州市茶果站具体负责“巴山雀舌”商标的使用和管理。品牌管理模式主要是“五统一分”（统一品牌商标、统一对外宣传、统一质量标准、统一包装规范、统一行业管理、分企业生产营销）。已取得商标使用许可的茶叶企业，可直接使用“巴山雀舌”商标，标注相应的企业名称和产地，也可实行双商标管理，商标使用采取“巴山雀舌+企业原有商标”双重模式。

2014年2月，根据达州市人民政府《关于推进达州市茶叶品牌整合工作的意见》和达州市人民政府办公室《关于印发达州市“巴山雀舌”商标使用管理办法的通知》要求，全市符合条件的10家茶叶企业提出了"巴山雀舌"商标使用申请，经达州市茶果站初审、达州市农业局审核、达州市人民政府核准同意后，各企业与四川巴山雀舌名茶实业有限公司签订了《注册商标授权使用合同》，同时与达州市茶果站签订了《"巴山雀舌"商标使用协议书》。3月3日，达州市茶产业发展领导小组办公室在《达州日报》发布《关于首批授权使用达州茶叶区域公用品牌"巴山雀舌"商标的生产营销企业名单公告》（图5-2），万源市生琦富硒茶叶有限公司、万源市金山茶厂、万源市利方茶厂、万源市青花广山富硒茶厂、万源市大巴山生态农业有限公司、万源市固军乡中河茶厂、万源市蜀韵生态农业开发有限公司、万源市方欣茶厂、宣汉县九顶茶叶有限公司、万源市固军茶叶有限公司分别被授权使用"巴山雀舌"商标，使用期限5年。

图 5-2 2014 年《达州日报》刊登"巴山雀舌"商标授权企业名单公告

2014年3月，达州市人民政府《关于大力实施富硒茶产业"双百"工程的意见》进一步提出实施"区域品牌+企业品牌"双品牌战略，重点打造"巴山雀舌"区域品牌，统筹区域品牌建设、运营和保护，提升区域品牌的影响力和凝聚力。

2015年12月22日，万源市人民政府向达州市人民政府递交《关于恳请收回"巴山雀舌"品牌授权的请示》，经得达州市人民政府批复同意，"巴山雀舌"品牌商标使用权退归四川巴山雀舌名茶实业有限公司所有，"巴山雀舌"品牌不再作为达州市茶叶区域公用品牌供其他企业使用。

在第一次茶叶品牌整合期间（2013年5月至2015年12月），达州市通过组织标准化生产、开展商标保护专项行动、会展、广告、推介等多种形式全方位培育推广公用品牌，有效提升了"巴山雀舌"品牌知名度和影响力。2015年，达州市农业局向农业部优质农产品开发服务中心申报的"巴山雀舌"成功入选《2015年度全国名特优新农产品目录》，推荐生产单位分别为四川巴山雀舌名茶实业有限公司，以及获得"巴山雀舌"商标使用授权的万源市蜀韵生态农业开发有限公司、宣汉县九顶茶叶有限公司。2016年，四川省农业厅将"巴山雀舌"纳入川茶重点地方区域品牌建设，但鉴于"巴山雀舌"不再是达州市茶叶区域公用品牌，达州市茶果站向四川省园艺作物技术推广总站汇报了有关情况，在后来的川茶产业发展相关指导文件中，便未再纳入。

第一次茶叶品牌整合的实践表明，达州市打造市级茶叶区域公用品牌对促进茶产业的发展是积极的、有效的。获准使用公用品牌商标的10家茶叶企业按照《达州市"巴山雀舌"茶包装物印制管理办法》，以"公用品牌＋企业品牌"形式，印制了茶包装，生产了茶产品，提产增效明显。达州市制定发布了公用品牌产品的栽培、加工及质量地方标准，并通过培训宣贯、市场监管规范生产行为，有力促进了茶叶的标准化生产，因此而采取的一系列培育推广措施也为后续的品牌整合工作积累了宝贵的经验。

三、 达州市茶叶区域公用品牌定名

2018年，农业农村部《关于加快推进品牌强农的意见》指出："品牌建设贯穿农业全产业链，是助推农业转型升级、提质增效的重要支撑和持久动力。"2019年9月23日，中共四川省委、四川省人民政府《关于加快建设现代农业"10+3"产业体系推进农业大省向农业强省跨越的意见》要求："做大做强农产品区域公用品牌。"现代农业"10+3"产业体系工作方案中的《川茶产业振兴工作推进方案》进一步点明"地方区域品牌打造声势不大、力度不够、持续性不强"的问题。在推进品牌强农过程中，面对茶产业要发展的问题，达州市着手接续打造市级茶叶区域公用品牌。

2019年12月，四川巴山雀舌名茶实业有限公司通过达商总会向达州市人民政府呈报《关于做好达州市重点品牌"巴山雀舌"区域公共整合方案的报告》，标志着达州市新一轮茶叶品牌整合工作的开启。达州市茶果站根据达州市农业农村局的工作安排，向各区县茶果站、万源市茶叶局、大竹县茶叶（白茶）产业发展中心及主要茶叶企业就"重点品牌巴山雀舌区域公共整合"征集了意见、建议。达州市农业农村局向市人民政府报告了《关于茶产业发展现状及品牌建设建议方案》。中共达州市委、达州市人民政府专题研究了达州市茶叶品牌整合工作，在总结前期实践经验的基础上，考虑到区域公用品牌的"区域性""公共性""协同性"以及"可持续性"，积极开展"巴山雀舌"商标所有权问题的磋商，最终，启动另行注册商标，重塑茶叶区域公用品牌。

2020年11月，达州市农业农村局面向社会广泛征集达州市茶叶区域公用品牌商标名称及标识。2021年1月，达州市茶产业专班对征集到的275个品牌名称组织了评审、研讨，经市委、市政府专题会商，将"巴山叶羽"和"巴山青"作为达州市茶叶区域公用品牌备用名，后结合品牌历史文化，经反复论证，确定"巴山青"为首选名称。

四、"巴山青"商标注册

2021年2月3日，中共达州市委农村工作领导小组印发《达州市茶叶区域公用品牌培育行动方案》，明确："由达州市茶果站申请，达州市市场监督管理局负责注册，尽快完成达州市茶叶区域公用品牌商标注册。"随即，达州市市场监督管理局、达州市农业农村局、达州市茶果站着手注册"巴山青"和"巴山叶羽"商标，达州市农业农村局委托达州市广告协会设计了"巴山青"品牌标识，至4月，完成向国家知识产权局商标注册申请工作。2021年12月，"巴山青"涉及茶叶及相关产业、广告宣传推广的13个商品、服务类别商标获准注册（图5-3）。

图5-3 "巴山青"第30类商标注册证（来源：达州市茶果站）

五、"巴山青"品牌内涵

2022年2月11日，达州市人民政府召开新闻发布会，正式对外发布达州市茶叶区域公用品牌"巴山青"（图5-4）。发布会上，新闻发言人对"巴山青"品牌标识和广告宣传用语寓意、"巴山青"品牌保护、"巴山青"培育推广答记者问。

发布会指出：达州市茶叶区域公用品牌"巴山青"中的"巴山"，既体现了达州鲜明的地域特征，又体现了达州茶叶绿色、生态、健康的自然属性，展示了"高山云雾出好茶"的优良特征。"青"既彰显达州市坚持"绿水青山就是金山银山"的发展理念，又彰显达州茶叶天然富硒的生态环境，凸显达州茶叶历史悠久、青翠欲滴。"巴山青"标识设计灵感来自"雄山秀水孕精灵，一枝一叶天下茗。"标识主要遵从了以下设计理念：

①传达年轻、活力、美感相结合的调性，简约大气不失稳重。

②以一枝一叶的茶形化巴山秀水之形，彰显巴山秀水屹立不倒风貌。

③以绿色贯穿整体神形，凸显巴山秀丽及绿色巴山的环保理念。

④强调达州富硒茶的特色，以富硒作为巴山青的茶文化传播热点，把巴山青和其他

名茶区别开来。

图 5-4 2022 年 2 月达州市人民政府举行茶叶区域公用品牌"巴山青"新闻发布会

六、"巴山青"商标授权管理与保护

2022 年 4 月 26 日，达州市农业农村局、达州市市场监督管理局在万源市固军镇三清庙村主办"巴山青"品牌质量标准培训会暨首批授权使用企业签约仪式。19 家企业获得"巴山青"商标使用授权，达州市茶果站与代表企业万源市欣绿茶品有限公司签订了"巴山青"商标使用权授权协议，四川竹海玉叶生态农业开发有限公司负责人代表"巴山青"受权企业进行了质量保证承诺（图 5-5~图 5-7）。达州市茶果站宣讲了标准 DB 5117/T 48—2022《巴山青茶栽培技术规程》、DB 5117/T 49—2022《巴山青茶加工技术规程》、T/DZCX 01—2022《巴山青茶》及《达州市茶叶区域公用品牌"巴山青"茶包装物印制管理办法（试行）》（图 5-8）。

图 5-5 达州市茶果站与万源市欣绿茶品有限公司现场签订"巴山青"商标授权协议（冯林 摄）

图 5-6 四川竹海玉叶生态农业开发有限公司负责人廖超代表企业发表"巴山青"质量保证承诺（冯林 摄）

<table>
<tr><td>图 5-7 达州市茶产业专班负责人廖清江与受权企业代
表合影（冯林 摄）</td><td>图 5-8 "巴山青"茶标准宣贯培训</td></tr>
</table>

　　2022年9月20日，中共达州市委农村工作领导小组印发《达州市茶叶区域公用品牌"巴山青"使用管理办法》，进一步规范"巴山青"商标的使用和管理。根据管理办法，达州市茶果站授权达州市茶叶协会管理运营"巴山青"品牌及其商标。2023年，包含达州市茶叶协会在内，共授权27家茶叶企业和社会团体使用"巴山青"商标（表5-1、图5-9）。

表 5-1　2023 年被授权使用"巴山青"商标的社会团体和企业名单

序号	单位名称	序号	单位名称
1	达州市茶叶协会	15	达州市会农实业有限责任公司
2	四川竹海玉叶生态农业开发有限公司	16	达州天池金鳞茶业有限公司
3	四川省鼎茗茶业有限责任公司	17	四川双飞茶叶开发有限公司
4	四川云雾鼎生态农业开发有限公司	18	四川千口一品茶业有限公司
5	四川云鼎雪玉农业开发有限责任公司	19	四川巴晓白茶业有限公司
6	四川桓源茶业有限公司	20	万源市蜀韵生态农业开发有限公司
7	四川绿源春茶业有限公司	21	四川巴山雀舌名茶实业有限公司
8	宣汉县秦巴玉芽种植专业合作社	22	四川国储农业发展有限责任公司
9	宣汉当春茶业有限公司	23	万源市大巴山生态农业有限公司
10	宣汉县云锦茶业有限公司	24	万源市巴山云叶农业开发有限公司
11	四川纯原森现代农业有限公司	25	万源市华明农业开发有限公司
12	达州市宣汉县红冠茶叶有限公司	26	四川省万源市欣绿茶品有限公司
13	四川省三润农业开发有限公司	27	万源市金泉茗茶有限责任公司
14	四川秀岭春天农业发展有限公司		

2023年6月26日，达州市市场监督管理局组织召开"达州市区域公用品牌保护工作专题会商会"（图5-10）。会上，达州市农业农村局特色产业科科长徐中华、达州市茶果站站长冯林就"巴山青"品牌发展及部分市场主体涉嫌违规使用情况作了说明，达州市市场监督管理局知识产权科等科室负责人分别对"巴山青"等区域品牌的保护提出了意见和建议。会议还征求了《达州市区域公用品牌保护实施方案》意见建议。

图 5-9　万源市蜀韵生态农业开发有限公司"巴山青"产品包装

图 5-10　"巴山青"品牌保护工作专题会商会（冯林 摄）

七、"巴山青"的培育和推广

中共达州市委、达州市人民政府高度重视"巴山青"品牌发展工作。2021年10月13日，中共达州市第五次代表大会报告提出"整合培育'巴山青'"，将特色农业做深做实的奋斗目标。2022年2月15日，中共达州市委办公室、达州市人民政府办公室印发《达州市茶叶区域公用品牌"巴山青"培育推广方案（2022—2024年）》，提出了"夯实产业基础、塑造品牌形象、强化品牌推介、拓宽销售渠道、加强融合推广"5方面内容和38项具体措施。2023年7月6日，中共达州市第五届委员会第六次全体会议通过《中共达州市委关于深入推进新型工业化加快建设现代化产业体系的决定》，整合培育"巴山青"品牌写入"决定"。

（一）夯实产业基础

2022年1—6月，巴山青品牌茶产品的栽培、加工、质量标准相继编制完成并通过权威机构发布。2022年9月16日，达州市农业农村局印发《"巴山青"标准示范茶园建设及低产低效茶园改造实施方案》。2022年11月15日，达州市农业农村局、达州市财政局验收通过第一批10个"巴山青"标准园，建设主体分别为万源市蜀韵生态农业开发有限公司、四川竹海玉叶生态农业开发有限公司、宣汉县秦巴玉芽专业合作社、四川蜀凰生态农业发展有限公司、开江县广福镇福龟茶叶种植专业合作社、四川鼎茗茶业有限责任公司、万源市大巴山生态农业有限公司、万源市华明农业开发有限公司、达川区会农实业有限责任公司、开江县双飞茶叶专业合作社。2022年8月5日，达州巴山青茶产业学院成立大会在达州职业技术学院举行（图5-11）。

图5-11 达州巴山青茶产业学院揭牌

2022年，达州市茶果站在万源市欣绿茶品有限公司研制扁形名茶"巴山青·雀舌"，经四川省茶叶研究所、四川省园艺作物技术推广总站茶叶专家审评，被评为第十一届中国（四川）国际茶业博览会"金熊猫奖"，这是"巴山青"茶系列产品获得的首个省级会展奖项（图5-12）。

2023年9月，为庆祝第六个中国农民丰收节，由中共达州市委、达州市人民政府主办，达州市茶叶协会承办了达州市2023年"巴山青"十大茶叶精品评选活动，促进"巴山青"品牌企业单品品质提升，助推"巴山青"品牌影响力扩大。活动经自主申报、推荐审核、现场评审、网络投票，最终评选出"玉顶山·白茶""绥定黄·黄茶""双石子·龙潭金芽""巴山凤羽·白茶""鼎茗春·白茶""福龟·红茶""国礼·红茶""春之韵·红茶""秀岭春天·绿茶""巴山早·绿茶"共10只"巴山青"精品茶叶。茶叶审评活动由全国茶叶品质感官审评专家委员会主任、四川省茶叶研究所研究员王云担任感官审评专家组长（图5-13）。

图5-12 "巴山青·雀舌"获得"金熊猫奖"（来源：达州市茶果站）

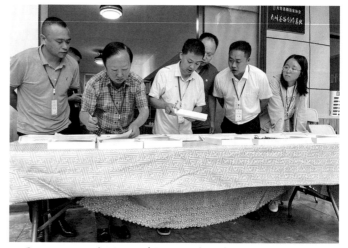

图5-13 2023年"巴山青"十大茶叶精品评选活动茶叶感官审评现场

（二）品牌推介活动

2021年，达州市"边注册、边推进"培育推广"巴山青"。4月29日，在第十届中国（四川）国际茶业博览会上，达州市农业农村局以"巴山青""达州富硒茶"双标识开设了达州茶叶的特装展馆，这也是"巴山青"首次亮相重大茶事活动（图5-14）。

2022年10月31日至11月3日，第十一届中国（四川）国际茶业博览会在成都举办。达州市以"富硒巴山青、一叶天下倾"为主题设立了达州茶叶的主题展馆。达州市农业农村局、达州市茶果站全新制作的《巴山青》宣传片在展馆循环播放。达州市茶果站在成都市世纪城国际会展中心展馆外投放了"巴山青"广告（图5-15），承办了达州市茶叶区域公用品牌"巴山青"推介会。祝春秀、肖小余、张杰、王云等省市领导（专家）莅临活动现场，全方位推介达州茶文化、茶品质、茶品牌，达州市政协副主席、市茶叶专班负责人廖清江主持会议（图5-16~图5-19）。

2022年，达州市茶果站在达州至成都动车、高速路（川渝界脏羊沟大桥重庆—邻水右侧、川陕交界四川境内3km处、G42成南高速70~90km处）、金垭机场投放了"巴山青"广告（图5-20、图5-21）。

图 5-14 第十届中国（四川）国际茶业博览会达州主题展馆

图 5-15 成都市世纪城国际会展中心"巴山青"广告（冯林 摄）

图 5-16 精制川茶产业发展联系四川省领导祝春秀在"巴山青"推介会上致辞

图 5-17 四川省茶叶研究所研究员王云推介达州"巴山青"茶叶

图 5-18 达州市政协副主席、市茶叶专班负责人　　　图 5-19 《请喝一杯巴山茶》歌舞节目
廖清江主持"巴山青"推介会

图 5-20 G42 成南高速 70~90km 处"巴山青"　　　图 5-21 成都东—达州 C752 城际列车"巴山青"
大牌广告　　　　　　　　　　　　　　广告

　　2023年5月11日—14日，第十二届中国（四川）国际茶业博览会期间，达州市茶果站在成都世纪城会展中心投放"巴山青"户外广告2幅（图5-22），并与大竹县农业农村局联合举办了达州市巴山青"大竹白茶"推介会，推介会以"大竹白茶，点靓川茶"为主题，侧重大竹白茶在川茶产区的优势性和突破性，精制川茶产业发展联系省领导祝春秀、中国工程院院士刘仲华、四川省农业农村厅副厅长肖小余、四川省茶叶研究所研究员王云、达州市委副书记熊隆东、达州市政协副主席廖清江、大竹县委书记李志超等领导和专家出席（图5-23）。

图 5-22 2023 年成都市世纪城国际会展中心"巴　　　图 5-23 达州巴山青大竹白茶推介活动现场
山青"广告

（三）销售渠道建设

2022年，达州市农业农村局启动"巴山青"旗舰店建设项目，对"巴山青"旗舰店店招进行了统一设计，依托业主在全市开设首批10家"巴山青"旗舰店（表5-2）。

表5-2 2022年通过达州市农业农村局验收的"巴山青"旗舰店

店名	开设企业	地址
巴晓白旗舰店	四川巴晓白茶业有限公司	达州市通川区金兰路305号
千口一品旗舰店	四川千口一品茶业有限公司	达州市通川区凤凰大道412-418号
国礼白茶旗舰店	四川竹海玉叶生态农业开发有限公司	大竹县金利多东湖湾苑81号
玉顶山白茶旗舰店	四川省鼎茗茶业有限责任公司	大竹县双燕路172号滨江商城1-2-14
巴山灵茶旗舰店	四川纯原森现代农业有限公司	宣汉县东乡街道东街71号
当春茶旗舰店	宣汉当春茶叶有限公司	宣汉县解放中路396号
巴山早旗舰店	万源市蜀韵生态农业开发有限公司	万源市太平镇罗家湾66号
达洲福龟旗舰店	开江县广福镇福龟茶叶种植专业合作社	开江县新宁镇清河路116号
秀岭春天旗舰店	四川秀岭春天农业发展有限公司	渠县后溪街川瑞商都三楼秀岭春天
达州宾馆旗舰店	成都达州宾馆	成都市青羊区将军街1号

第二节 企业品牌

2023年，达州市有60余家企业注册茶叶商标80余个（表5-3），其中，"巴山雀舌"是中国驰名商标。

表5-3 2023年达州市茶叶企业品牌名录

序号	企业名称	品牌名
1	四川巴山雀舌名茶实业有限公司	巴山雀舌
2	四川国储农业发展有限公司	一山青
3	万源市蜀韵生态农业开发有限公司	巴山早
4	万源市生琦富硒茶叶有限公司	生奇
5	万源市大巴山生态农业有限公司	燕羽
6	四川省万源市欣绿茶品有限公司	蜀馨
7	万源市青花广山富硒茶厂	钰树
8	四川省万源市固军茶叶有限公司	固军
9	四川蜀雅茶业开发有限公司	巴蜀红

序号	企业名称	品牌名
10	万源市巴山富硒茶厂	茑山
11	万源市方欣实业有限责任公司	广山
12	万源市利方茶厂	芳轩
13	万源市固军乡中河茶厂	中河毫羽
14	万源市巴山云叶农业开发有限公司	白羊白
15	万源市金泉茗茶有限责任公司	双石子
16	万源市硒都嘉木农业有限公司	金纤旨
17	万源市泰达农业综合开发有限公司	古道御叶、巴山钰茗、巴山御叶
18	四川紫云茗冠茶业有限公司	紫云茗冠
19	万源市华明农业开发有限公司	上等
20	万源市民富民发农业有限公司	万溪湖
21	万源市雾语乡知生态茶业有限公司	雾语乡知
22	万源市千秋茶叶专业合作社	千丘
23	万源市杯来茶往生物技术有限公司	杯来茶往
24	四川绿源春茶业有限公司	虹跃、绿源春、绿源雪眉
25	四川蕴硒茶业有限公司	九顶
26	宣汉县当春茶叶有限公司	当春
27	宣汉县佳和种植专业合作社	巴山灵茶
28	四川省三润农业开发有限公司	马渡关
29	达州市宣汉县红冠茶叶有限公司	漆碑红
30	宣汉县水云间种植专业合作社	巴山仙峡
31	宣汉县秦巴玉芽种植专业合作社	秦巴玉芽
32	宣汉县茶垭水果种植专业合作社	万扈春
33	四川云茗生态茶业有限公司	翠岳源、九环梁
34	宣汉县云锦茶业有限公司	巴宣茗茶
35	四川竹海玉叶生态农业开发有限公司	竹海玉叶
36	四川国峰农业开发有限公司	国礼、竹大
37	四川省鼎茗茶业有限责任公司	玉顶山
38	四川竹茗农业开发有限责任公司	竹茗

序号	企业名称	品牌名
39	四川铜锣山生态农业开发有限公司	云谷凡叶
40	四川云雾鼎生态农业开发有限公司	鼎茗春、天子玉露
41	四川云鼎雪玉农业开发有限责任公司	云鼎雪玉、雾雨森
42	四川樟可茗茶业有限公司	古树老鹰、古寨老鹰
43	大竹县翠怡农业有限公司	晓平翠怡
44	四川巴山月芽茶业有限公司	巴山月芽
45	大竹杯来茶往生物技术有限公司	杯来茶往
46	大竹县云峰白茶专业合作社	蜀玉白月、蜀玉
47	大竹县新云白茶专业合作社	鼎茗春
48	大竹县绿然农业专业合社	竹尖香玉
49	大竹县宗达茶叶专业合作社	晶语、蜀竹甘露
50	大竹县巴蜀玉叶白茶专业合作社	巴蜀玉叶
51	大竹县森峰白茶专业合作社	雪璞芽
52	大竹县川莹白茶专业合作社	川莹
53	大竹县竹香玉白农业专业合作社	竹香玉白、王茶匠
54	大竹县玉晨丰白茶种植专业合作社	谦越茶
55	四川图拉香实业有限公司	玉叶椿
56	大竹千盈山茶业专业合作社	千盈山
57	宣汉县巴山玉叶种植专业合作社	天生碧兰
58	开江县双河鸿鑫茶叶有限公司	广福春
59	开江县广福镇福龟茶叶种植专业合作社	达洲福龟、天池金鳞、冰川雪芽
60	开江县广福镇雪梅茶叶种植场	巴山雪芽
61	四川双飞农业开发有限公司	怡千叶、恋茶匠
62	达州市会农实业有限责任公司	春申天禾
63	四川秀岭春天农业发展有限公司	秀岭春天
64	四川省蜀凰生态农业有限公司	蜀皇、蜀皇金芽、蜀皇金叶
65	四川千口一品茶业有限公司	千口一品、大律师等
66	达州市溪晨园生态农业有限公司	米城银毫
67	四川巴晓白茶业有限公司	巴晓白、粟茗、九顶皇眉、巴蜀凤羽

四川最美茶

第六章 茶叶市场

第一节　20 世纪的茶叶购销

一、新中国成立前的茶叶收购

清末至 1949 年，茶叶收购全凭私商。其收购者有茶行、商贩、茶经纪、茶滚子等。茶行兼营旅栈，具有一定资本，专门从事茶叶经营，平时趁茶叶价廉时购进，待价昂时再销售，从中牟利，或运往西乡、汉中、达县、重庆销售，或代客商收购，提取佣金，并为其提供食宿方便，他们往往垄断一地的茶叶贸易。外地茶商，主要为陕西省西乡、汉中、西河、礼县茶商，也有甘肃、青海茶商。每年清明前后，陕西茶商结伴十数人或数十人翻巴山小道到万源大竹河、白羊庙、青花溪等茶区收购，到白露止。西乡、汉中茶商以倒贩为主，精于经营之道，多收细茶，且偏重毛尖。甘肃、青海茶商收购茶叶粗细不论，时称"二锅茶"。茶叶小商贩，多为小本经营，茶季来临，东奔西走，从茶农手中直接购进茶叶，储备茶叶，雇人拣去黄漂叶和梗片，然后运至外地销售。茶经纪，俗称"茶燕"。旧时茶叶交易不标价、无固定行情，买卖双方都以经纪人为中介。经纪人验茶有术，熟悉行情，善于吹嘘，一旦成交便抽取佣金。经纪人往往形成一种势力，把持市场，操纵行情，施展"袖里乾坤"，蒙骗茶农，牟取高利。茶滚子，俗称"飞金鸡"，多为无业游民，本钱微小，专门从事就地倒贩，平时串乡从农民手中低价购进，背回集市卖给茶商，若逢赶场天，街头拦购，立即转手出售，获利养家糊口。每年新茶上市，茶商、茶贩互相争购，官商勾结，压价收购，大秤称进，剥削农民。万源大竹河茶区谷雨后挂"公秤"，20 两为一斤，茶叶除正税（13%）外还收"称息"2%，"称息"承包人，多为官宦绅士，翘起秤杆称，还大把抓"喝茶"，茶农叫苦不迭。

二、茶叶计划调拨

新中国成立后不久，全国茶叶生产贸易的恢复与发展随即得到国家重视。1949 年 10 月 26 日至 11 月 11 日，中央财政经济委员会主持召开全国茶叶产销会议，11 月 23 日批准成立中国茶业公司，授权主管全国茶叶的产、制、运、销和出口贸易的全面业务。茶叶收购纳入计划管理，私营茶叶逐渐关闭。中茶公司成立后，面临茶叶货源严重不足、供不应求的基本形势，为扩大出口，公司在人力、物力等方面大力扶持发展茶叶生产，在全国建立出口茶叶生产基地，加大茶叶的生产与收购。1950 年 7 月 1 日，中茶公司在重庆设立西南办事处（后改称中茶公司西南区公司），逐步开展西南云、贵、川、康（西康）四省茶叶生产的恢复与发展工作。随后，西南军政委员会西南区贸易部决议"茶叶成立专业机构经营"，下伸到茶区全面开展生产收购。

1950年，茶叶外销由达县专区外贸公司下达计划，主要流向西北地区兰州、天水、西安、宝鸡、汉中，其次调达县、重庆，品种以青茶为主，部分粗茶销往西康。1951—1952年，因万源、宣汉一带保有良好的茶叶生产贸易基础，加上占据茶叶北上东出交通要道，中茶公司西南区公司先后在万源青花溪、大竹河、白羊庙、宣汉土黄乡设立直属收购站，主要收购红茶和少数晒青茶。1952年，中茶公司万源收购总站白羊收购站有工作人员8人，担负收购、储运及指导生产的任务，农历每月逢三、六、九就地收购，逢二、五、八到固军乡收购。1952年，中茶公司西南区公司已在四川、西康建立自收和委托代购点100个，其中四川直属收购站有：万源青花溪、大竹河、白羊庙，宣汉土皇（黄）乡，城口县城鸡鸣寺、复兴平坝明通，南川城区，开县委托合作社及贸易公司（图6-1）。

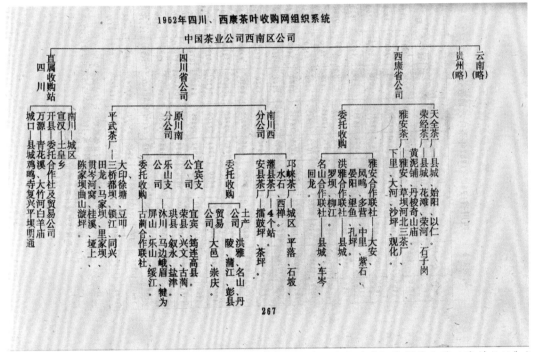

图6-1 1952年四川、西康茶叶收购网组织系统（来源：《四川省对外经济贸易志茶叶资料长编》）

1951—1955年，万源红毛茶、青毛茶，由中茶西南区公司下达调拨计划。红毛茶调往重庆茶厂、成都茶厂精制出口茶，青毛茶主要调往青海、西宁、兰州、天水、安康、汉中等地，部分上档茶调往苏州、张家口、石家庄，南边、西边调往西康雅安。1953年，中茶公司西南区公司安排达县地区向西北调出绿毛茶，后因仓库不足、存储条件简陋、无防潮防霉设施、库房湿度大等原因，万源、宣汉等县调西乡的部分绿毛茶因霉变事故遭降级处理（表6-1、图6-2）。

表 6-1　1953年达县地区茶叶省外调拨运输路线、工具费用表

品名	起运地	达到地或中转地	经由路线	运输工具	里程/km	日程/天	运费/（元/t）	杂费/元	备注
青毛茶	万源	镇巴		人力	105	5	148		调陕西
	万源大竹河	镇巴		人力	120	5	184		调陕西
	万源白羊庙	镇巴		人力	175	7	226		转西乡
	万源青花溪	镇巴		人力	122	5	168		转西乡
	宣汉樊哙、土黄	镇巴		人力	215	9	301		转西乡
红毛茶	万源	重庆	达县	汽车	431	3	118.78	8.39	

来源：《四川省对外经济贸易志茶叶资料长编》。

图6-2　四川茶叶流转方向示意图（来源：《四川省对外经济贸易志茶叶资料长编》）

1953年，中茶公司万源收购站委托各区供销社代购茶叶，成立万源县联购委员会，实则公私联购。1955年，代购南边茶，同年组织小商贩深入偏僻地区代购茶叶。1956年9月，中茶公司万源收购总站撤销，成立万源农产品采购局。

1954年，达县专区增设茶叶公司，为国营商业专业公司，发挥主渠道作用。1956—1962年，茶叶调拨计划由达县地区下达，流向地区主要是成都、重庆、达县。1957年，

地区购销茶803t。1957年万源农产品采购局撤销，茶叶业务交供销合作社经营。1958年8月，成立达县专区外贸采购站，茶叶收购业务归商业局，负责茶叶产、供、销业务但委托基层供销社代购。1963—1984年，各类茶叶调拨按上级外贸部门流转计划进行，细茶调往重庆、达县及由大竹河茶厂付制精加工；粗茶调往雅往安茶厂和大竹河茶厂加工边销砖茶，销西藏；国营茶场生产的绿茶，调往成都加工花茶及搭配成川烘、川青供应市场，每年平均调拨量400t左右。1962—1965年，地区供销社收购茶叶269.14t，共367.88万元。1965年，地区购销茶766t。1966年起，境内茶叶、土产类出口商品开始向上海、广州口岸直接调运。1975年购销茶893t，1979年购销茶1248t。

1984年6月9日，国务院批准同意商务部《关于调整茶叶购销政策和改革流通体制意见的报告》，"边销茶继续实行派购，内销茶和出口茶彻底放开，实行议购议销，按经济区划组织多渠道流通和开放式市场，把经营搞活，扩大茶叶销售，促进茶叶生产继续发展"。此后，国营公司、茶场统一包销逐步改为多层次、多渠道经营，茶叶由卖方市场转变为买方市场。1985年，达县地区供销社购销茶2369t，此后，供销社购销额逐年下降。1998年购销189.3t，1999年购销443.7t。2000年，市供销社系统和民营企业户重点销售巴山雀舌、巴山毛峰、巴山毛尖、巴山富硒茶、九顶雪眉等，共购销茶叶3916t，2001年购销4643t，2002年购销4583t，2003年购销4909t。

三、茶叶市场供应

1950年，茶叶城乡供应，由中茶公司安排计划，交供销社供应机关单位和非农业人口。1951—1956年，茶叶供应仍由中茶万源营业组经营，下达销售计划，城镇由县百货公司供应，区乡由基层供销社供应，品种有花茶、沱茶，同时也安排部分青毛茶返销。1957—1961年，城乡销售茶叶均由供销社安排。1962年，万源外贸采购站负责全县茶叶的调销计划和当地茶叶供应。零售由县服务公司经营，并供应城区茶馆用茶。

1980年，各县外贸公司设立销售门市部，负责茶叶零售，计划供应防温降暑劳保用茶，品种有花茶、沱茶、川烘和素茶，区乡销售毛茶，由外贸公司下达返销指标。1981年，万源茶叶由县外贸公司与县茶工商公司划区经营，分别承担所划茶区派购基数的完成和上调计划，市场供应仍由外贸公司安排，随后茶工商也设立门市营业。1985年茶叶购销政策放开，茶叶敞开销售。

四、茶叶市场管理

1951年，经营茶叶者，须在市场管理委员会登记，参与市场茶叶联购，比例国营合作企业占60%，私营占40%，好次兼搭，当天结账。1953年，国家对工、农业产品实行计划分配制度，将工、农产品划分为一类、二类、三类产品，一类、二类产品实行计划分配，三类商品实行市场调节。茶叶作为对发展经济、改善人民生活比较重要的产品列为二类产品，实行计划分配。1955—1957年，省外私商不准贩运，停办茶叶行商登记，原有茶商只能由归口部门组织到零散茶区代购，市场由国营合作部门负责管理。1962—1984年，设地区、县外贸公司，同基层供销社、税务、工商行政管理等单位，共同管理市场，而以工商行政管理为主，打击茶叶倒卖投机分子。生产单位（生产队）交售茶叶的规定：大队、生产队及联办茶场生产的茶叶全部交售给供销社，不准自行调剂，不许进入集市贸易；社员自留地茶叶，除留少量饮用，都要卖给国家，任何机关、厂矿、部队，企事业单位都不许到产地采购茶叶。1980年，在落实茶叶生产收购计划基础上的社队茶场（厂）自产细茶留量百分之十自食免税，进入市场，照章纳税。1985年，茶叶市场开放，多渠道经营，议购议销，允许个体贩运，上市茶叶照章纳税和交市管费，遵守市场管理规则。

五、茶 价

《达州市志》载：1942年，茶叶每斤9.3元。1948年6月，茶叶每斤18万元。《万源县志》（1932年）载：每120斤茶，微银1元5角，茶价每担为十二三元。1945年，抗日战争胜利，市场趋于稳定。万源《大竹乡志》记载：抗战胜利，市面茶叶价格比较合理，毛尖茶每斤0.9元（法币），二蔓茶每斤0.5元；一般茶一斤可换大米一升（0.32元）或盐巴一斤（0.32元）。1949年后国家对茶价实行统一管理。1952年中茶公司万源收购总站红毛茶收购中标价格（绿毛茶、二蔓子茶）每斤换大米8斤，相当于人民币5600元（旧币，折新币0.56元）。1953年，四川省制订各类毛茶收购标准样茶，结束了以文字代表等级议价收茶的历史。中茶公司西南区公司规定红、绿毛茶标准价：红毛茶每斤6000元（旧币，折新币0.6元），绿毛茶每斤5000元（旧币，折新币0.5元）。根据标准价和红、绿毛茶分级指数计算出收购价格（表6-2、表6-3）。

表6-2　1953年万源红毛茶收购价格（单位：元/kg）

等别	一级	二级	三级	四级	五级
上等	2.12	1.7	1.3	1.06	0.84
中等	1.98	1.56	1.2	0.98	0.76
下等	1.84	1.42	1.12	0.96	

注：摘自《万源市茶业志》。

表 6-3　1953 年万源绿毛茶收购价格（单位：元 /kg）

等别	一级	二级	三级	四级	五级
上等	1.77	1.41	1.09	0.88	0.7
中等	1.65	1.3	1	0.82	0.64
下等	1.53	1.19	0.94	0.76	

注：摘自《万源市茶业志》。

　　1954 年，中茶公司万源收购站对青花、白羊、大竹河三茶区进行茶叶成本调查，综合茶叶每担（三级中等）青毛茶为 480 元（折新币 48 元）。1955 年，中茶公司达县支公司因与紫阳县麻柳坝茶区毗邻关系，制定万源青毛茶三级中等中准价：大竹茶区 1.12 元 /kg，青花、白羊茶区均为 1.04 元 /kg。1956 年，农产品采购局根据全国第五次物价会议精神，"茶叶一个产区一个价格"，取消了城乡差价。万源恢复红毛茶生产，红毛茶收购价较 1953 年提高 16.07%。三级中等价每市担 70 元。青毛茶收购价较 1955 年提高 14.82%，三级中等价每斤为 0.6 元。1956 年级外茶每斤甲等 0.34 元，乙等 0.29 元，条茶甲 0.25 元，条茶乙 0.22 元，条茶丙 0.19 元，金尖甲 0.16 元，金尖乙 0.145 元，金玉 0.12 元。1958 年，茶叶收购价较 1956 年有所提高，红毛茶三级中准价每担 78 元，青毛茶三级中准价每担 68 元，南边茶上调 24.42%，条茶一级每担 28 元、二级每担 25 元、三级每担 22 元，金尖一级每担 19 元、二级每担 17 元，金玉每担 15 元（表 6-4）。

表 6-4　1958 年万源茶梗壳果末收购价格（单位：元 / 担）

等级	嫩茶梗	冻茶梗	茶壳	嫩茶果	青毛茶米末
甲	10.7	3.3	3.3	6.7	17
乙	8	3		5.3	
丙	5.3	2.7		4	

注：摘自《万源市茶业志》。

　　1960 年，"专物委财经物（60）字第 24 号"通知，边茶收购价每担在 1958 年基础上上调 2 元。1962 年，中国茶叶土产进出口公司四川省分公司通知，万源茶叶收购实行价外补贴 20%，取消 1961 年外贸茶叶实行加工利润以 20% 返还原产区的决定。1965 年，据四川省外贸局达县专区办事处通知，将原执行红毛茶五级十四等和等外级甲乙丙 3 个等，青毛茶五级十五等和等外级甲乙 2 个等修改为红青毛茶一律执行五级十五等和 1 个级外茶价格。又据四川省外贸局、省物委决定：1965 年起，收购茶叶价外补贴 20% 改为正式价格。

　　1966 年，全国茶叶会议简化统一各类茶叶等级，价格基本维持 1965 年水平。各类细茶实行六样十价，逢双等设样，即1~5级和一个等外级。六样十价，1~5级设4个级间价。南边条茶，金尖、金玉一样一价。1966年，四川省对毛茶收购标准样进行改革，简化了等级，减少了样茶套数。达县地区下达《评茶计价工作细则》。根据《1966年毛茶收购标准样分类执行地区安排表》，达县专区红毛茶执行城口收购标准样和价格，万源晒青毛茶执行邛崃收购标准样和价格，大竹、开江晒青毛茶执行古蔺收购标准样和价格。毛茶收购时所执行的样价，不同年份又有变化。四川标准茶样是由省先制备，往下地区、县层层复制，因而造成"出入较大""县样高于省样"的情况发生。茶叶收购时，又时常有"压级压价"的情形，有些茶场因此"增产减收"。例如，宣汉县群众就反映："我们真是两头吃亏……提价、提质，等于没提。"到1979年，四川省召开全省茶叶鉴评工作会才对毛茶收购标准样作出由省上统一制定、换配、"一样到底"的调整。

1966年内销茶，万源安排部分毛茶，主要供应一至三级，一级每千克销价4.8元，二级每千克4元，三级每千克3.12元，按指标销售。1973年，根据地区计委、商业局、外贸局通知，对各类毛茶收购价作了调整。每担青毛茶三级87元调为93元，烘青三级96元调为105元，炒青三级92元调为102元。1976年，地区外贸局核定大竹河茶厂的康砖茶调拨，出厂价每担99.12元。1977年，万源县外贸站呈报县计委批复下达鲜叶收购价格见表6-5。

表6-5　1977年万源县茶叶鲜叶收购价格

级别	单价 /（元 /kg）	规格要求
一级	0.64	一芽一二叶初展，无鱼叶、红变叶、枯枝
二级	0.56	一芽二叶开展，无鱼叶、红变叶、枯枝
三级	0.48	一芽二三叶初展，无鱼叶、红变叶、枯枝
四级	0.38	一芽二三叶开展，无鱼叶、红变叶、枯枝
五级	0.28	一芽三四叶，有鱼叶
六级	0.24	一芽四五叶
七级	0.14	当年病尖
八级	0.14	当年老叶

注：摘自《万源市茶业志》。

1978年，据省通知，调整了烘、炒、青毛茶收购样，新订了烘、炒、青三级收购价。烘青三级116元/担，炒青三级112元/担，增设了一级上等收购价：烘青205元/担、炒青203元/担。返销毛茶价，区所在地加价率58%，县城周围5km加价率65%（加价率内包括3%的茶改费）。1979年，全国茶叶会议对茶价、茶样作了调整，万源细茶价上调30%左右，晒青毛茶三级收购价由93元调为118元/担，烘青毛茶三级收购价由116元/担调为154元/担，南边茶维持原价条茶48元/担、金尖33元/担。鲜叶收购价上调25%，一级鲜叶由0.32元调为0.4元。

1980年，对1~12等烘、炒、青毛茶，1~10等晒青毛茶，在1979年收购价基础上，按金额计算补贴5%。1981年，扶持边茶生产，采取按收购数量兑现，每担条茶9.6元、金尖6元、金玉5.2元，同时对细茶加利润返还，由加工单位按茶叶利润的20%返还给茶叶交售者或生产单位。1982年，实行"定额返还，收购兑现"办法，按茶叶收购正价50%返还加工利润。

1983年，毛茶销售价格进销差率43%，县城不超过50%。5%的价外补贴，可计入销售价内。川绿三级每斤4.44元调为4.1元，达县茉莉花茶每斤5元调为5.2元，其余川烘、川青茶仍按规定执行。1984年，据四川省人民政府办公厅通知："1980年省定绿毛茶价外补贴5%，停止执行。"

1985年，茶叶由二类物资改为三类物资管理，茶叶购销价，实行上下浮动，允许多渠道经营。茶叶主管部门和当地物价部门在茶价管理上，只下达指导价格，规定浮动范围。1986年国家、集体、个体收购茶叶协商议价，随行就市，收购价上下浮动，收购量以供销社为多。边销茶实行议购议销。1990—1999年，雀舌每千克100~150元，毛峰、毛尖每千克60~80元，炒青绿茶每千克30~40元。

六、茶叶税收

明清时期，盐、茶课税，实行统一科则，领引招商，按引配销盐茶，凭引行销，按引征税，按定额征收。1915年，茶税由产茶县征收局招商承包缴押，认岸领票配销，每票1张，征银1两。1919年，改为就场征收，自由贩卖，每担茶叶，征税银1两，发给茶税印花两枚张贴，过关验票放行，不重征。1925年，恢复分岸办法。茶商认岸后直向省茶税处缴存押岸银，确立年销茶量，发给茶票印花、腹茶票1张，发印花2枚，每枚值银1元，每包茶叶连皮重0.55担，须贴茶票印花1枚，每担茶另完税银1两。

《达州市志》载："1933年，营渠战役、宣达战役后，绥定道苏区政权建立，按《川陕省苏维埃税务条例草案》《公粮条例规定》，在苏区征收统一累进税、特种税、关税和公粮，取缔国民党和军阀的一切苛捐杂税，茶叶免税。"

1935年，改腹茶每50kg征银1两为银币1.6元。1936年，茶票印花改为四联，万源县与陕、鄂毗邻，另制外销票花，以利运销。《达州市志》载："民国25年，财政部四川区川东分区税务管理所在渠县设分所，管辖渠县、大竹等5县；在开江设分所，管辖开江、达县、宣汉、万源等五县"，茶、土酒、丝、煤、纸等货物税的征解受两分所专管。1937年5月，改定腹茶税，营业商店认岸缴税领票，每担细茶征银1.6元，粗茶减半征收，并酌增各县销额，添招新商，取缔借岸卖票谋利。1938年，撤销茶税，改征营业税。1941年3月，茶叶专卖，由茶叶公司统购统销，从价计征，税率15%。1942年，分为红茶、绿茶、毛茶、花茶及其他茶类。完纳统税后，运销各省不再征税。1942年4月，取消茶叶统税，改征暂时消费行为税。1945年1月，恢复征收茶叶统税，税率为10%。1946年6月，茶叶改征货物税，税率仍为10%。1950年仍征货物税。

1948—1949年，万源大竹河设有税务征收所。茶叶成包启运征收统税13%，称息（地方税）2%，营业税3%（农民出售茶不征），称息由地方政府包给士绅。1949年，达县专区税务局对万源实行配额包征实物（毛茶），大竹河包征1400kg，固军坝1000kg，青花溪1200kg，由承包人缴纳。

1951年，川北财政厅税务局规定茶叶税率为20%，边茶税率5%。万源县毛茶征税以成本加25%的加工费，5%的管理费，再加经营利润10%，税款在茶叶启运时交纳。1952年，毛茶成本按进价加5%管理费，再加40%精制费为完税价，按20%税率纳税。1953年1月起，红绿毛茶计征25%的货物税；边茶仍按原规定征收5%的货物税，老鹰茶、苦丁茶按收购价加40%的精制费后按25%税率纳税。

1955年9月1日，边茶货物税按25%计征。1958年，青毛茶征货物税36.75%，批发营业税5.5125%，合计42.2625%的基础上增加10%的地方附加税。出口红毛茶，只征货物税及附加税，税率37.1175%。1960—1972年，商业部门采购的茶叶实行工商统一税，税率40%，加地方附加为40.4%；零售茶叶环节按3%交纳营业税。

1973年，国务院通知"茶叶征税按40%计算"，不加附加税，按收购金额计算。精制茶，红茶按销售（调拨）收入的18%征收工商税，绿茶按销售（调拨）收入的16%征税，精制加工厂加工税为5%。1980年5月，边茶的工商税按20%计征。1980年，全省实行"购九留一含税收购"。

1983年，商业部、财政部和物价局联合通知，降低茶叶工商税率，从1983年新茶上市之日起，毛茶的税率由40%降为25%，边销茶税率由20%降为10%，精制茶（绿茶、工夫红茶、红碎茶、花茶、乌龙茶）统一茶税15%，一直到1985年。

在生产环节，1950年起，茶山按照六成折算成稻谷计征。1953年起，按种植在耕地内的10%、非耕地8%计征。1955年起，对万源县的茶叶按10%征收农林特产税。1965年起，按3%计征，1967年停征。1987年起，复征农业特产税。1994年，达川地区地委、行署印发《关于加速茶叶商品基地建设的意见》：凡是开发荒山荒坡建茶园，投产后三年免征农林特产税（16%），属农户个人开发的，其使用权允许继承。1995年7月27日，四川省人民政府颁布《四川省农业特产农业税征收实施办法》，对毛茶分别在生产环节按7%、收购环节按16%的税率征收农业特产税，并提出"对在新开发的荒山、荒地、滩涂、水面上生产农业特产品的，从有收入时起1至3年内准予免税"。

四川省财政厅、省地税局就贯彻执行《四川省农业特产农业税征收实施办法》有关问题作了通知说明："为简化鲜茶叶折合毛茶的手续，便于基层征管，对生产单位和个人出售的毛茶或鲜茶叶可直接按销售收入的7%征税；对收购毛茶或鲜茶叶的单位和个人按收购金额的16%征税，如收购未税毛茶或鲜茶叶，还应代扣代缴生产环节7%的农业特产税；对既从事生产、加工，同时又从事收购毛茶或鲜茶叶的单位分别计算征收，即生产、加工（不含精制茶）部分按23%征税（生产7%，加工视同收购16%），收购部分按16%征税。"

七、物资扶持与茶叶奖售

1950—1954年，计划供应贫困茶农平价粮食，其数量根据当地茶粮比价折算，交多少茶称多少粮。1956年，根据国务院指示，对预购茶区的茶农按每担茶叶分茶类给予粮食供应8~16kg的优待，四川各茶区也普遍实行了粮食补助。万源按茶叶收购数量每百斤细茶供应粮食6斤。1957年，收购一担红毛茶补贴粮食9斤。1958年，地区农产品采购站拨给万源专用肥40t。1959年，农业部、商业部、对外贸易部决定："专用化肥配各产地使用"，万源分配50t，原则上是茶农买1斤化肥向当地采购站交售2斤细茶。

1960年起，万源、宣汉等县对交茶叶的农民奖售粮食，提高茶叶收购价。1961年，国务院颁布了农副产品奖售办法，鼓励农民交售农副产品、畜产品。万源奖售粮食47.243t，供应茶叶专用肥14.8t，生产用煤油8.018t，收购质量奖6970元，超产奖5702元。奖售粮分配标准"三七开"，即生产队占七成，社员占三成。

为了恢复茶叶生产，1962年，国务院作出《1962年收购经济作物和畜产品奖售办法的指示》。当年，执行四川省委财贸办公室根据国务院指示精神下达的《关于1962年茶叶奖售标准的通知》（表6-6），各外贸采购站收购茶叶亦实行奖售，价外补贴，对样评茶，按级定价，即内销细茶1~3级计划内每担奖售粮食30斤、化肥130斤，超交一担增加奖售化肥130斤，内销细茶4~5级计划内每担奖售粮食20斤、化肥90斤，超交一担增加奖售化肥90斤，收购级外茶和边茶每百斤奖售粮食10斤、化肥40斤。其中，国营茶场只奖化肥不奖售粮食。同年，为了照顾山区茶农，确定以化肥换粮食、化肥换布票或棉票，按3斤化肥换一尺布票或一斤棉票，万源全县化肥换粮160493斤，换布票42997尺。

表6-6　1962年四川省收购茶叶奖售标准

| 品名 | 级别 | 计划内奖售 | | 超计划增加奖售 |
		粮食/斤	化肥/斤	化肥/斤
内外销级内细毛茶	一至三级	30	130	130
内外销级内细毛茶	四至五级	20	90	90
级外茶、边茶		10	40	40
名茶		60	300	55
茉莉花		30	100	45

注：①茉莉花的奖售粮食化肥，在已拨各地茶叶奖售指标内支付，统一向省结算。
　　②来源：《四川省对外经济贸易志茶叶资料长编》。

1963年，万源在茶叶奖售方面增加了工业品供应指标，茶农每交售细茶一担给工业品供应洋、券4~7元，当年工业券兑现2.4万元。1969年，取消了布票、化肥奖售。1971年，收购每担细茶奖售粮食50斤，级外茶15斤，南边茶12斤。1973年，恢复茶叶奖售化肥，每担级内茶奖售化肥80斤，级外茶和南边茶奖售化肥25斤。每担细茶奖售粮食50斤，级外茶和南边茶奖售粮食20斤。1975年，对幼龄茶园拨给专用化肥200t，外贸进口尿素36t。1979年，万源县委决定对全县9个区、47个公社、305个茶场，按实有面积每亩补助粮食10斤、化肥20斤，共补助粮食194.23t、化肥388.5t。收购茶叶按收购金额每百元向茶农奖售粮食40斤，化肥60kg，并且收购茶叶数量中实行每交售1斤1~3级茶补助粮食2斤，4~6级茶补助粮食1斤。1980年，万源全县茶叶交换用粮57.5万kg，社队茶场补助用粮57万kg。1981年，达县地区茶叶公司分配万源县茶叶专用复合肥80t。1982年，万源茶园2596.6hm²，补助化肥58.4735t。1983年，在大竹区、旧院区推广速生密植茶园，全县发展茶园面积35hm²，每公顷补助粮食1500kg，共计补助粮食52.644t。1983年，大竹、旧院、官渡三区享受外贸茶叶生产扶持化肥139t。四川省茶叶收购奖售标准自1956—1979年经过多次调整，奖售政策执行至1984年底止。

除物资奖售扶持外，其他经济扶持主要有：1978年，达县地区茶叶公司拨给万源县红碎茶厂茶叶技术改造费5000元。1979年清产核资中，万源将历年下欠的茶种款59019.67元作账销案存处理。1979年，达县地委决定各县外贸公司接收的细茶每担补助7元，万源当年收购192.3t，补助金额26922元。1980年，贯彻四川省"关于茶叶经营工作中几项政策措施的通知"，在收购正价的基础上，实行50%的价外贴。边茶按收购数量每担付给生产维持费：条茶9.6元、金尖6.6元、金玉5.2元，当年共收221.75t，发放生产扶持费29271元。1983年，万源县外贸公司按每担毛茶5元返还利润，全县返还利润2700元。1985年，取消了价格补贴、利润返还及购九留一含税等收购政策的规定。

第二节　茶馆业

达州茶馆业历来兴旺。《达州市志》载：明、清时期和民国前期，境内县城和工商业较发达的场镇组织有各类行会，各行会定期集会，祭祀祖师，联络情谊，维护本行业利益。其中，茶馆业行会称作"三宫会"，祖师为天宫、地宫、水宫，会期定于每年农历七月十五，会址在三元宫。《万源市茶业志》载，万源茶馆（业）帮，称"三元会"，每年农历正月十五举办上元会，七月十五举办中元会，十月十五举办下元会。1950年后，各行会不复存在。

民国时期，城镇茶馆林立。区内城乡茶馆、庙坝、殿堂、楼阁、街头巷尾，常设赌场、赌摊，赌博成风，是为劣习。1925—1933年，刘存厚割据达县，官府在亚东茶馆等处设赌场，日夜行赌。1944年，大竹县有茶馆192家，其中县城64家，有私人经营的，有"青帮"或"袍哥"组织经营的，俗称"公口茶馆"，如洞天茶馆、有味哉、义诚等。1946年，达县城厢有茶馆94户。

1948年11月，四川省政府颁布《四川省管理茶馆办法》规定：所有茶馆一律登记并严禁新设；茶馆过多的应逐渐取缔，歇业者不得顶让或复业；十字街或丁字街口不得开设茶馆，已有者应逐渐取缔。并绝对禁止：一、以青年妇女充当茶房；二、赌博或类似赌博之行为（弈棋不禁止，但不以金钱较胜负）；三、淫秽之歌唱；四、茶座上理发捏脚；五、家庭茶间；六、其他有关涉及迷信及有碍风化或公共秩序卫生之事。1949年，达县茶馆300余家，其中城区94家，鱼市口鼎立三家，从早到晚座无虚席。万源有茶馆70家，其中县城有茶馆7家，主要有：河街赵发中茶馆，多为商界活动场所；田玉阶茶馆是文人学士聚会之所，常有人品茶、弈棋、清唱、说评书等；下河街民安茶馆，是青红两帮、地痞流氓等人物聚集之地；东街陈富安茶旅馆，主要是乡间进城打官司聚集的地方，野律师（人称烂笔师爷）出入频繁，为当事人出主意写状词，从中取利；詹汉章茶馆，多为街道当权者掌握，常为民间纠纷评论是非，由当权者断定胜负，失败者付茶钱。

1950年后，整顿茶馆业，禁止赌博、封建迷信等非法活动，游手好闲的人转入各业，坐茶馆的人减少，茶馆陆续停业。大竹县取缔地方政治势力开设的茶馆，保留下来的85户茶馆，从业人员90人。1952年，达县农村场镇有茶馆120家，城区53家。1955年底，万源有茶馆21家，从业26人，营业额6938元。1956年，万源县城茶馆合并为两个集体茶馆，区乡茶馆9个，从业15人。大竹县分别在城区组织挂牌合营（不定息），合作茶馆18个，从业人员21人；区乡茶馆分别纳入合作商店、合作小组的附属业务。1961年，达县农村场镇21家，城区5家。"文革"中，茶馆被视为"牛鬼蛇神"聚会场所、"封、资、修"传播阵地，城乡一律停业或转业为开水站、凉水摊。1966年，茶馆业基本关停。1978年后，茶馆逐渐恢复。20世纪70—80年代，兴办文化茶园。宣汉县文化馆茶园可容纳茶客100余人，园内置有书报、棋牌，开展有曲艺说唱项目。达县石桥文化站文化茶园办有曲艺表演和川剧清唱。1982年，街道居委会和部分企事业单位兴办文化茶园。1982年6月，达县市文教局、公安局联合表彰一批讲文明、讲卫生、服务周到的文化茶园，并审

图6-3 大竹县杨家镇老茶馆（向世文、孟静 摄）

查登记文化茶园经营者，制定管理办法。1985年，万源县城有文化茶园15个，其中私营7个，区乡场均有2~5个茶园。大竹县有街道办、私人办茶馆54家，其中竹阳镇12家（图6-3）。

20世纪90年代初，茶楼兴起，人们在茶楼休闲，洽谈业务。一些夜总会、歌舞厅内办有茶室或茶庄或茶楼。少数人在茶楼打麻将、斗地主、炸金花，赌博时有发生。万源较早出现的太平镇红卫路文化馆老年活动中心茶楼，大多以中老年人品茶、打麻将、下象棋、打川牌为主，人员满座。万源城区规模较大的有"银河""盛世源""金达来"等。1999年，有文化茶园（室、社、楼）1800家。2003年，保留文化茶园203家。达州市文化馆在滨河游园开办的梨园坛，经营项目有品茶、棋牌、戏曲、歌舞演唱等，内容健康，经营文明。

新中国成立前，达州城区州河沿岸即形成过较大规模的茶叶批发市场。如今，达城州河沿岸滨河路，茶叶批发市场不复存在，但茶馆、茶楼盛行。茶馆、茶楼多以麻将、扑克等休闲娱乐活动为载体开设。茶馆老板逢人便招呼进店喝茶、打麻将。茶客落座之后，随即点茶，有外地茶，诸如铁观音、大红袍、金骏眉、竹叶青，等等，本地茶有雀舌、毛峰、清茶（一般指大宗绿茶），或如菊花茶类特色植物饮料。达州本乡人青睐万源茶。茶馆冲茶习惯以玻璃杯将茶冲泡后端至客前，客人沉浸于麻将等娱乐活动，茶常久泡，喝至淡而无味，随着时间悄然流逝，各自散场。据统计，2023年，达州市有在市场部门登记的茶馆172家（企业136家，个体36家），有登记茶叶经营门市（部分兼营茶馆）

2178家（企业1737家，个体441家）。达州市科普作家王元达，著有《老达县城的老茶馆、老茶客》一文，生动地反映了独具特色的地方老茶馆文化，亦雅亦俗。

老达县城的老茶馆、老茶客

川人好茶，"生在屋头，活在茶馆头"。四川茶馆甲天下。乡场小镇，通都华城，无处不见茶馆。达州位于四川东部，古属"巴国"。巴人自古喜吃茶。《华阳国志》中记述道："周武王伐纣，实得巴蜀之师，著于尚书省……丹、漆、茶、蜜……皆纳贡之。"巴蜀之师是由巴人组成"龙贲"军，"凌殷人以倒戈"。

古往今来，达城人就茶有多种叫法：吃茶、喝茶、饮茶、品茶。吃茶、喝茶强调吃和喝的动作，仿佛更注重解渴的效果。饮茶、品茶强调慢慢品味、体悟，要环境幽静，是一种精神层面的享受。大巴山区农家盛行这样的话："到我家吃粗茶淡饭。"吃茶吃饭是必不可少的待客方式。达城人去茶馆更多是叫喝茶，喝茶的方式各有各的不同。

茶馆老板，堂倌统叫茶博士。中国古代给皇帝备咨询的文官称"博士"，兼掌教育和学术。"茶博士"是套用这一职衔称呼茶馆内沏茶跑堂的堂倌。茶馆就是一个信息场所，各类消息都会在这里汇集，掺茶师每天游走于茶客之中，自然而然知道不少，茶客若有什么事情都要找茶师询问。茶师见多识广，被茶客尊称为茶博士。

达城茶馆民国时期颇为兴盛。主要分布于滩头街、南门上、翠屏路、西门上（西胜街）、横街和上后街等处。仅一条一百多米长的横街，因与南门码头相连，就有5家茶馆。1949年前，达城茶社业61户。

旧社会茶馆主要以卖茶为媒介，为生意人洽谈生意提供方便。特别是南门上鱼市口三家茶馆和"王爷庙"的"四联"（盐、糖、油、粮）公会茶厅，水上运输大宗商品交易等，一般都在这些茶馆成交。有的大茶馆还开设赌场、妓院。西街七道朝门、邓家院子、黑漆朝门、凤集茶楼设"烟花院"，从湖北沙市、宜昌和江苏扬州等地招来一批伎女。商贾、官宦、公子少爷进茶馆喝茶若要约伎女相陪，便写一张条子，交人力车夫将其拉来。如要带乐器，便加写一句：随带大筒（二胡）唱小曲。

那时茶馆兼有调解社会纠纷的职能。亲朋邻里之间若出现争执，双方约定到茶馆"评理"，请当地头面人物或袍哥大爷调解仲裁。所谓"一张桌子四只脚，说得脱来走得脱"。如果双方各有不是，则各付一半茶钱；如是一方理亏，则要认输赔礼，包付茶钱。今天，仍有些达州人把输理称为"付茶钱"。

茶馆还是社会文化娱乐场所。晚上茶馆设川剧"玩友"坐唱，俗称"打围鼓"。旧社会，喜爱这一文艺活动的人上自军阀官僚、文人雅士，下至车夫力行、文盲商贾，各界都有。新中国成立前达城军阀范哈尔附庸风雅，以能哼唱几句川剧而自诩为"儒将"，还经常去茶馆参加"打围鼓"。有一天范哈尔捉到一群土匪，责令通通枪毙，一匪首临刑前吼了两声川剧腔："恨只恨自家太糊涂，枉却了一颗好头颅。"范哈尔一听大喜，不仅将匪徒们全部赦免，还将那"好头颅"擢升为连长。现在，茶客还在摆这个龙门阵，令人啼笑皆非。

有些茶馆设有四川扬琴、评书、金钱板等说书活动。晚上坐茶馆的人，可以边饮茶，边欣赏具有浓郁地方特色的曲艺说书节目。

清光绪二十九年（1903年），清廷规定各地商人组织一律改为商会。1929年国民党政府公布《工商同业公会法》，所有工商同业组织一律改为"同业公会"。新中国成立前，赵坤儒为达县城区茶社同业公会理事长。

赵坤儒：新中国成立前在大北街开茶馆，茶号"儒林"。常掩护地下党在自己开办的茶馆开展革命工作，新中国成立后任公安干警。爱好京剧，为达州知名票友。20世纪80年代中期，达城票友成立业余京剧社，社员200余人，大家选举赵坤儒任社长，经常组织票友在茶馆演唱。他为人豪爽义气，常急人难，深得茶客、票友与群众爱戴。赵坤儒于20世纪90年代末去世，自发送葬队伍由火葬场延续至城郊石岭桥。

1950年下半年，达县工商科、税务局、行业公会共同配合对城区私营茶社业进行了清理登记，茶社业53户，正式颁发营业执照。

1956年茶馆业开始整顿。1958年钟焕文、赵良臣等投资建立两家公私合营茶馆（车坝茶馆和翠屏茶馆），1966年转为国营。共有茶桌12张、茶凳60多个、凉椅80多把。来往旅客经常到这两个茶馆休息，车坝茶馆主要是候车，翠屏茶馆主要是候船，生意十分兴隆。1969年停业转营茶水站或临时旅馆。自此，达县城再没有国营茶馆但仍有为数不多的私营茶馆在营业。

茶馆地点不同，茶客也就不同。达城临河南门上、横街、滩头街、箭亭子茶馆多船民。西门上茶馆多山，那边多客商及河市坝进城卖菜的农民。达县城区茶馆更多是休闲的茶客，各行各业、三教九流，富贵闲人，贩夫走卒。

20世纪50年代，我家住上后街，那时，单层青瓦木板房相连，偶有双层吊脚楼。衙门口对面有一家茶馆，老板姓张，我们叫张家茶馆。茶馆靠墙的座位是用竹片串成的凉（躺）椅。茶客或坐或卧，或闭目养神。茶馆中间摆了几张方桌和条凳。茶具多是盖碗茶，茶碗和茶盖是瓷制，茶船多为金属制成。茶馆最里面设置了一个大火炉，分设几个小灶孔，从早到晚不熄火，无论何时，黑黑的红铜茶壶必有一两壶沸腾的开水，便于冲茶。附近居民也可花钱来打热水。店里备有大水缸，挑夫担来河水后，用明矾搅动净水。

上后街茶馆属于"下里巴人"类型。主要卖花茶、沱茶两大类。多数人爱喝沱茶，口味特别浓郁，经熬泡。喝茶时若外出，可吩咐留茶，回茶馆时还可以接着喝，汤色依旧酽然。价格昂贵的龙井、碧螺春等基本不会备有。

在茶馆喝茶，有的是约人办事，或者洽谈生意，更多的人则是吃闲茶。寻常百姓在工作之余、劳动之后，总爱到茶馆泡上一碗茶，不慌不忙，优哉游哉，这份悠闲和惬意只有茶客才能体会。

有烟瘾的茶客，多自裹吸叶子烟。一根铁头长烟杆在手，吞云吐雾。也有吸纸烟者，一般是中年人。有时候，茶馆一座难求。有些茶位几乎是固定的，已是不成文的约定。

泡茶馆的人大都爱摆龙门阵，他们的话题往往是天南地北，古今中外，漫无边际，东拉西扯，道尽人间喜怒哀乐。

茶客泡在茶馆里，肚饿时便喊一声："来碗抄手！"街对面"一瓯香"面馆会立即送上一碗"罗包面"。此时，有端盆兜卖水八块的小贩来到茶馆，要一块红油鸡片，或麻辣肺片，怀中掏出酒来，咂吧有味地慢嚼，悠然自得。

茶馆有一位打金钱板的说书人，因眼睛有疤痕，大家叫他"扯疤眼"，40余岁，个头不高，略胖，在金钱板的节拍下以唱代说，多用方言土语，大多押韵，通俗易懂，形象生动，铿锵有力。"扯疤眼"声音洪亮，肢体语言丰富，还加入了口技，模拟马蹄声、风声、战鼓声，惟妙惟肖。他唱说的《乾隆皇帝下江南》《水浒传》很精彩，绘声绘色，很有吸引力。每到关键时刻会停下来，说是休息，帮忙者便沿座收钱。

说书帮忙收钱者，多是热心听众。有一位深度近视的人叫甘瞅波，刚成人年纪，因帮忙收钱可以听莫合（白听）。有一次收钱时，临时停电，甘瞅波借机偷揣小钱。孰料扯疤眼一边喝茶一边暗中监视，收入眼中。快板响起时，扯疤眼唱道："甘瞅波太可恶，电灯一熄摸我二角。"一时间，广为流传，达城人耳熟能详。"文革"期间，甘瞅波经常在街头巷尾唱歌跳舞，后边跟着一群儿童拍手起哄，甘不时向身后儿童发放水果糖。有人说甘瞅波疯了，有神经病。其实，甘瞅波没有疯，按现今说法，为让自己火红，行为艺术罢了。

20世纪50—60年代，西门上茶馆是达城说书艺人集结地：评书木华风、王驼背（20世纪60年代中期），金钱板扯疤眼，行琴艺人江。20世纪60年代中期，因他们的说书故事停止，王驼背的评书《红岩》应际而生。王驼背将《红岩》中的双枪老太婆，演绎成武艺高强的英雄，不仅会使双枪，百发百中，还会飞檐走壁。其实就是借鉴了评书故事中的大侠形象。听众心领神会，纷纷叫好。那时，有的小学校也会请王驼背去讲《红岩》。

20世纪50—60年代达城茶客不乏江湖雅士，颇有些文化，喝茶相互之间戏谑、调侃，众茶客仿江湖取绰号："茶仙""茶贤""茶害""茶侠""茶客三剑"等，他们先后在月台、过街楼、王家烽火、龙家大院等知名茶馆相聚摆龙门阵，不少茶客围坐他们身旁，听他们谈天说地，趣味横生，频频大笑。

月台茶馆：又名望江楼，位于箭亭子街"月台"，紧临州河。"月台"即赏月的露天平台，有两个平台，上月台和下月台，月台之间有石阶，可至州河"菜码头"。河南岸田坝及河市方向农民用小船将蔬菜、柴薪等由菜码头上岸贩卖。当年"月台"甚是繁华，攘来熙往，设茶馆、酒铺、饭馆、面铺，另有流动小摊、小贩。望江楼，即望州河之楼，楼为临河吊脚楼，木柱支撑。"清风徐来，水波不兴"，如此意境，为文人雅士茶客所欣赏。

过街楼茶馆："过街楼"专指有道路穿过建筑空间的楼房，或指跨在街道或胡同上的楼层，底下可以通行。老达县城"过街楼茶馆"是民国时期修建于横跨西城壕巷上的楼房，翠屏路入口处，上下二层，木楼房结构。楼上楼下经营茶业，过街行人需从人声鼎沸茶客群中经过。茶博士姓杨，年近六旬，系着有些污迹的白色围裙，头发花白，精神矍铄，不时提着黑垢色铜茶壶，回应顾客的呼喊："开水来了！"过街楼是那个时代特色建筑，成为老达城人不可忘却的记忆。

王家烽火茶馆：一个大型四合院，位于翠屏路院棚巷对面烽火巷内，原人民电影院对面。四合院以王氏大家族居住为主，另有安、陆、艾三姓人家。大院有半个篮球场大，青石板铺成地面，大院右角生长着一棵柑橘树，体形较大，枝叶繁茂，四季常青。茶馆经营主要设置于四合院前大厅，有六张小方桌，四周摆放凉椅，晴天客人多时，露天大院加座。看电影的茶客，会提前来到茶馆，喝"急三碗"。即快速喝茶，快速冲泡茶水三次。

龙家大院：西门上城郊农家大院（现为建设银行职工住宅），红旗大桥荷叶街口对面邓家巷进入，院内有一片开阔地，青石板铺成，面向农村菜地，拾级而下，可至平民诗人李冰如住家小公园。茶馆在院内开阔地经营，下雨天在四周屋檐下摆放桌椅。

江湖雅士茶客介绍：人生七雅，琴棋书画诗酒茶，雅士不可无茶。

"茶仙"余德仁：生于1928年，又叫余瘪嘴，虽嘴有些瘪，却翕动较快，风趣幽默，常戴一顶旧军帽，目光如炬。20世纪50年代初期参加中国人民解放军，任文化教员，50年代中期转业达县二小学任音乐教师。余系达城音乐教育家王抒情学生。王抒情毕业于上海音专，曾在达县师范校、省达中教音乐，后在西南音乐学院任教授。美籍作曲家王术、香港音乐教授章纯、中国音乐学院教授魏鸣泉、四川音乐学院教授江隆浩等均系王抒情的学生。余常自吹自己是老革命，曾参加过王抒情老师组建的学生"抗战救亡歌咏团"，在城乡四处演出。余在茶馆最爱摆自己与苏联飞行员的故事：抗战时期，一架受伤的苏联飞机降落在达县州河里，两名苏军飞行员被押解到北外乡公所，由于语言不通，弄不清他们是敌是友。当王抒情老师听到飞行员演唱的歌曲旋律时，马上惊呼："他们是苏联盟军！"在地方政府举办欢迎飞行员活动中，余与几个恶作剧的村童，嬉笑着抠飞行员的屁股。飞行员不解其意，翻译人员不便直说，应付了一句"这是我们中国对客人热情友好的表示"。告别时，两位飞行员仿照这种热情友好表示，对国民政府官员一一抠了屁股，兴高采烈离去。这个故事，是那时达城人茶余饭后的佳话。

"茶贤"杨先国：中国民间文艺家协会会员，达州市民间文艺家协会主席，副研究馆员；生于1938年，自幼爱好文学、音乐，王抒情学生，唐诗三百首倒背如流；中等身材，不胖不瘦，方形脸，和蔼可亲，豪爽大方。茶客最喜欢听杨先国摆龙门阵，含有哲理，妙语连珠。1950年杨先国13岁，考入达县文艺宣传队（达县地区文工团前身），演歌剧、话剧，扮演儿童角色。拉二胡、小提琴，15岁任音乐指挥。20世纪50年代中期，地区文工团在重庆演出一炮打响，惊动重庆一些知名文艺团体，派人观摩学习。改革开放初期，杨被安排在达县地区群众艺术馆工作，自修北京函大考试毕业。20世纪80年代初为第一届"达城之春音乐会"创作歌曲《巴山民歌大联唱》，获创作一等奖。深入大巴山调研主编《达县地区民舞集成》《达县地区民歌集成》《达县地区民间器乐曲集成》《达县地区民间故事集成》《达县地区曲艺志》等。借调成都统稿总纂《中国曲艺志·四川卷》。撰写论文《中国古代之"巴渝"及其艺术遗产（巴渝舞）小议》《再议巴渝舞》，这两篇文章被四川民俗学会授予"社科优秀成果二等奖"。撰写20万字《清中期川东北白莲教起义始末》，由四川民族出版社出版，填补了中国农民革命历史一页空白。1999年获达州市政府"巴渠文艺创作奖"。2005年撰写论文《四川旅游业主体软件新探》获"中国新时期人文科学优秀成果一等奖"。杨先国生命后期文字工作太忙，经常忙里偷闲，不时到茶馆摆龙门阵，说自己文艺创作灵感有些来自茶馆。2006年杨先国逝世，达州茶客争先凭吊，说：孔子72贤人另加一贤杨先国73贤，后世流芳。遗憾的是，杨先国编写完稿的《达州白莲教演义》第一部留存，未能印刷成书。

"茶害"彭拜子：拜子，达州话意，跛子，同瘸。经查，电脑不能打出有足旁的"拜"。彭生于1939年，1958年高中毕业任职医药店会计。个子矮小，理寸头，金鱼眼睛突起，右手掌拄铁拐，嘴唇较厚，却巧舌如簧，尖酸刻薄，心眼多，爱算计。他忌讳别人说跛，甚而有关联的歪、斜等，甚而"正"字。大家叫他"茶害"，源于"要扫除一切害人虫，全无敌"。彭拜子来茶馆喝茶时，有些茶客自谓："惹不起但躲得起"，远坐一旁。达城20世纪50—60年代有一个"弱智",叫段老坎,30岁而立之年还没有成家,因婚姻事色迷心窍,呆头呆脑。有些人以介绍对象为名,骗他吃喝,段老坎心甘情愿,竟然不知真假。有一次,彭拜子撺掇段老坎打扮成新郎官去达县蚕丝厂相亲。段老坎借来戏剧服装,披红戴花,手捧绣球,吸引不少女人围观看稀奇,但是,段老坎绣球抛来时,则纷纷躲避。几个小时后,满身大汗的段老坎终于累趴在地上。意味深长的是,彭拜子自己孑然一身,甚荒唐,却为他人作嫁衣裳。40岁时,一个山那边的农村女人愿意嫁给彭,同居一个月后,这个女人将彭拜子的存折偷盗,"放飞鸽"逃之夭夭。彭落落寡欢,羞于去茶馆,精神抑郁。众茶客组织起来到彭家慰问看望,经劝说,彭拜子再来茶馆,但失去了往日的风光,不多言语,单独在一边发呆。

"茶侠"李成智:绰号簸尔客,1938年生,1957年高中毕业,因打篮球时常用达州方言话呼唤队友"簸球"(传球),故名。1958年任民中教师,后任蔬菜副食店会计、经理。1959年达县第一届运动会跳远冠军、100m短跑冠军、团体冠军、400m接力赛冠军。国字脸,面目慈祥,头发分头式,说话风趣幽默。喝茶交友无类,不分贵贱,侠肝义胆,善不欺,恶不怕,豪爽大方,多有助人义举不图回报。李每到茶馆喝茶,茶客都会争相替他付茶钱。茶客若有纠纷,都会听李大侠调解。李好学不倦,1979年以40岁年龄考入四川电大毕业。李是我读民中时期的老师,"文革"时期见我无所事事,叫我多坐茶馆,可获得不少知识,即进入了社会大学课堂。在李的指教和影响下,我1982年考入电大汉语言文学专业。李2003年因病去世,悼念的花圈多达一百多个无从置放。时传:做人当做"簸尔客"。

茶客三剑:朱二哥、陈朝学、吴眼镜。三人均系高挑身材,年龄、个头、胖瘦、风姿相近,三人结伴在大街行走,风度翩翩,回头率不少,由是茶客叫他们"三剑客"。三人常相聚茶馆喝茶,酒馆喝酒,谈笑风生,相互打趣,各具特色。三人口头禅:宁可三日无肉,不可一日无茶。三人茶馆摆龙门阵时,茶客只有听的份,没有插嘴的喀。而今"茶客三剑"仅存朱二哥"一剑",80岁左右,滨河路茶馆常见他硬朗的身影。

茶客三友:李林生、高加堤、周开贤。三人年龄大致相同,30余岁,合股经营"三友医药社"。李林生人胖,大家叫李胖儿,部队卫生员转业;高加堤中医世家,懂望闻问切;周开贤司职药店售药及其他杂务。"三友医药社"开在月台茶馆附近,轮流一人值班,二人茶馆喝茶等待业务。他们在茶馆喜欢摆龙门阵,编排其他茶客故事取笑。三人心思在茶馆,不认真经营"三友医药社",生意门可罗雀。有的茶客也回敬编排他们的故事:一位病人来店打吊针,高加堤值班,将针穿刺病人,始终不得法,病人痛得大叫。李胖儿闻讯赶来,静脉穿刺一针成功。李批评高,懵头懵脑。高则说,不要以为你的针刺技术好，不是我之前将针孔眼戳大，你也会穿刺不进，更不会一针成功。大家听后，哄然大笑。这个故事，至今流传。

那个年代，江湖茶客名士形形色色，如过江之鲫。20世纪70年代"文革"期间，达城茶馆有些沉寂。20世纪80年代改革开放，达城滨河路游园修建，临河街大众茶馆如雨后春笋。20世纪90年代达城高档楼业兴盛，这些茶馆无论高档或大众，多是经营棋牌茶业，打麻将、斗地主。茶客成了麻友、牌友。虽有一个"友"字，更多是经济利益，有时争得面红耳赤。这时期，江湖茶客青睐的茶馆有川剧艺苑茶座。

川剧艺苑茶座：达县地区川剧团为适应社会发展需要，1994年将位于大西街的川剧场改革为川剧茶馆。设大型演出台，将原观众座位改为茶座，白天经营茶业，晚上演出，可边观看演出边喝茶。这里成为江湖茶客云集之地。2000年原达县地区川剧团、京剧团、杂技团、文工团合并成立达州市艺术剧院，该茶馆停办。自此，达城江湖茶客相聚喝茶摆龙门阵模式的大众茶馆，香消玉殒。若要寻找这种模式的大众茶馆，重庆、川西坝子市县乡镇还有。

今天，达城江湖茶客渐行渐远，有的去了另一个世界。我年轻时爱坐茶馆，喜欢听江湖雅士茶客摆龙门阵，其实，就是听社会知识教学，书本没有。"听君一席话，胜读十年书。"

君子之交淡如水，茶人之交醇如茶。想起老达县城老茶馆老茶客那些事儿，不胜感慨唏嘘！

（王元达，2020年7月1日发表于达州日报）

第三节　会展活动

各类形式的茶叶展示展销活动，是宣传茶叶品牌、推介茶叶产品、拓展茶叶销路的重要形式和载体。改革开放后，达州就积极参加各类茶叶会展活动，促进了达州茶叶树品牌、拓市场。1991年4月，国营万源草坝茶场生产的"巴山雀舌"参加"九一中国杭州国际茶文化节"，赢得"中国文化名茶"称号。1991年11月，万源"巴山雀舌""雾峰银芽""巴山毛峰""巴山富硒茶""雾峰春绿""巴山毛尖""雾峰名尖"等茶叶参加国家科学技术委员会在北京举办的"七五"全国星火计划成果博览会，受到党和国家领导人好评。除此之外，达州茶叶在历届巴蜀食品节、农博会、西博会上得到充分展示、备受追捧。

茶博会作为专业性较强的茶业展会，是达州茶叶展示自我风采、树立名牌形象、开拓销售市场的重要平台。自2000年四川省农业厅组织开展首届中国（成都）国际茶博会，达州市已连续多年组织重点茶叶企业参加省内外具有代表性的茶博会。

2014年5月7日—10日，达州市农业局、达州市茶果站组织四川巴山雀舌名茶实业有限公司、万源市金山茶厂、万源市生琦富硒茶叶有限公司、万源市蜀韵生态农业开发有限公司、万源市大巴山生态农业有限公司、万源市利方茶厂参加第三届中国（四川）国际茶业博览会，重点宣传"巴山雀舌"公用品牌（图6-4）。

图6-4 第三届中国（四川）国际茶业博览会达州展馆（冯林 摄）

2014年8月14日—16日，达州市组织重点茶企参加了第六届香港国际茶展（图6-5）。11月20日—24日，又组织四川巴山雀舌名茶实业有限公司、万源市金山茶厂、万源市生琦富硒茶叶有限公司、万源市蜀韵生态农业开发有限公司、万源市大巴山生态农业有限公司、万源市利方茶厂、宣汉县九顶茶叶有限公司7家茶叶企业统一以"巴山雀舌"品牌形象参加"2014中国（广州）国际茶业博览会暨第十五届广州国际茶文化节"（图6-6）。

图6-5 2014年第六届香港国际茶展达州参展全体人员在开幕式后合影

图6-6 2014年中国（广州）国际茶业博览会现场（冯林 摄）

2015年5月8日—11日，达州市组织四川巴山雀舌名茶实业有限公司、四川省万源市蜀韵生态农业开发有限公司、万源市巴山富硒茶厂、万源市青花广山富硒茶厂、万源市固军乡中河茶厂、万源市方欣茶厂、万源市大巴山生态农业有限公司、万源市生琦富硒茶叶有限公司8家企业参加第四届中国（四川）国际茶业博览会。同时，为打造公用品牌，推介达州富硒茶产业重点项目，举办了"达州市巴山雀舌富硒茶推介会"。8家企业分别选送的"巴山雀舌"牌富硒绿茶全部获得本届茶博会名茶评比金奖，达州市农业局获得本届茶博会优秀组织奖，达州市茶果站获得最佳布展奖（图6-7）。

2015年5月15日—18日，为强化达州茶叶区域公用品牌宣传，将达州优秀品质茶叶推向更广泛的国内国际市场，达州市作为全国十大政府展团之一和四川唯一政府参展团体，组织四川巴山雀舌名茶实业有限公司、万源市金山茶厂、万源市生琦富硒茶叶有限公司、万源市蜀韵生态农业开发有限公司、万源市大巴山生态农业有限公司、万源市利方茶厂、宣汉县九顶雪眉茶业有限公司等12家企业参加了第十二届上海国际茶业博览会。展会期间，组委会通过专家优选出"中国好茶叶、最值得信赖的品牌"和"中国驰名优秀茶品"，"巴山雀舌"和"达州富硒茶"双双榜上有名（图6-8）。

图 6-7 2015 年第四届中国（四川）国际茶业博览会达州馆内长嘴壶茶艺表演（冯林 摄）

图 6-8 2015 年第十二届上海国际茶业博览会达州参展掠影（冯林 摄）

2015年10月28日至11月1日，中国·达州第六届秦巴地区商品交易会在达州市杨柳商贸物流园区日用品配送中心举办。达州市茶果站组织四川巴山雀舌名茶实业有限公司、四川省宣汉县九顶茶叶有限公司、四川秀岭春天农业发展有限公司、四川福龟茶业有限公司、万源市利方茶厂、万源市生琦富硒茶叶有限公司、万源市蜀韵生态农业开发有限公司、大竹县竹海玉叶生态农业有限公司、达州市会农实业有限公司等9家茶叶企业参与展示展销活动。

2016年4月22日—25日，第七届北京茶博会隆重开幕，达州市以中国富硒茶主产区受邀参展，10家茶叶企业带上巴山好茶献礼首都（图6-9）。其间，巴山雀舌和巴蜀玉叶白茶获得第二届亚太茶茗名茶评比金奖，九顶雪眉、秀岭春天、金山雀舌、燕羽雀舌、巴山早富硒茶获得银奖。会展期间，中国农业国际合作促进会茶产业委员会会同四川省达州市、陕西省安康市、湖北省恩施州共同举办了"2016中国富硒茶产区政府发展论坛"，邀请了地质、茶学相关专家就富硒茶的发展做了科学分析，就富硒茶团体标准制订方案进行了探讨（图6-10）。达州市倡导3个富硒茶主产区强化合作，推动富硒茶品

图 6-9 达州市、县茶果站工作人员"打包"达州茶礼（冯林 摄）

牌化建设，共同做大做强富硒茶产业，"达州富硒茶"受大会组委会指定为"2016中国富硒茶产区政府发展论坛唯一指定用茶"（图6-11）。此外，达州市还举办了达州富硒茶专场推介会，王云、王广智向国内外嘉宾推介达州富硒茶天然、富硒、生态、绿色的优秀品质，达州市农业局主要负责同志王成现场推介了达州富硒茶产业招商项目（图6-12、图6-13）。

图 6-10 2016 中国富硒茶产区政府发展论坛"圆桌论坛"
（冯林 摄）

图 6-11 "2016 中国富硒茶产区政府发展论坛唯一指定用茶"贴标

图 6-12 2016 年第七届北京茶博会"四川达州富硒茶推介会"现场（冯林 摄）

图 6-13 推介达州富硒茶产业招商项目（冯林 摄）

2016年5月5日，达州市又组织12家茶叶企业参加第五届中国（四川）国际茶业博览会，加快推促达州富硒茶产品和产业（图6-14）。5月8日闭幕式上，组委会举行颁奖表彰大会。12家茶企共有7家选送茶样并全部获得大会名茶评比金奖，分别是：宣汉县九顶茶叶有限公司"九顶雪眉"、万源市蜀韵生态农业开发有限公司"万源富硒茶 巴山早"、四川巴山雀舌名茶实业有限公司"巴山雀舌"、万源市利方茶厂"芳轩雀舌"、万源市大巴山生态农业有限公司"燕羽牌绿茶"、万源市巴山富硒茶厂"蕚山牌金山雀舌"、四川秀岭春天农业发展有限公司"渠韵·賨韵"。达州市农业局、万源市农业局、宣汉县农业局、大竹县农业局、渠县农业局均获得优秀组织奖。

2017年5月5日，达州市组织13家茶企参加第六届中国·四川国际茶业博览会暨天府龙芽茶文化节，合力推促达州富硒茶（图6-15）。本届茶博会，四川巴山雀舌名茶实业有限公司"巴山雀舌"、万源市蜀韵生态农业开发有限公司"巴山早"、万源市巴山富硒茶厂"金山雀舌"、四川蜀雅茶业开发有限公司"巴蜀红"、四川国储农业发展股份有限公司"国储雀舌"、万源市大巴山生态农业有限公司"燕羽大巴山毛尖"、四川竹海玉叶生态农业开发有限公司"巴蜀玉叶白茶"、四川国峰农业开发有限公司"国礼·白茶"参与六大茶类金奖产品评选并全部获得金奖。达州市农业局、万源市农业局、宣汉县农业局、大竹县农业局、渠县农业局、开江县农业局荣获优秀组织奖。

图 6-14 2016 年第五届中国（四川）国际茶业博览会达州富硒茶展馆（冯林 摄）　图 6-15 第六届中国·四川国际茶业博览会达州富硒茶展馆（冯林 摄）

"一带一路、南茶北饮"。2017年8月17日，第五届中国呼和浩特国际茶产业博览会在内蒙古国际会展中心开幕。达州市组织8家茶企以达州富硒茶形象统一布展，突出"天然、富硒、生态、绿色"的产区特色和"茶以硒为贵、人依硒长寿"的产品特质，以唯一绿茶展区特立于展会，备受瞩目和好评（图6-16、图6-17）。17日下午，帝升集团旗下四川巴山雀舌名茶实业有限公司在会展中心举办巴山雀舌茶叶品牌推介会，向现场嘉宾和观众详细介绍"养生宝地、富硒茶乡"万源市，并通过有奖问答形式带领现场观众深入了解巴山雀舌生产历史、品牌文化及"香高味醇、形美韵长"的品质特征，现场气氛热烈（图6-18）。通过品牌推介，将达州展团尤其是巴山雀舌公司的关注度推向新高，给呼和浩特市民留下了深刻的印象，呼和浩特电视台还进行了专题采访（图6-19）。

图 6-16 2017 年第五届中国呼和浩特国际茶产业博览会达州展馆（冯林 摄）　图 6-17 内蒙古国际会展中心馆外"四川达州市富硒茶主产区"广告（冯林 摄）

图6-18 四川巴山雀舌名茶实业有限公司"养生
宝地,富硒茶乡"专场推介会(冯林 摄)

图6-19 呼和浩特电视台专题采访达州市参展代
表(冯林 摄)

2017年12月27日,由中国商业联合会主办,四川省商务厅和达州市人民政府共同承办的中国·达州第七届秦巴地区商品交易会开幕。其间,达州市举办了"2017首届中国·达州富硒茶产业发展论坛",作为第七届秦巴地区商品交易会活动之一(图6-20)。中国农业国际合作促进会茶产业委员会、四川省园艺作物技术推广总站、四川省茶叶研究所专家以及达州市委、市政府、市人大、市政协有关领导,市农业、财政、工商、食药、农工委、商务等有关部门负责同志,达川区、万源市、宣汉县、渠县、开江县、大竹县农业(林)局、茶果站负责同志,全市茶叶企业代表共计100余人参加了此次论坛。中国农业国际合作促进会茶产业委员会秘书长魏有、四川省园艺作物技术推广总站段新友研究员、四川省茶叶研究所王云研究员,以及四川巴山雀舌名茶实业有限公司、四川秀岭春天农业发展

图6-20 2017首届中国·达州富硒茶产业发展论坛现场
(冯林 摄)

有限公司、四川竹海玉叶生态农业有限公司、四川蜀雅茶业有限公司、达川区天禾茶叶专业合作社负责人共8位嘉宾参加了论坛对话活动。对话活动分茶叶品质、品牌、机采、新型经营主体带动、多茶类开发、市场开拓、茶旅融合发展7个议题展开讨论,对达州富硒茶产业的发展作出了建议。

2018年5月,达州市组团参加了第七届中国·四川国际茶业博览会暨天府龙芽茶文化节(图6-21)。2018年5月18日,达州市农业农村局组织各产茶县政府部门、重点茶企赴杭州参加农业农村部与浙江省人民政府共同主办的第二届中国国际茶叶博览

会（图6-22）。达州市选送了四川巴山雀舌名茶实业有限公司"巴山雀舌"、四川竹海玉叶生态农业开发有限公司"巴蜀玉叶牌白茶"、万源市蜀韵生态农业开发有限公司"巴山早"3只茶叶参与茶博会金奖评选。最终，四川竹海玉叶生态农业开发有限公司"巴蜀玉叶牌白茶"荣获大会名茶评比金奖（图6-23）。

图 6-21 2018年第七届中国·四川国际茶业博览会达州展馆（冯林 摄）

图 6-22 第二届中国国际茶叶博览会达州富硒茶展馆

图 6-23 "巴蜀玉叶牌白茶"获第二届中国国际茶叶博览会金奖颁奖仪式

2019年5月3日，第八届中国（四川）国际茶业博览会开幕式上，举行了"四川十大茶叶企业"颁奖仪式，四川巴山雀舌名茶实业有限公司获奖，达州主题展馆对获奖企业进行了突出宣传（图6-24）。此次茶博会，达州市除设立市级茶叶主题展馆外，大竹县首次单独设立了"大竹白茶"专题展馆，大竹白茶因此受到了更为广泛的关注（图6-25）。2019年5月5日上午，彭清华来到大竹白茶馆，详细了解大竹白茶生产情况和"四带三供"推进模式，饶有兴致地品鉴了大竹白茶，并赞赏大竹白茶"淡淡的，妙！"（图6-26）。

大竹白茶作为川茶新秀，在此次茶博会上崭露头角，达州茶界备受鼓舞。2019年5月16日，达州市农业农村局举办"2019达州市茶产业企业家沙龙活动"，传达了彭清华参观第八届四川茶博会时关于强调不断提高川茶产业发展质效和竞争的重要指示精神，并要求农业部门认真抓好贯彻落实（图6-27）。

图 6-24 2019 年中国（四川）国际茶业博览会
达州馆（冯林 摄）

图 6-25 大竹白茶主题馆

图 6-26 第八届中国（四川）国际茶业博览会
达州馆

图 6-27 2019 达州市茶产业企业家沙龙活动在
达州凤凰大酒店举办

　　2019年8月15日—17日，2019香港美食博览暨第十一届香港国际茶展在维多利亚港畔香港会议展览中心如期顺利举行。在四川省商务发展事务中心的统一组织下，达州市农业农村局副局长侯重成、市茶果站冯林、市商务局胡克强带队，组织8家茶叶企业，为香港同胞和海内外友人呈现了达州茶叶的自然美味与独特魅力。本次茶展由香港贸易发展局主办和承办，中国茶文化国际交流协会合办，农业农村部、商务部、国家林业和草原局、中国轻工业联合会、中国国际茶文化研究会等作为支持机构，港九茶叶行商会、香港食品委员会、香港咖啡红茶协会、世界茶联合会、世界茶文化交流协会、中国国际茶艺会等为赞助机构。茶展汇聚了来自12个国家和地区的225家参展商，全球主要茶叶生产及贸易地区如中国、印度、日本、斯里兰卡及来自老挝的新老参展商悉数亮相。展品涵盖了包括中国普洱茶、乌龙茶、红茶、绿茶、花茶在内的世界各地名茶，以及茶叶包装、伴茶食品与茶食品、茶叶机械、检测设备、茶具、茶工艺品、茶馆、茶艺、茶媒体、茶叶新技术等较大范围。中国主要产茶省份（地区）浙江、福建、四川、贵州、湖南、云南、台湾及香港本地区知名品牌、贸易商均受邀参展。参展的四川茶企共9家，其中达州市8家，是川茶主要代表（图6-28、图6-29）。

展览会上，万源富硒茶代表产品"巴山雀舌""一山青""巴山早"，大竹白茶"巴蜀玉叶""国礼·白茶"以及秀岭春天、春申天禾、当春茶叶等名牌产品全部销售一空，现场十分火爆。展会期间，达州企业除展销业绩表现良好以外，也开阔了视野，对香港地区的茶叶市场有了新的认识与了解，同时也了解和学习了新的产品设计理念与营销方式，对达州企业的发展提升起到了促进作用。

图6-28 2019香港美食博览暨第十一届香港国际茶展达州茶企展位（冯林 摄）

图6-29 2019第十一届香港国际茶展达州代表团在香港会议展览中心集体合影

2020年7月2日，第九届中国（四川）国际茶业博览会上，达州市设立占地面积300m²的达州富硒茶馆，达州市农业农村局组织全市16家茶企精选品类50余种参展（图6-30）。大竹县开设大竹白茶专题馆。本届茶博会上，万源市获得"四川茶业十强县"殊荣（图6-31），四川巴山雀舌名茶实业有限公司获得"四川省十大茶叶企业"奖补资金10万元。

图6-30 第九届中国（四川）国际茶业博览会达州展馆

图6-31 万源市"四川茶业十强县"奖牌

2021年4月29日，达州市农业农村局组织20家茶叶企业参展第十届中国（四川）国际茶业博览会（图6-32）。本届茶博会上，达州市茶叶区域公用品牌"巴山青"首次对外公开亮相，达州馆采用"达州富硒茶"和"巴山青"双重标识设计，达州地标建筑"凤凰楼"也"搬"至馆内，格外引人注目。四川巴山雀舌名茶实业有限公司生产的"巴山雀舌"被评为第四届"四川十大名茶"，四川国储农业发展有限公司的"一山青"、万源市蜀韵生态农业发展有限公司的"巴山早"茶叶被评为"四川名茶"。展会期间，达州市农业农村局还举行了达州市农产品区域公用品牌"巴山食荟"专题推介会。

图6-32 第十届中国（四川）国际茶业博览会达州巴山青馆内人潮涌动

2022年，受新冠肺炎疫情影响，第十一届中国（四川）国际茶业博览会延至10月31日至11月3日举办。达州市农业农村局在展会上设立了"巴山青"主题展馆，20家企业参展。展会期间，因新冠肺炎疫情的不确定性，达州市成为本届茶博会为数不多的开展推介活动的川茶主产市，达州市茶果站承办了达州市茶叶区域公用品牌"巴山青"推介会和广告宣传活动，推介活动得到四川省政协、精制川茶产业发展联系省领导、四川省农业农村厅、四川省茶叶研究所、达州市人民政府、达州市政协等领导大力支持，有力提升了"巴山青"品牌知名度。

2023年5月11日—14日，第十二届四川国际茶业博览会期间，达州市设置了1000m²的"巴山青"特装展馆，展馆以绵延巴山为形、千年一叶为魂，幻化设计，凸显"巴山青"核心价值。达州市以此次茶博会的举办为契机，集中展示了统筹茶文化、茶产业、茶科技发展所取得的一系列重要成果。展会以5000年巴国巴文化为底蕴，追寻巴人发现茶的神奇足迹，深情演绎了"梦回巴国，一叶倾情"歌舞节目，复刻展示了记录中国最早植茶活动的北宋"紫云坪植茗灵园记"摩崖石刻，彰显了"巴人故里"达州深厚的茶文化历史（图6-33）。此次，达州市组织了35家茶叶生产、加工、销售、文化企业全方位立体参展，配套茶艺专业人才展示，是参展规模最大、专业素养最高的一届。新开发出的富硒绿茶、大竹白茶速溶茶以及茶食品等茶深加工产品悉数亮展。本届茶博会，达州市共有18只名茶获评"金奖茶叶"，累计3只名茶获评"四川最具影响力茶叶单品"，达州市大竹县"大竹白茶最美茶乡"也获得了"四川十大最美茶乡"的高度赞誉（图

6-34）。开幕式上，四川省农业农村厅宣布达州市为2024年第十三届四川茶博会主题市。

11日下午，举行了达州市巴山青"大竹白茶"推介会。

图 6-33 "梦回巴国，一叶倾情"——巴山青主 题展馆美轮美奂

图 6-34 大竹县"四川十大最美茶乡"奖牌

第七章 茶产业

经过20世纪50—70年代对工业化的贡献阶段，到20世纪70—90年代的自我积累阶段，从20世纪90年代末开始，达州茶业自我积累和发展的能力开始下降。步入21世纪，在工业反哺农业政策背景下，为了防止茶叶产业倒退，达州市加强了对茶产业发展的引导和支持，持续推进茶叶项目建设，特别是"552"工程、茶业富民工程、富硒茶产业"双百"工程一系列茶叶专项工程的实施，有力促进了达州茶叶产业向好转变、向前发展（表7-1、图7-1、图7-2）。

表 7-1　2000—2022 年达州市茶叶种植面积与产量

年度	面积 /hm²	产量 /t	年度	面积 /hm²	产量 /t
2000	8369	3941	2012	14672	7911
2001	8629	4643	2013	15124	8286
2002	8922	4582	2014	16491	9261
2003	9359	4909	2015	16539	9487
2004	10021	5094	2016	16932	9945
2005	10394	5326	2017	17242	10472
2006	10820	5440	2018	17494	10969
2007	11474	5687	2019	21324	11693
2008	11827	5875	2020	22529	12102
2009	11712	6268	2021	22760	12863
2010	11723	6526	2022	23576.8	13616
2011	13763	6692			

数据来源：达州市统计局。

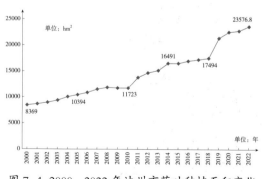

图 7-1 2000—2022 年达州市茶叶种植面积变化趋势

图 7-2 2000—2022 年达州市茶叶产量变化趋势

第一节　茶叶生产"552"工程

21世纪初，达州茶叶经济结构矛盾突出，一产比重大，二产、三产发展不足，茶产品资源丰富，但加工增值少，初级产品比重高，高附加值产品比重低。三产不协调、结构不合理成为制约达州茶业发展的关键，调整产业结构、推进产业化发展成为提高达州茶叶经济增长质量的首要任务。

2000年6月，达州市人民政府印发《关于实施茶叶生产"552"工程，加速茶叶产业化进程的意见》，提出："用5年时间，发展无性系良种茶园5万亩，年产名优茶增加2000t，即'552'工程。"万源市、宣汉县分别纳入实施"552"工程的重点县，市、县均成立茶叶"552"工程实施领导小组。2001年7月5日，达州市农业产业化工作会议召开，提出将茶叶产业作为达州农业产业化发展的关键龙头，以抓产品、抓龙头、抓加工、抓机制、抓项目为重点推进达州茶叶产业化发展。2001年，万源市、宣汉县分别举办良种茶园栽培及名优茶机制技术流动培训班，邀请四川省茶叶研究所、四川省农业厅经作处、四川农业大学、四川省植保所专家对发展良种茶园的栽培管理和病虫害防治进行现场流动培训，培训200多人。专家针对达州茶叶产业化发展问题提出"四点意见"：发展达州茶叶生产的思路应该有一个大的调整；基础要有一个大的发展；品种结构要有一个大的突破；科技含量要有个大的提高。"四点意见"经达州市茶果站书面向上汇报，受到市委、市政府的重视。2002年，达州市人大牵头组织达州市农业局开展全市茶叶产业化建设调研工作，指出4个方面需要解决的关键问题：一是必须更新观念，正确认识茶叶生产在达州农村经济中的地位和作用，真正把茶叶作为"裕县富民"的骨干产业来抓；二是必须加大资金投入；三是必须注重技术投入，建立和完善茶叶技术服务网络体系，要扩大推广茶树良种，加大名优茶开发力度；四是必须切实加强领导，各级党政要把发展茶叶产业作为调整农业结构，实现农业两个转变，缓解财政困难实现农民增收的大事来抓。2003年，中共达州市委办公室印发《关于进一步加速茶叶产业化经营进程的意见》，进一步推进茶叶"552"工程的实施。

实施"552"工程，2000—2005年，全市共新发展无性系良种茶园2025hm²，2005年茶园总面积达到10394hm²，良种茶园占比提高到31.5%，比1995年末增长一倍以上，有力推动了良种繁育基地、名优茶生产基地、无公害茶叶生产基地"三大基地"的建设。在产品结构上，加大了名优茶开发力度，名优茶产量大幅增加，带动了大宗茶品质的全面提高。2005年，全市茶叶总产量5326t，名优茶产量1950t，分别较2000年增长35.14%、69.57%。"552"工程获得2005年达州市人民政府科技进步奖三等奖（表7-2）。

表 7-2　达州市"552"工程期间名优茶生产情况统计

年度	名优茶产量 /t	名优茶占比 /%
2000	1150	29.18
2001	1300	28.00
2002	1633	35.64
2003	1650	33.61
2004	1890	37.10
2005	1950	36.61

数据来源：达州市茶果站。

　　作为实施"552"工程的重点县，万源市5年新发展良种茶园891hm²。2000年10月，万源市茶叶产业化开发领导小组成立。万源市根据达州市实施"552"工程的总体思路，提出5年新建良种茶园1666hm²，改造低产茶园1333hm²，茶叶总产达到2000t，产值达到12000万元，名优茶比例增长到40%。2000年，万源市新增茶园333hm²，其中，在14个重点基地乡镇建设集中成片无性系良种茶园96.8hm²，新增名茶机制生产线5条。2001年12月，万源市被四川省特产协会授予"四川省富硒名茶之乡"（图7-3）。2002年9月，万源市2000hm²茶园通过四川省农业厅认证为无公害农产品基地，万源雀舌为无公害农产品。2003年3月，万源市农业标准《特种绿茶》发布实施。2003年4月，"无公害优质富硒绿茶基地建设"项目列为科技部国家级星火计划。2003年5月，万源市"无公害优质富硒绿茶基地建设"项目获科技部国家级星火计划立项。是年，万源市提出实施10万亩无公害茶叶生产基地建设工程，并纳入"7个10万亩"农业重点项目。同一年，万源市有小规模初加工厂（点）53个，精加工厂4个，名优茶机制设备182台（套）。2004年，万源市突出区域化、规模化、专业化生产规划布局，落实基地乡镇6个、行政村19个，新建良种茶园333hm²，基地良种化程度达到10%，茶叶总产量2210t，名优茶902t，名优茶率41.76%。2005年，万源市新增名优茶机制加工生产线6条，机具50台（套），新建改造名优茶初加工点（厂）6个，淘汰农户小作坊30余个，老设备50余台，继续扩大名优茶生产规模。全面实施无公害生产，对2005年到期的2000hm²无公害茶园进行了复查换证工作，同时将"万源绿

图 7-3　"四川省富硒名茶之乡"奖牌

茶"和其余3667hm²茶叶基地分别上报"全国无公害农产品"和"全国无公害农产品基地"认证。解决退耕还林政策指标173hm²用于茶叶基地建设，新发展茶叶基地200hm²，全市茶园总面积达到5691hm²，茶叶总产量2260t，名优茶产量902t，分别较2000年增长18.56%、10.89%、87.14%（表7-3）。

表7-3　万源市"552"工程期间茶叶生产情况统计

年度	茶园面积 /hm²	茶叶总产 /t	名优茶产量 /t	名优茶占比 /%
2000	4800	1993	521	26.14
2001	4988.87	2000	600	30.0
2002	5055.53	2028	672.5	33.16
2003	5157.67	2116	804	38.0
2004	5491	2160	902	41.76
2005	5691	2210	975	44.12

注：摘自《万源市茶业志》。

实施"552"工程，2000年，宣汉县采取定点、定人包一片抓一点的方式，集中在土黄、樊哙、峰城建设无性系良种茶园，全县茶园面积3000hm²，投产2000hm²，引进24台（套）名茶多功能机，产茶1500t，其中名优茶400t。2001年，宣汉县抓重点示范、抓科学规划、抓技术培训，茶产业发展出现了"一高一快一减少"的特点。一高是名优茶质量显著提高；一快是无性系良种茶园发展比任何一年快；一减少是总产量减少，较2000年减少450t。2003年，宣汉县被命名为四川省绿茶基地县。大竹县在2000年，由于茶类结构调整，原有品种已经不适应市场需要，严重制约了大竹县茶叶生产的可持续性发展。"552"工程的实施，推动大竹县形成了名优绿茶发展的规划。2000年，大竹县总产量430t，名优茶174.8t。2001年，大竹县产名茶2t，优质茶195t，占总产量的44.8%。

在资金支持方面，达州市农业局、达州市财政局联合印发《达州市茶叶生产"552"工程实施方案》，明确2000—2005年，市级财政每年安排50万元"552"工程专项资金，主要用于良种繁育、穗条引调、技术培训和技术指导，要求各项目县（市）财政按1∶1配套安排资金支持工程实施。此外，每年从扶贫信贷资金中支出1000万元，专项用于支持茶叶产业化经营。万源市在财政吃紧的情况下，挤出财政资金15万元作为茶叶工程实施工作经费和培训经费，在有限的扶贫资金中拿出250万元扶持贷款投入良种茶园建设。为了保证扶贫贷款的及时发放，万源市茶叶领导小组积极协调，万源市农行一班人积极支持，携带资金到村到户完善贷款手续，各基地乡镇党委、政府密切配合，确保良种建设资金的到位。2001年，宣汉县财政给出4万元，补贴购买名茶机械，拿出扶贫贷款300

万元,重点在10个乡发展无性系良种茶园200hm²。2003年,达州市财政资金给予50万元,支持良繁基地建设,并在万源草坝茶场金山分场、宣汉漆碑、三胜建立3个集中成片的无公害茶园示范基点。2005年,万源市补助茶园低改科技示范基地建设资金2.2万元,解决招商引资工作经费4万元,四川省农业厅经作处下达科技三项费1.5万元,由白羊乡政府建设优质富硒茶叶基地。

"十五"期间,达州茶叶产业化发展进程总体缓慢,存在以下问题:茶树品种混杂、老化,单产低、效益差,改造管理缺乏投入,无性系良种茶发展缓慢;名优茶的开发只集中在小范围内,绝大多数产茶乡镇名茶生产还处于空白;大宗茶生产设备、技术比较落后,精加工只是改变产品外形、净度、水分含量,内质不稳定,难以拼配出产品特色;经营企业品牌多,规模小,本地市场竞争激烈,外地市场拓展乏力;产业缺乏规模化龙头企业拉动,整体效益低;经销企业标准意识、质量意识差,有标不依、无标生产,标准化生产实施难,经营产品大部分来自农户,质量监管、市场规范力度不够,"三无"产品和劣质产品涌现市场,在价格因素调节下异常活跃,鱼目混珠,茶叶质量参差不齐,既严重影响了经销企业和消费者利益,又制约了名牌产品的发展,等等。

第二节 从传统茶业向现代茶业跨越

2006年,是"十一五"开局之年,也是实施社会主义新农村建设的启动之年。中共中央、国务院《关于推进社会主义新农村建设的若干意见》提出:"要充分挖掘农业内部增收潜力,按照国内外市场需求,积极发展品质优良、特色明显、附加值高的优势农产品,推进'一村一品',实现增值增效。"四川省委、省政府立足新的历史条件,从抢抓重大发展机遇的需要出发,提出了"从传统农业向现代农业跨越、工业大省向工业强省跨越、旅游资源大省向旅游经济强省跨越、文化资源大省向文化强省跨越"的战略构想,加快富民兴川步伐。2006年,万源市新建茶叶初加工厂13座,精加工厂1座,引进名优茶机制生产线8条,新增加工机械设备200台(套),6家企业通过"QS"认证,在白羊乡、青花镇、固军乡新建良种茶园373hm²,基地良种化率达到20%,原有2000hm²无公害茶园通过换证检测验收,同时新增3333hm²无公害茶园。2006年9月,万源市被农业部认定为全国无公害农产品基地,认定"万源绿茶"为无公害农产品。2007年1月,为推进传统农业向现代农业跨越,四川省委、省政府下发《关于加快发展现代农业扎实推进社会主义新农村建设的意见》,提出了推动传统农业向现代农业跨越的总体要求,明确了推进传统农业向现代农业跨越的途径。2007年2月1日,四川省委召开农村工作会议,进一步强调新形势下四川省农村工作要以粮食增产、农业增效和农民增收为目标，以转变农业增长方式为主线，加快建设全国重要的大宗农产品主产区、特色优势产业集中区和西部地区农产品加工中心、现代农业物流中心，努力推进传统农业向现代农业跨越。达州紧紧围绕"一乡一业""一村一品""产业强村"和"农民增收"这一主题，创新思路，抢抓机遇，进一步推进茶叶产业化发展。

2007年3月22日，向淑道、唐开祥、陈中华等24名人大代表联名向人大第二届达州市委员会第三次会议提出"关于将茶叶纳入推进达州市新农村建设的特色产业重点项目扶持的建议"。达州市为加快特色产业发展相继出台了一系列政策措施，制定了"十一五"农业特色产业发展规划，把茶叶列为全市八大农业特色产业之一。达州市人民政府成立了特色农业产业领导小组，领导小组下设茶果推进办公室，挂靠在达州市农业局，茶叶产业成为达州市社会主义新农村建设的支柱产业之一。2007年6月，万源市富硒绿茶验收为国家级农业标准示范园区。2007年7月17日，达州市人民政府办公室印发《关于切实抓好茶果产业发展的通知》，提出"扩展面积，主攻单产；调整布局，优化结构；强化管理，突出品质；培育品牌，拓展市场；产业开发，增效增收"的发展思路，制定了"到2010年，全市建成茶叶基地乡镇50个，茶叶面积发展到20万亩，总产量6000t（名优茶产量4000t），总产值4亿元"的发展目标，主要以万源市、宣汉县为重点，面积、产量占到全市总量的80%；积极打造无公害茶叶生产基地，力争"十一五"末建成无公害茶叶基地15万亩；着力发展无性系良种茶园，积极引进推广福鼎大白茶等优良品种，加快淘汰四川中小叶群体品种，尽快实现茶叶品种的良种化，到"十一五"末，全市茶叶良种化率达到70%。2007年12月，万源市成功创建"中国富硒茶都"誉名。

2009年1月，四川省农业厅命名万源市茶叶基地为"四川省优势特色效益农业基地"。2009年9月，达州市农业局编制《达州市优势特色农产品基地建设规划（2010—2014年）》（以下简称《规划》），制定了以万源、宣汉为主的北部优质富硒茶叶核心区和达县、开江、大竹为重点的南部高效生态观光茶区产业发展布局，提出坚持"集中连片、突出重点、择优发展"的原则，继续引导茶业向产业基础好、生态最适的优势产区集中，积极构建规模化、专业化程度更高，特色更鲜明的优势产业带。陈中华在此《规划》的序言中指出，"建设标准化、规模化产业基地是发展现代农业的基础、抓手和载体……通过区域化布局、规模化生产、标准化管理和产业化开发，必将大大推进我市特色农产品由分散零星向核心区和适宜区集中"，对达州市后续推进茶叶生产基地集中连片规模化发展产生了极其重要的影响。2009年11月，四川省农业厅、省财政厅、省发展与改革委员会联合下发《关于培育现代农业产业基地强县的通知》，万源市（茶叶）列入四川省现代农业产业基地强县培育县名单。

第三节　茶业富民工程

2010年1月，为贯彻四川省关于加快现代农业产业基地建设的要求，达州市人民政府印发《关于大力实施茶业富民工程的意见》（以下简称《意见》），制定了"到2014年，全市新发展良种茶园20万亩，改造低产茶园5万亩，淘汰立地条件差的茶园5.5万亩，全市茶园总面积达到35万亩，其中建成优质高效生态富硒茶基地25万亩，有机茶基地2万亩，商品茶年产量达到1.75万 t，名优茶比例达50%以上，茶叶年产值（农业产值）实现7亿元，综合产值实现14亿元，培育国家级、省级龙头企业3家，市级龙头企业5家，做大做强'巴山雀舌'主导品牌，增强达州茶叶的核心竞争力"的发展目标。

《意见》指出，抓住全省打造川茶的机遇，立足生态、品牌、品质、技术优势，全力抓好"高效生态茶园建设、品牌整合打造、龙头企业培育、加工企业优化改造"四大工程。一是优化布局，大力实施高效生态茶园建设工程。按照产业化、规模化、标准化、商品化发展要求，坚持"突出重点、择优发展、集中连片"的原则，以万源、宣汉为核心，重点抓好50个茶叶重点基地乡镇，建设一大批茶叶专业村、专业社，形成一大批上百亩甚至上千亩的茶叶生产基地，形成相当规模的产业带，扩大规模效应，实现由零星生产向大规模生产转变，由粗放经营向集约经营转变。二是创新机制，大力实施龙头企业培育工程。按照"扶优、扶强、扶大"的原则，重点扶持一批起点高、规模大、带动力较强的茶叶龙头企业，壮大企业自身实力，提高辐射带动能力，把培植龙头企业摆在茶叶产业化经营的重要位置。实施龙头带动，走"企业＋基地＋农户"的产业化模式，提高市场竞争力，促进茶叶产业集约化生产、规模化经营，逐步形成"市场牵龙头，龙头带基地，基地连农户，农工贸一体化，产供销一条龙"的产业格局。促进中小企业向骨干企业、优势产品和品牌产品集中，形成集约化生产经营，改变全市茶叶企业小、散、弱的局面，提高产业发展水平。三是打造知名品牌，大力实施名牌战略工程。重点培育和打造好"巴山雀舌"品牌，要以"巴山雀舌"作为达州茶叶区域品牌，大力实施名牌战略，充分发挥品牌效应，全面提升品牌的市场影响力。加快品牌整合，实施"区域品牌＋企业品牌"双品牌（母子商标），形成名茶、名地、名牌等完整品牌系列，实现"巴山雀舌"品牌资源共享。四是重推科技，大力实施加工企业技术改造工程。引进和利用先进设备、先进工艺，鼓励企业技术创新、工艺创新，淘汰改造不适应发展需要的加工工艺和设备。逐步淘汰规模小、设备简陋、工艺落后、卫生环境条件差、存在安全隐患的小企业、小作坊，建设一批符合食品卫生标准的优秀加工企业。加大技术改造力度，全面提高茶叶加工能力和水平，大力发展茶叶精深加工，加快开发茶饮品、茶食品、茶药品，延伸产业链条，提高茶产业综合效益。

万源市人民政府按照四川省人民政府《关于加快现代农业产业基地的意见》和达州市人民政府《关于大力实施茶业富民工程的意见》文件精神，出台《关于大力实施富硒茶产业发展战略的意见》，明确"茶叶是万源市最具特色的优势产业之一，是茶区经济发展和农民持续增收的骨干产业"，提出实施富硒茶产业发展战略的主要目标：抓住全省打造川茶的机遇，立足生态、品牌、品质、技术优势，全力建设"高效生态茶园标准化建设、区域品牌打造、龙头企业培育、生产加工产能改造"四大工程。到2014年，全市（万源市）新发展良种茶园8万亩，改造低产茶园5万亩，淘汰立地条件差的茶园3万亩，茶园总面积达到20万亩，其中建成优质高效生态富硒茶基地15万亩，有机茶基地2万亩，商品茶年产量达到6000t，名优茶比例达50%以上，茶叶年产值（农业产值）实现2亿元，综合产值实现4亿元。培育国家级、省级龙头企业2家，市级3家，做大做强"万源富硒茶"区域品牌以及"巴山雀舌""生奇雀舌"等企业品牌，增强万源富硒茶的核心竞争力。

2010年3月，达州市农业局、达州市财政局联合印发《达州市茶业富民工程实施方案》。2010年12月，达州市人民政府办公室发文对当年度茶业富民工程开展督查。2010年，达州市本级财政落实茶业富民工程目标考核奖励资金12万元。是年，万源市新增良种茶园面积1333hm²，良种茶园总面积3667hm²，良种覆盖率达到37%，全年茶叶总产量2980t，同比增长8%，名优茶1530t，同比增长6%，名优茶率达到51.6%，茶农人均茶叶增收420元。各县基本确立"一县一品"，其中万源以"巴山雀舌"、宣汉以"九顶雪眉"为主导。

2012年6月，达州市茶叶工作会议召开，达州市农业局及市、县（市、区）茶果站、企业代表共40余人参加，参观了达川区天禾茶场。2012年12月12日—13日，达州市人民政府副市长王全兴带领市农业局局长、分管副局长，万源市、宣汉县人民政府分管领导、农业局局长，茶叶专家以及四川巴山雀舌名茶实业有限公司、宣汉县九顶茶叶有限公司法人代表等一行10余人，前往汉中市学习考察茶叶基地建设、品牌整合打造等方面经验，形成了打造达州市茶叶区域品牌的共识。2012年12月，四川巴山雀舌名茶实业有限公司通过农业部、国家发展和改革委员会、财政部、商务部、中国人民银行、国家税务总局、中国证券监督管理委员会、中华全国供销合作总社联合审定为农业产业化国家重点龙头企业。2012年，达州市财政安排茶业富民工程专项资金40万元，用于对新发展无性系良种茶园、低产茶园改造、品牌整合、标准化加工厂建设和试验示范基地建设的补助。是年，万源市青花片区、大竹片区通过四川省农业厅第二批现代农业万亩示范区命名，万源市（茶叶）被纳入四川省现代农业产业基地强县。

2013年，万源市利用四川省现代农业（茶叶）产业基地建设项目，在白羊乡、旧院镇、固军乡、石窝乡新建无性系良种茶园133hm²，在庙坡乡兰家坪村、白羊乡三清庙村建设茶园灌溉设施6.67hm²，建设蓄水池5个，共750m³，并配套建设引水渠3.5km，在太平镇四合村良种繁育基地配套维修地埂5km，修田间工作道4kg，蓄水池500m³，引水渠3km，搭遮阳网6.667万m²。是年，四川省农业厅编制《茶产业强省建设规划》，突出基地"两带两区"建设，产品"一主三辅"发展。达州市以万源市为重点列入川东北优质富硒茶产业带，规划同时提出在万源市改造提升良繁基地。

2012—2013年，达州市茶果站、宣汉县茶果站、宣汉县九顶茶叶有限公司在宣汉县漆碑乡大树村建设"达州市茶叶试验示范基地"33hm²，新购置茶叶加工机械一套，配套完善名优茶自动生产线。

图 7-4　2013 年开江县讲治镇新建茶园开垦
（冯林 摄）

2013年，大竹县设立县本级茶叶专项资金200万元，新发展良种茶园68.67hm²，改造茶园84hm²，茶园面积发展至604hm²，产量470t，其中名优茶95t。达州市达川区启动实施省级财政支农专项项目，在龙会乡张家山村、福善镇莲花村引进白叶1号茶树品种，建设达州市达川区示范茶园46.67hm²。开江县新发展无性系良种茶园66.67hm²（图7-4）。

茶业富民工程期间，达州茶产业建设工作取得了一定成效，但与发展目标差距较大，仍然面临产业投入不足，项目资金少，集中打造标准化、规模化茶叶基地缺乏项目整合，茶园改造单位投入标准低，建设难度较大；基地专合组织、加工企业发展慢，生产组织化程度、资源利用率不高；龙头加工企业产业链脆弱，带动力不强，拓展外地市场不大；专业人才缺乏，技术推广培训经费缺乏，基层科技队伍力量弱；品牌宣传缺乏资金保障，外宣及推广工作薄弱等问题。

第四节　富硒茶产业"双百"工程

一、出台《意见》

2013年5月，中共达州市委办公室、达州市人民政府办公室印发通知，成立由市委常委陈中华任组长、市人民政府副市长王全兴任副组长、20个市级部门主要负责人为成员的"达州市茶叶产业发展领导小组",强化对达州茶产业发展的组织领导。

2013年9月16日—24日,达州市农业局王成、侯重成,及市茶果站贾炼、冯林4人组成的考察组赴湖北省恩施州、陕西省汉中市学习考察茶产业发展经验(图7-5)。考察结束后,达州市农业局将学习到的先进经验和推进达州茶产业发展的建议措施向市委、市政府分管领导作了书面报告。30日,达州市农业局召开全市茶叶产

图7-5 2013年9月达州市农业局考察工作组在湖北省恩施州考察(冯林 摄)

业规划工作研讨会,总结了此前赴湖北省恩施州、陕西省汉中市考察学习茶叶基地建设、品牌打造、茶文化挖掘等先进经验,决定启动实施达州富硒茶产业"双百"工程,并部署制定全市茶产业发展规划,同时勾勒出全市茶产业"一带两心多园区"的发展布局。会后,为强力推动达州茶产业快速、优质、高效发展,在借鉴先进地区茶叶发展经验基础上,达州市茶果站起草了《关于大力实施富硒茶产业"双百"工程的意见(征求意见稿)》(以下简称《意见》),达州市人民政府召开专题会议对《意见》进行了讨论,要求将《意见》发至各县(市、区)人民政府及市级有关部门征求意见修改完善后,按程序发布实施。

2014年2月28日,四川省人民政府以1号文件印发《关于加快川茶产业转型升级建设茶业强省的意见》,提出建成千亿茶产业的奋斗目标,着力推进四川由茶叶大省向茶业强省跨越。2014年3月12日,达州市人民政府正式印发《关于大力实施富硒茶产业"双百"工程的意见》,致力于把达州建成全国知名的富硒茶生产、加工、贸易和文化中心,提出了全市茶产业发展"一带两核四区十园"的整体布局,着重打造以达陕高速路沿线为主的富硒茶产业带,以万源、宣汉为主的两大富硒茶产业核心,以开江、大竹、达川、渠县为主的四大茶叶产业园区和十大精品茶园。

达州市人民政府《关于大力实施富硒茶产业"双百"工程的意见》对以下8个方面重点工作上提出了要求:一是加快良繁工程建设。坚持良种引进与自繁自育、自主创新相结合,大力推广适栽优良品种,加强高香、高抗等新品种选育推广工作,建立健全良繁体系。二是集中连片建设良种茶园基地。鼓励规模化发展良种茶园,对连片新建的无性系良种茶园,视其规模给予一定补助。鼓励兴办家庭茶场,发展专业大户。引导支持茶叶专业合作社发展壮大,建立茶农利益共享、风险共担的经济利益共同体,提高茶叶生产的组织

化程度。三是提高茶叶标准化生产水平。要求各地农业部门积极推广标准化建园、管理及加工技术。依托各级农技服务机构建立茶叶质量监测检验机构，完善市、县、乡三级茶叶技术服务体系。加强无公害、绿色、有机茶及质量管理体系认证。大力推广茶园机械化作业和清洁化生产，不断提高茶叶品质。四是加强茶园基础设施建设。要求财政、交通、国土、电力、水利、农业、扶贫等部门围绕茶叶产业规划及现有基础较好的茶园，每年申报并实施一批农业综合开发、土地整理、通村公路、高标准农田建设等工程建设项目，加快茶区路网、水网、电网等配套设施建设步伐，着力提升茶产业基础装备能力。五是积极延伸茶叶产业链。支持企业积极开展企院、企校科研合作，鼓励企业与国内外知名企业联营，发展茶精深加工，延伸产业链。积极挖掘茶文化、文物等资源，大力开发以茶为主题的旅游精品路线。六是推进产业园区建设。按照"扶优、扶强、扶大"的原则，鼓励和帮助现有资金和技术力量雄厚、市场前景好、竞争能力强的企业，采取联合、兼并、参股等形式，组建茶叶企业集团，推进集约化经营。支持基础较好的茶企技改升级，提升茶叶初制加工水平。七是全力打造茶叶品牌。实施"区域品牌＋企业品牌"双品牌战略，重点打造"巴山雀舌"区域品牌，统筹区域品牌建设、运营和保护，提升区域品牌的影响力和凝聚力。组织巴山雀舌富硒绿茶全国行展销活动，积极参加省内外茶博会、西博会、农博会等重大茶事活动，强化品牌宣传。支持地方举办形式多样的品牌推广活动。八是大力推进茶叶市场体系建设。加快建设"中国富硒茶都博览城"，着力打造全省一流的茶叶集散地。在主产茶区、重点乡镇建设茶叶交易批发市场。大力发展各类流通、服务中介组织，积极培育茶叶经纪人队伍。建立完善茶叶销售网络，鼓励和支持连锁经营和网上销售等现代流通方式，拓展销售渠道。鼓励企业统一店招标识到省内外各大城市开设专卖店、连锁店、加盟店。建设茶叶信息平台，交流发布茶业信息。

为推动达州富硒茶产业"双百"工程的建设，《意见》还从组织领导、资金扶持、科技支撑、发展环境、宣传发动等方面提出了政策保障。每年（2014—2017年）根据发展变化和发展需要的实际，通过达州市人民政府办公室或达州市农业局、达州市财政局联合发文制订当年度的具体实施方案，将茶叶生产基地建设目标任务分解到县，同时要求各县分解落实到乡镇、到村。同时，每年由市委督查室、市政府督查室牵头，联合市农业局、市财政局对各县（市、区）人民政府推进"双百"工程建设情况进行督查、通报，有力加强了各地党委、政府对茶叶产业发展的重视。

在四川省人民政府《关于加快川茶产业转型升级建设茶业强省的意见》和达州市人民政府《关于大力实施富硒茶产业"双百"工程的意见》文件下发后，万源市人民政府第一时间贯彻落实，于2014年4月16日制发《关于大力发展富硒茶产业的意见》，提出万源富硒茶产业"一核四带"发展布局，即以白羊茶叶为核心区，建设达陕高速沿线茶叶产业带、302省道沿线茶叶产业带、210国道沿线茶叶产业带、魏罗公路沿线茶叶产业带"四带"。随后，渠县人民政府出台《关于加快渠县茶叶产业化发展的意见》，大竹县农业局出台《关于大力实施2014年度富硒茶产业"双百"工程的意见》。

2014年4月25日，万源市人民政府制定《关于2014年富硒茶产业发展的意见》，提出2014年全市建设安全高效茶叶基地4万亩（其中：新建核心示范基地5000亩），改造低产茶园1.2万亩，建设10个庄园式茶叶基地，对历年所建良种茶园行补植改造；建设良种茶繁育基地500亩；发展茶庄园10个，创建草坝现代农业（茶叶）万亩示范区；茶叶总产量达到4500t，实现茶叶总产值5亿元；规划茶叶市场，创新发展机制，转变经营理念，实现茶产业可持续发展（图7-6）。2015年，大竹县人民政府、渠县人民政府办公室又制定发布了《关于加快推进富硒茶产业发展的实施意见》。

图7-6 2014年4月14日《达州日报》以"万源茶业前景更光明"报道达州市茶业"双百"工程实施对万源茶业发展产生积极影响

二、编制《达州市富硒茶产业发展总体建设规划》

2013年，达州市在邀请中国农业科学院茶叶研究所专家到达州实地考察后，达州市人民政府召开座谈会，听取了中国农业科学院茶叶研究所专家关于达州茶产业发展规划的意见。达州市方面提出，现阶段达州茶产业的发展规划应是包括茶叶种植业在内的，涉及茶叶全产业链的现代茶产业发展规划。2014年5月，受汉中市茶业协会邀请，达州市作为四川唯一受邀茶区参加了"2014'茶城杯'汉中仙毫赛茶大会"，达州市农业局副局长侯重成、市茶果站冯林及县茶叶专家参会。会后，提出高水平编制达州富硒茶产业发展规划、大马力推动标准化茶园连片建设、大活动推介达州富硒茶知名品牌、大手笔建设中国富硒茶都博览城四项建设内容。2014年，达州市农业局确定由中机系（北京）信息技术研究院编制达州茶产业发展规划。中机系（北京）信息技术研究院组织茶业专家王广智、中机系（北京）信息技术研究院茶产业研究中心主任王博、高级顾问宋阳等人到万源市、宣汉县开展了初次调研（图7-7~图7-9）。

图7-7 规划工作组在宣汉县漆碑乡初次调研

图7-8 规划工作组在万源市大竹镇初次调研

图7-9 规划工作组在万源市兰家坪初次调研

2014年7月15日—20日，中机系（北京）信息技术研究院茶产业研究中心主任王博、高级项目经理姜英德和高级顾问杨雪、宋阳等组成的考察组来达州开展《达州市富硒茶产业发展总体建设规划》补充调研工作，达州市农业局副局长侯重成、市茶果站冯林随行调研。2014年8月，中机系（北京）信息技术研究院茶产业研究中心主任王博、高级项目经理姜英德组成的考察组再次来达开展规划调研，重点针对全市10个精品茶园选址编制建设性规划。调研组先后深入万源市石塘乡、白羊乡、秦河乡、石窝乡、草坝镇、大竹镇，宣汉县漆树乡、三墩乡、樊哙镇、漆碑乡，开江县广福镇、讲治镇，达川区龙会乡，大竹县团坝镇，渠县龙潭乡，并对达陕高速公路沿线茶产业带的具体布局规划选点。调研历时6天，走遍了全市重点产茶镇、村，确定了全市重点打造的10个精品茶园选址（图7-10~图15）。

图7-10 规划工作组在万源市白羊乡规划精品茶园建设（冯林 摄）

图7-11 规划工作组在宣汉县黄金镇规划达陕高速公路沿线茶产业带（冯林 摄）

图7-12 规划工作组在大竹县（冯林 摄）

图7-13 规划工作组在渠县龙潭乡（冯林 摄）

图7-14 规划工作组在达州市达川区天禾茶场
（冯林 摄）

图7-15 2014年7月达州市人民政府召开富硒茶
产业规划座谈会（冯林 摄）

　　2014年10月17日上午，达州市人民政府召开《达州市富硒茶产业发展总体建设规划》（以下简称《规划》）评审会议。达州市委、市委农工委、市农业局、市财政局、市林业局、市水务局、市旅游局、市文广新局、市经信委、市商务局及达川区、万源市、宣汉县、大竹县、开江县、渠县人民政府负责同志参会并提出了意见。评审专家组由四川省茶叶研究所王云研究员任组长。专家组听取项目组汇报，经质询和讨论，认为《规划》思路清晰、定位准确、结构合理，具有较强的科学性、前瞻性和可操作性，符合达州茶产业发展实际，对茶产业转型升级具有重要意义，同意通过评审。陈中华指出，《规划》是近年来达州农业领域水平最高、最成熟的产业规划，具有很强的前瞻性、可行性与操作性，为全市富硒茶产业发展描绘了美好蓝图。2014年12月23日，达州市人民政府办公室发布《规划》（图7-16）。《规划》以"农业增效、农民增收"为目标，突出卖生产、卖生活、卖生态，跳过传统茶产业发展一些阶段，直接迈向现代茶产业，大规模、高标准、高品质、高效益合力打造茶产业跨越式发展的模式，着力推进达州茶业发展建基地、扩品系、兴文化、深加工、树品牌、多融合六大战略转变，总体上形成了达州现代茶叶产业健康发展的系统依据和行动纲领。

　　《规划》明确了全市茶叶产业发展"一带两核四区十园"的空间布局。"一带"即达陕高速沿线的宣汉黄金镇至万源太平镇的茶产业带。"两核"指以万源、宣汉为核心示范

第七章　茶产业

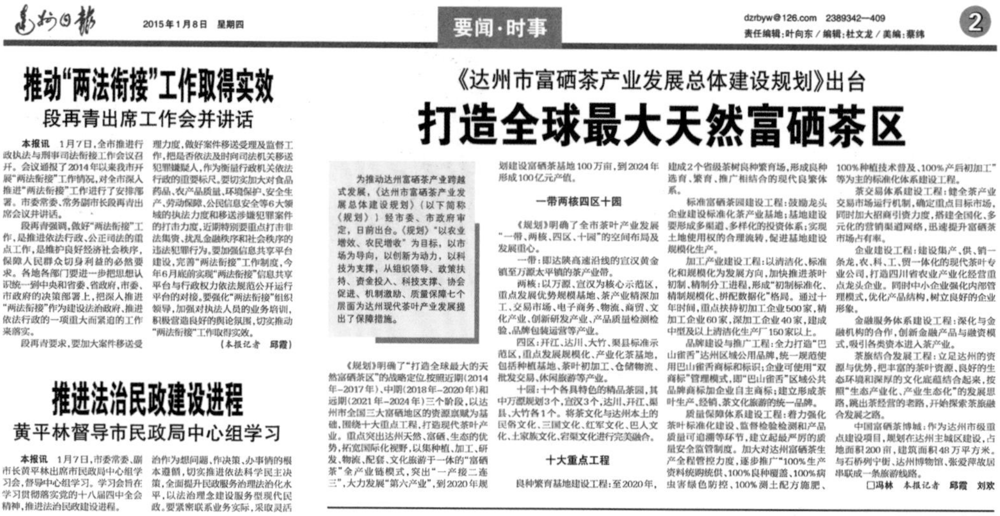

推动"两法衔接"工作取得实效
段再青出席工作会并讲话

本报讯　1月7日，全市推进行政执法与刑事司法衔接工作会议召开，会议通报了2014年我市开展"两法衔接"工作情况，对全市深入推进"两法衔接"工作进行了安排部署。市委常委、常务副市长段再青出席会议并讲话。

段再青强调，深入推进"两法衔接"工作，是推进依法行政、公正司法的重要工作，是推进反腐倡廉惩治体系、保障人民群众合法权益的迫切需要。各地各部门要进一步思想认识，切实把推进"两法衔接"工作落到实处……

推进法治民政建设进程
黄平林督导市民政局中心组学习

本报讯　1月7日，市委常委、副市长黄平林出席市民政局中心组学习……

《达州市富硒茶产业发展总体建设规划》出台
打造全球最大天然富硒茶区

为推动达州市富硒茶产业跨越式发展，《达州市富硒茶产业发展总体建设规划》（以下简称《规划》）经市委、市政府审定，日前出台。《规划》以农业增效、农民增收为目标……

《规划》明确了"打造全球最大的天然富硒茶区"的战略定位，按照近期（2014年—2017年）、中期（2018年—2020年）和远期（2021年—2024年）三个阶段，以达州全国三大富硒区的资源富集区为基础，围绕"一带两核四区十园"空间布局……

一带两核四区十园

《规划》明确了全市茶叶产业发展"一带、两核、四区、十园"的空间布局……

十大重点工程

□冯林　本报记者　邱霞　刘欢

图7-16　2015年1月8日《达州日报》报道《规划》出台

区，重点发展优势规模基地、茶产业精深加工、交易市场、电子商务、物流、商贸、文化产业、创新研发产业、产品质量检测检验、品牌包装运营等产业。在万源市规划了白羊、青花、大竹、草坝—河口、黄钟—竹峪、曾家—花楼六大茶区，布局在40个乡镇311个村；在宣汉县，规划了以漆碑、樊哙为中心的东部茶区，以新华、黄金为中心的东北部茶区，以马渡关为中心的西部茶区，布局在20个乡镇201个村。"四区"指开江、达川、大竹、渠县四大标准示范区，重点发展规模化、产业化茶基地，包括种植基地、茶叶初加工、仓储物流、批发交易、休闲旅游等产业。在开江县规划了广福、讲治、灵岩三大茶区，布局在9个乡镇67个村；在达川区，规划了"龙会—米城""福善—百节"两大茶区，布局在10个乡镇74个村；在大竹县规划了团坝、城西、黄滩三大茶区，布局在5个乡镇40个村；在渠县规划了汇东、龙潭、双土卷硐三大茶区，布局在6个乡镇41个村。"十园"即10个各具特色的精品茶园。精品茶园建设以"生态观光+文化体验+休闲养生"为主要业态，依照各自不同的地理位置和茶乡特色，差异化融合茶文化与当地的民俗文化、三国文化、红军文化、巴人文化、土家族文化、宕渠文化等。其中在万源市规划3个，宣汉县3个，达川区、开江县、渠县、大竹县各1个，分别拟名为：万源市石塘—白羊巴渠民俗精品茶园、万源市石窝—草坝古社茶乡精品茶园、万源市青花镇奇树艺茶精品园、宣汉县黄金斑竹特色梯田精品观光茶园、漆碑土家族风情观光茶园、樊哙三清庙巴风渝韵精品茶园、大竹县竹沐茶海精品观光茶园、渠县有机改造引领示范茶园、达川区天禾茶叶都市农业综合休闲茶园、开江休闲养生精品温泉茶园。2015年，调整增加宣汉县马渡关石林茶海观光茶园1个。

《规划》按照近期（2014—2017年）、中期（2018—2020年）和远期（2021—2024

年）3个阶段，围绕良繁基地、标准化生产基地、加工产业、品牌建设、交易体系、企业建设、茶旅结合、金融服务、茶博城建设等重点工程，打造现代茶叶产业。良种繁育基地建设工程提出，至2020年建成2个省级茶树良种繁育场，为富硒茶基地建设提供充足优质的插穗，形成良种选育、繁育、推广相结合的现代良繁体系。标准富硒茶园建设工程提出，基地建设要形成多渠道、多样化的投资体系，实现土地使用权的合理流转，围绕龙头企业建基地，促进基地建设规模化。加工产业建设工程提出，加快推进茶叶初制、精制分工进程，形成"初制标准化、精制规模化、拼配数据化"格局。品牌建设与推广工程提出全力打造"巴山雀舌"区域公用品牌，建立形成茶叶生产、经销、茶文化旅游的统一品牌。质量保障体系建设工程提出，着力强化茶叶标准化建设、监督检验检测和产品质量可追溯等环节，建立起最严厉的质量安全监管制度。茶交易体系建设工程提出，健全茶产业交易市场运行机制，确定重点目标市场，同时加大招商引资力度，搭建全国化、多元化的营销渠道网络，迅速提升富硒茶市场占有率。企业建设工程提出，建设集产、供、销一条龙，农、科、工、贸一体化的现代茶叶专业公司，打造四川省农业产业化经营重点龙头企业。同时中小企业强化内部管理模式，优化产品结构，树立良好的企业形象。金融服务体系建设工程提出，深化与金融机构的合作，创新金融产品与融资模式，吸引各类资本进入茶产业。茶旅结合发展工程提出，立足达州的资源与优势，把丰富的茶叶资源、良好的生态环境和深厚的文化底蕴结合起来，按照"生态产业化、产业生态化"的发展思路，跳出茶经营的老路，开始探索茶旅融合发展之路。

三、开展达州富硒茶产业项目推介

《达州市富硒茶产业发展总体建设规划》（以下简称《规划》）包装了500hm² 良繁基地、4.6667万 hm² 标准茶园、10个精品茶园、富硒茶饮品深加工、富硒茶食品深加工、茶多酚提取物、纳米富硒茶、茶叶精加工、富硒茶博览城、茶仓储物流、茶产品交易市场、富硒茶综合产业园、富硒茶文化公园、茶文化风情街、文化茶坊、茶文艺表演、茶叶印刷包装、富硒茶旅游产品开发、茶叶配套农资、循环农业示范、质量安全检测中心等53个重大项目。2015年4月22日，达州市在第七届北京茶博会举办达州富硒茶推介会（图7-17）。为扩大宣传，推介项目，广泛吸收社会资本，力促《规划》落地，2015年4月24日，达州市在达州宾馆举办了富硒茶产业"双百"工程项目推介会（图7-18）。达州市委分管领导及市级有关部门，各县（市、区）政府、农业局、茶果站（茶叶局）和茶业发展重点乡镇，70余家各类企业代表，农民日报、重庆日报、四川日报、华西都市报等10余家新闻媒体共计160余人参加了会议。达州市农业局重点推介了10个精品观光

图 7-17 第七届北京茶博会四川达州富硒茶推介会
（冯林 摄）

我市召开富硒茶产业项目推介会
陈中华出席并讲话

　　本报讯 4月24日，我市召开富硒茶产业项目推介会。会议就富硒茶产业精品观光茶园建设项目、中国富硒茶博城建设项目、标准茶园建设项目、茶叶加工类建设项目、良繁体系建设项目等9个重点项目进行了推介。市委常委、市总工会主席陈中华出席推介会并讲话。

　　据悉，我市茶叶产业经过多年的发展，形成了较好的产业基础，全市茶叶基地乡镇75个，现有茶园40.24万亩，500亩以上规模茶叶基地98个，年产量1万吨，综合产值约8亿元。

　　陈中华指出，我市是四川省唯一的天

然富硒区，土壤独特，富硒茶产业历史悠久，文化厚重，品牌响亮，市场广阔，蕴藏着巨大潜力和无限商机，是投资创业的理想之地。同时，市交通区位优越，发展后劲强劲，投资环境优越，创业平台完善，对前来投资的企业在产业政策、土地政策、企业政策、推广政策等方面给予优惠，欢迎各位客商和各界朋友来达州实地参观考察、投资富硒茶产业项目。

　　推介会上，12个客商代表与我市有关单位签订了价值13亿元的富硒茶产业发展项目意向性协议。

　　（冯林　本报记者　刘欢）

图 7-18 《达州日报》报道富硒茶产业项目推介会（来源：达州市茶果站）

茶园、中国富硒茶博城、50万亩标准茶园、茶树良繁体系、茶叶加工、茶叶市场、茶文化、循环农业等富硒茶产业重点建设项目。2015年5月8日，在第四届中国（四川）国际茶业博览会举办达州市巴山雀舌富硒茶推介会（图7-19）。

　　2015年2月，宣汉县马渡乡党委、政府依据《规划》，结合当地农、旅、文、城多种资源，按照"以茶为基、多元发

图 7-19 第四届中国（四川）国际茶业博览会达州市巴山雀舌富硒茶推介会（冯林 摄）

展、农旅文城、集聚开发"的思路，聘请中机系（北京）信息技术研究院编制了《四川宣汉县马渡石林茶海观光农业园总体建设规划》，之后，马渡乡借助达州市富硒茶产业"双百"工程招商项目推介会及多方平台资源，展开项目招商引资工作。2015年6月，马渡乡人民政府与重庆鸿榜房地产开发有限公司正式达成协议，启动茶海观光园建设工程。2015年7月28日，达州市茶果站茶技人员唐开祥、冯林前往马渡乡，对马渡乡蔡家山一带新茶园建立过程中的土地开垦及园区规划工作进行了技术指导（图7-20）。

图 7-20 2015年7月宣汉县马渡石林茶海观光茶园项目开工（冯林 摄）

四、召开达州富硒茶产业"双百"工程现场推进会

2014—2016年，达州市先后召开3次现场推进会，成为大力推进实施富硒茶产业"双百"工程的一项关键举措。2014年4月28日，因开江县当年在全市新建良种茶园标准化程度和集中连片规模化程度较高，达州市富硒茶产业"双百"工程现场推进会首先在开江县召开（图7-21）。19个市直部门、6个产茶县（市、

图 7-21 2014 年达州市富硒茶产业"双百"工程现场推进会（冯林 摄）

区）人民政府及农业局、43个重点产茶乡镇、14个重点茶叶企业主要负责人参加会议，现场参观了开江县讲治镇双飞茶叶专业合作社新建茶园和广福镇福龟茶叶基地。

2015年4月16日，全市富硒茶产业"双百"工程现场推进会在达州市达川区举办（图7-22）。达州市委、市政府，市级有关部门，各县（市、区）人民政府、农业局、茶果站（茶叶局），43个重点产茶乡镇及14家茶叶生产企业负责人共计100余人参加了会议，现场参观了达川区龙会乡天禾茶场。会上，达川区、万源市、宣汉县及重点产茶乡镇代表万源市白羊乡先后作交流发言。达州市农业局主要负责同志宣读了达州市委办公室"关于全市实施富硒茶产业'双百'工程督查情况的通报"。会议强调，各级党政部门务必要高度重视发展富硒茶产业，坚定发展茶业的信念和信心，要主动适应经济新常态，坚持转型、集聚、融合、安全、持续发展的理念，让"茶区变景区，茶园变公园"，推动富硒茶产业率先实现一、二、三产业深度融合发展。

2016年4月18日，达州市富硒茶产业"双百"工程现场推进会在万源市举办（图7-23）。7个县（市、区）、19个市级部门、51个产茶乡镇及30个茶叶企业、专业合作社代表参会。现场参观了四川蜀雅茶业开发有限公司茶叶生产车间和白羊乡新开寺村茶叶基地。万源市人民政府、大竹县人民政府、宣汉县马渡乡、渠县秀岭春天、达川区天禾茶场分别作了交流发言。达州市农业局主要负责同志宣读了《关于2016年度茶产业发展先进单位的通报》。大竹县人民政府、万源市人民政府、达州市达川区人民政府、宣汉县人民政府、达州市财政局、达州市农业局6家单位（部门）被授予"2015年度达州市茶产业发展先进单位"。会议指出，茶叶产业是高效产业、富民产业、生态产业、文化产业、朝阳产业，各县、各部门要提高对茶叶产业价值的认识；要充分发挥茶叶产业在脱

贫攻坚工作中的重要作用；要认真实施好富硒茶产业"双百"工程总体规划，大马力推动茶叶基地建设；要加快提升十大精品茶园建设；要重视对加工人才的培育，保证制茶技艺的良好传承；要认真思考品牌培育问题，将品牌培育和供给侧结构性改革结合起来深入细致做研究；要成立茶叶学会、协会，综合研究茶叶产业和茶叶元素，将全产业链做到精致经典；要高度重视发展茶产业，持续加大资金投入。2017年，达州市富硒茶产业"双百"工程现场推进会拟定在大竹县举办，后整合并入全市现代农业园区建设现场会，之后未再举办。

图 7-22 2015 年达州市富硒茶产业"双百"
工程现场推进会（冯林 摄）

图 7-23 2016 年达州市富硒茶产业"双百"
工程现场推进会（冯林 摄）

五、"双百"工程资金投入

为保障达州富硒茶产业"双百"工程的顺利实施，达州市本级财政加大了资金投入，切实推动了达州茶产业快速发展。2014—2017年共设立茶叶专项资金740万元（表7-4）。

表 7-4　2014—2017 年茶产业"双百"工程基地建设市本级
专项资金投入到各县情况

年度	奖补资金 / 万元						
	合计	万源市	宣汉县	大竹县	达川区	开江县	渠县
2014	140	32	33	15	20	30	10
2015	200	75	50	25	20	10	20
2016	200	80	45	20	25	15	15
2017	200	75	48	37	10	10	20
合计	740	262	176	97	75	65	65

2014年，在茶叶生产基地基础薄弱的情况下，专项资金主要倾向于对新建200亩以上的集中连片茶叶基地进行补助，极大地调动了业主新建茶园的积极性，也促进了茶园

建设向优势区域集中，推动形成了一大批规模化茶叶生产基地。是年，全市规模发展茶园13hm²以上的新型经营主体有25家，面积1231hm²（图7-24）。

2016年，茶产业"双百"工程对集中连片新建茶园规模在33.33hm²以上的实施激励。当年，全市共17家业主单位参与茶园建设，其中，万源市7家，共建252hm²；宣汉县3家，共建100hm²；大竹县3家，共建300hm²；达川区3家，共建200hm²；开江县1家，建设面积33.33hm²（图7-25）。这一年，还增加了对茶园低改、苗圃建设、厂房建设、精品茶园建设的补助。全市2家企业共低改茶园面积110hm²，4家企业建设苗圃27.33hm²，10家企业共建厂房面积18800m²，新购置生产线14条，5家企业参与精品茶园基础设施建设、配套观光景点打造等。在富硒茶产业"双百"工程专项激励下，全市第一次从面上推动了达州茶业一、二、三产融合发展。

图7-24 2014年达川区天禾茶场扩建茶叶生产基地

图7-25 2016年万源市集中采购茶苗大力推进茶园建设（来源：万源市茶叶局）

在省、市政策推动下，各县（市、区）在扶持政策上也加大了倾斜力度，整合了部分涉农资金用于支持茶产业发展。2014年，万源市整合巩固退耕还林成果后续产业（茶叶）基地建设专项资金、省农技推广项目专项资金、产业扶贫资金、农业综合开发项目、金土地工程等各种资金3000万元用于茶叶基地建设。宣汉县争取（整合）"国家产业化经营农民专业合作社财政补助项目""县级支农资金以奖代补项目""扶贫整村推进项目""县级支农资金"共计416万元用于茶叶基地建设，争取到"国家退耕还林后续口粮田建设项目"资金700万元用于樊哙镇巴山茶博园建设。达川区政府利用"2014年村级公益事业建设一事一议财政奖补项目资金"给予天禾茶叶专业合作社扶持，争取省级"2014农业技术推广项目"资金300万元用于良繁基地（母本园）建设。2015年，大竹县县本级财政拿出500万元用于茶园基础设施、配套技术推广以及高标准试验示范基地建设。

六、"双百"工程发展成效

实施富硒茶产业"双百"工程，推动了达州茶叶基地规模、加工能力的快速提升，促进了达州茶叶经济结构的转型调整，支撑起茶产业在脱贫攻坚和乡村振兴中发挥重要作用。

2014—2017年，推进茶园向优势区域集中，实现了"一县一园""一县多园"，改变了基地分散的状况。新建、改建茶叶加工厂12个，厂区面积2万 m²，进一步壮大了茶叶经营主体。在强化传统名优绿茶加工的同时，大竹县依靠品种结构调整成功实现茶产业转型升级，"大竹白茶"系列产品快速发展，名优绿茶年产量0.52万 t，占绿茶总量的47.2%。工夫红茶生产在经历20世纪末的中断后，于2014年在宣汉县漆碑乡重新恢复试制，以后逐步发展到渠县、万源、达川区、开江县，红茶占比逐年提高，进一步调优产品结构。成功打造出万源"石塘—白羊"茶叶园区、大竹县团坝白茶、渠县秀岭春天、达川区天禾茶场、开江县"讲治—广福"茶园、宣汉马渡关石林茶海茶旅融合样板，吸引游客前往观光旅游，有效促进了达州茶产业一、二、三产更加协调发展。这一时期，不断向外拓展市场，极大地促进了达州茶叶品牌影响力的提升，为达州茶叶持续推进品牌强茶战略，打造市级茶叶区域公用品牌积累下了宝贵经验（图7-26）。

2019年，按照省、市推进现代农业园区建设的工作部署，"双百"工程专项资金整合到现代农业园区建设项目，达州富硒茶产业"双百"工程暂告段落。2019年12月，万源市白羊—石塘茶叶省四星级现代农业园区、大竹县铜锣山大竹白茶市级现代农业园区、开江县福龟茶县级现代农业园区建成。

图7-26 《达州日报》报道达州茶产业"双百"工程实施成效

七、"专班"推进达州茶产业迈入新发展阶段

为加强对重点产业发展的组织领导，2020年6月，中共达州市委农村工作领导小组决定成立现代农业"1+4"推进工作专班，茶产业工作专班成立。茶产业工作专班由达州市政协分管负责同志牵头领导，达州市农业农村局为牵头单位，达州市发展改革委、市经信局、市科学技术局、市财政局、市自然资源和规划局、市商务局、市文化体育和旅游局、市市场监督管理局、市供销合作社、达州海关等部门（单位）为协同单位。茶产业工作专班职能职责：贯彻落实市委、市政府现代农业发展决策部署；组织开展重大问题研究，跟踪分析产业发展形势，提出推进产业发展的政策措施和建议；研究制定相关产业推进方案和年度重点任务清单，推动目标任务落实；统筹协调推进重点企业、重点项目引进和落地建设，协调解决项目推进中的重大问题；协调解决产业发展面临的人才、土地、资金等要素保障及产业项目建设过程中出现的重大困难，有序有力推进产业体系建设；督促检查产业重大政策、重大工程、重大项目落地落实情况；承担市委、市政府安排的其他工作。新发展阶段，在茶产业工作专班带领下，确立了"巴山青"作为达州市茶叶区域公用品牌，持续开展以培育推广"巴山青"品牌为总揽的，全面统筹茶文化、茶产业、茶科技发展的各项工作，推动达州茶业高质量发展迈进新征程。

第八章 脱贫攻坚与茶业振兴

第一节　茶产业助力脱贫攻坚

新中国成立后，达县专区实行了一系列扶贫政策。面对部分住在高山区的贫困户，一年四季过着"吃洋芋果、盖包谷壳、穿烂筋筋、住茅草窝"的困难生活局面，1986年，地区改"救济式"扶贫为"开发式"扶贫，扶贫资金投放重点突出特困区乡和改造低产茶园等户户有利的"短平快"种养业项目。至1989年，结束了长期吃粮靠返销的局面，提前一年完成"七五"规划低标准越温。这一时期，万源"巴山雀舌"名茶作为科技扶贫工作的重大成果投入市场，掀起了达州名茶开发热潮。1990—1993年，围绕逐步实现贫困户稳定解决最低温饱、有稳定收入来源，面向市场、依靠科技，在发展粮食生产的同时，有重点有步骤地加快茶叶、优质果品、畜牧、中药材、蚕桑和名优产品6大扶贫支柱产业建设。1990年7月20日，中共达县地委、达县地区行署作出《关于大力兴办集体"绿色工厂"发展农户"庭院经济"的决定》，将"茶叶"列为全区发展种植业"绿色工厂""庭院经济"的重要选项，提出"努力在近两三年内实现村村社社有'绿色工厂'，家家户户有'庭院经济'，为农民提供看得见，摸得着，创造财富，巩固温饱，稳定脱贫，向小康迈进的物质基础设施和条件"，指出"不抓粮食就不能巩固温饱，就没有脱贫致富的起码条件。但是，如果单一抓粮，单纯靠粮食生财，是很难脱贫致富，向小康迈进的，更难使县级经济充裕起来"。1991年，达县地区茶果站《世界银行为稳定解决中国西部地区群众温饱问题项目建议书——名优茶开发》报送世界银行获得通过。1996年，秦巴山区扶贫世界银行贷款农业综合项目覆盖境内宣汉县、渠县，"名优茶叶开发"纳入项目建设内容。1986—1999年的14年中，发展区域支柱产业，万源茶叶产量比1985年的750t增加1236t，宣汉县茶叶年产量达到753t。2000年后，达州市始终围绕"助农增收"这一核心目标，以优势特色茶叶产业为骨干项目，高位推动茶叶生产发展，相继开展"茶叶生产'552'工程""茶业富民工程""富硒茶产业'双百'工程"。

党的十八大以来，以习近平同志为核心的党中央把扶贫开发工作上升到了道路和方向的高度，扶贫工作受到空前重视，脱贫攻坚上升为全局性任务。2015年7月8日，中国共产党四川省第十届委员会第六次全体会议通过中共四川省委《关于集中力量打赢扶贫开发攻坚战确保同步全面建成小康社会的决定》。2015年7月24日，中国共产党达州市第三届委员会第九次全体会议通过中共达州市委《关于决战决胜扶贫攻坚同步全面建成小康社会的决定》。2016年达州市脱贫攻坚领导小组办公室制定《达州市"十三五"脱贫攻坚规划》，指出缺乏产业是导致贫困人口的最主要因素。《达州市"十三五"农村扶贫开发规划解决突出贫困问题产业发展建设》中，结合达州富硒茶产业"双百"工程的实施，共组装了14个茶叶产业项目。"十三五"时期（2016—2020年），达州市进入与全省同步全面建成小康社会决胜阶段，是补齐贫困"短板"、实现贫困人口如期脱贫的关键阶段。在此阶段，达州市因地制宜，将茶叶作为助农增收、脱贫攻坚的骨干型产业，发挥了助力全市打赢脱贫攻坚战，顺利迈步进入全面小康的重要作用，典型的就有万源茶叶"浙川东西部扶贫协作"和大竹白茶"四带三供"产业扶贫项目。

一、浙川东西部扶贫协作助力万源茶业新发展

开展对口帮扶、实施精准扶贫，产业是最核心和最关键的因素，只有产业发展起来了，才能为贫困户创造更多的就业机会和就业途径，才能帮助贫困户获得稳定的收入来源，从而实现增收脱贫。2018年4月，中央新一轮东西部扶贫协作工作启动以来，浙江省普陀区按照中央工作要求，聚焦精准协作、精准扶贫，立足万源实际，依托东西部扶贫协作项目资金，通过帮助万源市大力发展高标准茶叶产业基地，带动贫困户稳定增收脱贫，走出了一条颇具万源特色的产业扶贫新路子。2018年以来，万源市建成高标准茶叶基地1880hm²，撬动社会资本2.051亿余元，给当地农户带来直接收益3109万余元，辐射带动1.158万余户贫困户3.5万余人实现增收脱贫，为万源打好打赢脱贫攻坚战作出了积极贡献。2019年底顺利通过国家脱贫攻坚考核验收，实现整县脱贫摘帽。

（一）背　景

万源市位于四川省东北部、大巴山腹心地带，原系国家扶贫开发重点县（市），达州市深度贫困地区。2014年，万源市共有精准识别贫困村170个，贫困户2.9万余户9.1万余人，贫困发生率为18.38%，贫困面宽量大、程度深，总体性贫困和趋势性贫困特征明显，脱贫任务十分繁重。万源作为典型的山区农业县，长期以来，由于受交通不便、资金缺乏等众多因素影响，内生动力不足，工业产业基础薄弱，产业带动效应不明显。要从根本上改变万源现状，培育发展符合万源特点的产业是一条主要出路。而从万源的实际情况来看，万源虽然工业产业基础薄弱，但发展特色农业尤其是茶叶产业具有得天独厚的条件：万源茶叶种植历史悠久，气候、土壤等自然条件较好，适合茶叶种植；万源为全国富硒带之一，出产的茶叶品质高、质量好，并屡获全国、全省大奖；万源茶叶产业基础扎实，市内已有多家颇具实力的茶叶企业；茶叶种植覆盖面广、带动性强，群众的认可度和积极性较高……经过反复研究分析、比较论证，最终确定将茶叶作为扶贫的主导产业。

（二）项目实施

为了加快推进茶叶基地建设，促进本地贫困户增收，万源市通过建立完善"政府引

导、企业主体、股权量化、保底分红、利益联结、就业增收"等多项机制，促进茶叶产业发展，为贫困户增收脱贫创造机会。

一是坚持政府主导机制，发动企业积极参与。在茶叶基地建设过程中，始终坚持政府主导、企业参与的工作机制，确保让贫困户获得更多的收益。精心编制产业扶贫项目，根据万源现有基础及各乡镇实际情况，科学规划茶叶产业发展布局，坚持积极稳妥、分步实施战略，谋划在2018—2021年的4年时间内帮助万源建成高标准茶叶基地2000hm²左右，做大做强茶叶产业。强化政策激励保障，为充分调动企业参与的积极性、主动性，明确对参与基地建设的企业，每发展1亩茶叶基地，东西部扶贫协作项目资金入股3000元。同时，由万源市政府出资，对流转土地33.33hm²以上，年限5年以上的，前3年每亩分别奖励300元、200元、100元，鼓励市内外有实力的企业通过土地流转、集中成片组织实施茶叶基地建设。强有力的政策激励保障，调动激发了企业参与茶叶产业建设的积极性和主动性，万源市内外茶叶企业主动请缨，积极要求参与基地建设。2018年，参与茶叶基地建设的10家企业共建成茶叶基地646.67hm²；2019年，参与茶叶基地建设的9家企业共建成茶叶基地633.33hm²（图8-1）；2020年，参与茶叶基地建设的14家企业共建成茶叶基地420hm²；2021年，参与茶叶基地建设的7家企业共建成茶叶基地180hm²，万源市蜀韵生态农业开发有限公司建设茶叶博物馆1座（图8-2），3家企业建设茶叶加工厂3座。

图8-1 2019年万源市石窝镇番坝村淅川东西部
扶贫协作新建茶园（冯林 摄）

图8-2 巴山富硒茶史馆

二是实施股权量化机制，对受益对象实行保底分红。积极探索实施股权量化机制，利用东西部扶贫协作项目资金，对参与实施茶叶基地建设的企业，按3000元/亩的标准入股，占股30%。同时，坚持项目资金使用惠及更多贫困户原则，以当年度预脱贫户、大病贫困户、脱贫监测户、特困残疾人等4类人群为受益对象，按年度、分阶段进行股权量化。前3年茶叶基地建设期无收益，按同期中国人民银行一年期贷款基准利率计算保底分红资金；3年建设期满后，根据效益实际情况进行股权分红。经统计，项目实现收益股权分红资金惠及万源市2018年预脱贫户4783户15562人，户均分红519.85元；万源市2019年患三种大病户3066户，每户分红652.46元；脱贫监测户512户，每户分红869.95元；残疾人户613户，每户分红1087.43元；2020年万源市开发农民工公益性岗位1199个，每个岗位分红10个月，每个月600元；2021年万源市茶叶基地及其配套建设项目实现资产性收益分红资金164.815万元，惠及9个乡镇16个村，共壮大集体经济65.926万元。

三是建立利益联结机制，带动贫困户增收脱贫。实施产业扶贫，建立完善持续高效的利益联结机制是检验产业扶贫取得实效的主要标准。在茶叶产业基地建设过程中，通过建立完善多项利益联结机制，辐射带动更多贫困户增收脱贫。第一是土地流转机制。企业要建茶叶基地，须向当地农户流转土地，农户每年就会有持续稳定的土地流转收入（图8-3）。如2018年建设茶叶基地646.67hm²，按平均每亩300元/年的土地流转价格计算，为当地农户带来291万元的收入。流转土地的农户其中20%为贫困户，当年就可为他们带来土地流转收入58万余元。第二是劳动务工机制。茶叶基地在前3年建设期内及建设期完成后，都需投入大量劳动力，这不仅能有效带动当地农户就业，又可帮助贫困户获得持续稳定劳务收入。第三是承包经营机制。茶叶基地建设企业通过"返租倒包""公司+基地+农户"等模式，将茶叶基地承包给当地农户或经济合作组织等进行后期茶园管理、养护、采摘等工作，农户便可获取稳定的承包经营收入。

图8-3 与贫困户签订土地流转协议（来源：万源市茶叶局）

（三）主要成效

一是发动企业积极参与，撬动了大量的社会资本。茶叶基地在3年建设期内，土地流转、开垦、平整，茶苗采购、栽植、管护等都需要投入大量的资金人力，据测算，茶叶基地在3年建设期内每亩实际投入在1万元左右，除东西部扶贫协作项目资金以3000元/亩入股外，企业实际每亩还需投入7000元左右，2018年建成茶叶基地646.67hm²，撬动社会资金投入6700万余元；2019年建成茶叶基地633.33hm²，撬动社会资金投入6600万余元；2020年建成茶叶基地420hm²，撬动社会资金投入4410万余元；2021年建成茶叶基地180hm²及水渠管网等配套项目，撬动社会资金投入2800万元；4年共计撬动社会资本2.051亿余元（图8-4）。

二是建立利益联结机制，获得了较高的资金回报。2018—2020年，茶叶基地及其配套建设，东西部扶贫协作项目资金入股共投入8840余万元，而通过建立完善股权量化、土地流转、劳动务工（图8-5）等多项利益联结机制，给当地农户、贫困户、残疾贫困户等带来了稳定持续无风险的收益，极大地提高了资金的使用效率。经统计，2018—2021年，通过茶叶基地及其配套建设，共给当地受益对象实施保底分红1163万余元，兑现土地流转收入846万余元，发放劳动务工收入1100万余元，三项共计3109万元（不计承包经营收入），资金回报率达35.17%。

图8-4 万源市石塘镇浙川东西部扶贫协作茶叶产业基地标牌

图8-5 万源市石塘镇茶农在管理茶园（陈本强摄）

三是建设茶叶产业基地，带动了更多贫困户脱贫增收。茶叶基地建设始终聚焦贫困户，通过产业项目实施，变"输血式扶贫"为"造血式扶贫"，辐射带动了大量贫困户增收脱贫。比如，2018年茶叶基地建设涉及10个乡镇25个行政村，其中贫困村20个，占80%，带动5400余户贫困户16200余人实现户均增收近800元；2019年建成茶叶基地9500亩，带动3200余户贫困户9800余人增收，实现户均增收1000元以上；2020年建成茶叶基地420hm²，带动2100余户贫困户6350余人增收，实现户均增收1200元以上；2021年建成茶叶基地180hm²及配套建设项目，带动950余户贫困户2850余人增收，实现户均增收1500元以上，为万源脱贫攻坚注入了不竭动力。

（四）典型帮扶实例

2018年，浙江普陀与达州万源正式开展浙川东西部扶贫协作。通过招商引资，有着20多年茶叶种植经验的毛发亮，带着技术从普陀来到万源流转200hm²土地种植黄金芽（图8-6）、白叶1号等茶树品种，同时修建了3000m²的茶叶加工厂房，注册成立万源市硒都嘉木农业有限公司，解决了数百人务工就业。他不仅是将万源富硒茶带进浙江茶叶市场的第一人，还带领了50余位浙江茶商落户万源魏家、沙滩、旧院、石塘等乡镇投资发展富硒茶叶产业。

万源市固军镇大地坪村贫困户陈邦义，家庭人口5人，劳动人口2人，上有体弱多病的老人，下有正在上学的子女。2018年前靠务农为生，家庭年收入1万余元。2018年8月，通过万源市硒都嘉木农业有限公司发展茶叶产业，土地流转年均

图8-6 万源市固军镇大地坪村种植的黄金芽茶叶生产基地

收入1500元。2018年8—12月，通过栽种茶叶务工收入8000余元，2019年至2022年3月，务工累计收入48000余元，实现了全家稳定脱贫增收。

（五）经验与启示

一是实施产业扶贫，必须立足当地实际。万源作为典型的山区农业县，产业基础薄弱，产业带动性不强，但万源独特的地理、气候、土壤等条件则十分适宜发展茶叶产业。长期以来，万源茶叶产业因深度开发不够、基地建设滞后、营销能力不足等原因，一直引不进大企业、形不成大产业。发展茶叶产业不仅符合当地产业定位布局，也与当地政府的发展思路不谋而合。正是在当地政府的大力支持配合下，茶叶产业扶贫项目得以顺利实施，并在较短时间内建立起初具规模的高标准茶叶基地，带动了当地特色产业发展。

二是实施产业扶贫，必须有效降低风险。实施产业扶贫，必须充分考虑各方利益，降低各方风险，确保项目建设、资金运行安全高效。因此，万源市制定出台多项措施，强化对项目建设的全过程监督管理：项目建设前，制定出台《浙川东西部扶贫协作万源市项目专项资金管理办法》，要求企业购买农业意外保险，并先缴纳20元/亩保证金，完不成建设任务的，保证金不予退还。保险公司还对新建茶园提供政策性保险，提高基地抗风险能力；制定出台茶叶基地建设技术标准，对茶园开垦、种苗选择、茶苗栽种、养护管理等各个环节，统一标准规范，加强技术保障，降低资金投入风险。项目建设期间，加强对企业技术指导（图8-7），选派督查组对项目建

图8-7 2019年万源市—普陀东西部协作精准扶贫贫困家庭劳动力技能培训（来源：万源市茶叶局）

设进度、质量等进行监督检查；制订出台茶叶基地验收方案，对验收内容、方式、程序等进行明确，对达到标准的及时验收。对项目完成验收合格的，明确企业必须付清土地流转、劳动务工等费用，扣除股权量化保底分红资金后按7：2：1分三年拨付入股资金；积极搭建平台，通过参加农产品推介会、与省外大企业合作等途径，帮助建立产销关系，助推茶叶销售，等等。这些强有力的措施最大化减少了政府、企业的风险，不仅确保了茶叶基地的顺利建设，而且确保了贫困户获得持续稳定无风险收益。

三是实施产业扶贫，必须调动各方参与。"政府主导、企业主体"的产业扶贫模式，不仅充分调动激发了企业参与扶贫的积极性，撬动了社会资金，实现了政府与企业的"互利共赢"，而且在基地建成后，为充分调动基地建设所在地村、群众、带头人等积极性，各企业又采取"返租倒包""公司+基地+农户""公司+合作社+基地+农户"多种模式，发动农户、合作社、农村带头人等承包茶园，参与茶叶基地后期建设管理，并对茶鲜叶进行保底价收购，等等。如，万源市蜀韵生态农业开发有限公司茶叶基地3年建成后，将茶叶产业项目整体或分块返租给村委会或带头人承包管理，收取一定的租金，同时按保底价格回购鲜叶。这些模式的实施，不仅降低了企业的人力投入，企业可以集中精力搞生产、销售，而且为当地创造了大量就业机会，调动了当地农户的积极性，实现了多方共赢。万源市蜀韵生态农业开发有限公司累计新建茶叶基地约300hm²，打造"巴山早"中高端茶叶品牌，成功帮助万源市固军镇三清庙村、梨树坪村实现脱贫，有效帮助万源市固军镇新开寺村、柿树坪村富裕起来。

2018—2020年，达州市茶果站将涉茶贫困村纳入进来，持续开展全市范围内的茶产业培训活动。2018年10月30日，达州市茶产业扶贫技术培训会在万源市召开（图8-8）。来自达州市及6个县（市、区）的农业局分管负责同志、茶果站长、20家茶叶企业（专业合作社）负责人及16个贫困村村委负责同志共计70余人参加会议。参会人员观摩了石塘镇、白羊乡集中连片茶叶产业带，实地感受万源市在茶叶基地建设方面取得的显著成效。培训会上，万源市农业局就茶产业扶贫举措、大竹县农业局就茶叶"双百"工程建设情况作了交流发言。达州市农业局总农艺师余贤良总结了近年来达州市茶产业发展助推产业扶贫所取得的成绩，阐述了大力发展机采茶园能节本增效、缓解劳动力紧缺的重要性，要求各县（市、区）要围绕农业供给侧结构性改革，推进现代农业园区建设，并就茶叶"双百"工程重点工作做了安排部署。会议邀请四川省茶叶研究所王云研究员、唐晓波研究员，四川省植保所副研究员蒲德强分别做理论培训和现场指导。王云就机采茶园建设、唐晓波就茶园"双减"技术、蒲德强副研究员就茶园病虫害绿色防控做了专题技术讲座。

2018年12月25日—26日，四川省茶叶学会学术年会在万源市召开（图8-9）。四川省农业厅园艺作物技术推广总站、四川省茶叶研究所、四川农业大学园艺学院、宜宾学院、宜宾职业技术学院相关负责人及全省茶叶主产市、县农业局负责人和经作（茶叶）站长、各企业、学会会员代表共计200余人参加会议。会议参观了万源市石塘、白羊一带茶叶生产基地万源茶产业扶贫成效，得到全省茶届同仁一致高度认可。

图8-8 2018年达州市茶产业扶贫技术培训会（冯林 摄）　　图8-9 2018年四川省茶叶学会学术年会在万源市召开

二、大竹白茶产业扶贫

2011年，大竹县被认定为省级贫困县，为全省88个、秦巴山片区34个贫困县之一。从2014年脱贫攻坚以来，集全县之智、聚全县之力推行"产业发展+"模式，因地制宜赋能驱动，以"四带三供两扶持"方式快速发展大竹白茶特色产业，千方百计拓宽贫困群众增收渠道，实现农民增收、农业增效，助力脱贫攻坚，白茶特色产业不仅成为贫困村脱贫摘帽的基础，更成为贫困户致富和巩固脱贫攻坚成果同乡村振兴有效衔接的支撑。

（一）白茶竹引

"白茶竹引"是指将原产于浙江安吉县的白叶1号等白化系茶树品种引至大竹县试种、培育，并通过"四带三供两扶持"模式迅速发展壮大的历程，最终成为助农增收致富的优势特色产业——大竹白茶产业。

大竹白茶最早引种试种地在大竹县团坝镇白茶村（原赵家村和白坝村，2020年白坝村与赵家村合并为白茶村）。改革开放初，这里山上的村民只能靠山吃山、靠水吃水，砍竹卖，或将竹经泡（浆）、舀、贴、烘成土纸后再多换点钱，山下的村民只能卖菜为生，经济紧巴巴的。20世纪80年代末期，各乡镇又掀起掘煤办矿（厂）快速致富的热浪，最高时全镇有50余个煤矿（厂），白茶村内就有10余个煤矿（厂），那时村民在矿（厂）务工确实挣了不少的钱，生活条件也改善了许多，但人们却渐渐发现空气中到处弥漫着灰尘，沟河水乌黑乌黑的，生活的环境也越来越糟糕。直到21世纪初，贯彻和落实"淘汰落后产能"政策才相继关闭大部分煤矿（厂），以牺牲生态环境为代价换来经济增长的局面才得到有效的遏制，山麓沟壑才渐渐恢复灵气，披上绿装，显露原有容颜风姿。恰遇此时，在浙江安吉务工的退役军人廖红军白茶竹引致富家乡的念头产生了：2009年11月，他从浙江安吉购回3000株白叶1号茶苗，在团坝镇白坝村曾家沟试种，翌年茶苗就吐了新芽，且较原种源地早7~10天，这更坚定了他在家乡发展白茶的信心，从此拉开大竹茶业转型升级种植白茶的序幕。

（二）四带三供两扶持

"造化钟神秀，天工眷竹乡"，大竹白茶的孕育是厚爱天赐，更是事在人为。大竹县委、县政府高度重视大竹白茶产业的发展，2011年开始以"四带三供两扶持"的模式快速推进大竹白茶产业的发展。

"四带"即浙江茶商带资金、带技术、带人才、带市场。一方面，他们把浙江的部分老客户及一些知白茶、爱白茶、懂白茶的新朋友请进来，通过观、赏、品等活动，让他们充分认知大竹白茶"四独特"生长环境条件（气候、地理、土壤、生态），辅以科学的田间管理、规范的加工工艺流程才孕育而成，让他们回去传誉一下大竹白茶；另一方面，又主动走出去，通过参会参展参评等茶事活动，宣传和营销自己企业的品牌，不断提升大竹白茶的知晓度和知名度；同时，坚持店网结合，线上线下齐头并进，逐渐提高市场占有率。目前，大竹县已先后引进浙商30余人，投资12亿元种植白茶1000hm²。

"三供"即大竹县提供种植白茶的土地资源、提供白茶生产所需的劳动力资源、提供白茶基地基础设施配套。大竹县委、县政府高度重视大竹白茶产业的发展，多次召集召开专题会议，强调白茶产业的发展是农业产业结构调整的必然结果，也是农民脱贫致富的主要门路，各相关部门和乡镇必须鼎力支持、相互协作，尽可能提供一切便民服务，确保"三供"到位。供土地方面，一是充分利用现有的荒山、荒地种植白茶，采取土地流转或土地入股等多种方式发展白茶产业；二是间伐部分集体经济林来种植白茶，但必须强调的是每亩茶地套种7棵以上金丝楠木；三是白茶种植面积达66.67hm²以上的，可按百分之三的比例配置生产用房。供劳力方面，由于白茶产业是一个劳动力密集型的产业，尤其是采茶期，为解决这一生产实际困难，当地乡镇政府积极组织本地的富余劳力资源劳动创收，鼓励外出务工人员回巢就业，并在全县各乡镇发布招工用工信息，协助企业通过劳务中介到外省招熟练采茶工。供基础设施方面，为加大大竹白茶产业发展的扶持力度，大竹县财政在每年安排500万元的茶叶产业发展专项资金的基础上，还整合涉农资金用于全县茶叶基地基础设施配套建设，着力改善和提升现有生产及加工条件。2014—2021年，利用白茶发展专项资金和整合其他涉农资金实施基地建设项目20个，硬化园区干道46km，硬化生产便道52km，修建蓄水池76口、U型渠20.9km、微灌管线

10.5km。2017年在团坝镇白茶园区实施了景观建设项目，巴蜀玉叶白茶专业合作社自建巴蜀玉叶白茶文化馆1幢，建筑面积3000m²，将厚重的茶文化塑于形，让来宾在品高品质白茶时了解更多的中国茶文化和大竹白茶产业的发展历程。2020年，在四川竹海玉叶生态农业开发有限公司厂区实施了白茶主题公园建设项目，新建景观茅草亭2个，栽种展示茶树品种8个，硬化主路15400m，堡坎750m。

"两扶持"即大竹县财政每年设立500万元白茶发展专项资金以扶持全产业链培育；对茶企吸纳易地扶贫搬迁户务工且稳定在一年以上的，每年每人按1000元的标准予以补助。

（三）一片叶子富了一方百姓

白茶产业是一项富民产业、绿色生态产业，种植白茶也是高投入、高产出、见效长的产业——"一年定植大投入、二年管理再投入、三年小采微收入、四年初产有收入、五年投产乐收入"。白茶的采摘和管理都需要大量的劳务，这就为当地富余劳力提供了就地就近就业的机会，一方面就业创收，另一方面兼顾家中老幼。采茶季，每人每天能采2~3.5kg鲜叶，可挣得100~200元的采摘费，茶园生产管理季，务工一天可挣50~60元的务工费，常年务工每年可获1.5万~2万元收入。

"白茶竹引"成功后，廖红军携同卫平、刘连树等人就慢慢开始流转土地、开办竹海玉叶公司和竹海玉叶白茶专业合作社，不断地规模种植白茶。为鼓励当地农户一起来发展白茶产业，公司采取"公司+基地+专业合作社+农户"模式，实行"三包一兜底"订单农业，确保农户收入，让农户无后顾之忧。于是，当地农户纷纷加入白茶产业发展序列中去，走上致富幸福路。就在公司带动当地群众大力发展之时，大竹县委、县政府也及时协调相关部门筹集资金，实施项目，兑现了"白茶发展到哪儿，基础设施建设就跟到哪儿"的承诺，既有利于产业的发展，又方便了山村群众的出行，这让村民更坚定了种植白茶致富的信心。白茶产业的发展为白茶村及周边富余劳力提供了大量的就地就近就业的机会，也为外出务工人员提供了返乡创业的机遇。

2003年，团坝镇村民唐兴源从部队退役，不等不靠自谋出路到广东务工，他干过保安、当过司机、做过小生意。2017年，他与几个返乡农民工创办"大竹县绿然农业专业合作社"，大力发展白茶产业，标准化种植白茶80hm²，新建厂房2000m²，带动周边163农户（含贫困户）种植白茶32hm²。2021年，产白茶8400kg，产值1680万余元，解决常年务工人员200余人，人均年增收3700余元。

巫君兵，团坝镇白茶村人，2014年前一直在外地打工，听说老家白茶种植发展很迅速，效益还很好，这让他怦然心动，毅然辞去工作，回乡流转土地种植白茶，开始自主创业。2014年，他种植了1hm²左右的白茶，没种植技术他就"偷着"学，一边去四川竹海玉叶生态农业开发有限公司搞茶园管理，一边给自家茶园幼苗搞管护，创收与管护两不误。2019年，巫君兵家茶叶正式投产了，产一芽一叶鲜叶520kg，干毛茶产值20万余元，除去生产物资投入和人工管理费用纯收入14万余元，是年扩种白茶3hm²。2020年扩种白茶4hm²，并成立了大竹琦蔓园家庭农场，就这样滚雪球似的发展壮大着，至2022年10月，巫君兵的茶园白茶种植面积已扩大到15hm²。

清水镇何家沟村是全县70个省定贫困村之一，地理位置偏僻，地形崎岖，平均海拔800m，属典型的高寒村、旱山村和"三无两缺一落后"（无支柱产业、无集体经济、无发展动力，缺资金资源、缺人力劳力，基础建设落后）农业贫困村，村民仅仅依靠自家的"一亩三分地"维持生活，全村共313户1059人，有建档立卡贫困户65户189人。2015年，该村巴蜀源白茶专业合作社，规模发展白茶80hm²，为大多数村民提供了就业岗位，每天到白茶基地打零工能轻轻松松得到50元收入，解决了闲置劳动力的问题；2017年全村人均增收2000余元；2016年，村主任龚天奇流转1.5hm²土地带头种植白茶，第三年小采鲜叶260kg、产值10万余元；2020年采鲜叶380kg、产值15万元；在他的带动下，2019年何家沟村民张光炎也从外地回来创业种植白茶2hm²，创办了大竹县恒龙家庭农场。

2017年7月，成立了中共大竹县白茶产业党委会，实行白茶产业党组织和村党组织班子成员"双向进入、交叉任职"，优化组织链，以村党组织为核心，依托生产基地、专业合作社，构建"产业党委+党支部+公司+基地+合作社+农户""贫困户+合作社+党支部"发展新模式，充分发挥基层党组织政治优势、组织优势和党员模范带动作用，协调处理白茶产业发展中出现的实际问题，搞好产前、产中、产后服务，通过股份合作、承包经营、收益分红等多种举措，推动茶叶产业发展，助农增收致富。2019年4月，大竹县有8个省定贫困村、贫困户1126户3083人因种植白茶或就近务工而如期高质量脱贫摘帽（图8-10）。

图8-10 大竹县团坝镇白坝村脱贫户采摘白茶（来源：大竹县文旅局）

2022年，大竹县共引进浙江投资人或种植加工能人30余人，成立茶叶公司15家，培育农业产业化经营省级重点龙头企业2个、农业产业化市级重点龙头企业3个，茶叶专业合作社26家（其中，农民合作社省级示范社1个），全县茶园总面积1497hm²，年产茶586t，产值7.57亿余元，综合产值20亿余元。培育销售收入超亿元的企业3家，茶农人均增收4000元。大竹白茶作为大竹县的优势特色产业，已成为农民增收致富脱贫的重要经济来源，实现了大竹县"开发一只名茶，建设一片基地，创立一块牌子，办好一个实体，富裕一方农民"的茶业振兴夙愿（图8-11）。

图8-11 大竹白茶"一片叶子富了一方百姓"（来源：达州市广播电视台）

在大竹白茶带动下，达州市白茶种植已遍布7个产茶县（市、区）。在达州市"一带三核四区十园"茶产业布局中，大竹县作为达州市核心产茶区之一，其白茶基地和主体发展规模最大，经济和社会效益最高，市场和品牌影响力最强。未来的大竹白茶产业，将继续深入推进"四带三供两扶持"模式，坚持"生态优先，提质扩面，增效增收"的思路，大力实施科技兴茶、品牌立茶、文化强茶战略，做大茶园，做强茶企，做深加工，做特品牌，做精市场，走"精品白茶"之路，做好白茶产业"外延扩张"与"内涵提升"两篇文章，大力推进茶产业一、二、三产融合发展，构建茶产业、茶经济、茶生态、茶旅游和茶文化互融共进、协调发展的现代茶产业体系。

第二节　茶业振兴与发展规划

一、以现代农业园区建设为抓手推进茶业振兴

《四川现代农业园区建设推进方案》指出："抓好现代农业园区建设，是推动农业供给侧结构性改革的重要举措，是推进现代农业发展的重要抓手，是推进农业转型升级高质量发展的重要途径，是打赢脱贫攻坚战和农民增收农业增效的重要载体，是实施乡村振兴战略和建设农业强省的重要支撑。"达州市将现代农业园区建设作为推进农业高质量发展的

重要抓手，全力巩固脱贫攻坚成效同乡村振兴有效衔接。2019年5月8日，中共达州市委办公室、达州市人民政府办公室印发《达州市现代农业园区建设推进方案（2019—2023）》。2019年6月12日，中共达州市委农村工作领导小组印发《达州市现代农业园区认定评分标准》。2019年12月，经各县（市、区）自主推荐申报，市级专家实地核查、交叉检查、联席评审，"万源市白羊—石塘富硒茶现代农业园区""大竹县铜锣山大竹白茶现代农业园区"成功创建达州市级现代农业园区；同年，"大竹县云雾山白茶现代农业园区""开江县福龟茶现代农业园区"分别创建为县级现代农业园区。2020年1月，"达州万源市茶叶现代农业园区"（即万源市白羊石塘富硒茶现代农业园区）经中共四川省委农村工作领导小组办公室、四川省农业农村厅评选命名为"四川省星级现代农业园区"（四星级）。

2020年10月13日，为贯彻落实中共四川省委、四川省人民政府《关于加快建设现代农业"10+3"产业体系推进农业大省向农业强省跨越的实施意见》精神，结合达州实际，中共达州市委、达州市人民政府印发《关于加快建设现代农业"9+3"产业体系推进农业大市向农业强市跨越的实施意见》，"茶叶"纳入达州现代农业"9+3"产业体系，茶叶产业重点布局在万源市、宣汉县、大竹县，提出建设规模化、标准化、安全化茶叶基地，打造一批精品茶园、特色小镇，在优势产业带和集中发展区建设专业、现代、绿色精制加工区，带动产业链上下游同步发展，整体提升，着力培育壮大现代农业园区。

2021年7月9日，中共达州市委办公室、达州市人民政府办公室印发《达州市现代农业园区创建攻坚行动方案》，要求进一步做大园区规模、做优园区品质、做响园区品牌，着力构建主导产业突出、设施装备先进、生产方式绿色、产业链条完整、综合效益良好的现代农业园区体系。截至2023年12月，达州市共创建以茶叶为主导产业的省级现代农业园区1个、市级现代农业园区3个、县级现代农业园区11个，见表8-1。

表8-1　达州市各级现代农业园区（茶叶主导）名单

园区级别	园区名称	主导产业	所在乡镇	备注
省级	万源市茶叶现代农业园区	茶叶	万源市石塘镇、固军镇	2019县级，2019市级，2019省四星级
市级	大竹县铜锣山大竹白茶现代农业园区	白茶	大竹县团坝镇等5个乡镇	2019县级，2019市级
	开江县永兴油橄榄＋配套养殖现代农业园区	油橄榄、白茶、鸡	开江县永兴镇	2019县级，2019市级
	开江县福龟茶现代农业园区	茶叶	开江县广福镇	2019县级，2023市级

园区级别	园区名称	主导产业	所在乡镇	备注
县级	大竹县云雾山白茶现代农业园区	白茶	大竹县清水镇	2020 县级
	渠县临巴富硒茶现代农业园区	茶叶	渠县临巴镇	2020 县级
	渠县卷硐白茶现代农业园区	白茶	渠县卷硐乡	2020 县级
	宣汉县巴山大峡谷富硒茶现代农业园区（樊哙镇）	茶叶	宣汉县樊哙镇	2020 县级
	宣汉县柠檬＋白茶现代农业园区（东乡街道）	柠檬、白茶	宣汉县东乡街道	2020 县级
	达川区龙会茶叶现代农业园区	茶叶	达川区龙会乡	2020 县级
	万源市石窝生猪＋茶现代农业园区	生猪、茶叶	万源市石窝镇	2021 县级
	宣汉县马渡关茶叶＋蜡梅现代农业园区	茶叶、蜡梅	宣汉县马渡关镇	2021 县级
	通川区碑庙镇千口一品茶博园现代农业园区	白茶	通川区碑庙镇	2021 县级
	通川区碑庙镇巴晓白白茶产业现代农业园区	白茶	通川区碑庙镇	2021 县级
	达州市通川区复兴铁山剑眉现代农业园区	茶叶	通川区复兴镇	2022 县级

二、茶业振兴发展规划

茶叶产业是中共达州市委、达州市人民政府优先发展的"9+3"现代农业产业之一，茶业振兴事关达州乡村全面振兴全局。2019年7月25日，中共达州市委、达州市人民政府印发《达州市乡村振兴战略规划（2018—2022年）》，茶叶被列为达州市重点发展的两大特色农业产业之一。

2021年4月26日，按照中共四川省委省政府《关于加快建设现代农业"10+3"产业体系推进农业大省向农业强省跨越的实施意见》和中共达州市委市政府《关于加快建设现代农业"9+3"产业体系推进农业大市向农业强市跨越的实施意见》精神，根据《川茶产业振兴工作推进方案》，结合达州实际，中共达州市委农村工作领导小组办公室进一步制定了《达州茶业振兴工作推进方案》。

2021年12月30日，达州市第五届人民政府第6次常务会议通过《达州市"十四五"推进农业农村现代化规划》，全市茶产业按照"一带三核四区十园"总体布局。"一带"

指达陕高速沿线富硒茶产业带；"三核"指以万源市、宣汉县、大竹县为核心示范区；"四区"指以开江县、达川区、渠县、通川区为标准示范区；"十园"指10个各具特色的精品茶园。采用高起点新发展一批、改造提升一批、淘汰转型一批的方式，集中新建或改建规模化、良种化、标准化、安全化机采茶叶基地。推广优质高效茶树品种，推广绿色防控技术体系，实施"绿色、有机茶叶标准化种植示范"工程。以名优绿茶为主，大力发展工夫红茶、黑砖茶等传统优势产品，加大新产品创新研发力度，开发茶衍生产品。强化茶叶产地环境监测和投入品质量检测，提升茶产品质量检验检测能力。推进精品茶园和"景观型"茶叶加工厂建设，打造茶旅结合项目，促进一、二、三产互动融合。打造达州茶叶区域公用品牌"巴山青"，扩大万源富硒茶、大竹白茶地理标志农产品影响力，培育一批在全省、全国影响力大、带动力强的龙头企业，打造中国富硒茶都。健全茶产业交易市场运行机制，搭建全国化、多元化的营销渠道网络，提升富硒茶市场占有率。到2025年，力争全市茶叶干毛茶产量达到2万t。

"十四五"期间，全市茶产业发展重点项目包含基地建设、品牌建设、市场推广、茶旅融合4个方面。其中，基地建设主要是提升茶叶基地建设水平，开展有机、绿色认证，推进万源市茶叶现代农业园区、大竹白茶现代农业园区、达川区龙会茶叶现代农业园区、宣汉县巴山富硒茶现代农业园区、渠县秀岭春天茶叶现代农业园区建设，到2025年建成标准化机采茶园25万亩、有机茶基地1.5万亩、绿色食品原料标准化生产基地13万亩。品牌建设和市场推广主要广泛推介茶叶区域公用品牌"巴山青"，支持省级以上龙头企业打造产品品牌，推进万源市茶叶交易市场建设，支持以网络直播等方式拓宽销售渠道。到2025年开设茶叶区域公用品牌旗舰店10家、茶叶形象店20家、茶叶专卖店50家。茶旅融合主要是在全市规划建设一批特色鲜明的茶主题公园、精品茶园、茶主题酒店、文化茶坊，推进达州茶文化博物馆建设，开发特色茶旅商品30个，打造1~2个茶文化主题活动。

2022年12月28日，四川省人民政府办公厅印发《关于推动精制川茶产业高质量发展促进富民增收的意见》，达州市在川茶产业中的定位由"川东北优质富硒茶产业带"转向"川东北高山生态茶产业带"。2023年6月12日，达州市人民政府办公室出台《关于推动达州茶产业高质量发展促进富民增收的意见》，提出"到2025年，全市改造提升低产茶园10万亩，实现毛茶产值60亿元以上，综合产值超过100亿元，带动10万茶农增收、10万人就业。全市茶文化氛围更加浓厚，科技水平大幅提升，产品类型不断丰富，品牌影响力显著扩大，龙头企业发展引领能力明显增强，茶产业体系更加完善，茶农持续增收能力显著提高"发展目标，要求全市茶叶产业发展要坚持以习近平新时代中国特色社会主义思想为指导，深入贯彻党的二十大、四川省委十二届二次全会、达州市委五届五次全会暨市委经济工作会议精神，加快实现从"资源产出地"向"产业崛起地"跃升，为建设成渝地区现代农业强市提供有力支撑！

第九章

茶文化

第一节 茶禅一味"紫云坪"

1988年，万源县文物保管所开展全县文物普查，余天健等同志在石窝古社坪村西北1km以外的苏家岩石壁上发现有一摩崖石刻，即《紫云坪植茗灵园记》。时测得石刻下沿距地面3.75m，字幅长2.36m、宽0.84m，共18行，203字，自右至左竖行排列，标题为隶书，正文为楷书，阴刻。字径0.05~0.08m，字距0.03m，行距0.07m（图9-1）。

图9-1 《紫云坪植茗灵园记》摩崖石刻（冯林 摄于2014年）

一、岩刻文字

清杨汝偕等纂修的《太平县志·卷九·艺文志》"诗"一节，对岩刻文字的描述为："古社坪磨崖诗（补刻）。宋，王敏。筑成小圃疑蒙顶，分得灵根自建溪。昨夜风雷先早发，绿芽和露濯春畦。按：诗在崖半，前有紫霞平植茗灵园记。略曰：元符二载，月应夹钟，府君王雅得建溪绿茗于此种植，中复一纪，仍喜灵根弥增郁茂，云云。后刻'大观三年十月，王敏记，弟王古，兄王俊'等字。因半已剥蚀，词意亦与诗不类，今不备载。"直到摩崖石刻被实地发现，证实其并非旧志所述"半已剥蚀"，而是全文完好、字迹清晰，岩刻文字亦与旧志所载不尽相同。

摩崖石刻被发现后，经过专家考证，其文字内容和其中大意已大体弄清，并无争议。只是后来不同地方引用时，有不同表述，对铭文的标点断句和个别字并未引起重视。在1991年胡平生发表的《北宋大观三年摩崖石刻〈紫云坪植茗灵园记〉考》一文中，一处标点断句为"求文于蓬莱释，刻石以为记"。1991年万源县县志编委办公室所编《万源县茶业志》，将该处断句为"求文于蓬莱，释刻石以为记"。在《达州市志（1911—2003年）》第二十八卷《文化》中，亦断句为"求文于蓬莱，释刻石以为记"。2013年江西省社会科学院历史所研究员虞文霞发表的《宋代两篇名茶重要文献考释》一文与2018年万源市茶叶局编的《万源市茶业志》中，均又断句为"求文于蓬莱释，刻石以为记"。尽管仅一处标点之差，其中意思却截然不同。除此之外，文中有一处，除胡平生摘录为"昔曰大黄舍宅"外，其余大多写作"昔日大黄舍宅"。在此，编者在参考胡平生对铭文的理解和标点断句的基础上，将全文摘录如下：

紫云坪植茗灵园记

　　窃以丰登胜概！垭洼号古社之平，从始开荒，昔曰大黄舍宅。时在元符二载，月应夹钟，当万卉萌芽之盛，阳和煦气已临。前代府君王雅与令男王敏，得建溪绿茗，于此种植，可复一纪，仍喜灵根转增郁茂。敏思前代作如斯活计，示后世之季子、元孙，彰万代之昌荣，覆茗物而繁盛。至于大观中，求文于蓬莱释，刻石以为记，可传体而观瞻，历古今而不坏。后之览者亦将有感于斯文也！

　　诗曰：筑成小圃疑蒙顶，分得灵根自建溪。昨夜风雷先早发，绿芽和露濯春畦。

大观三年十月念三日王敏记

弟王古

兄王俊

二、中国年代最早的记载种茶活动的石刻文字资料

　　古代描述移植茶树的诗文极为罕见。长期从事茶文献收集整理工作的江西省社会科学院历史所研究员虞文霞在《宋代两篇名茶重要文献考释》中提到，《紫云坪植茗灵园记》是其所仅见茶树苗移植的文献，因历代有关茶文献中均未见载录，故而此文是一篇极重要的茶文献。研究者们在详加考证后，一致认同《紫云坪植茗灵园记》是我国迄今保存最完好、年代最早的记载种茶活动的石刻文字资料。1991年4月，该岩刻文字拓片被收入中国茶叶博物馆；同月，岩刻被四川省人民政府列为省级文物保护单位（图9-2）。2001年5月，被达州市人民政府列为达州市重点文物保护单位。

图9-2　四川省文物保护单位立牌（冯林 摄）

三、"被忽略"的僧人茶诗

　　目前对《紫云坪植茗灵园记》的价值认可，更多的是从石刻的年代及铭文故事的主人翁王氏父子入手来解读，侧重于它所反映的达州早在宋代便有引种栽培茶树的历史活动。编者以为，《紫云坪植茗灵园记》的价值不止于此，其反映了达州茶文化与中国茶禅文化和宋代极为兴盛的巴蜀茶文化有着十分紧密的联系。

对于《紫云坪植茗灵园记》的作者，一般认为是署名人王敏。胡平生在《北宋大观三年摩崖石刻〈紫云坪植茗灵园记〉考》一文中就提到，"'令男'殊不通，等于自己对自己用敬称、美称，自吹自擂。盖此文系求人代为撰写，而王敏等似皆为目不识丁之人，对于撰写的内容并不详察，只管依样照搬，勒石刻铭"，由此可见，王敏不能算是《紫云坪植茗灵园记》的原作者。编者以为，《紫云坪植茗灵园记》的原作者有两个可能：其一，"蓬莱释"（山东蓬莱僧人）就是整篇铭文的原作者。胡平生说："王敏请求蓬莱僧人撰写这篇《紫云坪植茗灵园记》。"唐艺在《解析〈紫云坪植茗灵园记〉》一文中也说："王敏恳求蓬莱僧人撰写了这篇铭文，并赋诗一首。"其二，整篇铭文的原作者另有其人，且并不见于文中。王敏"求文于蓬莱释"中的"文"应是铭文中的"茶诗"，而代写整篇铭文的原作者并非"蓬莱释"，这位原作者还以"窃以丰登胜概"（窃以为可以算是丰收的胜景了）、"令男"等词句对王敏多有赞美、恭敬之意，而"求文"一词表现出的是王敏对"蓬莱释"的尊敬。宋小静在《唐宋僧人茶诗研究》中也谈道："宋代禅宗发展到了一个较高的地位，宋代僧人地位提高，僧人不需要从文人那里获取认同感。"也即：宋元符二载（1099年），王雅、王敏父子得"建溪"茶种植于古社坪，"至大观中"（大观元年至"大观三年十月念三日"间，1107—1109年），王敏因感念父亲王雅植茗一事向"蓬莱释"求得"茶诗"，非常喜欢，后又请人代为写下《紫云坪植茗灵园记》并将茶诗附于其中，最后作为自己的"署名文章"刻于岩石之上。

不论如何，"蓬莱释"都应是《紫云坪植茗灵园记》中"茶诗"的原作者。宋小静在《唐宋僧人茶诗研究》开篇谈道："在佛教发展的历史长河中，很多僧人写下了诗偈，这些诗偈涉及僧人生活的方方面面。但是由于这些僧人不属于主流的文学创作群体，所以他们的诗歌已被忽略太久了。"写下"茶诗"的这位"蓬莱释"，正是"被忽略"的一位具有茶禅文化思想的僧人，其传世的孤篇，隐迹在大巴山深处，仅得少数人"观瞻"，恰如沧海之遗珠。

四、"蓬莱释"的云游路线

宋小静通过对唐宋僧人的茶诗研究，整理出唐宋僧人茶诗500多首，发现"唐代创作茶诗的僧人数量少于宋代（唐代31人，宋112人）""创作茶诗的数量也要少于宋代（唐代134首，宋代437首）""并且这些僧人大多都是南方僧人"，并得出"唐代饮茶状况不如宋代普及和流行"和"南方的茶文化比北方更加盛行"的结论。胡平生认为，"这位'蓬莱释'很可能就是云游四方的和尚"，"这位僧人具有相当的茶叶知识和一定的文学修养"。从《紫云坪植茗灵园记》中"茶诗"的首句"筑成小圃疑蒙顶"，可以窥见"蓬莱释"的云游行踪和意图大致是由北及南"访蒙顶、经万源、返蓬莱"：由唐及宋，四川茶文化兴盛，而此间的蒙顶茶独受追捧和推崇。与"蓬莱释"同时期的北宋名臣文彦博（1006—1097年）在《蒙顶茶》中说"旧谱最称蒙顶味，露芽云液胜醍醐"，诗人文同（1018—1079年）作《谢人寄蒙顶新茶》留下"蜀土茶称圣，蒙山味独珍"的惊世名言，因而引得这位身处北方的嗜茶僧人不远万里南下想要领略一番蒙山茶味。也正因为"蓬莱释"见过蒙顶茶园，并且大有可能是刚见过不久，印象深刻，才有了对王敏家茶园的第一印象便是"疑蒙顶"。在"访蒙顶"的心愿达成后，他或是取道万源欲北上返回山东（蜀道上的万源正处于四川雅安与山东蓬莱的直线距离之上），恰闻此间有人突破了远距离茶苗移植技术，成功将"建溪"茶移植到巴山腹地，便又去到了古社坪。王敏得此机缘，才有了后来"求文""刻石"之事。

五、"茶禅一味"的至美中国茶文化景观

南北朝时期，佛教兴起，佛家坐禅饮茶以利修行，推动饮茶之风和茶禅文化的兴起。南朝梁武帝萧衍（464—549年），晚年笃信佛法，好建佛寺，有诗曰"南朝四百八十寺"。《达州市志》载：南朝梁时期（502—557年），在今渠县卷硐乡黎树村建梨树寺（古称宝藏寺）、在逢春村云雾山建普贤寺（今云雾寺，图9-3）。"有僧始结草庐修行于大竹县逢春村云雾山，修普贤寺，劈荒山、植茶、制茶，以'寺院茶'供佛、待客、自奉，世人效仿之，'座席竟，下饮'。"民国续修《大竹县志·舆地志·山水》记载："云雾山……极顶赛云雾下有寺庙数层……物产栀子、桐子、煤、茶尤著名。"清光绪十九年（1893年）修《太平县志》有"八乡草坝场古社坪有古庙遗址，名盘陀寺，相传梁武帝时修，今已就圮，惟石佛三尊尚存，岩上有宋大观三年石刻"的记载（图9-4）。"石刻"也即《紫云坪植茗灵园记》。可见，达州茶禅文化兴起较早，古已有之。

图9-3 大竹县云雾茶场附近云雾寺

图 9-4 《紫云坪植茗灵园记》岩刻附近盘陀寺遗址

唐代茶兴，陆羽《茶经》言茶已是"比屋之饮"。唐代皇帝崇佛，以茶敬佛，促进了中国禅茶文化的发展。茶圣陆羽、诗人元稹等一大批文人士子都深受佛教文化和茶文化的影响，他们借茶抒发宗教情结，书茶以彰显文学品位和对美学的追求。如，通州（今达州）司马元稹作《一字至七字诗·茶》，言及茶"慕诗客，爱僧家"，即是以茶诗抒发其佛教情结。

宋代茶盛，禅宗亦盛行，茶禅文化对社会活动产生了深刻的影响，催生出中国茶文化的新景观——"茶禅一味"。"蓬莱释"因王敏求文作"茶诗"，遂有《紫云坪植茗灵园记》"刻石""历古今"，使得今人成为"后之览者"。僧人的"茶诗"赋予了《紫云坪植茗灵园记》灵魂，茶禅文化催生出《紫云坪植茗灵园记》。《紫云坪植茗灵园记》具有很高的文学、书法、石刻艺术价值，更是一处"茶禅一味"的至美中国茶文化景观。

其画面之美。《紫云坪植茗灵园记》本只为交代主线人物王氏父子植茗、求文一事，却无意之中留下"蓬莱释"访蒙顶茶的可能，为我们映射出大盛大美的宋代茶禅文化和巴蜀茶文化，为独特的"茶禅一味"的中国茶文化景观增添一道亮丽的风景。王氏父子、"蓬莱释"以及代书、刻字之"原作者"一干人等因《紫云坪植茗灵园记》而凑在一起，热闹无比，活灵活现，其间种种可能的故事情节可以千般奇思妙想，再配以繁茂的茶园，画面实在太美。

其德行之美。《华阳国志》载：先秦巴人彪勇，"士务读，民务耕"。《紫云坪植茗灵园记》为我们展现了王氏父子勤耕善农、勇于开拓、自强不息的巴人民风和饮水思源的良好家风。

其茶乡之美。《紫云坪植茗灵园记》对达州（特别是万源）茶文化影响至深，是至美中国茶文化的一部分，文中"茶诗"更是中国茶禅文化、茶诗的把薪助火之作。千年后的今天，《紫云坪植茗灵园记》的现实意义更加彰显，其被珍视为达州茶文化的瑰宝，其所在地万源市，已是"中国富硒茶都""中国名茶之乡""四川茶业十强县"，真可谓"彰万代之昌荣，覆茗物而繁盛"。

六、《紫云坪植茗灵园记》的文物保护

　　自明末战乱，文物古迹多遭破坏。清乾隆初年，直隶达州知州陈庆门作序谈及编修乾隆《直隶达州志》的困难和急迫时，说："文物之区变为顽钝，繁华之地倏儿凄凉。今寻古迹，荒郊蔓草而已……即求当年族初土著之民，亦竟寥落，不可多得。"足见，达州现存完好无损的《紫云坪植茗灵园记》是何等难得与可贵。

　　达州市、万源市党委、政府高度重视《紫云坪植茗灵园记》摩崖石刻的文物保护。万源市拟划定茶文化历史遗址保护区，其范围东至狮鼓垭，南临长新田，西连当门河、丽溪河，北接盘陀寺、一碗水，不但加强《文物保护法》宣传教育，同时还秉承"有效保护，合理利用"的文物保护总方针，加大其周边环境整治。2023年3月，在首届达州"巴山青"茶文化节开幕前夕，《紫云坪植茗灵园记》摩崖石刻完成了环境整治，部分茶农代表在《紫云坪植茗灵园记》摩崖石刻前举行了盛大的"巴山茶思源仪式"（图9-5），九株植于石刻旁的"灵茗"分别被命名为"紫云·盘陀""紫云·初霁""紫云·春晴""紫云·沁园""紫云·霏雪""紫云·碧帷""紫云·玉徽""紫云·沾露""紫云·知雨"。

图 9-5　2023 年 3 月 "巴山茶思源仪式"

第二节　诗词歌赋与美文

一、诗词歌赋

一字至七字诗·茶

茶，

香叶，嫩芽。

慕诗客，爱僧家。

碾雕白玉，罗织红纱。

铫煎黄蕊色，碗转曲尘花。

夜后邀陪明月，晨前独对朝霞。

洗尽古今人不倦，将知醉后岂堪夸。

（唐·元稹）

图9-6　元稹铜像

注：元稹（图9-6），唐代诗人，世称元九。公元815年，元稹贬谪通州（今达州）任司马。后世为纪念元稹，留下了"元九"登高的传统习俗，达州市每年农历正月初九举办"元九登高节"，成为达州市市节。

茶　岭

翠岭依然在，芳根久已陈。山灵如感旧，亦合厌荆榛。

（宋·冯时行）

注：冯时行（1100—1163年），字当可，号缙云，祖籍浙江诸暨（诸暨紫岩乡祝家坞人）。宋徽宗宣和六年恩科状元，历官奉节尉、江原县丞、左朝奉议郎等，后因力主抗金被贬，于重庆结庐授课，坐废十七年后方被重新起用，官至成都府路提刑，逝世于四川雅安。著有《缙云文集》43卷，《易伦》2卷。茶岭，在今四川开江，唐韦处厚建，已废。（摘自中共开江县委宣传部、开江县文学艺术界联合会编《诗意开江》第一卷。）

东太交界

两封元混一，宰割自何年。松桧克官贩，椒茶上贡钱。

山童连色惨，地老竟皮穿。治象真萧索，弹琴忆昔贤。

（明·柯相）

注：柯相（1481—1557年），池州贵池（今安徽省池州市贵池区）人，字元卿，号狮山，自誉"狮山主人"，明朝正德、嘉靖年间名臣。嘉靖十七年（1538年），柯相升四川

按察副使，相到任后，勤练民兵，制保甲约，平物价，抚民等使四川长久稳定。（摘自乾隆《直隶达州志译注》。）

夏日东乡官舍

扫除废圃植秋花，带雨移来获浅芽。曲引山泉滋竹径，细支湘竹架藤花。

句无工拙都留帙，客有清狂共品茶。脱尽官衙尘俗事，萧疏不让野人家。

（清·冯长发）

注：冯长发，陕西临潼人，清雍正六年（1728年）时为东乡县（今宣汉县）知县。

堂阶古桂盛开醵集有作（节选）

中秋美景忍相违，才散衙堂便出扉。绿荫重重张翠盖，香花点点撒金衣。

疾非消渴茶偏嗜，琴已无弦手尚挥。几度徘徊芳树晚，遥看霞彩映江绯。

（清·黄正维）

注：黄正维，浙江钱塘人，清朝人，曾任东乡县知县。

社前试新茶

驮山重到真前缘，三河百岭登眺便。灵腴最早社前出，石花甘露输芳鲜。

瓦炉莹洁凝活火，瓷瓶清冽搜飞泉。松声沸腾竹声碎，鱼眼突起蟹眼圆。

当年快饮忍难割，别离常在东西川。纸封箬裹还远寄，一瓯剧喜随芳筵。

色香及味已少变，每思新颖常流涎。雀舌芒欺峨顶撷，龙团饼压临邛研。

兹来再得吸仙液，屈指刚盈二十年。尘驱踪迹复何定，鸿瓜雪泥随后先。

西塞长驰二千里，酪乳熬茶银作钱。南归衔恤往复返，富春龙井交牵缠。

东循齐鲁北燕赵，非其土性劳烹煎。便向淇泉陟秦岭，如酒谁为区圣贤。

如何此地擅绝品，旗枪未展尤争妍。茶评应教翻旧谱，细摩崖石精劖镌。

（清·王梦庚）

金雪蕉以诗寄问蜀茶高下，若有疑蒙顶者依韵奉答

性遭曲蘖惩濡首，蜀都孤负郫筒酒。鞭开瑞草悬名山，鸿渐谱成万口传。

灵芽拔地别有天，争从万选夸青钱。梪蔆茗荈判高下，七十二种参名泉。

我游西蜀三十载，上清峰顶穷层巅。青城峨嵋几攀蹑，旗枪手摘先春前。

就中何者推独绝，灵峰不惮穿巴峡。茗战频将胜负区，神农早已留真诀。

甘露禅师旧有名，露华朝浥乘雷鸣。青齐蒙阴足苔藓，非种差异供调羹。

雪蕉老友古高士，诗裁突过玉川子。耽茶七碗不厌赊，为沃胸中万卷耳。

婺川碧乳那足奇，征闻蜀道无嫌迟。愧乏酒肠茶更隘，未遭水厄何由知。

（清·王梦庚）

注：王梦庚，字槐庭，号西疃，浙江金华人。清嘉庆癸酉年拔贡，历官四川川北道。驮山，山名，在今万源市。

竹峪茶烟

竹峪关前路，三边孔道通。采茶宜谷雨，啜茗对东风。

烟起时招鹤，桥成新跨虹。月明好延赏，沽酒忆郫筒。

（清·杨汝偕）

注：杨汝偕（1853—1915年），清同治癸酉（1873年）科举人，光绪丁丑（1877年）科进士，曾任太平县（今万源市）知县。

茶乡·蒲家梁

请你春三月，年年来茶乡，纵目观呀倾耳听，赏赏这风光。

鲜茶像翡翠绿斑，姑娘似蝴蝶舞翩跹，水涧淙淙在歌唱，揉茶机轮转团团。

（王永清，1960年）

注：摘自《万源县茶业志》。

春上茶山

春雨如油，春风鼓劲，鸟儿飞来飞去，忙向茶山报春。

瞧东山发绿，看西山满坡青，哎呀呀，是谁早报春？

早报春，何须问，"包"公爷爷上茶山，绿了茶山，醉了人心。

（杜兴杰，1970年）

注：摘自《万源县茶业志》。

金山茶歌

金山美，金山秀，金山美景不胜收。茶王沉睡几千年，盼君常来金山游。

登上狮子口，如临重霄九。彩珠头上飘，人在云中走。

茶吐芬芳人欲醉，不会唱歌也开口。

（胡文登）

宣汉县东安公社辟荒山建茶园组诗

（一）无穷的臂力

一层荒坡一层土，坡坡相连种何物。主席指示定方向，誓叫荒山变茶乡。

（二）广阔的山场

宣茶山场真不少，开发利用价值高。锦绣山河前途广，坡上将成"新银行"。

（三）向荒山进军

自力更生创新业，艰苦奋斗绘宏图。辟力奋战大面山，开荒筑梯建茶园。

（四）会战大面山

干部带头干，社员干劲添。千亩荒山坡，誓叫变茶园。

（五）我们也能干

集体事业争在前，开荒种茶干得欢。妇女能顶半边天，要为祖国添贡献。

（六）治理高城寨

高城寨下一巨坡，昔日水土流失多。今日开垦播茶林，改天换地众欢乐。

（七）改造巫豆山

巫豆山峰千米高，东安人民来改造。沟池幽渠合理布，抗旱排洪保丰收。

（八）巫豆换新貌

昔日巫豆山，荆棘满山巅，今朝巫豆山，茶树布满园。

大寨红花开巫豆，巫豆新貌笑开颜。

（九）后夹变样

陡坡荆石后夹碛，辟力奋战齐改造。梯梯嫩绿茶苗壮，粮丰茶茂启今朝。

（张明亮，1975年）

注：巫豆山，即宣汉县东安六大队茶场所在地，在今宣汉县茶河镇。

富硒茶（二首）

（一）

星火运筹奇，万源开拓广。富硒赢品题，茶道令神怡。

（二）

富硒今日庆丰收，赢得国家褒奖优。星火运筹多巧计，燎原至胜在神州。

（魏传统）

注：魏传统（1908—1996年），四川省达州市通川区人，当代著名书法家、诗人。1926年加入共青团，1928年转为中共党员，1933年参加中国工农红军，1955年被授予少将军衔，为第五届全国政协委员，第六届全国政协常务委员，中国楹联学会首任会长。

诉衷情

青花溪水溅青花，浇绿富硒茶。盘龙旋入云雾，忙了万户千家。

含雀舌，采春芽，品佳味。城乡传讯，陆海飘香，誉满天涯。

（梁上泉）

注：梁上泉，1931年6月出生，男，汉族，四川达州人，中共党员。曾任四川省及重庆市作家协会副主席，文学创作一级。中国音乐文学学会、诗歌学会、歌谣学会理事，重庆音乐文学学会会长，重庆市文史研究馆馆员，全国第七届人大代表。

癸巳抒怀

三十六年入茶行，不觉双鬓白如霜。无暇悠闲甘寂寥，苦茶寻踪只为缘。

敝帚当损吾自珍，世事无为耐清贫。和尚家风君勿笑，铜城难得一茶人。

（薛德炳）

品巴山雀舌（二首）

（一）

氤氲一盏满堂馨，忽见巴山百鸟鸣。入口甘汤黄伴绿，荡胸兰气畅而萦。

今宵贪嘴非缘渴，平日爱茶专为情。若得璃壶围雅士，当惊神水化春灵！

（二）

啄破巴山出惠声，隐于锦盒待缘生。玉泉唤醒三春梦，红袖招来百鸟鸣。

杯上氤氲旋薄翼，斋中馥郁散烦缨。清风两腋翩然起，忽地身心如燕轻。

（李荣聪）

茶 事

春水明前玉腕筛，天精地气紫壶开。一张竹几围高士，数盏清芬沁雅斋。

细品人生咂五味，纵论金济叹时乖。酒逢知己人难醉，茶遇佳朋仙自来。

（李荣聪）

八台山下小镇品茶

漫看雀舌啄清汤，举手招来山入窗。能解诗翁真自在，八台云雾一瓯香。

（李荣聪）

虎年春节收到广东诗友赠乌龙茶

杯中香裹橙黄液，壶里龙腾粤海春。千里劳卿慰佳节，一斟一饮一思君。

（李荣聪）

云海茶山【正宫·塞鸿秋】

车穿云海重重瑞，茶生云里层层翠，啄春云上乖乖的妹，纤纤素手如灵喙。

歌声才悦心，花气还清肺。此间闻有仙人味。

（李荣聪）

题巴山云海茶园

谁书条幅一行行，日照风翻碧玉光。云上巴山铺锦绣，茶农手下有文章。

（李荣聪）

西江月·友赠渠县竹编茶杯

掌指摩挲别透，竹衣裹着浑圆。满腔热烈气如兰，见日吻吾千遍。

久已养成嗜好，一杯能忘三餐。诗书困顿醒与眠，赖有卿卿常伴。

（李荣聪）

在李家骏故居品茶

响过巴山第一枪，战场早已变茶场。壶中雀舌争开口，欲与先生话海桑。

（李荣聪）

注：李荣聪，网名川东散人，1958年8月出生，四川省平昌县人。达州职业技术学院副教授，达州市诗词协会副主席，巴山诗社常务副社长兼《巴山诗词》副主编。中华诗词学会会员，四川省诗词协会会员。其作品散见于《中华诗词》《当代诗词》《岷峨诗稿》等刊物，并多次获全国大赛奖，已出版《川东散人诗集》《川东散人绝句选》。

白羊三清庙茶园

峰岭逶迤沟壑深，青龙舞动人摄魂。茶香暗送满山峦，晨雾轻拂遍地春。
纤手采摘赛玉露，紫砂熬煮爽精神。临窗细品待新月，瑞草莹莹通道心。

（刘理福）

七律·品巴山雀舌茶

巴山雀舌品绝伦，四溢清香色绿新。玉液一杯双眼醒，碧瓯三盏爽精神。
舌根才得天滋味，毛骨已觉凉风生。嚼美含英肤腠汗，飘然方晓春味醇。

（刘理福）

到瓦子坪村口占（二首）

（一）

叠翠重峦画里行，岚烟起处松涛声。满山春色辉丽日，十里茶香泛馥馨。

（二）

富硒瑞草品绝伦，普岭碧青嫩叶新。碧浪层层展画卷，芳香缕缕爽精神。

（刘理福）

注：刘理福，网名萼山道人，1957年9月生，四川省万源市八台镇人。万源市地方志办公室副编审，万源市诗词楹联协会主席，萼山诗社社长，四川省诗词协会会员。其作品散见于《蜀诗年鉴》《戛云亭诗词》等刊物，曾获全国大赛奖，已出版《菊香斋吟》。参编、参审20余部志书。

试新茶

萧萧寒雨竞三春，先得龙芽倍可珍。活水茗泉烹蟹眼，天香国色论佳人。
初尝新液心如醉，细嚼回甘气盖醇。何必琼酥方快慰，良宵一例慰佳宾。

（胡哲敷）

青花茶叶礼赞【钱棍词】

阳春三月桃花开，茶农早早把茶栽。　全镇种茶上万亩，优良品种绿葱葱。

产量高达四百吨，茶农早早把钱挣。　全镇产值上亿元，低改茶树创新园。

青花茶叶历史久，相邻各县数一流。　色香形味算上乘，曾被朝廷当贡品。

恩来总理品此茶，回信茶农把茶夸。　明末清初绥定府，茶馆对联很醒目。

首赞宣汉清溪水，再夸万源矿山茶。　五十年代窝窝店，生产红茶品质佳。

出口苏联很吃香，窝窝店改红茶香。　八十年代矿山茶，地区参赛二等奖。

青花茶叶成长史，早就载入我县志。　饮茶文化底蕴厚，美誉传播各县市。

青花土质硒元素，富硒茶增知名度。　每当采茶季节到，采茶姑娘笑弯腰。

今年嫩叶密麻麻，茶农个个笑开花。　千家万户铆足劲，展销会上奖杯拿。

（佚名）

青花茶叶颂【竹板词】

春暖花开喜洋洋，清早起来到茶场。　满山茶叶青又香，采茶的人排成行。

青花茶叶名气旺，排到名茶的榜上。　历史悠久种植当，喝到口里甜心上。

享誉持久矿山茶，曾是皇朝贡品茶。　总理喝过矿山茶，亲笔回信夸好茶。

茶叶品种很多样，雀舌毛尖销售广。　喝了毛尖精神爽，喝了雀舌运气旺。

茶叶种植推广强，种植面积万亩上。　茶叶产量几百吨，达标创汇亿元上。

在这富饶土地上，优质绿茶新品上。　青花人民齐心畅，发展新茶出力量。

（佚名）

赞当春

沉鱼飞燕上下欢，色碧淡雅味甘绵。　疑为瑶池琼浆液，原是当春茶一盏。

（林远建）

万源富硒茶

飘飘瑞雪降山谷，富硒万源气韵殊。　生态润得佳品茶，巴山雀舌长寿物。

（钟国林）

青花茶赋

吸天地之灵气兮！巴山为青，后河育花。紫气东来，烂石天成。茶都首镇，地博嘉名；广山金灵，一世荣华。择地而生人同少，清香馥郁天子饮！孕日月之精华兮！青花育茶，万木为叶。祥云西进，栎壤地造。天然富硒，阳岸阴林；巴山雀舌，文化名茶。高雅品质现铁骨，绝世佳茗主席品！

巴人植灵创文明，涉五千年华夏。巍巍乎，浩浩乎，承朝露，吮虹霓，汲月轮，栽园圃而清秀，播大地而豪放！伐纣者，饮广山之茶，功存悦志灭纣王。舞雄鞭！一条青龙过陕西，茶马古道今犹在。茶农勤耕促荣昌，牵连社稷江山。兴兴乎，荡荡乎，傲霜降，纵雪盖，抖春风，放大歌于山野，藐狂雨而放浪！明君王，赏芳茗之功，川茶换马固大疆。挥大手！一条白龙来青花，挑担背架遗杵印。

茶圣青睐巴川峡，称有茶树王。想当年，窝窝店，红茶浓，氤氲之气漫异邦。君不见，莘莘茶人：披晚霞、喜屋斗、立峰头、融彩云，嘉雀舌之纤嫩，玩蝉翼之轻盈。茶痴毕生育优品，社前闻露香。看今朝，甘溪沟，绿茗馨，甘润之味醉国宾。又不见，悠悠茶镇：沐日月、享白昼、采天籁、获地沃，夸凤团之御茗，弄时代之新宠。

承陆羽之遗风兮！躬耕方欣，醉迷茶事，垒生态之博，引五洲之优，移千年之树。壮哉也，妙哉也！分茶经之真谛兮！汗滴广山，呕心茶业，建当代之典，聚四海之友，品妙文之墨。茶之幸，人之福！

（胡文登）

茶山铭

噫嘻戏，巴山南麓，天池北缘。古之茶岭，惠及今天。蓊郁美如华盖，葳蕤壮如飞湍。当惊蛰雷萌之候，正万物出震之时，雪芽迎霜绽绿，紫英向风滴鲜。千山尚飞雪，银峦素峰，乱玉斑斓。

立峰头四顾，喜绿山暄暖。思绪翩跹，往事悠然。唐有韦公德载，知开州，植千丛，紫英辉光三山；宋时冯公缙云，宰万州，感山灵，雪芽含露群巅。先烈唐在刚，志学书塾，咀嚼芳根当餐；韶华变卖茶产，壮大革命募捐。元老王维舟，红旗一杆，茶山演兵上万；皓首重返故里，品茗开怀畅谈。当代广福生民，含辛茹苦，重振河山。今日缘华公司，拓宽茶业，宏图大展。千亩起点，目标直指五千。文化奉茶神，思想铸茶魂，图立体农业，办一二三产，插乡村旅游之翅，放幸福开江之鸢。

美哉，日沐大地，雨浴青山，红衣倩女酥手摘明前，戴笠茶农苦心培芳芊。倚茶富家，倚茶裕山，引村民勠力创建世外桃源。

壬辰年清明应广福镇政府之托净手草于三舍居

（武礼建）

大巴山茶文化小镇赋

盐茶驿道旧址，脱贫攻坚战场。依傍龙潭秀水，沐浴八台佛光。巴山福地，人间画廊，盛世当尽其用也。乃借易地搬迁政策，建设乡村文旅名庄，做强富硒产业，写好茗茶文章，爰有大巴山茶文化小镇矣。

斯镇美哉！群山环抱，百鸟绕翔，街淌活水，路植幽篁。雕塑生机盎然，壁画趣味悠长，楹联新风新韵，建筑古色古香。人造景观不失灵气，天然风物更露神芒。

斯镇所图，造福一方。政府规划，百姓营商。面向五湖四海，辐射七里八乡。建设秦巴特产集散地，打造富硒茗茶买卖行。亦购物中心，亦名品橱窗。岭南凤凰城，川东宽窄巷。

游客来此，神怡心旷。朝看云海日出，夜沐月影星光。春有遍野百花，夏得入心清凉，秋赏无边红叶，冬览漫山银妆。清茶三杯悟透红尘百味，川戏一出看尽古今沧桑。

善哉斯镇！养生乐土，购物天堂。饮水思源，党恩浩荡，改天换地，助民奔康。

诗云：

今夜春风到农庄，以茶会友诉衷肠。

欲问诗家情何寄？一壶雀舌敬中央。

万源市民靳廷江己亥孟夏草就

当春茶赋

国之佳饮，山之嘉木，茶也。春发玉叶，香盈四季。《尔雅》《说文》，妙笔盛赞之。《搜神记》《世说新语》，传奇演绎之。夫出于类、秀于林者，当春煊其位。

当春生巴山，居善地也。凝甘露，储玉液，聚精气，弥清香。神农巡察华夏，莅临巴山，喜遇当春，视之而陶然，触之而心悦，品之而神怡，培之而繁盛。茶圣陆羽，品当春，写当春，遂有不朽《茶经》传世。皇皇巨著，巍巍丰碑，《茶经》是也。

巴山横空，富硒连彩云。大峡幽深，神泉达四海。巴人灵秀，茶艺精湛。纤手摘，玉足蹬，柔情揉，微火烘。千般工序，万般热情，成就极品。古也，扁舟出三峡，背夫走南北，运载当春，不亦乐乎。盐茶古道，当春压阵，春风浩荡，皇宫王府，当春倩影迷君臣。市井田园，当春玉液惠百姓。今也，当春联营，网上交易，迸发海陆空，走红国内外。

当春奇，玉叶神！养生，藏仙家延寿之妙术。精武，创造辉煌群英谱。巴人伐纣，当春伴征程，前歌后舞，摧枯拉朽，不逊各路诸侯。樊哙犒军功，当春当酒励将士。努尔建大清，品着当春奠基业。红军歼顽敌，当春淬剑振军威。强文，走出千古文曲星。盖世哲人著《潜书》，唐甄案几置当春。大明帝师唐瑜，满清帝师陶元洪，授业于朝堂，畅饮当春更从容。巴人随身七件宝，柴米油盐酱醋茶。三日无荤腥，无关紧要。一日缺当春，索然无味。传承文明，兴邦旺家，厚重当春茶文化，功莫大焉。

四季轮回，时光拒绝重复。当春蔚然，品质追求出新。泱泱大国，群芳竞艳，当春一枝独秀，频获国内外大奖，稳居巴蜀名茶前列。

美哉！当春在手，四季如春。杯中漫当春，纵横看乾坤。壮哉！巴山大峡谷，锦上添花数当春。千倾碧波滴翠，万里晴空如洗。当春金枝满玉叶，文旅扶贫大提速。当春春常在，顶天立地展翅飞！

（春语）

采茶歌

茶山有个苏二姐吔，牵手上山去采茶，粗布衣裳贫家女，采箩鲜茶回娘家，

勤劳小伙与我好吔，何需身上戴红花，真心真意胜绫罗，别个不爱我爱他。

注：民歌，1949年，搜集流传于大竹河。摘自《万源市茶业志》。

倒茶歌

腊月采茶下大凌嘛柳冬且，王祥为母牡丹花，卧寒冰啰倒采茶。

王祥为母卧寒冰嘛柳冬且，天赐鲜鱼嘛牡丹花，跳龙门啰倒采茶。

冬月采茶冬月冬嘛柳冬且，秦琼打马牡丹花，过山东嘛倒采茶。

你在山东为好汉嘛柳冬且，丢奴家中牡丹花，守孤单啰倒采茶。

注：民歌，制茶中唱。1949年流传于大竹河。（摘自《万源市茶业志》。）

倒采茶

腊月（那个）采茶下大雪，（柳冬且）

王祥（那个）为母（嘛牡丹花）卧寒冰（啰倒采茶）。

王祥（那个）为母卧寒冰（柳冬且），

天赐（那个）鲤鱼（嘛）跳龙门（啰倒采茶）。

冬月采茶正立冬，秦琼打马过山东，他在山东为好汉，丢下那个妻子一场空。

十月采茶十月一，孟姜女二送寒衣，走一步来哭一声，万里长城一齐崩。

九月采茶菊花黄，菊花造酒满缸香，往年造酒有人吃，今年造酒无人尝。

八月采茶是中秋，杨广观花下扬州，杨广观花误大事，万里江山一旦丢。

七月采茶七月七，牛郎织女配夫妻，夫妻没做亏心事，天河隔断两分离。

六月采茶热难当，磨房受苦李三娘，白天担水三百担，夜晚推磨到天光。

五月采茶是端阳，六郎镇守三关堂，镇守三关是好汉，偷营劫寨保宋王。

四月采茶四月八，斩将封神姜子牙，子牙封神传千载，杨氏将军把山下。

三月采茶是清明，孟姜女儿去上坟，双脚站在城墙上，口口声声喊郎君。

二月采茶百花开，无情无义蔡伯喈，伯喈真才实学广，苏秦求官早回来。

正月采茶又一年，昭君娘娘和北番，昭君和番传千古，声声啼哭雁门关。

注：摘自《万源市茶业志》。

顺采茶

正月（那个）采茶是新年，收拾打扮看姣莲，

自从（那个）今日看过你，朋友约我上茶山（咿呀呀子哟，妹呀咿子哟），

你在家中放耐烦。

二月采茶百花开，收拾打扮看乖乖，

自从今日看过你，朋友约我做买卖，哥呀！你在家中放宽怀。

三月采茶是清明，收拾打扮看情人，

自从清明看过你，我上茶山半年春，你在家中放宽心。

四月采茶四月八，收拾打扮看冤家，

自从初八看过你，我上茶山到秋下，哥呀！你丢心乐意在家耍。

五月采茶是端阳，雄黄酒儿待小郎，

劝郎三杯雄黄酒，茶山无酒早回乡，哥呀！免得我一心挂两肠。

六月采茶三伏天，采茶哥哥听我言，

热天热地路难行，早点转身把家还，哥呀！免得我一心常挂牵。

七月采茶七月七，收拾包袱出门去，

你在路上要仔细，免得奴家心着急，哥呀！冷茶冷水少喝些。

八月采茶是中秋，想起我郎闷悠悠，

月到中秋分外明，妹在家中泪长流，哥呀！难舍难分心肝肉。

九月采茶是重阳，菊花造酒满院香，

人家造酒有人吃，奴家造酒无人尝，哥呀！前世烧了断头香。

十月采茶小阳春，抽签卜卦问神灵，

家家庙人都问遍，茶山没有半个人，哥呀！眼泪汪汪转回程。

冬月采茶雪花飘，采茶哥哥回来了，

两脚尖尖忙上前，双手接住呵呵笑，哥呀！天上的星星下来了。

腊月采茶过大年，采茶哥哥听我言，

世上生意由你做，明年不许上茶山，哥呀！天下奴家受孤单。

腊月采茶过大年，小妹妹呀听我言，

世上生意我不做，明年还要上茶山，妹呀！茶山上面真好玩。

注：摘自《万源市茶业志》。

采茶歌

春季到来好风光，采茶姑娘上山岗。背起茶兜将茶采，摘来茶片喷喷香。
采上山坡茶满兜，采茶姑娘喜悠悠。过去采茶为地主，今天采茶各人收。
山上山下采茶忙，坡前坡后歌声亮。茶园今年收成好，家家户户喜洋洋。
注：1950年，摘自《万源市茶业志》。

采茶歌

头遍采茶茶发芽，手提篮子头戴花。姐采多来妹采少，采多采少早回家。

二遍采茶正当春，采罢茶叶绣手巾。两头绣的茶花朵，中间绣的采茶人。

三遍采茶忙又忙，丢了茶筐便插秧。采茶插秧两不误，割采云霞做霓裳。

注：摘自《茶都之春》。

请到巴山来

你是山的形象，你是水的代表，巴山蜀水因你而骄傲。

这里能领略山的高昂，这里能聆听溪流在歌唱，

靠近你巴山雀舌处处飘芳香，拥抱你天籁之音幻遐想。

请到巴山来，这里有英雄的山，多情的崖，

八台迎来第一缕阳光，花萼铺满山野只等你到来。

请到巴山来，这里有柔情的雨，碧绿的河，

大竹河为勇漂者掀起激情浪花，龙潭春色为远方客人敞开怀。

请到巴山来。

（黄胜华）

请喝一杯巴山茶

巴山那个新茶喷喷香　那个喷喷香哟　请喝那个一杯哟巴山茶

巴山那个新茶喷喷香　毛峰茶　毛尖茶　富硒茶　又产那个雀舌茶

巴山那个香茶名扬天下　巴山那个香茶享誉中华

你闻一闻这香不香　你尝一尝嘛好不好　请喝一杯哟巴山茶

巴山那个新茶喷喷香　毛峰茶　毛尖茶　富硒茶

又产那个雀舌茶这都是好茶、新茶、名茶

巴山那个香茶名扬天下　巴山那个香茶享誉中华

你闻一闻这香不香　你闻一闻嘛好不好

茶中多少哟紫荆花　一茶相约天下客

到巴山来品茶　一茶相约天下客哟

常到巴山来品茶哟，来品茶

（陈明明）

轻煮岁月慢煮茶

巴山妹子巴山花　巴山汉子巴山侠　巴山青来巴山芽　巴山夜雨巴山话

轻煮岁月慢煮茶　爸爸妈妈请喝茶　勤劳致富顶呱呱　勤劳致富赢天下

巴山妹子巴山花　巴山汉子巴山侠　巴山青来巴山芽　巴山夜雨巴山话

轻煮岁月慢煮茶　爸爸妈妈请喝茶　勤劳致富顶呱呱　勤劳致富赢天下

（邓高）

想你在竹乡

是谁风中吹起竹唢呐　声声悠扬　声声清雅唤醒多少　多少柔情　提起多少老话

是谁月下弹起竹琵琶　银盘之上　玉珠轻撒竹影婆娑　婆娑起舞　撩起多少牵挂

心上人儿啊　你还好吗　我在竹乡等你　泡好了一壶白茶

我的爱人啊　你还好吗　我在梦中想你　望穿了天涯

是谁月下弹起竹琵琶　银盘之上　玉珠轻撒　竹影婆娑　婆娑起舞　撩起多少牵挂

心上人儿啊　你还好吗　我在竹乡等你　泡好了一壶白茶

我的爱人啊　你还好吗　我在梦中等你　望穿了天涯天涯　天涯

（杨季涛）

大竹风情美中华

大竹竹多大竹竹大　大竹独创那竹子唢呐

会讲故事能说笑话　一吹就能吹开遍野山花

大竹竹多大竹竹大　大竹独创那竹子唢呐

会讲故事能说笑话　一吹就能吹开遍野山花

嗨 呀咿耶　嗨 呀咿耶

唢呐声声相伴白茶　品茗赏乐竹林月下

醉了星辰醉了月牙　大竹风情美醉中华

大竹竹多大竹竹大　大竹独创那竹子唢呐

会讲故事能说笑话　一吹就能吹开遍野山花

竹海竹多竹海竹大　竹风抚育那大竹白茶

巴蜀玉叶茶中精华　一杯在手就能行走天涯

嗨 呀咿耶　嗨 呀咿耶

唢呐声声相伴白茶　品茗赏乐竹林月下

醉了星辰醉了月牙　大竹风情美醉中华

唢呐声声相伴白茶　品茗赏乐竹林月下

醉了星辰醉了月牙　大竹风情美醉中华

大竹风情美醉中华

（杨季涛）

开茶歌

（曲比阿乌 演唱）

李冰雪 作 词

陆 城 作 曲

张 英 记谱整理

1=G 2/4

(廾 6- | i- | 6765 6---) | i·6 | 61 6------- (0 61 | 2/4 3535 6 65 |
　　　　　　　　　　　　开 茶 啰

356i 6 | 6 - | 6532 3 | 3 -
6666 | 1212 3 32 | 3 661 | 2323 5656 | 1212 4·5 | 6656 5 6)

‖: 63 323 | 2·1 6 | 23 5 52 | 3· 0 6 | 11 116 | 123 12
　爬上溜溜的 坡儿哟 跨过溜溜的 坎儿 我 站在山顶上 一声 喊呐

……

12 216 | 122 2 | 565 2 53 | 3 5· | 6 66 3535 | 5 6 56
一个溜溜的 大山梦 今儿个终于 圆 一叶叶溜溜的 芽儿 哟

6 66 1212 | 2 3· 0 | 12 216 | 122 2 | 55 121 | 16 23
一叶叶溜 溜的 尖儿 一岭溜溜的 春天茶 结交天下 缘 结交

65 5· | 5 - | 65 6· | 6 - | 6 - | 6 - | 6 0 | (6665 6 0) ‖
天 下　　　　缘

（四川秀岭春天农业发展有限公司出品）

巴山青

范远泰　作词

周　瓅　作曲

1=F　4/4

‖: 0 5̣ 6̣ 1 6̣ | 2̣ 1 2 3 3 — | 6̣ 6̣ 5̣ 3 1̣ 2̣ 5̣ 3 | 2 — — — | 0 3 5 5 3 |

川陕古道草木青　　高山峡谷一疆云　　华阳国志
达州好茶巴山青　　飘飘馨香怡心魂　　雀舌疏淡

2 3 3 2 6̣ — | 6̣ 3 3 6̣ 2 6̣ | 5̣ — — — | 0 5̣ 6̣ 1 6̣ | 2̣ 1 2 3 3 — |

说瑶草　南方嘉木入茶经　　　　北宋石刻仁万源
漫清雅　漆碑浓郁醉亲人　　　　竹海玉叶成国礼

6̣ 6̣ 5̣ 6̣ 5̣ 3 1 | 2 — — — | 0 2 2 3 5 | 3 2 2 1 6̣ — | 6̣ 3 3 2 2 6̣ 2 |

千年贡品留芳名　　树树碧绿翻翠浪　　翩翩新芽报先
秀岭龙芽长精神　　杯杯雪眉盛日月　　滴滴蜀韵浸古

D.S

1 — — — | 1 — 0 0 | 3 5 2̇ 1̇ 2̇ | 6 5 · 5 — | 6 6̇ 1̇ 6 5 3 | 3 2 — — |

春　　　达州巴山青　　人间茶上品
今

2 2 3 5 3 | 5 6̇ 2̇ 1̇ 6 — | 6 · 5 6 1̇ 2̇ | 2̇ — — — | 3 5 2̇ 1̇ 2̇ | 6 5 · 5 — |

一　叶香天下　芬芳满乾坤　　达州巴山青

1.

6 6̇ 1̇ 6 5 3 | 3 2 — — | 5 6̇ 5 3 5 | 5 6̇ 2̇ 1̇ 6 — | 6 · 5 6 2̇ 1̇ | 1̇ — — — |

人间茶上品　一　叶香天下　芬芳满乾坤

D.C 2.   3.

1̇ 0 0 0 :‖ 6 · 5 6 2̇ 1̇ | 1̇ — — — :‖ 6 · 5 6 2̇ 1̇ |

芬芳满乾坤　　　芬芳满乾

1̇ — — — | 1̇ 0 0 0 | 3 5 2̇ 1̇ 2̇ | 6 5 · 5 — |

坤　　　　达州巴山青

二、美　文

首届"巴山青"茶文化节主题曲《巴山青》赏析

茶香春风两相迎，千年之恋醉人心。

癸卯春日，在四川达州万源隆重召开的首届"巴山青"茶文化节暨大巴山富硒茶产业发展大会的美好时刻，由资深作词人范远泰作词，国家二级作曲家、四川音乐学院二级教授周瓅作曲，中国东方歌舞团抒情女高音独唱演员魏梅女士采用古风与现代艺术风格相结合的方式，倾情演绎的《巴山青》，它优美的歌词、动人的旋律、真实的情感，感动了无数听众，并迅速成为一首广为传唱的抒情歌曲。

《巴山青》为五声F宫调式4/4拍，二段体结构，谱成她的"宫、商、角、徵、羽"五个音律，如同我国的茶文化一样源远流长、寓意深刻。

歌曲首句由一个四分休止符开始，富有禅意的留白承接灵动婉转的曲调，似崖上清泉滴落碧潭荡起了涟漪层层，也似笔尖墨汁落在宣纸上洇出的幻化虚实。组成首段主歌部分的4个小乐句，皆以这样清新、舒朗的节奏展开。旋律上，两个小乐句如同两条反方向抛物线，构成音乐的镜像重复，仿佛前句是茶汤入口时的清香苦涩，后句是杯盏落下时的气韵回甘。两两起伏的小句子，组合成两个变化重复的大乐句，在优美流畅的旋律中既明确了"高山云雾出好茶"的意象，也为副歌中情绪进一步铺展做好了准备。二段副歌部分同样由4个小乐句构成的两个大乐句组成，本段节奏全部从正拍进入，变得舒展、豁达。旋律上通过向上三度小跳承接好前段情绪后，随即五度跳到全曲最高音，充分推动音乐的发展。两个大乐句的线条流畅、开阔，在悠然自得中蕴藏有兴奋昂扬的情绪，一如沸水冲泡后巴山青茶的风雅与鲜活。副歌整段词曲紧密配合，既直抒胸臆又寓情于景，充分展现出巴山茶文化中清新生动、刚柔兼备的性格。本段中，全曲的最高音反复出现，散落在"巴山""乾坤"等歌词上，更在高扬的曲调中收尾，明朗地展示了"富硒巴山青，一叶天下倾"的情怀。

巴渠大地，美丽富饶，园有芳蒻、香茗，川陕古道上悠扬的马铃声穿越千年依旧诉说着"茶马易市"曾经的辉煌。

（廖清江）

富硒巴山青，一叶天下倾

——《巴山青》宣传片脚本

（一）历史——源

"古社之平，得建溪绿茗于此种植，可复一纪，仍喜灵根转增郁茂。"

北宋元符二年（1099年），巴山茶农王敏兄弟雕成《紫云坪植茗灵园记》，留下中国最早记载植茶历史活动的摩崖石刻。

"蜀茶总入诸番市，胡马常从万里来"，达州茶作为茶马古道的名贵辎重，幽香绵长，厚重了历史文化，温暖了远方客人。

岁月不语，悄悄浸润千年；茶香不争，芳华惊艳历史。新中国成立后，时任国务院总理周恩来亲自为达州茶叶颁发嘉奖令、授奖旗。在"七五"全国星火计划成果博览会上，时任国家主席江泽民同志连声称赞达州茶叶"好茶，好茶！"。

（二）高山富硒有机——自然

山水流翠育秀壤，高山云雾出好茶。达州，地处大巴山腹地，名茶集萃的北纬30°贯穿全境。这里，山势雄浑高耸，植被茂盛，生态优越，日与月的精华，山与水的拥抱，云与雾的交融孕育了天然的茶源。

达州是全国三大富硒地区之一，是中国富硒绿茶的主产区，素有"中国富硒茶都"之美誉。

秦川历历老茶树，古道东风又一春。清晨，自然的甘露在第一缕阳光的爱抚下，氤氲出生动灵气的云涛雾海，成为达州茶天然的乳汁，年复一年，日复一日，赋予了达州茶超脱千年的灵趣，也镌刻出了"好茶"的芳名。

（三）选种、采茶、制茶——工艺

千百年来，勤劳质朴的巴川人民，用智慧和汗水辛勤浇灌培育，引种改良，万源矿山茶、宣汉金花茶、大竹云雾茶、渠县硐茶……千姿百态，茗香千年。

源于自然、回归自然。有机茶是大自然的馈赠，更是巴川大地一脉相承的人间杰作。有机肥平衡施用、良种良法配套种植、绿色防控技术推广、有机质量追溯系统建立……通过生态栽培、安全把控、有机茶叶横空出世。

三月三，上茶山，巴山春早，新茶勃发，每一片细芽在茶山姑娘的纤手中被赋予温度和灵魂。精心采撷的叶芽经过足够时间的摊放在这里开启新的生命轮回之旅。

手工茶艺代代相传，制茶大师严守古法。历经摊放、杀青、提毫、烘焙、拣别等工序和抓、抖、甩、压、推等做形的淬炼，茶叶松散自理，扁平挺直。倾注着沿袭千年的匠心本心，推古崇新，传统工艺与现代技术完美融合，机械产茶车间井里，杀青机、揉茶机和烘干机高效运转，机器的每一次轰鸣都是对历史的倾诉。每一片茶叶在制茶大师和现代工艺的机器转动中翻飞、蝶变、脱胎换骨，释放出达州茶叶形美、味醇、香远的天然韵味。

（四）茶　语

寒夜客来茶当酒，竹炉汤沸火初红。执一杯香茗，跨越时空隧道寻觅知音。滋润的茶香留下的笑颜，与千年前唱叹着"洗尽古今人不倦，将知醉后岂堪夸"的诗人元稹相逢。

游走在刻有深厚茶文化的历史遗迹中，赏巴山秀水迷人景色，品真味茶叶淡然幽香，悟百年人生悲欢沉浮，这不仅是生活的向往，更是人生的真谛！从来佳茗似佳人，雀舌精灵，一升一浮、一舒一展，香韵清心；一壶一盏、一闻一品，忘却尘心亦从容；一丝一缕，一音一人，禅定笃静守初心。千年的好茶味道在这一缕春风中隐逸而恬淡，宁静而闲适。

（五）尾　声

"达"茶千年，"州"韵天下。巴国故里，红色达州，因茶而立，因茶而兴，以茶为友。千年茶文化已深深融进血脉，根植于灵魂深处，世代耕植的巴川人民用血与汗精心守护着每一棵灵根的休养生息，造就了独具巴山韵味的茶人茶树茶文化、茶园茶业茶之乡，孕育出了跨越千年时空的好茶——巴山青。

富硒巴山青，一叶天下倾！（片尾字幕）

（达州市农业农村局、达州市茶果站集体创作）

三、书　画（图 9-7~ 图 9-9）

图 9-7 北宋年间《紫云坪植茗灵园记》石刻文字拓片（现存于中国茶叶博物馆）

图 9-8 张爱萍将军亲书"巴山雀舌"茶名

注：1991年11月，万源县参加国家科学技术委员会"七五"全国星火计划成果博览会，草坝茶场生产的"巴山雀舌"等7只名茶全部获奖，江泽民亲临万源展台参观，张爱萍将军闻此喜讯，亲自书写"巴山雀舌"茶名。

图 9-9 达州市书法家协会主席马骏华为"巴山青"题字

注：2021年1月，达州市委、市政府正式确立"巴山青"为达州市茶叶区域公用品牌，达州市书法家协会主席马骏华为"巴山青"题字。

四、茶故事与传说

（一）红军茶

矿山茶是万源名茶之一，生长在青花矿山村，凡是到过万源的人，都想喝一杯矿山茶细细品味，或者买一包带回去，让亲朋也领略一番老苏区的茶香。其实矿山茶过去并不驰名，也没有馨香。那时，矿山这个地方虽长了几窝零散野茶，由于它生长在凄风苦雨中，茶叶泡在碗中，水是污的；喝在嘴里，味是涩的。

1933年红军来到万源境内，驻扎在大面山、青花溪一带，除了练兵打仗外，还与当地农民一起开荒生产，栽桑种茶。初春艳阳高照，警卫连奉徐总的指示，上山开荒整地，在劳动中一位老农感叹地说："这个山的土质要是种茶才好哟！"战士们把群众的议论向徐总（徐向前）作了汇报。徐总听后问道："我们红军的总目标是什么？"一个战士答："要打垮世上的反动派，让天下的穷人都翻身。"徐总又问："我们当兵的目标呢？"另一个战士答："除了打仗，还要建设苏区。"徐总说："对！我们就是要把苏区建设得粮满仓、果满园、茶飘香，让大巴山上的人过上幸福的生活。"警卫连战士根据徐总的意见，在矿山选了一块背风向阳土质肥沃的地方，播下了茶籽。经过四月南风、六月阵雨，茶苗破土而出，茁壮成长。红军北上抗日后，幼小的茶树，几经风雨，在20世纪40年代的一个春天，开始发芽吐尖了。茶农们多么高兴啊！他们把新发出的嫩芽摘来制成茶，首先泡一杯尝鲜，端起茶杯一看：啊！变了！茶水的颜色透绿；喝在口里，喷香。这是怎么一回事呢？老茶农卫大爷捋着胡须，抬头瞧瞧这四周的乡亲，爽朗地笑着说："这是红军茶，哪个不香甜呀！"

"矿山茶，香味大，清心明目传佳话。当年红军亲手栽，而今茶香飘天涯。"这首民歌是人们对矿山茶的赞美和对红军的怀念。是啊！地是红军开，泉是红军引，茶是红军栽，是红军的血汗浇灌它成长。所以，矿山茶就变得清香味美啦！从此矿山茶也就名扬天下。

红军茶的故事背景讲述的是中国工农红军第四方面军反军阀刘湘六路围攻时，在四川打得"时间最长、规模最大、战斗最艰苦、战绩最辉煌"的"万源保卫战"（图9-10）。自1934年夏始，历时2个多月，万源保卫战主要战斗地点在万源城东北花萼山、城西南玄祖殿、

图 9-10 万源保卫战战史陈列馆

城东南大面山，参战元帅1人、大将1人、上将14人、中将35人、少将252人，红四方面军5个军30多个团、8万红军将士，粉碎了国民党军队140多个团、26万余人的围攻。

（二）开江茶山的红色文化

因山中有成片茶树，更有年龄达数百年的大量老鹰古茶树，有诗歌赞美广福茶山道："苦丁黄桷抱千年，压黑天池尺五天。茶种双河云雾岭，雨前香馥透行川。"这茶山，即是开江县广福镇南门山（又叫万县大梁、大梁山、后山）。革命队伍住茶山，喝粗茶，使广福茶山成为一座闻名遐迩的红山。

1. 王维舟与茶山的情缘

1927年9月，共产党人王维舟随好友李介眉（开江广福镇进步人士）从万县来到广福，住在茶山下的李介眉家，白天王维舟经常在广福镇一家名为"好又来"的茶馆借算命宣传进步思想，夜晚则四处串门唤醒群众革命意识，传播革命火种。1929年4月王维舟等人成立"中共广福特支"，大力发展游击队员，很快达到近千人的规模。他们在茶山中设立司令部，并组织游击队在巍峨的茶山里苦练革命本领，依托茶山采用灵活的游击战术与敌人周旋，打土豪、除恶霸，引起群情激奋，山鸣谷应。

2. 乔典丰与茶山的故事

乔典丰（1907—1934年）生于广福镇夏家庙村，1928年加入中国共产党，1934年壮烈牺牲。1932年7月，广福地下党遭到严重破坏，多人被捕，川东游击军第二支队队长乔典丰率部潜入大梁山脉，敌人进山围剿，乔典丰受伤后隐在山中养伤。

3. 曾敬孙与茶山的故事

曾敬孙，长岭镇天星坝村4组人，与广福镇双河口村一河之隔，是王维舟在绥定中学任教时的学生，后回广福担任国民党广福民团队长，受王维舟影响投入革命大军，将山中老屋设为川东游击军指挥部，在山中开展艰苦的游击战争。1948年正月，曾敬孙因军统特务抓捕率队撤入后山，并在九道拐召开会议正式成立川东游击纵队广福支

队，下辖3个中队。游击队上山后，国民党反动军从各方扑向广福清乡搜山，游击队便化整为零，各中队分别在龙王坡、三台寺、茶叶坪、九道拐、兰草沟、竹儿坪一带与敌人战斗。

（三）韦刺史赐名金鳞香茶

一条名叫开江的河流自新宁（开江旧称新宁）流向开州，将开江与开州紧密联系在一起，难以区分开，实际上，两者在历史上很多时候是同一个地方，公元553年开江始置县时称新宁，属东关郡，隶开州，当时东关郡和开州的驻地均在新宁。将开江与开州隔开的这座山名叫南门山，历史上也叫大足山，现人们喜欢叫它大梁山。山的南端顶部有一潭，春夏不涨水、秋冬不下涉，深不见底，水面常年漆黑，故名唤"黑天池"，阳光下偶有微风拂面，染得池水荡起层层涟漪，宛如金鳞一般，是川东北地区的一处风水俱佳的世外桃源。

唐初天宝年间（742—756年），黑天池的北面有一土地庙，破破烂烂地立在那里。开江广福镇一名外出修行多年的蔡姓僧人功成归来，慕于眼前云雾缭绕的大山。一日闲游至山顶黑天池，他见脚下山脉绵延、巍峨迤逦，形似一条巨龙，眼前黑天池波光粼粼，宛如龙鳞，土地庙恰好位于龙嘴，知晓天文地理的蔡僧人欣喜若狂，后遂动员弟子及周边百姓伐木取土，将土地庙改建成了一处庙宇。一年大旱，蔡僧施法求雨，村民敲锣打鼓前往相助，果然天降大雨，村民感恩，称蔡僧人为蔡龙。蔡僧人喜茶，故在庙外垦园种植了一片茶树，周边村民也到此采茶，经加工泡制，视为药到病除的神水。后因战乱民生凋敝，茶园逐渐荒芜，杂树杂草丛生，斗转星移，村民逐渐忘记了黑天池边上的这片茶园。

唐中期元和年间，黑天池不远处住着爷孙俩，爷爷名唤青杠老汉，七十有三，鹤发银须，有仙风道骨。孙女玉妹，年方十八，青葱俏丽，似瑶池仙女，爷孙俩日出而作，日落而归，过着悠闲自得的生活。一天晚上，玉妹梦见自己迷迷离离中来到一个美丽的山坡，那里有一棵一棵的绿树闪烁着道道金光，倒映天池碧波里的美景，更加惹人喜爱。玉妹上前又看见几个穿红挎篮的姑娘，在绿丛中忙碌地采摘着树叶，她正要上前问候，一团云烟飘过，姑娘们便无影无踪了……第二天清晨，玉妹提着篮子上山采撷山货，不知不觉走到山的僻静处，似乎走到路的尽头，几片树叶飘落在她的手中，她惊奇地发现，树叶碧绿晶莹，尤其是树叶的叶脉泛着金光，光彩夺目，一下子她觉得树叶太好看了，蓦地想起夜里梦中见到的那些树，不是也闪烁着金光吗？一阵清风拂过，这些树突然舒枝展叶，频频摇曳，仿佛在向她点头致意，玉妹高高兴兴地又摘了一篮树叶，篮子摘满了，她也认准了回家的路，于是唱着山歌回家。青杠老汉是山里通，有名的能工巧匠，他把玉妹采回的树叶，经过炒焙，制作成茶叶，玉妹泡了一杯，端给爷爷，顿时满屋飘香。青杠老汉品一口，拍手叫绝，好香啊！至此，大凡进山路过爷孙家的人，都能喝到一杯玉妹泡的香茶。于是就有对玉妹香茶感兴趣的茶客提出要捎茶叶回家喝的要求，青杠老汉也大方地送些茶叶给茶客，玉妹香茶的名声不胫而走，很快闻名四方。从此，爷孙俩视坡上的茶树为生命，精心地养护和增植，不几年，大足山阳面的茶树成林，蔚然壮观，慕名而来游山观景和购买茶叶的人越来越多。

有一个开州官员成为玉妹香茶的贵人，这位开州刺史叫韦处厚，原名淳，字德载，陕西西安人，元和初年进士，公元816年因受韦贯之、斐度两位宰相之争牵连，以考功员外郎之职贬官谪任开州刺史。韦刺史经常巡视农事，顺便到访名山美景。一天，万里晴空，春和景明，他来到大足山黑天池，放眼一看，茶树翁翁郁郁，金光闪烁，倒映天池，金波粼粼，煞是好看，心血来潮，口占一绝，大声朗诵起来："顾渚吴商绝，蒙山蜀信稀，千丛因此始，含露紫英肥。"听到有人赞美茶山，爷孙俩奔跑而来，献上精心制作的好茶深表欢迎和感谢。韦刺史对爷孙俩的辛勤劳动大加赞赏，鼓励山民植茶向富，一定要让茶树在山里发扬光大。爷孙俩喜上眉梢，连连应允。而后，爷爷请求韦刺史给茶起个光鲜的名字，韦州官仰望金光闪烁的茶山，又俯看波光粼粼的天池倒影，脱口而出："就叫金鳞香茶，可否？"爷孙俩欢喜接受。

由于金鳞香茶产自黑天池，又叫天池金鳞香茶。从此，天池金鳞的名声远扬，至今美誉不衰，成为开江茶叶的动人传说。

（武礼建、刘平整理）

（四）金花茶的传说

金花茶原产于宣汉县樊哙镇金花寺。据传，宣汉金花茶已种植千多年。相传楚汉相争时，刘邦退居陕西汉中，派樊哙将军入川，扎寨在金花寺，贵夫人丢了一支金簪，后来在丢金簪的地方长出了茶树，因此得名"金花茶"。又有一说是樊哙作战时，其夫人丢掉了头戴的金花，后人修建金花寺以作纪念。寺僧在此种茶，得名"金花茶"。"金花茶"曾为明、清时期朝廷贡茶，其制作工艺1949年前失传。20世纪80年代初宣汉开始挖掘这一传统名茶，1983年春宣汉县茶果站便抽调该单位派驻土黄、樊哙二区的3名茶叶技术员余代湖、赵国久、赵飞，组成金花茶名茶研制小组，恢复传统名茶加工工艺。三人课题组到樊哙乡八村金花寺驻点研制，租用农户房屋，砌土灶安铁锅，柴火杀青、炒二青，手工揉捻，初用蒸汽铝板传热烘焙，后改木炭烘焙。当年定地块采摘零星古茶树，收购鲜叶一芽一叶、一芽二叶，每斤鲜叶价0.8元，试制28斤干茶，茶叶条索较松、自然，芽叶完整，茶色翠绿，滋味醇爽，叶底黄绿明亮，兰花香，当年送样参加四川省首届地方名茶审评座谈会，获得首批"省级优质名茶"称号。通过检测，金花茶的氨基酸含量高达779.69mg/100g，以后对工艺不断加以改进提高，在全县加以推广，1992年获四川省第二届"甘露杯"优质名茶奖，成为宣汉茶叶的"五朵金花"（金花茶、九顶雪眉、青龙雾绿、红岩曲毫、铁峰翡翠）之一。

第三节　茶　艺

达州茶区的茶艺形式主要是玻璃杯冲泡和四川盖碗茶，流行于茶市，不论是绿茶、红茶还是其他茶类，均以玻璃杯或盖碗作为主要泡茶器具冲泡或品饮。盖碗的冲泡方式主要有单碗泡法和功夫泡法，一般在户外的茶馆采用单碗泡法，通常一人一碗，即泡即饮。专业的茶叶门店，一般有茶艺师采用功夫泡法，将茶叶用盖碗冲泡后，茶汤倒入公道杯，再斟入品茗杯中供客人品饮。功夫泡法除盖碗外，通常还需要配置公道杯、茶滤网、茶道组、茶刀、茶盘、茶叶罐、茶荷、茶巾、茶船（或水盂）、杯托等器具。达州市在举办的各类茶叶推介会上，通常设置有茶艺演绎，除盖碗茶艺外，还有长嘴壶技艺。

图9-11　达州职业技术学院（谢丹 供图）

2001年，由原达县教育学院、达州农业学校、达州卫生学校、达州农业机械化学校四校合并组建达州职业技术学院（图9-11）。达州职业技术学院是一所综合性全日制公办普通高等学校，是四川省第一批成立的八所高职院校之一。

学校二级学院数字与文旅学院开设有茶艺与茶文化专业，2023年，有茶旅专业教师18名，中高级职称近50%，90%以上专任教师具有硕士以上学历学位，同时具有专业知识与行业企业工作经历的专、精、尖教师。专业核心课程包括：茶艺编创与实践技术、企业经营管理、茶文化与茶健康、茶事与社交礼仪、市场营销、茶品网络营销、感官分析技术、茶叶生产与加工技术、茶叶品质分析技术、茶叶冲泡技法、茶叶审评技术等。学院还设有茶艺实训室等教学实训场地，培养适应社会经济发展和茶产业发展，具备扎实的茶叶基础知识、茶艺表演与编创技能、茶企经营与管理能力、茶叶营销技能的复合型应用人才（图9-12）。

达州职业技术学院围绕茶产业发展需要，已先后与四川国峰农业开发有限公司、达州市孝根文化传播有限公司、四川巴山雀舌名茶实业有限公司、四川秀岭春天农业开发有限公司、浙江艺福堂茶业有限公司、浙江卓科电子科技有限公司共建校企合作基地，开展茶园管理、茶叶制作、农产品营销实习实训、茶叶电子销售实习等，可接纳、培养茶艺与茶文化、旅游管理专业技能人才200人（图9-13）。

图9-12 达州职业技术学院茶艺课（谢丹 供图）

图9-13 教学实习（谢丹 供图）

学院通过举办高级别赛事，推进学校以赛促学、以赛促训、以赛促教、以赛促建，让师生在交流竞技中得到提高。近年来，达州职业技术学院连续承办多届四川省"中华茶艺大赛"、四川省"茶与健康"等省级赛项，学院师生参加省级以上各类比赛成绩斐然，获四川工匠第一名、一等奖10余次。

2022年6月18日—19日，四川省职业院校技能大赛（高职组）中华茶艺赛项竞赛在达州职业技术学院举办，吸引来自成都职业技术学院、四川城市职业技术学院等14所高职院校36名学生参加（图9-14~图9-17）。大赛以"茶为国饮"，弘扬中华博大精深的茶文化为竞赛目标，分为规定茶艺竞技、创新茶艺竞技、品饮茶艺竞技、茶艺理论竞技四个环节，全面考察参赛选手的茶理论、茶技和茶艺创新等实操技能和职业素养。经过两天的激烈角逐，大赛共决出一等奖4个、二等奖7个、三等奖11个、优秀指导教师奖4个。其中，达州职业技术学院数字文旅与艺术学院蒋敏同学斩获头奖，钟微同学获得一等奖，廖雯雯同学获得二等奖。

图9-14 2022年四川省职业院校技能大赛（高职组）中华茶艺竞赛赛前理论考试（来源：达州职业技术学院）

图9-15 2022年四川省职业院校技能大赛（高职组）中华茶艺竞赛茶汤质量比拼赛项（来源：达州职业技术学院）

图 9-16 2022 年四川省职业院校技能大赛（高职组）中华茶艺竞赛规定茶艺赛项（来源：达州职业技术学院）

图 9-17 2022 年四川省职业院校技能大赛（高职组）中华茶艺竞赛创新茶艺赛项（来源：达州职业技术学院）

图 9-18 2023 年四川省"巴山青杯"茶与健康职业技能大赛创新茶艺（来源：达州职业技术学院）

2023 年 3 月，四川省"巴山青杯"茶与健康职业技能大赛在达州职业技术学院举办（图 9-18、图 9-19）。此次大赛以"弘扬工匠精神，建设技能四川"为主题，由达州市人民政府、省人力资源和社会保障厅主办，达州市人力资源和社会保障局、达州职业技术学院联合承办。大赛设茶艺师、养老护理员 2 个项目，分设职工和学生 2 个组别，53 名选手参与角逐。

图 9-19 2023 年四川省"巴山青杯"茶与健康职业技能大赛参赛选手、裁判集体合影（来源：达州职业技术学院）

2023 年 11 月 18 日—19 日，由四川省教育厅主办，达州职业技术学院承办的2023 年四川省职业院校技能大赛（高职组）中华茶艺赛项举行，来自全省各市州的19 支队伍 54 名选手在达州同台竞技（图 9-20~图 9-22）。

图 9-20 2023 年四川省职业院校技能大赛（高职组）中华茶艺竞赛品饮茶艺赛项——备具（来源：达州职业技术学院）

图 9-21 2023 年四川省职业院校技能大赛（高职组）中华茶艺竞赛创新茶艺赛项（来源：达州职业技术学院）

图 9-22 2023 年四川省职业院校技能大赛（高职组）中华茶艺竞赛规定茶艺赛项（来源：达州职业技术学院）

第四节　茶文化活动

一、"巴山青"茶文化节

2023 年 3 月 25 日—26 日，达州市首届"巴山青"茶文化节在大竹县、万源市举办。2023 年 3 月 25 日，达州市首届"巴山青"茶文化节暨大竹县第七届"喊山开茶"文化节开幕（图 9-23）。中国农业科学院茶叶研究所江用文研究员为"中国农业科学院茶叶研究所大竹成果转化示范基地"授牌（图 9-24）。达州市人民政府与中国农业科学院茶叶研究所签订战略合作协议；大竹县人民政府与中国农业科学院茶叶研究所签订"大竹成果转化示范基地"技术开发合同；达州职业技术学院与中国农业科学院茶叶研究所签订"达州市茶业人才培养"技术服务合同。三个合同的签订旨在从战略、人才、技术三个方向共同发力，全面提升"大竹白茶"核心竞争力，推动"巴山青"区域公用品牌建设。

图 9-23 达州市首届"巴山青"茶文化节暨大
竹县第七届"喊山开茶"文化节开幕式

图 9-24 江用文为"中国农业科学院茶叶研究所
大竹成果转化示范基地"授牌

2023年3月26日上午，达州市首届"巴山青"茶文化节暨大巴山富硒茶产业发展大会在万源市八台镇大巴山茶文化原乡开幕。大会现场演绎了《巴山青》主题音乐（图9-25）；张正中、唐开祥、薛德炳分别被授予"巴山青制茶大师"称号（图9-26）；由四川竹海玉叶生态农业开发有限公司发起组建的"四川省白茶产业联盟"揭牌成立（图9-27）；现场转播了在石窝古社坪村《紫云坪植茗灵园记》石刻前，由茶农自发举行的巴山茶思源仪式活动（图9-28）；大型音乐情景剧《石生灵》也在现场首演，深情讲述了巴山茶神盘陀的传奇故事：盘陀为采药郎青风舍己救人的大爱精神感动，带着茶枝隐入深山，经风历雨坐化为石，茶枝从石中长成茶树，所产之茶为上品贡茶，与采药郎青风从小青梅竹马的采茶女一生守候在神树旁，茶人王雅和儿子王敏取神树枝遍植于巴山并修建盘陀寺（图9-29）。

图 9-25 歌曲《巴山青》首唱现场

图 9-26 张正中、唐开祥、薛德炳被授予"巴山青制茶大师"称号

图 9-27 "四川省白茶产业联盟"揭牌

图 9-28 "巴山茶思源"仪式

图 9-29 大型音乐情景剧《石生灵》

2023年3月26日下午，召开大巴山富硒茶产业发展大会。中国工程院院士、中国农业科学院茶叶研究所研究员陈宗懋发表视频讲座，张士康、朱珍华、王云等专家学者就万源茶业高质量发展、富硒产业助力乡村振兴、茶叶科技发展现状及趋势等内容进行专题讲座。其间，还举行了"巴山青"系列产品"万源冻干闪萃茶粉"新式茶饮系列产品与万源高山生态荒野茶"紫云茗冠"产品推介，并签订了万源市茶叶市场销售合作协议、万源数字化富硒茶示范园项目合作协议以及农产品销售等协议。最后，举行了520g"紫云茗早春1099"茶叶拍卖活动，四川西部制汇能源有限公司以188000元的价格拍得，刷新了万源市茶叶拍卖纪录。

二、"喊山开茶"文化节

"喊山开茶"是大竹县云峰茶谷传统采茶民俗，既用以统一采茶时辰，也借此唤醒万物，祈求风调雨顺、茶叶丰收（图9-30）。采茶活动不仅把大竹白茶推向世界，还彰显了云峰茶谷的独特魅力。一曲茶歌携裹了浓浓的乡愁，一场节会就是茶文化的盛会，茶诗、茶画、茶舞、茶戏等茶文艺精彩纷呈。截至2023年，大竹"喊山开茶"节已连续举

图 9-30 大竹"喊山开茶"文化节"开茶喽"

办 7 届，得到中央电视台、新华社、人民日报等主流媒体报道。

2017 年 3 月 23 日，首届"喊山开茶"文化节举办。"喊山开茶"仪式前，大竹白茶领头人廖红军首先与众茶农一起拜茶山，表达他们对大自然的敬畏与感恩之情。伴着一曲《茶山春早》，近百名唢呐艺人同时吹响竹唢呐，欢快的乐声应和着"开茶喽！开茶喽！"的深情呼唤，一众茶农翘首以盼，对着深山白茶深情呼喊，唤醒万木。"采首芽"是"喊山开茶"后的首要环节。一群群像春天一般花枝招展的采茶姑娘，挎着背篓，穿梭于茶树行间，手脚麻利地采摘着白茶首芽，成为云峰茶谷一道绚丽的风景。为了送茶姑娘采茶、接茶姑娘采茶而归，拥有特技的唢呐艺人，还专门展示同吹四支唢呐、鼻吹两唢呐等民间绝活。

2018 年 3 月 27 日，第二届"喊山开茶"文化节喊出"保护青山绿水，让祖国增绿！开茶喽！"，采摘的 2.5kg 首芽鲜叶以 16 万元被来自广安邻水县的蒋先生拍得。此次节会上，平日鲜少打扮的茶农们，不仅焕然一新，有的还穿上了笔挺的西装和雪白的婚纱。仪式结束后，他们一起摆造型秀恩爱，一起唱歌跳舞，欢声笑语不断。2019 年 3 月 23 日，第三届"喊山开茶"文化节上，靠种植白茶脱贫致富的茶农们为了表达丰收的喜悦与茶叶专业的在校大学生共同唱响了《我和我的祖国》，祝福祖国明天更美好。2020 年 3 月 17 日，第四届"喊山开茶"文化节在新冠病毒疫情影响下采取网上开办方式，四川国峰农业开发有限公司邀请达州职院电子商务专业、茶艺与茶叶营销专业的 20 多位师生通过手机直播推介大竹白茶。2021 年 3 月 14 日，第五届"喊山开茶"文化节揭幕。72 岁最美采茶姐姐陈莲菊表演歌曲《山歌好比春江水》，30 名"茶仙子"采摘茶叶，翩翩起舞，祈求风调雨顺、茶叶丰收。大竹县第一小学五年级学生廖悦辰念了一封感谢信，唱了一首《感恩的心》。

随着"大竹白茶"产业影响力不断提升，2022年3月19日，第六届"喊山开茶"文化节开幕，省、市、县各级领导、茶叶专家到场祝贺。中共达州市委副书记、达州高新区党工委书记熊隆东致辞表示，达州将全面贯彻新发展理念和习近平总书记关于茶文化、茶产业、茶科技统筹发展指示精神，认真贯彻落实省委现代农业"10+3"产业体系部署，以此次"喊山开茶"文化节为契机，保持定力、乘势而上，全力推进茶旅文体康融合发展。开幕式上，进行了《喊山歌》《茶山景》等文艺表演，大竹白茶领头人廖红军作大竹白茶推介。开幕式后，与会嘉宾现场体验采茶，并参观了茶博物馆和大竹白茶加工，共品大竹白茶。

2023年，第七届"喊山开茶"文化节与首届达州巴山青茶文化节同场举办。

茶 旅

第十章

达州"郡居四达山水之国""山水秀丽，冠于陕右""维东川之绣壤，实西蜀之名区""俨然巴蜀一胜区也"。达州休闲茶业的发展是在推进茶叶产业化发展和现代茶业转型升级过程中逐渐形成的。21世纪初，宣汉县的黄金槽茶园、万源市的青花茶庄、大竹县的云雾茶场，就已呈现出了茶旅融合发展的雏形。随着城市化进程的加快和农业结构调整、旅游战略的实施，达州市充分利用自然资源优势，以茶文化、茶产业、茶科技为依托，开发和自发形成了一些集游、购、品于一体的茶旅景区，如万源打造的以"中国硒部茶园走廊"为整体的全域茶旅线路，宣汉县的亲茶走廊、马渡石林茶海，大竹县的云峰茶谷，渠县的秀岭春天，达川区的中蜀天禾园，通川区的巴山茶文化主题公园，开江县的广福、双飞茶园等。随着现代茶业的发展进步和乡村振兴战略的实施，这些茶旅景区在规划布局上更加合理，基础设施更加完善，管理水平和科技含量也得到很大的提升。这些茶旅景区结合如八台山、龙潭河、巴山大峡谷、马渡石林、五峰山、賨人谷等著名景区，构成了多条乡村旅游精品线路（表10-1）。

表10-1　2023年达州市茶旅精品线路推荐

序号	茶旅精品线路
1	万源市石塘→固军茶叶现代农业园区→大巴山茶文化原乡→龙潭河景区→八台山景区2日游
2	万源市石窝镇《紫云坪植茗灵园记》"寻遗鉴古"1日游
3	宣汉亲茶走廊→巴山大峡谷景区1~2日游
4	宣汉马渡石林茶海观光1日游
5	大竹县五峰山森林公园→云雾茶场→云峰茶谷1~2日游
6	渠县賨人谷景区→秀岭春天1~2日游
7	达州市达川区天禾茶场1日游
8	开江县福龟茶园→讲治镇双飞茶园→宝石水库→飞云温泉1~2日游
9	达州市通川区碑庙白茶基地（巴山茶文化主题公园）→铁山茶场1日游

第一节　中国硒部茶园走廊

万源茶叶经过新中国成立后数十年的发展，现已成为支撑县域经济高质量发展的最大特色产业。由于具有悠久浓厚的茶文化底蕴和连山成片的现代茶业示范区、富硒茶园示范区、生态茶品示范区，万源市因势利导，坚持"以茶促旅、以旅带茶"的发展思路，借助乡村振兴和浙川东西部协作的强劲东风，引进社会资金以及与国储农业等大公司合作，初步形成基地建设、产品加工、品牌营销、文化传承、业态融合的茶叶全产业链。

通过发展优质茶产业，弘扬茶文化、兴盛茶旅游，整体提升全市旅游知名度和美誉度，为加快建成"全国康养度假旅游目的地"、助力乡村振兴注入强劲动力。现已建成"大巴山茶文化原乡—八台山风景区—龙潭河漂流""山水三清—金色大地—瓦村茶语—多彩长田—沁润新开""牛卯坪度假村—河西茶文化公园—四海玫瑰—鱼泉山庄"三条茶旅融合环线，年接待游客达500万人次以上，综合收入近50亿元。2022年5月24日，"万源市茶旅融合环线2日游"经中国农业国际合作促进会茶产业委员会、中国茶产业联盟及农业农村部等相关单位专家评审为"春季踏青到茶园"全国茶乡旅游精品线路。

"中国硒部茶园走廊"是万源市委、市政府根据四川省达州市茶叶产业总体规划要求，结合万源实际提出的重大建设项目。项目按照"一心一轴三区"总体布局万源市茶叶产业，涵盖万源市主要产茶乡镇16个，其中以石塘镇、固军镇、井溪乡、旧院镇、沙滩镇、青花镇、八台镇为核心建设集现代化茶叶加工、茶旅融合、茶叶科技创新为一体的现代茶叶示范区，以草坝镇、石窝镇、河口镇、秦河乡为核心建设高山生态茶示范区，以大竹镇、白果镇、钟亭乡、庙子乡为核心建设高富硒茶示范区，同时建设现代茶叶服务中心（茶叶展销、茶文化体验、茶科技服务等中心）。

中国硒部茶园走廊"现代茶叶示范区"是万源市率先开发的项目，打造出大巴山茶文化原乡（茶文化小镇）、多彩长田、瓦村茶语、金色大地、山水三清、沁润新开等茶旅景点，融合八台山、龙潭河等风景区，以点带面、串"珍珠"成"项链"，推动实现"茶区变景区、茶园变公园、茶山变金山"，现已成为集茶叶生产、观光采摘、文化展示、休闲度假等为一体的综合性生态农业观光带。2020年1月，该区域被评定为"省四星级现代农业园区"。

一、大巴山茶文化原乡

大巴山茶文化原乡原用名"大巴山茶文化小镇"。2019年7月，大巴山茶文化小镇建成开园，青砖黛瓦，古意盎然，山水环绕，绿茶飘香，1.3万余人涌进景区赏景品茶。蓝天白云下，小镇的仿古建筑，层层叠叠，古韵遗风与秀美风景完美结合。亭台轩榭、文化广场、游山步道等设施镶嵌其间，相映成趣。茶叶展销、餐饮民宿、娱乐购物等特色商铺分区布局，体系完备。小镇位于万源市八台镇天池坝村蒋家湾，依托八台山国家级AAAA景区、龙潭河国家级AAA景区丰富的旅游资源和响亮的旅游名片，依山就势布局，人文景观多样，雕塑造型各异，旅游、康养、休闲、餐饮、商贸、住宿等各种业态丰富、齐全。规划用地面积32828m²，总建筑面积15927m²。

作为"八台山—龙潭河"景区旅游环线的重要节点和核心驿站，小镇依傍龙潭秀水，沐浴八台佛光，是巴山福地、人间画廊，以"问道八台山、隐居天池坝"为主题，以茶为核心，充分考虑富硒茶产品生产、研发、体验及文化展示等功能，同时融入富硒茶文化、古蜀道巴文化、驿路商贸文化、巴盐文化、川东民俗文化、乡村文化、休闲养生元素，将旅游产业发展、富硒茶文化推广和易地搬迁集中安置点建设有机结合起来，按照"一街七巷一苑"，科学设置茶叶展销、餐饮民宿、娱乐购物等区域，着力打造集文化、商贸、度假、休闲于一体的特色旅游小镇。小镇通过"政府引领、企业主体、市场运作、农户分红"

的运营模式，引进20余家商户入驻，鼓励周边农户参与管理，共享旅游发展红利。大巴山茶文化原乡，成为秦巴地区乡村振兴版图上重要的"特色驿站"和"全国康养度假旅游目的地"示范窗口（图10-1）。

图10-1 大巴山茶文化原乡夜景

二、多彩长田

万源市石塘镇长田坝村茶园风光秀美，创意田园区、主题茶园区、农业观光区、生态山林区、农家乐园区、文化体验区6个功能区块，蓝天碧水，相映成趣，宛如一幅田园水墨画（图10-2）。美丽墙画走进长田坝，一幅幅生态茶画美化了乡村"颜值"，"爷爷的第一间房"主题民宿尽显乡愁元素，主题微茶园与自然风光浑然一体，彰显"归园田居"之情怀。

图10-2 多彩长田

三、瓦村茶语

瓦子坪村位于万源市石塘镇东南部。脱贫攻坚战打响后，瓦子坪村将千年茶文化底蕴转化为脱贫攻坚动能，坚持"绿水青山就是金山银山"理念，围绕"以茶兴旅、以旅促茶、茶旅融合发展"思路，攻坚克难，融合建设"茶景村""游乐村""富裕村""故事村"，以小茶叶撬动大产业，实现荒山变茶山、穷乡僻壤变富裕茶乡的转变，奋力推进乡村振兴（图10-3）。

瓦子坪村连片种植茶叶约466hm²，沿山环绕，绵延近2.5km。山顶建造地标"茶"

字，制作统一标识，绘制"茶底色"，100余处路灯、指示牌、村牌等戴上独特"茶帽"，处处烘托"茶氛围"。茶村围绕"康养休闲、文化体验、娱乐活动"三角模式，实现茶、旅、文一体化；以有"天然氧吧"之称的大巴山深山为依托，融合茶文化、瓦文化、川东民居文化，形成游客"引得来，留得住"的茶旅融合新业态；引进四川国储农业发展有限责任公司、四川巴山雀舌名茶实业有限公司等四家龙头企业，注入资金，构建"支部+协会+能人+贫困户"模式，有效盘活了闲置土地和富余劳动力。"一叶飘香百业生"，依托园区影响力，拓展蔬菜、水果等生态产品20hm²。

图 10-3 瓦村茶语

四、金色大地

大地坪村位于万源市固军镇西北部，毗邻石塘镇，距离G65高速4km，全村辖2个村民小组，210户827人，其中建档立卡贫困人口55户203人。该村借助浙川东西部扶贫协作的强劲东风，坚持"立足生态、夯实基础、突出产业"的思路，全力推动产品向商品、农民向股东、个体经营向规模发展、传统农业向现代农业"四个转变"。2017年，大地坪村被确定为达州市级"四好村"，在脱贫攻坚引领示范区建设的奋力推进下，以"金色大地"为总抓手，与石塘镇多彩长田、瓦村茶语典型村级交相映衬，形成与石塘镇产业经济带为一体，打造"中国硒部茶园走廊"茶叶产业经济中的"璀璨明珠"（图10-4）。全村在实施房屋风貌打造中以黄色的颜料为主色。房屋的做檐扎脊采用雕塑的"和平鸽""圆球"为样板，房屋腰线采用绿色颜料，展现了大地坪村人民群众

图 10-4 金色大地

对美好生活的向往、对社会和谐的追求。大地坪村在推进脱贫攻坚各项工作的同时，乘着脱贫攻坚引领示范区的"春风"，乘势而上，续写辉煌再出发，奋力推进乡村振兴战略。

五、山水三清

万源市固军镇三清庙村，一望无际的茶山云蒸雾绕，碧绿的茶垄随着高低起伏的山势绵延开来，别有一番景致。近年来，当地依托独特的地理位置，发展特色茶产业，精心培育扶持龙头企业，形成了"合作社＋基地＋农户"的茶产业发展格局。目前，三清庙村茶叶规模达133hm²，实现集体经济收入总额78.2万元。在此基础上，三清庙村以茶为媒，

图 10-5　山水三清

逐步发展起农业观光、休闲民宿、康养旅游等产业，就地吸纳农民创业就业。如今的三清庙村不仅仅是知名的"中国名茶之乡"，还是万源市的乡村旅游知名村。2018年5月，万源市白羊生态茶园被四川茶博会组委会评为"四川省十大最美茶乡"。2022年11月，三清庙村被农业农村部授予"中国美丽休闲乡村"称号（图10-5）。

六、八台山风景区

万源市八台山景区是国家AAAA级旅游景区，地处万源市八台镇东部，地貌呈层状梯级递降，有八层之多，故名八台山。主峰海拔2348m，为川东第二高峰。景区内景物多彩多样，融山景、峰景、崖景、生景、气景为一体。山景：八台山耸立在群山之上，高峻雄伟，气势巍峨。峰下群山起伏，如波似涛，延绵千里。其西南部为白沙河支流，谷坡宽阔，其上有相对高差100m的石灰岩孤丘36座，参差错落，形似棋子，故称棋盘山，是四川省独一无二的石灰岩丘陵群景观。峰景：八台山主峰，叫新八台。除主峰之外，还有老八台峰、独秀峰（图10-6）、五女峰等。峰端尖削，似笔如塔，孤峰元立，云雾缠绕，时隐时现，变幻无穷。崖景：八台山东侧，陡崖高1300~1500m，为巴蜀第一崖。在八台镇至口间的左侧，其崖深也有1000m。生景：在八台山海拔1500m以上，漫山遍野是低矮的沙棘灌木丛，秋冬季节，沙棘果红，把山染红。在海拔1800m以上至山顶，叶大而长，高约1m的木竹（蓼叶竹）林，常年翠绿。山顶有2667hm²木竹林，是四川省木竹林面积最大的景区。垭口以东，有7hm²杜鹃花林，春末夏初，形成"万绿丛中一片红"景象。气景：八台山云海、日出、佛光、雾岚、白雪气景兼而有之，被称为"川东峨眉"。在垭口附近，有一个

像碗般又大又圆又深的石窝。窝内满满一凼清泉水,一年四季不枯不漫,可供60~70人饮用,是闻名的"一碗水"。在白塘藏附近距垭口约3km,洞分上下两层,洞高5m左右,宽4m,深不可测,洞内有许多燕窝,故名"燕子洞"。

八台山景区重要节会活动包括消夏避暑节、秋季长跑节、冰雪节、温泉节、漂流节、狂欢节、露营节、啤酒节、音乐节等,保持景区热度,树立景区品牌形象。八台山夏季平均气温22℃,是名副其实的中国"凉养之山""避暑天堂"。自2015年起,扎帐露营、篝火晚会、劲爆音乐已经成为八台山景区夏季旅游的灵魂。在八台山露营避暑,观云海日出(图10-7),赏晚霞星辰,听动感音乐,品特色美食,成为越来越多游客夏季出游的首选。八台山整个冬季冰雪覆盖,远眺白雪连峰,气势如虹,云天相接,山云相连,美轮美奂。八台山滑雪场占地面积近20000m²,场内有雪橇、雪地摩托、滑雪圈、香蕉船、雪地卡丁车、雪地坦克等多项雪场游乐设施。

图10-6 八台山"独秀峰"(来源:达州市文旅局)

图10-7 迎接四川第一缕阳光——八台山日出(来源:达州市文旅局)

七、龙潭河旅游度假区

龙潭河旅游度假区位于万源市旧院镇境内,景区面积45km²,属国家AAA级旅游景区和省级风景名胜区。景区位于八台山东侧,从上崩口到下崩口河段长10km,上崩口右侧支流抠壁子沟,发源于八台山的东北角,长约6km,沟谷两侧是原始森林。龙潭河沿河两岸,石灰岩山峰耸峙,峰岭连绵,参差错落,峰顶白云朵朵,峰下流水潺潺。龙潭河谷一般宽几十米,最宽处100m以上。旧院至蜂桶的公路,沿河谷右岸溯流而上,平坦无坡。在河谷较宽之处,偶有一两户人家,农舍周围绿树翠竹掩映,一道索桥横跨两岸。在雨季,龙潭河两岸山坡上分布着众多瀑布,上崩口"一线天"附近的龙潭瀑布,高数十米,飞流而下。上崩口下游几百米处左岸的杨柳湾溶洞,在雨季,溶洞水溢出,飞溅而下,形成溶洞瀑布。龙潭河两侧,溶洞发育,有的位于山腰间,有的在山脚下,有的则在河床中成为暗河的出口。崩口下游右岸几百米处的大溶洞,洞口高约15m,宽10m,

似一大厅，现被一农户砌墙作住家。龙潭河支流抠壁子沟的原始森林，大树参天，遮天蔽日，是达州市唯一未受破坏的原始林。在上崩口至下崩口间，沿河两岸的山坡，在春回大地时，各种色彩的杜鹃花争奇斗艳；入秋时节（9月、10月），野漆树、槭树、花楸以及一些落叶栎类树，树叶变黄或变紫红。龙潭河水流平缓，有许多暗河相通，是娃娃鱼（大鲵，国家一级珍稀保护动物）的栖息繁衍场所。山上有红腹锦鸡、岩羊、猕猴、斑羚、羚等出没其间。

享醉氧洗肺，听龙潭奏曲，赏碧波涟涟，景区内各种网红景点众多，风情别致，被誉为"十里画廊"。其中，漂流是景区夏季最吸引游客的体验项目，惊险刺激，有"大巴山第一漂"之称（图10-8）。

八、秘境龙潭

"秘境龙潭"大型山体光影实景演绎秀以龙凤文化为文脉，以万源民俗文化为底本，通过"立春""清明""大暑"等七个节气的场景，串联了一个动人的传说，讲述了龙潭河的由来，展现了龙潭之"奇"、龙潭之"秘"、龙潭之"福"（图10-9）。演出的序幕通过山体光影展现神龙现身的震撼情景。龙生九子，第八子负屃幻化为人形来到人间。从"立春""清明"到"大暑"和"白露"，在这四个节气的时间线里，负屃与巴山姑娘凤儿相识相恋。舞台与山体营造的实景展现了巴山采茶、耨秧、丰收的农耕文化以及"盐茶古道"文化。从"霜降"到"大雪"，剧情矛盾点凸显，负屃和凤儿这段人神之恋有违天规，受到龙王处罚。龙王发难，山崩地裂，烈焰万丈。凤儿为免除乡亲遭此祸患，纵身火海，负屃也跟随凤儿不惜献身。龙王感动，天降大雪、熄灭大火，龙王准许负屃和凤儿化为龙潭河与凤凰山，世代在此相守，并赐福于这片土地永远风调雨顺。剧情尾声处再回到一年之始"立春"，演出在此达到高潮。龙凤祥地的传说给这片土地留下神奇的印记，万源人将万众一心创造美好的生活，再谱新时代发展的宏伟篇章！

图10-8 "大巴山第一漂"——龙潭河漂流

图10-9 《龙潭秘境》山水实景演出（来源：达州市文旅局）

第二节　宣汉茶旅

一、宣汉亲茶走廊

宣汉亲茶走廊（以下简称"走廊"）是以宣汉县"新华—石铁—樊哙—渡口"4个产茶乡镇为主线，延伸至宣汉县"三墩—漆树—土黄"等乡镇形成的近50km长的茶旅环线。"走廊"沿途依山筑梯，开辟茶园，游客在欣赏茶园风光的同时，还能体验采茶、制茶等茶事乐趣，感受古老的巴国茶文化。"走廊"沿线山川奇秀，沟壑纵横，有"千年白果树""忘忧索桥""爱情天梯""白果瀑布"等旅游景点。

二、巴山大峡谷

巴山大峡谷景区位于达州市宣汉县东北部，地处成都、重庆、西安"西三角经济圈"腹心地带，是国家AAAA级景区、大巴山国家地质公园、国家级森林公园、省级自然保护区、天然褶皱造型博物馆、野生崖柏保护地、四川十大红叶旅游目的地、古巴人文化的富集地、国家级非物质文化遗产土家薅草锣鼓衍生地，是达州茶旅的重要节点（图10-11）。

图 10-10　宣汉亲茶走廊

图 10-11　巴山大峡谷茶香坝（来源：达州市文旅局）

巴山大峡谷总面积575.1km^2，其中核心区298.3km^2。景区由桃溪谷休闲体验区、罗盘顶养生养心区（图10-12）、巴人谷民俗休闲区、溪口湖生态观光区四大板块组成。景区内奇峰怪石、褶皱断层、急流飞瀑、云海佛光、岭脊峰丛，峡谷幽云目不暇接，亿万年的流水塑造了丽质天成的岩溶山水。景区海拔从最低处的425m到最高处罗盘顶的2480m，高差达到2000m，一山有四季，十里不同天（图10-13）。

图 10-12 罗盘顶（来源：达州市文旅局）　　　图 10-13 巴山大峡谷——山路不止十八弯
（王利 摄）

三、《梦回巴国》

大型情景史诗剧——《梦回巴国》是一场立足于古老巴国文明，旨在展现宣汉地区磅礴壮美的自然景象、底蕴深厚的历史文化、丰富多彩的人文风情和传承不息的巴人精神的大型剧目。该剧以一段横贯千年、悲壮凄美的爱情传奇为主线，引领观众跟随着男女主人公惊心动魄的穿越脚步，层层揭开古老巴国的神秘面纱，一睹其5000年前的惊艳真容。通

图 10-14 《梦回巴国》剧照（来源：达州市文旅局）

过多种舞台艺术手段，为观众营造一场极度瑰丽、神奇、震撼的巴文化梦境。全剧分为：天机初启、巴王降世、迁徙征途、战火燃情、天地悲歌、梦回巴国六个章节，时长70min，讲述了传说中一夜之间神秘消失的古老巴国，从诞生、迁徙、建立家园到经历战火，最终灭亡的波澜壮阔的历史（图10-14）。

四、马渡石林茶海观光农业园

马渡石林景区是国家AAA级旅游景区，距宣汉县城35km，依托其独特的山、石、林、水、田、房自然资源和人文资源，按照观石林、走古道、赏蜡梅、品硒茶的思路，总体布局高山茶叶、优质蜡梅、文化旅游三大产业，打造茶海观光园、优质蜡梅观赏园、石林观光园。花海涤茶海，茶香附花香，达州市市花蜡梅在马渡与茶不期而遇，相得益彰。马渡关素有"川东小桂林"之称，石中有林、林中有石、石头长树、石头开花等石林景观鬼斧神工。"古道"一路有"圣人石"（图10-15）"关刀石""鱼嘴石""玄德掌""孔明扇"等奇石，让人叹为观止。

马渡石林茶海观光农业园位于宣汉县马渡关镇百丈村蔡家山，占地面积约66.67hm²。2014—2015年，宣汉县马渡乡党委、政府依托既有茶资源，抓住达州市富硒茶产业"双百"工程发展机遇，按照以茶为基，多元发展，"农、旅、文、城"集聚发展的思路，高质量编制《四川宣汉县马渡石林茶海观光农业园总体建设规划》。2015年，马渡乡党委、政府通过达州市富硒茶产业"双百"工程项目推介会、四川茶博会等多平台、多渠道招商引资，引进业主，仅6个月时间，茶海观光园完成茶树栽植、道路拓宽、路面硬化、办公楼建设等。次年，建成游客接待中心1座，开门迎客（图10-16）。

图 10-15 马渡石林——"圣人石"

图 10-16 马渡蔡家山茶场采茶体验

马渡是祈福圣地，境内有大小寺庙10处，是禅茶体验、洗涤心灵的绝佳之地。马渡红色旅游资源及革命遗产，包括红军"工"字楼、红四军工农医院、红四军军部、赤色保卫局、红三十军医院、宣汉县革命法庭以及县委、县苏维埃政府遗址等。马渡还是中国文化艺术之乡、四川民间特色文化艺术之乡、川东民歌之乡，是红色革命根据地，历史遗迹众多，人文资源十分厚重。马渡民歌代表作有《苏二姐》《十想》《孟姜女》《从前姑娘多可怜》《绣荷包》《劝莫赌》等，其中最具影响力的是李依若在20世纪30年代，据马渡"溜溜调"创作的《跑马溜溜的山上》，后被人改编更名为《康定情歌》。马渡得天独厚的自然风光和人文景观为未来园区建设、提升提供了良好环境基础。

第三节　大竹白茶之旅

近年来，大竹县秉承"绿水青山就是金山银山""一片叶子富一方百姓"理念，深入实施乡村振兴战略，推进茶旅融合发展，开发出云峰茶谷、云雾山茶场等茶旅景区（点）。境内的五峰山国家森林公园和海明湖温泉度假区等风景名胜常令人流连忘返。

一、云峰茶谷旅游景区

云峰茶谷景区位于大竹县团坝镇白茶村，距离大竹县城20km左右。云峰茶谷茶山似

图 10-17 云峰茶谷白茶海［来源：大竹县茶叶（白茶）产业发展中心］

图 10-18 云峰茶谷民宿［来源：大竹县茶叶（白茶）产业发展中心］

海，铺展出一幅如诗画卷，宛若人间仙境，令人流连忘返（图10-17）。云峰茶谷景区因云峰寨而得名，依托万亩绵延起伏、郁郁葱葱的茶海，按照"一心、一带、两场、两环、一路"的功能分区进行打造，占地1.5km²，辐射周边4个乡镇13个村。"一心"指九龙潭旅游接待中心，"一带"指吊楼子观光休闲带，"两场"指要坝坡体验茶场和岩鹰洞体验茶场，"两环"指"白坝村—九龙潭"单循环车行道和"九龙潭—蔡家河沟—云峰寨山脊线—岩鹰洞体验茶场—九龙潭"远足观光道环线，"一路"指适合自驾车自由行多元多向的茶山观光道路。主要景点有滴滴咚泉、云峰茶宿、卧云阁、九龙潭、七闲台、梭梭滩、云峰寨、要坝、吊楼子竹溪步道、白茶博物馆等。云峰茶谷景区先后被评为省级精品养生山庄、国家AAA级旅游景区。

川东白茶海，大竹康养地。云峰茶谷是一个集茶园观光、茶事体验、餐饮民宿为一体的茶旅康养基地（图10-18）。白茶生产和加工企业——四川国峰农业开发有限公司就坐落在景区"九龙潭"景点，所产"国礼"牌大竹白茶茶香沁人、滋味鲜爽甘醇，多次获得国内名茶大奖。2022年9月，"国礼·白茶"被评为"四川最具影响力茶叶单品"，"一诗一盏茶，一坐一身净"的馨香弥漫了云峰茶谷这个养生之地、栖息之所。公司倡导以"治未病"为宗旨的保养、辅以特殊人群的调养、防治疾病的疗养"三养"的绿色生态茶旅康养理念，助推"茶道中医、中医茶道"相互融合，退伍军人廖红军治疗颈腰椎病的掌拍温透疗法更是当地一绝活。

居云峰茶谷，推窗见绿，喝喝茶、发发呆，缕缕茶香，慢煮时光，修禅悟道，感念禅修之境界，让人尽享养心养身之韵。2023年9月12日，云峰茶谷所在村大竹县团坝镇白茶村被农业农村部评为"中国美丽休闲乡村"。

二、云雾山茶旅

大竹云雾山位于中华镇西北边境的华蓥山中脉，海拔1190m，山势雄伟，因常有云雾缭绕而得名，"西山积雪"为大竹八景之一。云雾山与铜锣山的插香坪、明月山的峰顶山并峙，所产云雾茶远近闻名（图10-19）。

图 10-19 云雾茶场（甘春旭 供图）

该区岩溶景观比较发育，地表有岩溶石山、洼地、漏斗、落水洞；地下溶洞多，钙华景观千姿百态，已知的有九盘村虎仙洞，深2000多米，还有九盘寺白龙洞、云雾村龙洞、拱桥村硝洞等。人文景观有著名的西山古道和云雾寺等。西山古驿道启于先秦而盛于三国，一直是成都出川东过三峡到湖北的交通主干道。现今云雾峡至云雾寺之间保存较好的约有7km，由石板道、栈道、桥梁等构成，道旁有功德牌坊、壁画、石刻（漏米石），道旁山上有古山寨（白云寨）遗迹，远古巴人居住的洞穴等，文化遗迹十分丰富。道路构件厚重古朴，石刻工艺精湛，显示该古道在当时确实是高等级交通干道，被称为"中国道路建设的活史书"（图10-20）。

云雾寺始建于南北朝梁萧时期（503—557年），为川东名山千年古刹，素有川东"小峨眉"之美称，至今已历1500余年，明末著名禅师破山海明大师（俗名蹇栋宇，大竹县双拱桥人）曾在云雾山普贤寺修行并亲书"俗霞台"三字。清嘉庆时期最为鼎盛，"文革"期间云雾寺惨遭劫难，40余座殿宇、百余尊佛像、八百罗汉、历代塔林被严重毁损，全部传世经书化为灰烬，除大雄宝殿、娘娘殿残垣断壁尚存外，其他大殿已荡然无存。1993年寺庙恢复开放，部分殿宇相继得以恢复，而今又香烟缭绕，晨钟暮鼓，音播竹渠（图10-21）。

图 10-20 西山古道（来源：达州市文旅局）

图 10-21 云雾寺（甘春旭 供图）

第十章 茶旅

275

三、五峰山国家 AAAA 级旅游景区

五峰山景区属于国家AAAA级旅游景区、国家级森林公园、省级生态旅游示范区，与海明湖温泉联创"海明湖·五峰山省级旅游度假区"。景区位于大竹县东北部，距县城22km，公园总面积876hm²，是一个以竹景观为主题，集森林生态景观、湖泊景观和佛教文化观光为一体的旅游景区。在川渝鄂陕四地的自然景观中，五峰山景区以竹林规模大、

图 10-22 五峰山旅游景区（来源：达州市文旅局）

竹类品种多、自然生态环境优良而著称。景区内空气清新，森林覆盖率为96.3%，有国家一级保护植物红豆杉，国家一级保护珍稀动物红腹锦鸡。有竹长廊、咏竹园、三友园、幽情园、养心园、逸情园、月宫桂、清眼湖和会峰楼等20余处景点，是融"山、竹、石"为一体，集"秀、奇、幽"于一身的天然园林，素有"大巴山大竹海"的美誉（图10-22）。

第四节　渠县秀岭春天

秀岭春天位于达州市渠县临巴镇凉桥村，距离渠县县城30km。秀岭春天地处海拔900~1200m的川东华蓥山腹地，远离城市、工厂和交通主干线，植被覆盖率高，阳光漫射，云雾缭绕，空气清新，环境优美。

秀岭春天依托260hm²生态茶园（图10-23），以茶文化旅游和森林康养为主线，采取"茶叶基地+体验式休闲+康养度假"的茶旅产业发展模式，打造具有自身特色的"生态观光+文化体验+休闲养生"观光旅游产业。景区建有接待中心（图10-24）、生态茶博园、

图 10-23 秀岭春天生态茶园

红叶观赏区、状元梯、龙吟岭、休闲木屋、丛林穿越等旅游点位或项目，集茶园观光、茶文化体验、禅茶康养、山地避暑、丛林探险、科普、餐饮、住宿、休闲娱乐等功能于一体，每日可容纳游客1000余人次，提供住宿80张床位，就餐300余人次。

在秀岭春天，春季可以欣赏郁郁葱葱、苍翠欲滴的茶园；深秋红叶流丹，

千余亩的野生杉树密林，红叶满山（图10-25）；冬季白雪皑皑，赏雪景、打雪仗，茶园的独特魅力让游客流连忘返（图10-26）。丛林穿越可以让游客挑战自我，放松心情，释放压力（图10-27）。以茶为核心打造的"茶旅+农旅"科普基地，每年吸纳上千名中小学生开展研学旅行。秀岭春天先后被评为"四川省森林康养基地""省级示范休闲农庄""四星级乡村酒店"等，2019年被评为国家AAA级旅游景区，与周边的賨人谷AAAA级景区、龙嬉谷AAA级景区形成游、玩、购、娱为一体的区域旅游环线，使自然资源、农业资源、人力资源各环节的盈利空间得到释放。

图 10-24 秀岭春天接待中心

图 10-25 秀岭春天秋景

图 10-26 秀岭春天茶园冬景

图 10-27 丛林穿越

第五节 开江茶旅

一、开江县福龟茶园——翠岭新绿，老茶区焕发生机

开江县福龟茶园位于广福镇双河口村。以福龟茶园为主体，规划建设"茶文化主题公园""水上乐园、儿童乐园""露营休闲区""观景台及步游道"为一体的"田城·福龟茶慢养园"茶旅项目。目前，"水上乐园"已建成并投入使用（图10-28）。

图 10-28 福龟茶园"水上乐园"（来源：开江县茶果站）

二、双飞茶园——宝石飞云，温泉茶园相彰

双飞茶园坐拥开江县温泉与宝石湖两大知名景点，为达州市规划建设的"十大精品茶园"之一。从2013年创园以来，引进"名山131""福选9号""福鼎大白茶"三大品种，茶行间种植樱花、桂花等花木，既改善生态环境，又提升了茶叶的品质，完善了茶园的休闲体验和旅游功能（图10-29）。

飞云温泉位于开江县飞云山，距开江县城9km，系国家石油钻探队于1980年钻出的一口自喷热水井，日流量1032m³，水温47℃，为开江县得天独厚的地热资源，有"川东第一汤""天下第二汤"之称（图10-30）。

图 10-29 双飞茶园风光

图 10-30 天下第二汤——开江县飞云温泉（来源：开江县茶果站）

宝石湖位于开江县明月江的支流白岩河上，距县城18km，南通任市，西及新宁，东北与仁河相邻，东南接重庆市开州区。宝石湖始建于1958年，1971年竣工，为中型人工水库，是川东最大的人工湖泊，湖面面积266hm²，又叫宝石水库（图10-31）。

图10-31 开江宝石水库（来源：开江县茶果站）

茶　人

第十一章

一、当代茶叶科技工作者

1. 胡元业

胡元业（1926—2010年），四川万源人，助理农艺师。1951年参加工作，在万源县红茶指导站推广红茶加工，后调往县茶技组、茶技站工作。1954年被派往南江县指导茶叶技术，1979年调回万源县茶果站从事茶技推广。1980年承担万源县科学技术委员会"密植茶园栽培试验"项目，在白羊乡九村茶场示范，实现一年种、二年摘、三年亩产超双百（含粗、细茶），让白羊茶区的茶农认识茶树科学栽培技术及操作方法。

2. 潘光兴

潘光兴，1927年出生，四川万源人，中共党员。1950年，参加万源县土改工作队，后在乡、区任行政职务。1965年，调往县农技站任支部书记。1976年，担任县茶果站支部书记。任职期间按上级和部门指导，协调乡、村、社兴办305个集体茶场；发展"等高条植"新式茶园1866hm²；组织万源茶叶技术培训、现场指导、示范茶树栽培管理及加工技术；面对"农业管生产、供销管收购、外贸管销售"的现实，呼吁各部门力所能及，实实在在地帮助和支持农民发展茶叶生产。

3. 谢达松

谢达松（1927—2012年），四川射洪人，中专文化，高级讲师。1951年6月，在川西灌县茶叶改良场（四川省茶叶研究所前身）参加工作。1952年，四川省灌县茶叶试验场派他到灌县推广茶园管理、改进制茶等技术，推动茶业生产的恢复工作。1952年冬，谢达松等携茶籽到茂汶县土门区种茶。1953年冬，被派到万源县青花茶叶试验场指导技术。1956年8月参加国营万源县草坝茶场勘察、设计、规划，任茶场技术员、委员，负责茶场技术工作。1973年9月调往达县农校任教，先后培养了数百名茶叶专业大、中专毕业生。谢达松具有茶树栽培管理、病虫防治的实践经验，绿茶初制、精制操作能力强，现场管理经验丰富，擅长茶叶品质感官审评检验，拼配功底深厚。在计划经济时期"西部茶叶大潮"中，从学术的角度宏观指导川东北茶区"等高条茶园"建立和低产茶树（园）改造、茶叶初精制加工技术及名优茶开发。

4. 曾祥林

曾祥林，1930年出生，四川达县人，中师文化。1950年参加土改工作到万源县。1951年到万源县茶叶收购站。1951年6月，参加中茶公司西南区公司在白羊组织工夫红茶试制及培训。1952年任万源县红茶推广站主任。1955年在县茶技组（站）工作，之后到县农林科县农委、大竹区办公室工作。1981年调往县农校工作。1984年退休后寓居成都市都江堰。曾祥林作为万源县工夫红茶生产的第一批技师骨干和生产的管理组织者之一，接受当时全国知名红茶技师何德钦（湖北省人）的指导，实践工夫红茶加工技艺，边学边生产，两年间组织培训茶农技师骨干475人，全县万余茶农能互助合作生产工夫红茶。按照西南区茶叶公司提供的样机仿制、推广手推木质揉茶机和烘笼焙茶技术，红茶质量逐步提高。在万源传统绿茶区较快地实现了当时绿茶转产红茶的战略需要。

5. 魏玉阶

魏玉阶（1930—2007年），湖北孝感人，中共党员，高级农艺师，历任万源县茶果站副站长、站长职务，安排全县茶果技术推广指导、培训、示范工作。抗战时期寓居重庆。1951—1953年夏，就读于重庆市园艺学校果树专业。1953年秋转入四川省灌县茶叶试验场茶叶干训班学习。1954年春，分配到万源县农业科从事茶果技术推广，首次在大竹河茶区示范烘青茶加工技术，引进样机、推广木质手推、水力、畜力揉茶机，改良晒青茶加工方法。负责"西部茶叶大潮"县域乡、村、社茶籽播种建园，与县外贸陈海安到浙江安吉、武义调运茶籽800t，分配到46个人民公社发展"等高条植"茶园186hm^2，兴办乡村社茶场305个。

6. 余代瑚

余代瑚（1930—2007年），农艺师（图11-1）。1951年6月参加工作，一直在宣汉县从事茶叶技术推广工作，四川省茶叶学会会员。在宣汉县土黄区驻点技术指导发展茶叶生产，驻点茶园20hm^2，创茶叶干茶单产289.5kg，载入四川茶叶历史纪录，成为当时全省的高产典型。1986年被四川省茶叶学会授予从事茶叶工作30年纪念奖杯。

图11-1 余代瑚

7. 刘瑞芬

刘瑞芬，1933年出生，四川内江人。1951年，由广汉县农林科调灌县茶叶试验场茶叶干训班工作。茶叶干训班结业后，留灌县农林科。1965年，由灌县农林科调入万源农林科。1973年，被调到县茶果站开展茶叶技术示范、指导工作，在县内发展"等高条植"茶园1866hm^2，兴办乡、村、社、茶场305个。

8. 喻明忠

喻明忠（1933—1998年），四川中江县人，大专学历。1960年毕业于西南农学院茶叶专科，分配到万源县从事茶技推广。在"西部茶叶大潮"中默默走遍河口、罗文、草坝、黄钟的荒岭山脊，指导区、乡、社上百个集体联办茶场开荒建园及栽管技术。20世纪80年代，在大巴山区从事茶技推广。

9. 张明亮

张明亮，1935年10月出生，四川泸州人，高级农艺师，历任达县地区农业局多种经营科科长、达县地区茶果技术推广站站长、达川地区茶果技术推广站站长职务，中国茶叶学会会员，四川省茶叶学会会员（图11-2）。1956年四川省灌县茶叶试验站干训班分配至达县地区农业局工作。同年，到万源草坝

图11-2 张明亮

负责勘测设计建设国营万源县草坝茶场。计划经济时期，推广科学种茶，制订全区茶叶生产计划，调度全区茶叶生产。20世纪70年代，推动达县地区辟荒建园。1981年当选达县地区茶叶学会副理事长。先后主持达县地区地方茶树品种资源普查、名茶研发、茶叶区划、茶园低改、良种繁育、茶叶机采、无公害茶叶生产技术推广等工作。

10. 刘正钦

刘正钦，1939年4月出生，四川邛崃人，高级农艺师，省园艺学会、经济学会会员，中共党员（图11-3）。1958年，成都农业学校毕业到大竹县从事农林技术工作，先后担任大竹县茶果站副站长、农工商联合公司经理、农技推广中心副主任、农贸办农业科副科长、农委副主任、正局级调研员及现代农业科技示范园实施办公室副主任、技术总顾问。示范推广幼龄茶园丰产栽培、衰老茶园改造、茶叶低温去湿干燥等技术，创建大

图11-3 刘正钦

竹县茶叶有限责任公司，研究和制定县内农业、农村经济结构调整及区域布局，规划设计和组织实施市财政支持柳木现代农业科技示范园建设，均取得较好成效。先后获全国科协和四川省政府、省农牧厅、行署及太行县政府优秀科技成果奖21项及农牧渔业部荣誉证章、证书。1986年后，著有经济、技术类论文46篇，当选县政协第六、七届委员会委员，县科学技术协会第四届委员、副主席。1999年5月退休。

11. 唐纯久

唐纯久，1940年9月出生，中共党员，曾任宣汉县东安公社三大队（今宣汉县茶河镇武圣村）党支部书记（图11-4）。1973年秋，响应"以后山坡上多多开辟茶园"号召，在东安公社三大队的荒山上，亲自规划设计，带领广大群众，肩挑背扛、苦干实干，两年时间开荒66hm²，建成等高水平梯地茶园。20世纪90年代，带领广大茶农与制茶工人奋斗在生产一线，开展茶园科学管理，进行低产茶园改造与高产茶园建设。1995年4月，被

图11-4 唐纯久

国务院表彰为"全国劳动模范"。

12. 万廷松

图 11-5 万廷松

万廷松（1942—2012年），四川渠县人，在职大专学历，作物栽培专业，中共党员，农艺师（图11-5）。1960年8月分配至大竹县农业科工作。1962年7月调入石子供销社。1963年1月调入大竹县云雾茶场农业科工作。1973年8月至1974年8月在西南农学院园艺系茶叶专业培训学习。培训结束后任茶场生产组副组长。1975年6月调入大竹县茶果站工作。1980年5月加入达县地区农学会，同年8月调入大竹县农工商联合公司，任副经理。1981年4月调入大竹县观音茶场，任副场长，同年6月任茶场场长。1984年1月再次调入云雾茶场，任场长。1985年12月任云雾茶场党支部书记。1990年3月调往县农业局场管股，任副股长。1992年2月调入大竹县国营农工商公司，任党支部书记、经理。1998年4月退休。1974年参与云雾茶场高产优质试验茶园设计、规划、技术措施拟定及实施。在县茶果站工作期间，推广省内外先进采茶技术，取得了明显的经济效益。在"二场一司"任职期间，在生产规划、技术措施、技术标准、茶叶审评及营销等方面做了大量实际工作，为企业的增产提质增效起到了主导作用。先后撰写技术总结、学术论文等14篇，其中，《浅谈观音茶场低产茶园的改造》1984年被地区茶叶学会、地区茶果站收编在《低产茶园改造技术资料》中。1980年获地区农业局农业技术推广四等奖，并获县政府表彰。1984年被县委、县政府评为年度先进个人。1986年获得达县地区农业局农业技术推广荣誉证书。1993年11月，获四川省茶叶学会"从事茶叶科技30年以上作出了显著贡献"荣誉证书。

13. 陈一全

图 11-6 陈一全

陈一全，1952年2月出生，四川大竹人，中专学历，中共党员，农艺师（图11-6）。1976年9月毕业于达县地区农校，次月在黄家乡参加工作。1977年7月调入永胜乡工作，1980年7月加入达县农学会，1979年1月从石桥区永乡调入大竹县茶果站，1983年12月至1987年8月任大竹县茶果站副站长并主持全面工作。1987年8月至1989年8月，在大竹县农民技术学校工作。1989年8月至2006年，调往县农业局工作，先后担任局办公室副主任、科教股副股长、政工股副主任。1988年，与王柳清、余培全合撰的《推广草甘膦防除茶园杂草》在《茶叶科技》第二期上发表。1992年"植保科技档案的建设和开发利用"获四川省农牧厅科技进步奖二等奖。1994年被大竹县政府评为年度先进工作者，2001、2002年被县直属机关工作委员会评为年度优秀共产党员。

14．李少敬

李少敬，1953年1月出生，四川开江人（图11-7）。1974年参加工作，中共党员，大学专科学历，高级农艺师，注册高级咨询师，"四川省评标专家"，历任达州市茶果站副站长、站长、书记职务。1975—1978年，与地区外贸和供销社一起，克服重重困难，大力宣传开荒建园科学种茶技术，统一规划、统一供种、统一技术，短短几年时间在全区新发展等高梯形茶园10666hm²，新建联办茶场1200余个，推动川东北茶区成为全省优质商品绿茶生产基地。1981—1984年，在宣汉县土黄镇十三

图 11-7 李少敬

村茶场采取"地上部重修剪、地下部深耕施肥和增厚土层相结合"的低产茶园改造措施，大幅提高茶叶产量，创全市最高亩产纪录。1981—1987年，推动从以传统的大宗茶生产为主向名优茶与大宗茶相结合转变，大幅提高茶叶经济效益。2000—2007年，参与"巴山早"选育，填补达州无性系茶树良种的空白。先后主持实施达州市人民政府"茶叶生产'552'工程""茶业富民工程"，大力发展良种茶园，改善茶叶品种结构，提高全市无性系良种茶园的比例38%。先后获得农业部三等奖1项，四川省政府技术进步奖二等奖、三等奖各1项，达州市人民政府一等奖、二等奖各1项及三等奖4项，获四川省农业厅技术进步奖3项。长期深入茶园开展调查研究，撰写论文和调研文章40余篇，其中20余篇在国家级和省级专业刊物上发表，5篇被四川省茶叶学会评为"优秀论文"二等奖和三等奖，1篇被达州市科协评为"科技论文百花奖"一等奖，参与编撰《中国名茶志》《四川名茶志》。

15．薛德炳

薛德炳，1953年12月出生，重庆市人，中专文化，高级农艺师（图11-8）。1977年就读于达县农学院茶果专业，1981年1月毕业后分配到万源县茶果站。先后参加或主持完成推广与研究项目28项，其中，获地级以上科技进步奖10项、县级12项。致力开发的主导产品巴山雀舌形成地方优势产业，参与省级良种"巴山早"的选育。先后撰写专业技术学术论文78篇，其中，在核心期刊发表40篇，地市级学会行业选用38篇。对中华茶史文化的始源、早期利用及传播的研究具有较高的学术水平。

图 11-8 薛德炳

曾获"省科普先进工作者""万源市第三批科技拔尖人才""达州市有突出贡献的优秀专

家""茶祖吴理真优秀传承人""达州市科技突出贡献奖"等荣誉。2023年3月，被中共达州市委农村工作领导小组授予"巴山青制茶大师"荣誉称号。

16. 张正中

张正中，1954年1月出生，四川巴中人，中专文化，农艺师，万源县第四、五届和万源市第一届政协委员（图11-9）。1981年1月毕业于达县农校，分配至万源县茶果站，1991—1994年任万源县茶果站副站长，1994—1998年调万源茶叶办工作，1998年后在万源市茶叶局工作。先后参加万源名茶工艺研制和产品开发及工艺的推广应用，研制开发出的巴山雀舌系列名茶产品多次获省或省级以上奖励，在改造低产茶园、茶叶加工、茶树病虫综合防治、良种茶园建设和茶园基地建设等方面做了大量工作。2023年3月，被中共达州市委农村工作领导小组授予"巴山青制茶大师"荣誉称号。

图 11-9 张正中

17. 王一平

王一平，1955年出生，四川开江县人，中共党员，中专文化，高级农艺师（图11-10）。1981年1月毕业于达县农学院茶叶专业，2月被分配至宣汉县茶果站工作，历任副站长、站长、书记职务。1987年参与四川省在宣汉组织实施的"改造低产茶园技术措施规范研究"项目获四川省科学进步奖三等奖。参与实施的"改造低产茶园综合技术推广应用"项目获四川省农业厅三等奖，同年此项目获宣汉县人民政府科技进步奖一等奖。主持实施的"场厂联合实现茶叶生产加工销售一条龙"科研项

图 11-10 王一平

目获宣汉县人民政府科技进步奖一等奖。1989年参与实施的"无公害茶叶生产综合配套技术推广应用"项目获四川省农业厅三等奖。1992年成功研制出"九顶雪眉"名牌茶叶产品，填补了宣汉无名茶的空白，并获得宣汉县人民政府科技成果一等奖。相继主持研发生产了"九顶翠芽""红岩曲毫""铁峰翡翠""青龙雾绿""金花茶"等系列名牌产品。1994年，主持的"茶叶优质高产栽培示范"项目获达县地区三等奖。2000年，在宣汉县浦江街道黄金槽村建立茶叶科技示范园，主持的"茶叶优质高产综合配套技术"项目获四川省农业厅二等奖。2003年研制出"巴山玉叶"获四川第六届"甘露杯"名茶第一名。2004年主持的"巴山玉叶名茶研制与开发"获达州市三等奖。2005年主持的"茶叶产业化综合技术研究及应用"获达州市三等奖。2009年"茶叶安全高效生产及加工技术研究应用"获达州市科技进步奖三等奖。1984年先后被宣汉县委、县政府聘为科技顾问团成

员，1998年被四川省农业厅评为先进个人，2005年被宣汉县评为科技拔尖人才，2008年2月被达州市人民政府任命为"达州市第二批茶叶学术和技术带头人"，2018年被四川省第二届吴理真茶祖评选为"杰出传承人"。

18. 汤子江

汤子江，男，1956年4月出生，四川巴中人，高级农艺师（图11-11）。1981毕业于达县农学院茶叶专业，分配至达州市茶果站工作，2003年在职毕业于西昌学院农业经济管理专业。1981—1988年在渠县渠南乡驻点，推广幼龄茶园速成丰产和茶叶初、精制及花茶加工技术。1989—1995年在达县景市、百节片区挂点推广茶叶优质高产栽培和红碎茶生产技术。1985—1988年，协作四川省茶叶研究所实施低产茶园改造课题，获四川省政府科技进步奖二等奖。1992—1995年，主持实施"名优

图 11-11 汤子江

茶开发""茶叶优质高产栽培示范"课题，经济效益显著，获得达县地区行署科技进步奖三等奖。1983—1989年，主研、实施"科学采茶"项目获得省农业厅科技进步奖二等奖，"茶毛虫核型多角体病毒防治茶毛虫的推广应用""GTP除草剂在茶园中的应用"项目获得省农业厅技术进步奖三等奖，"幼龄茶园速成丰产技术研究及应用""推广优质丰产栽培技术，推行初、精、深加工合一，茶叶产值成倍增长"项目获达县地区农业局科技进步奖四等奖。2005年，主持实施"茶叶产业化研究及应用"课题获达州市人民政府科技进步奖三等奖。先后撰写《达州茶业的形势和展望》《振兴巴山茶叶的路在何处》等20多篇学术文章在国内公开刊物上发表或学术会上交流，其中，1991年撰写的《世界银行为稳定解决中国西部地区群众温饱问题项目建议书——名优茶开发》报送世界银行获得通过，1992年撰写的《达县地区优质茶果苗木基地建设可行性研究报告》报国家计委获得批准，1994年撰写的《达州地区农副批发市场建设可研报告》报送国家计委项目库，1992年撰写的《茶叶生产和加工》编入《文件、技术、典型》一书，2002年撰写的《达州市茶叶水果开发规划》编入《达州市种植业开发规划》一书，2004年撰写的《达州市无公害富硒茶基地建设可行性研究报告》报送四川省计委项目库。汤子江具有丰富的茶叶栽培、品种选育以及各类茶叶初、精加工技术经验，文字功底深厚，长期工作在茶叶战线，为达州茶产业的发展呕心沥血，四川省茶叶学会特为他颁发纪念证书。

19. 杨道斌

杨道斌，男，1956年4月出生，四川开江县人，高级农艺师（图11-12）。1978年12月毕业于达县农学院茶果专业，1979年1月分配至开江县农业局茶果站工作，长期从事

茶叶、果树技术推广工作，历任开江茶果站副站长、站长职务。1997年主持开展名茶研制，"龟山茗芽"获四川省第四届"甘露杯"优质名茶。2010年后，在广福双河口村，引进茶树良种，坚持良种良法，扩大双河茶场面积，建成标准化制茶厂，同期在讲治镇规划并实施标准茶园基地建设，为开江茶叶再创辉煌打下坚实基础。

图 11-12 杨道斌

20. 付开明

付开明，1956年10月出生，四川大竹人，中共党员，在职中专学历，高级农艺师（图11-13）。1981年1月毕业于达县农学院果树专业，历任大竹县茶果站副站长、站长职务。1987年，引进云南大叶茶、南江大叶茶，建立名优茶基地133.33hm²。1997年组织实施"开发优质名优茶生产促进茶叶产业化"项目，致力于发展良种茶园，开展技术服务，推广机制名优茶，扩大名优茶批量，提高茶叶品质，取得了一定成绩。2004年，被中共大竹县委、大竹县人民政府授予大竹县第五批"有突出贡献的中青年科技拔尖人才"称号。

图 11-13 付开明

21. 贾德先

贾德先，1960年出生，四川平昌人，中共党员，本科文化。1977年就读于达县农学院茶果专业。毕业后分配到万源县茶果站从事茶果技术推广。1981—1983年参加巴山雀舌名茶工艺早期的工艺技术研究，后被选拔为第三梯队青年干部培养对象，从事行政工作，历任旧院区副区长、区长，万源市委宣传部副部长，广电局党组书记、局长，组织部长、市委副书记，达州市党校党委书记、常务副校长书记，达州市总工会党组书记、常务副主席。

22. 唐开祥

唐开祥，1962年4月出生，四川达县人，中国农工民主党党员，四川省第十届政协委员、达州市第二届人大代表，高级农艺师（图11-14）。1984年毕业于西南农学院食品学系茶叶专业，大学本科学历。1984年7月分配至达县地区茶果技术推广站，致力于达州茶叶产业发展和茶叶科学技术的推广，尤擅名优茶加工，对达州茶叶品质的提升有突出贡献。1993年在铁山茶场研制名茶"铁山剑眉"，在米城茶场研制"米城银毫"，双获地

图 11-14 唐开祥

区名茶奖、四川省"甘露杯"名茶奖。1993—1996年，先后主持实施"名优茶开发""达川地区优质良种苗木基地建设""茶叶优质高产综合配套技术"等项目，为达州名优茶开发、名优茶基地建设、无性系茶树良种普及等奠定了坚实的基础。先后撰写《机制名茶工艺》《优质高产茶园栽培技术》《茶叶加工技术》《从国内外机采趋势谈我区茶园推广机械采茶的潜力》等适用性技术文章。2000年10月至2016年9月任达州市茶果技术推广站副站长，2022年4月退休。2023年3月，被中共达州市委农村工作领导小组授予"巴山青制茶大师"荣誉称号。

23. 王 云

王云，男，1963年4月出生，四川达县人，中共党员，研究员，享受国务院政府特殊津贴（图11-15）。毕业于西南农业大学茶学专业，历任四川省茶叶研究所副所长、所长、党委书记职务，国家茶叶技术体系岗位科学家、中国茶叶流通协会名誉会长、四川省茶叶流通协会会长、四川省学术与技术带头人、四川省茶业工程技术中心主任、四川省茶叶产业技术创新联盟理事长。2009年9月，达州市茶果站根据达州市委办、市政府办印发的《关于开展柔性引才构建秦巴地区人才高地意见》，结

图 11-15 王云

合茶产业发展需求，特聘王云为达州市柔性引进专家。目前，王云仍是达州市柔性引才专家。王云一直关心、支持和帮助家乡茶叶产业发展，卓有成效地帮助达州市解决茶园建设、名茶加工、品种选育、品牌推广等关键生产技术问题，积极协助达州市开展产品推介和品牌推广活动，坚持为达州茶叶呼吁、发声，推动"巴山雀舌""九顶雪眉""国礼·白茶"等多款达州名茶累计获得省部级名茶大奖100余项（次），助力"万源富硒茶""大竹白茶"取得农产品地理标志保护登记。2021年3月，四川省人才办开展"科技下乡万里行"活动，王云担任茶叶专家服务团首席专家，主动选择对口帮扶家乡。

24. 张 军

张军，1964年12月出生，四川万源人，中共党员，本科学历，农艺师（图11-16）。1981年毕业于绵阳农专，分配至万源县土肥站工作。1998年5月任万源市茶叶局局长，2003年4月调离。1999年，首次在万源白羊、罗文引进福鼎大白茶、名山131无性系茶树良种开展生产栽培示范。结合市域农业结构调整，发展低山缓坡、坪坝良种规范化茶园。参加丰收计划项目"茶叶优质高产综合配套技术推广应用"获（现农业农村部）农业丰收计划二

图 11-16 张军

等奖；参加"巴山雀舌手机合制工艺技术研究"项目获万源市科技进步奖二等奖。

25. 向淑道

向淑道，1964年10月出生，四川达县人，中共党员，本科学历，高级农艺师，高级评茶员，高级茶艺师（图11-17）。1982年7月毕业于达县农学院中专部茶叶专业，2003年4月任万源市茶叶局局长。任职期间，大力发展良种茶园，推广清洁化全程机械名茶加工工艺，无公害茶叶基地建设整体推进并通过省和国家无公害生产基地及产品认证，富硒绿茶国家级农业标准化示范区通过国家标准化委员会验收，实现产业升级，农民增收，企业盈利，国税增加。推动巴山雀舌参加省名茶评选，被评为"四川省

图 11-17 向淑道

十大名茶""四川省名牌产品""四川富硒名茶"，参加"巴山早"地方茶树良种选育，推动万源市"中国富硒茶都"创建，先后撰写生产调研文章10篇、技术资料20篇，主持和参加科研项目8项，其中获全国农牧渔业丰收奖1项、市级科技进步奖6项。

26. 张典全

张典全，1964年8月出生，四川大竹人，大学本科学历，农艺师（图11-18）。1987年7月毕业于四川农业大学园艺系茶叶专业，分配至国营观音茶场，先后任茶场技术员、生产科副科长，擅长茶叶加工车间管理，看料制茶。其间主抓大田茶叶生产、茶鲜叶验级、茶叶初精制加工、生产科茶叶示范园等工作，倡导科学管理、及时采摘、合理修剪、综合防治，逐年恢复茶园树势、提高茶产量和品质。1990年被大竹县人民政府授予"先进科技工作者"称号。1994年9月，调入到农工商联合公司工作。

图 11-18 张典全

1995年自告奋勇到南充市府街开办茶叶销售门市，采取"二提供+自挣费"（即公司提供门市租金和厂价茶叶，自己挣薪酬和其他费用）模式，为公司拓展茶叶销售渠道，当年共销售绿茶18.5t、花茶2.3t、花沱茶1.8t、保健茶0.2t。1996年10月，调入大竹县茶果站工作，积极推广茶叶生产技术，狠抓茶叶基地标准化建设和基础设施配套建设，改善茶叶生产加工环境，着力提高茶叶产量和品质。2017年11月，调入大竹县茶叶（白茶）产业发展中心，开展全县白茶生产技术指导和技术培训，参与《关于加快白茶产业高质量发展的意见》的编制、大竹县白茶产业协会的筹建、大竹白茶农产品地理标志登记的申报、大竹白茶地理标志证明商标的注册、《大竹白茶栽培技术规程》《大竹白茶加工技术规程》的编制、茶叶现代农业示范园区的创建等工作，助推大竹白茶富民特色产业可持续健康发展。

27. 赵 飞

赵飞，1964年10月出生，四川达县人，中共党员，高级
农艺师（图11-19）。1979年考入达县农学院茶叶专业，1982毕
业分配至宣汉县茶果站工作。20世纪80年代，在全县开发红碎
茶和名优绿茶生产，重点参与了金花茶、九顶雪眉、青龙雾绿
等名茶的研制。1994—1996年，下派到宣汉桃花乡任科技副乡
长。2000年，在宣汉东乡镇黄金槽村建设茶叶科技示范园，参
与的"茶叶优质高产综合配套技术"项目获四川省农业厅丰收

图 11-19 赵飞

二等奖。2003年，主持的"'巴山玉叶'名茶研制与开发"成果获宣汉县科技进步一等奖、
达州市科技进步奖三等奖。2005年，参与的"茶叶产业化综合技术研究应用"成果获达
州市科技进步奖三等奖。"当春传统制茶技艺"列入宣汉县非物质文化遗产保护名录。先
后获得宣汉县第六届科技拔尖人才、达州市政府第三届质量奖（巴渠工匠）。

28. 陈兴平

陈兴平，1967年4月出生，四川宣汉人，中共党员，大专
文化，高级农艺师（图11-20）。1989年分配至宣汉县农广校
从事农业职业教育工作，历任宣汉县农广校校长、支部书记，
宣汉县茶果站站长、支部书记职务。先后主持编制了宣汉县
"十二五""十三五"茶叶产业发展规划，参与宣汉县多个茶叶
无性系良种引进栽培试验、示范推广、加工产品研制等技术研
究工作，形成了一批技术先进、应用广泛的科技成果。长期坚
持在生产一线开展茶叶的栽培管理、加工等技术的培训指导工

图 11-20 陈兴平

作，积极开展科技攻关，先后主持配合解决低产茶园改造、幼龄茶树速生等系列生产技
术难题。开展茶叶栽培加工技术研究攻关，先后获得市县科技进步奖8项，其中，"茶叶
产业化综合技术研究应用"获2008年宣汉县政府科技进步奖三等奖，"茶树军配虫综合
防治技术应用"获2009年第一届宣汉县优秀科技成果研发团队奖三等奖，"茶叶安全高
效生产及加工技术研究与应用"获2009年市科学技术进步奖三等奖。2010年12月，荣获
宣汉县科学技术进步奖二等奖。2014年参与制定"巴山玉叶"牌品牌茶叶生产技术规程。
2018年被四川省委、省政府评为"扶贫先进工作者"。

29. 卢文丁

卢文丁，1967年9月出生，四川大竹人，中共党员，高级农艺师，在职大专学历
（图11-21）。1988年毕业于四川省达县农业学校农学专业，分配至大竹县茶果站从事茶

叶技术推广工作，1993年6月任茶果站副站长，2017年11月调入大竹县茶叶（白茶）产业发展中心工作。1993—1995年，下沉大竹县牌坊乡石马门茶场生产基层磨砺，其间（1993年）创制"东湖玉叶"毛峰绿茶，获得1994年达川地区第一届名优茶评比"优质名茶"称号。1994年，在达川地区茶叶学会召开第一届二次会员代表大会上，撰写的《大竹县名优茶开发的前景及对策》一文，率先提出"开发一只名茶，建设一片基地，创立一块牌子，办好一个实体，富裕一方农民"的大竹白茶产业

图 11-21 卢文丁

发展思路。2008—2010年，连续两届被聘任为大竹县科技特派员，并被大竹县人民政府表彰为优秀科技特派员。在茶叶技术推广工作中，大力开展了茶叶优质高产栽培、茶叶轻简栽培、名优茶研制、肥水管理一体化、茶树病虫害无公害防治等技术的培训和指导，着力解决茶叶生产中的实际问题，助农增收致富。发表的《浅析我县茶叶发展现状及对策》等文章，为大竹白茶产业高质量发展提出了宝贵的建议。

30. 童小军

童小军，1967年9月出生，四川宣汉人，大专学历，高级农艺师（图11-22）。1989年7月毕业于四川省达县农业学校，8月参加工作于白沙工农区农业局农技站。先后在万源市白沙农业站、万源市种子管理站、万源市茶叶局工作，历任万源市种子站副站长、工会主席、支部副书记、支部书记职务，2018年2月任万源市茶叶局副局长。2015年8月至2017年9月，下派万源市庙子乡长坪村任第一书记。2018年以来，主持实施"万源市2018—2022年浙川东西部协作茶叶基地建设"项目、"万源市

图 11-22 童小军

2018—2019年省级现代农业发展（茶叶基地）建设"项目、"2018—2019年脱贫攻坚引领示范区茶叶基地建设"项目、"万源市2019年绿色循环优质高效特色农业促进"项目、"万源市2021年乡村振兴示范区茶叶基地建设"项目、"万源市2021—2023年茶叶（茶园）提质增效建设"项目、"万源市2023年低产低效茶园改造提升建设"项目，参与万源市省四星级茶叶现代农业园区的创建工作。

31. 屈艳英

屈艳英，1967年12月出生，四川崇州人，高级农艺师（图11-23）。1990年6月毕业于西南农业大学食品学系茶学专业，获农学学士学位。1994年6月调入达州地区茶果站工作。

图 11-23 屈艳英

1994—2010年，参与茶叶优质丰产栽培技术推广、夏秋名优茶开发、微型采茶机的推广应用等工作，为达州名优茶开发、名优茶基地建设、机械采茶推广等奠定了坚实的基础。1999—2008年，参与"巴山早"茶树新品种的选育工作。2002—2004年，组织实施"茶叶产业化综合技术研究与应用"项目，获达州市科技进步奖三等奖。2002年，参与新名茶"迎春雨露"的研制，获第六届甘露杯"优质名茶"称号。2012年以来，积极参与全市茶叶品牌整合推广工作，提高达州茶叶知名度。

32. 贾 炼

贾炼，1968年9月出生，四川渠县人，中共党员，大学本科学历，正高级农艺师（图11-24）。1989年8月参加工作，历任达州市农业测试中心副主任、达州市经济作物技术推广站副站长、达州市茶果技术推广站站长及达州市农业机械研究推广站站长、书记职务。2012—2017年，主持实施达州市人民政府"富硒茶产业'双百'工程"，推动"达州富硒茶产业发展总体建设规划"落地，促进达州茶叶基地集中连片、规模发展，有效扭转、提振了达州茶叶生产基本面貌，首次实践整合全市茶叶品牌，为达州

图 11-24 贾炼

茶业发展作出了突出贡献。先后荣获农业部农牧渔业丰收奖一等奖、二等奖，四川省农业厅科技进步奖一等奖、二等奖，四川省农业厅"四川省重点区域农业环境质量调查"工作二等奖，达州市政府科技进步奖一等奖、二等奖、三等奖。1999年达川地区行署表彰"第一次全国农业普查先进个人"，2011、2013年度达州市农业局"优秀共产党员"，2007年中共达州市委授予达州市第三届"十大女杰"荣誉称号，2001年达州市人民政府表彰"十年农业综合开发先进个人"。

33. 王志德

王志德，1968年11月出生，四川邻水人，中共党员，大学本科学历，农业技术推广研究员（图11-25）。1990年毕业于西南农业大学，获农学学士学位。历任达州市茶果站站长、达州市经作站站长、达州市农业科学院副院长职务。工作30多年来，一直从事茶叶、水果等特色农业科技创新和技术推广普及工作，主持和参与国家、省重大项目10余项，选育茶叶、水果等特色经济作物品种7个，研制地方标准8项，获国家发明专利3项、

图 11-25 王志德

实用新型专利6项，获省部级科技进步奖2项、达州市科技进步奖8项，其中，茶叶项目"茶树新品种特早213选育及配套关键技术研究与应用"获得四川省科技进步奖三等奖，

"夏秋茶原料高效利用及新产品开发"获达州市科技进步奖三等奖。2012年被农业部授予"全国农业先进个人"称号。

34. 陈中琴

陈中琴，1971年1月出生，四川大竹人，中共党员，高级农艺师，在职本科学历（图11-26）。1993年7月毕业于西昌农业专科学校果树专业，分配至大竹县茶果站工作，2000年6月任副站长，2007年6月至2012年12月任县茶果站站长兼支部书记，2013年1月至2020年6月任大竹县现代农业园区管委会副主任，2020年6月至2022年1月任县现代农业园区管委会主任。在县茶果站工作期间，参与大竹县云雾山茶树良种繁育基地建设的技

图 11-26 陈中琴

术指导工作，组织开展茶叶生产技物服务工作，及时采购和配送茶农急需的肥料、黄板等农用物资，在"白茶引竹"试种期及时给予了技术支撑。

35. 刘明亮

刘明亮，1972年8月出生，四川万源人，中共党员，大学本科学历，农业技术推广研究员，毕业于四川农业大学茶学系（图11-27）。2000年调入万源市茶叶局，2004年任副局长职务，2013年任局长职务。2020年9月被聘为四川农业大学农业硕士专业学位研究生校外导师。先后推动"农业农村部良种繁育"项目、"标准园建设"项目、"农业农村部重大技术协同推广"项目、"四川省科技厅科技成果转化"项目、"农业农村部绿色循环"项

图 11-27 刘明亮

目、"东西部协作茶叶基地建设"项目等一大批重大项目的落地实施，在全市广泛推广标准化茶叶基地建设，选育推广地方茶树良种"巴山早"获省级良种认定，推广国家级良种3个，种植3333hm²，引进白叶1号、黄金芽特色品种发展333hm²，组织制定万源茶叶技术标准6项。2005年，参加的"茶叶产业化综合技术研究与应用"获达州市科技进步奖三等奖。2007年，参加的"万源市富硒茶叶开发价值研究与种植规划"获达州市科技进步奖一等奖，参加的"扁形茶优化加工技术研究与推广"获万源市科技进步奖三等奖。2008年，获四川茶叶产业发展"先进工作者"、万源市农业局"优秀党务工作者""农业工作先进个人"。2009年，参加的"巴山茗茶加工技术研究与推广"获万源市科技进步奖三等奖。2010年，获达州市茶果粉葛产业发展工作先进个人。2012年，参加的"万源富硒绿茶加工新工艺技术研究"获万源市科技进步奖二等奖。2018年，被评为达州市"精准脱贫决战年"先进个人；2019年，被评为达州市"最美农技员"；2023年获评政协达州市委员会"优秀

政协委员"；2023年获评达州市优秀科技特派员先进个人。

36. 刘 军

刘军，1972年9月出生，四川达川区人，工程师（图11-28）。历任达州市农业机械研究所所长、达州市农业机械研究推广站站长及达州市茶果技术推广站站长、支部书记职务，达州市茶叶协会第二届、第三届理事会秘书长。参与达州市重点科技项目5个，获国家实用新型专利6项。2018年8月调入达州市茶果站工作，先后参与实施达州富硒茶产业"双百"工程、达州市茶叶区域品牌"巴山青"定名及商标注册等工作，主持实施全市巩固脱贫攻坚成效同乡村振兴有效衔接资金"巴山青"培育推广项目。

图 11-28 刘军

37. 熊才伟

熊才伟，1973年3月出生，四川万源人，本科学历，高级农艺师（图11-29）。1991年7月毕业于万源师范学校，任教于万源石窝学校。1999年12月调入万源市茶叶局工作，2014年任副局长职务。2018年3月调离万源市茶叶局，任万源市农技站站长。先后参与"茶叶优质高产综合配套技术""巴山雀舌手机合制工艺技术研究""常规茶园向无公害茶园转换的研究与应用""茶叶产业化综合技术开发""福鼎大白茶加工雀舌等名优茶适制性研究""扁形茶优化加工技术研究与推广"等科技项目，多次荣获省、市、县科技进步奖。参加选育省级良种茶树品种"巴山早"。先后撰写有《慎重选择品种 突出产品特色》《嫁接技术在茶叶生产上的应用》《发展万源生态茶业》《巴山雀舌品质特征及形成条件》《解读"国家职业资格证书制度"》等实用技术文章。

图 11-29 熊才伟

38. 梅国富

梅国富，1976年5月出生，四川通川区人，大学文化，中共党员，中国共产党达州市第五次党代会党代表，农业技术推广研究员，西南科技大学校外辅导导师（图11-30）。历任达县农科所副所长、达县植保站副站长、达县经作站副站长、达县农村能源办公室副主任、达县优农中心主任、达县（达州市达川区）蔬菜工作站站长兼支部书记、达州市达川区茶果站站长兼支部书记等职务。2014年调入达州市达川区茶果站工作以来，参与实施达州市富硒茶"双百"工程，承办达州市富硒茶产业现场会1次，建成示范茶

图 11-30 梅国富

园1个，改造低产茶园5个，协助达川区天禾茶叶专业合作社引进龙井43、黄金芽等新品种，并申报有机茶基地70hm²，多次组织茶叶企业到北京、上海、广州、成都等地参加茶博会，大力实施茶产业推动脱贫攻坚，助力龙会乡张家山村村民脱贫致富。先后获得四川省优秀共产党员、达州市第五届先进工作者、达州市最美农技员、达川区第二届公民道德建设先进典型人物"无私奉献好人"、达川区优秀基层党组织书记、"达川英才卡"等荣誉称号，获实用新型专利2项，多次获得省、市、区科技进步奖。

39. 彭祖辉

彭祖辉，1978年9月出生，四川大竹人，中共党员，中专文化，在职大专学历，农艺师（图11-31）。1996年12月参军，1999年12月退役安置在大竹县农业局工作，2009年10月调入大竹县土壤肥料站任支部副书记，2012年2月调入大竹县茶果站任站长、支部书记，2017年11月撤销县茶果技术推广站、保留县经济作物站，任县经济作物站支部书记、站长。在茶果站工作期间，认真贯彻落实达州市人民政府《关于大力实施富硒茶产业"双百"工程的意见》，组织制定《大竹县2015茶产业发

图 11-31 彭祖辉

展实施方案》《大竹县2016年茶产业发展实施方案》《大竹县2017年富硒茶产业发展实施方案》，狠抓"大竹县2015年茶叶高标准示范基地建设"项目、"大竹县2016年茶叶基地建设"项目等，不断提升茶基地基础设施设备，积极组织茶企参展、参赛、参评等活动，推动"巴蜀玉叶"牌大竹白茶荣获第十一届"中茶杯"全国名优茶评比特等奖，"国礼"牌大竹白茶荣获第六届中国四川国际茶业博览会金奖，"巴蜀玉叶"白茶、红茶产品被列入《省级名优产品推广应用目录》（第二批）。2017年，获得2014—2016年全国农牧渔业丰收奖三等奖。

40. 武 涛

武涛，1980年2月出生，四川宣汉县人，中共党员，大学文化（图11-32）。1999年9月参加工作，先后在乡镇基层站所、宣汉县委农办、宣汉县农业农村局工作，历任宣汉县农业农村局宜居乡村股股长、特色产业发展股股长及宣汉县茶果站站长、支部书记等职务。2020年调入宣汉县茶果站工作以来，致力于宣汉县茶产业高质量发展，积极下沉茶叶基地园区一线，指导茶叶新品种试验示范、名优茶加工提质以及探索夏秋茶综合开发利用等，主持制定《宣汉县茶产业高质量发展实施意见》，编

图 11-32 武涛

制《宣汉茶叶栽培及加工技术规程》，指导建成"巴山青"标准示范茶园2个，改造低产低效茶园333hm²以上，多次组织茶叶企业到省内外各地参展、参评并获奖，助推了宣汉县茶产业持续健康发展。

41. 王　飞

王飞，1981年2月出生，四川大竹人，在职大专学历，中共党员（图11-33）。历任大竹县农业机械推广站副站长、站长、支部书记，大竹县茶叶（白茶）产业发展中心主任职务。组织制定大竹县《关于加快白茶产业高质量发展的意见》，多举措扩大白茶种植规模。2018—2022年，实施茶园基础设施及配套建设项目7个，举办"喊山开茶"文化节活动，组织大竹茶企参加四川、陕西、上海等地茶博会及西博会等，大力开展大竹白茶推介活动，多层次宣传和推广大竹白茶品牌。完成了"大竹白茶"农产

图 11-33 王飞

品地理标志登记、地理标志证明商标注册工作，完成《大竹白茶栽培技术规程》《大竹白茶加工技术规程》编制，成功创建大竹县铜锣山大竹白茶现代农业园区、大竹县云雾山白茶现代农业园区等市、县级现代农业园区。2016年7月，被表彰为大竹县优秀共产党员。

42. 冯　林

冯林，1986年6月出生，四川富顺人，中共党员，中国共产党四川省第十二次党代会党代表，高级评茶员，高级农艺师（图11-34）。2012年6月毕业于西南大学茶学专业，取得农学硕士学位、研究生学历。2012年6月至2013年5月在云南白药集团茶品公司从事茶产品研发工作，2013年6月"千名硕博进达州"人才引进至达州市茶果站工作，2016年9月任达州市茶果站副站长，2020年8月被四川省茶叶学会第七届理事会聘为理事、副秘书长（兼），2023年5月任达州市茶果站站长。四川省"科

图 11-34 冯林

技下乡万里行"茶叶专家服务团成员，四川省"三区科技人才"，达州市现代农业园区茶叶专家服务团队队长，达州市高层次人才智力服务团茶叶种植技术服务团团长，达州市现代农业"9+3"产业科技特派团茶叶服务团团长。2014—2018年，实施达州富硒茶产业"双百"工程，参与编制《达州市富硒茶产业发展总体建设规划》。2015—2020年，开展茶产业扶贫工作。2021—2023年，实施全市巩固脱贫攻坚成效同乡村振兴有效衔接资金"巴山青"培育推广项目。获国家发明专利1项，以第一起草人编制四川省（达州市）地方标准《巴山青茶栽培技术规程》《巴山青茶加工技术规程》及达州市茶叶协会团体

标准《巴山青茶》，已发表学术论文23篇。获2017年度中共达州市委表彰"优秀共产党员"，2019年度中共达州市委农村工作领导小组表彰"达州市最美农技员"，2019年度中共四川省委、四川省人民政府表彰"优秀农技员"，2020年度中共四川省委、四川省人民政府表彰"脱贫攻坚先进个人"，2022年度四川省茶叶学会表彰"四川省茶业优秀青年工作者"。

43. 黄福涛

黄福涛，1989年6月出生，重庆长寿人，中共党员（图11-35）。2015年毕业于四川农业大学茶学专业，硕士研究生，高级农艺师。2015年7月人才引进至达州市茶果站工作。先后组织企业参加北京、呼和浩特、成都、重庆等茶博会，筹备成立达州市茶叶协会。2015—2020年，参加四川省"万名农业科技人员进万村"技术扶贫工作任宣汉县石铁乡斜水村驻村农技员。2021—2023年，参与"四川省内对口帮扶"下派至万源市茶叶

图 11-35 黄福涛

局挂职副局长，助力万源茶产业高质量发展。先后发表学术论文9篇，选育省级茶树良种川茶3号、川沐218，获得实用新型专利1项，主持和参加省市级科研项目3项。

44. 陈会娟

陈会娟，1989年6月出生，河南扶沟县人，中共党员，农艺师，高级评茶员，达州市茶叶科技特派团成员（图11-36）。2014年6月毕业于西南大学食品科学学院茶学专业，硕士研究生学历。2015年6月通过"千名硕博进达州"引进到达州市达川区茶果站工作，致力于达川区茶叶产业发展和茶叶科学技术的推广，擅长茶园高产高效栽培和名优茶标准化生产加工，先后撰写并发表了《达川区茶产业发展规划》《达州市低产茶园改造技术规程》《川东北低山茶区老茶园存在的问题及改造措施》等实用性技术文章。2022年2月任达州市达川区茶果站副站长。

图 11-36 陈会娟

45. 谢 丹

谢丹，1993年8月出生，四川内江人，中共党员，研究生学历，一级茶艺技师，达州市茶叶科技特派团成员（图11-37）。2016年6月毕业于四川农业大学茶学专业，现任达州职业技术学院茶艺与茶文化专业教师。2015年3月获"蒙顶山杯"斗茶大赛（茶艺赛项）一等奖，2016年6月获"四川省茶艺形象大使"

图 11-37 谢丹

荣誉称号，2017年6月获阿斯塔纳世界博览会"茶仙子"称号，2021年4月获"四川乡村振兴技能大赛"（茶艺赛项）二等奖，2021年10月茶艺作品《六大茶类·和而不同》获四川省教学能力大赛三等奖，2021年11月指导学生茶艺作品获省大学生竞赛三等奖2项，2022年5月指导学生茶艺作品获省技能大赛一等奖，2023年1月获"四川省优秀指导教师"荣誉称号，2023年5月获"四川茶艺大师"荣誉称号。

二、企业管理人员与茶农典型

1. 丁茂珍

丁茂珍（1899—1978年），女，四川万源人。双手采茶能手，因发展茶叶生产贡献突出，1963年6月当选为四川省第三届人大代表。

2. 石思发

石思发（1924—1988年），四川万源人。1953—1957年，任万源庙坡乡二村村党支部书记。双手采茶能手，因发展茶叶生产贡献突出，1957年7月被选为四川省第一届人大代表。

3. 李良才

李良才（1929—2003年），四川万源人。1959—1966年，任白果乡一村生产队队长。1958年发明"双手采茶法"，并在全县普及推广。经测定，他一小时用双手采茶达50kg。四川省农业厅、商业厅派工作组到万源县大竹区调研并总结他的双手采茶经验，后在全省推广。

4. 郭义铭

郭义铭，1929年12月生，江苏南京人，高中文化，中共党员，南下干部，农艺师（图11-38）。中国茶叶学会会员、四川省茶叶学会经济委员、四川省农牧系统评茶委员，历任大竹县石子区公安员、大竹县农林水干部、国营大竹县云雾茶场场长、大竹县农工商联合公司经理职务。1949年9月考入二野军大学习，1950年5月军转地工作，1959年2月由大竹县人委农业科调入云雾茶场，自此与茶结缘，用毕生精力创建和发展大竹茶园、总结和提升茶叶生产加工技术、拓展茶叶营销渠道，并实时用

图11-38 郭义铭

文字、图片记录工作和生活点滴。在云雾茶场期间，参与茶园开垦建设和管理、茶叶加工及红碎茶试制研发，1976年红碎茶茶样送四川省外贸审评获好评，获得省农业厅奖金五万元。1977年西南农学院实习生代培讲解、茶叶学技交流。1979年7月，省茶叶学会

汇编资料收录他撰写的《我场茶叶合理采摘经验总结》。1980年四川省红碎茶评选会上，撰写的《红碎茶生产的工艺改革》获好评。1984年与西南农学院合作研试花茶热泵50℃低温干燥技术，获达县地区科研成果二等奖。1985年"花沱茶的研制生产"获大竹县人民政府科技创新奖二等奖。后在重庆外贸销茶及在北京开办茶叶销售门市等。先后获得中国人民解放军胜利功勋荣誉章、农业部农牧渔业技术推广荣誉证章、中国纪实文学研究会中华英贤勋章及荣誉证书、四川省科学技术研究成果证书、川茶协三十年以上茶叶工作者荣誉证书等。2017年5月，他把工作和生活经历整理成《我从金陵来》并出版发行。

5. 雷蜀明

雷蜀明，1937年出生，四川开江人，中共党员，高中文化。1984年创办万源县供销社茶厂。先后注册"雾峰""霄峰""鹰嘴峰"商标。"雾峰春绿"获四川省优质产品，"雾峰银芽"获"七五"全国星火计划成果博览会金奖。曾捐助6000元给万源县地方志办，收集整理万源茶叶历史、典故故事、传说及茶叶生产、科研资料，支持编写《万源县茶业志》。

6. 熊一政

熊一政（1942—2021年），四川开江县人，中共党员，初中文化。1959年2月，到万源县草坝茶场参加工作。1963年，任草坝茶场五队队长。1965年转为干部调场部办公室工作。1980年，调万源县青花茶场任会计。1982年，由茶场派往西昌农专培训。1985年，熊一政任青花茶场场长，首次在万源尝试开发优质炒青——"巴山青"小包装产品，市场价格由10~16元/kg提高到40~50元/kg，获得良好经济效益。为万源县茶叶技术人员研究名茶工艺提供场地和方便，青花茶场是万源县率先推出名茶产品的企业。1989年11月，获农业部颁发"农牧渔业技术推广先进工作者"荣誉称号。1992年，获达州市出口质量工作先进个人。1994年1月，参加的富硒茶产品开发研究项目获省星火计划三等奖。1999年获省食品工业协会"质量管理优秀领导者"荣誉证书和奖杯。

7. 叶发森

叶发森，1945年12月出生，四川渠县人，中共党员，初中文化（图11-39）。20世纪60年代末进厂，企业体制改革时任达县地区大竹河精制茶厂厂长。任职期间，改变传统加工晒青、烘青、红碎茶等滞销产品的做法，领导全厂工人生产"民族团结"牌康砖茶，面向西藏等少数民族地区发展营销。1996年，茶厂迁址原万源市外贸火车站仓库更名为"万源市福利茶厂"，为部分市内伤残人士创造就业机会。2003年，给职工比较优厚的待遇，实现企业改制转行。

图 11-39 叶发森

8. 何世绵

何世绵，1946年12月出生，重庆知青（图11-40）。1963年8月参加工作，历任大竹县云雾茶场技术员、场长兼书记，大竹县农工商联合公司技术员、副经理等职务。参加过茶园的开垦及建园、茶叶生产及加工、茶叶审评定级、茉莉花茶窨制加工、茶叶销售，大竹县农工商联合公司的创建、经营及管理等工作，曾被中共大竹县委表彰为优秀共产党员，为大竹县茶叶产业的发展作出了重大贡献。

图 11-40 何世绵

9. 熊永兴

熊永兴，1949年6月出生，四川开江人，中共党员，高中文化（图11-41）。1958年由开江县移民至草坝茶场。1966年任草坝茶场金山分场政治工作员。1985年11月任金山分场场长。1992年草坝茶场分流人员在县城设立茶场经营部，任经理。1995年，任国营万源市草坝茶场场长，兼万源市巴山雀舌茶品公司经理。2001年2月，任四川智强巴山雀舌茶品有限公司总经理。2003年8月，公司改制破产，创建万源市金山茶厂，注册"萼山"商标。企业先后获得四川省质量信誉A级企业，"金山雀舌"被评为"四川省特优名茶"，"萼山"商标被评为达州市知名商标。

图 11-41 熊永兴

10. 张生琦

张生琦（1950—2014年），四川开江人，中共党员（图11-42）。1959年移民迁至国营万源草坝茶场工作，历任生产队长、副场长、场长职务。1987年组织场员开发"巴山雀舌"名茶产品。1989年西南农业大学干修班结业。1990—1991年参加西南农业大学与万源县合作项目"万源巴山富硒茶产品开发"。1998年，因企业体制改革，注册"生奇"商标，创办万源市生琦茶叶有限公司。"生奇"牌商标曾获达州市知名商标。

图 11-42 张生琦

11. 向以建

向以建，1952年7月出生，四川宣汉人，工程师、巴渠工匠（图11-43）。从事茶叶工作以来，先后主持实施省、市科技项目"夏秋茶品质提升关键技术""夏秋季绿茶加工技术""缩短茶园

图 11-43 向以建

幼龄期新技术"等，取得四川省农业科技成果转化项目2项、省级科技成果1项、达州市科技成果转移转化引导计划项目2项、达州市级科技成果1项、宣汉县科技项目5项，研发茶叶加工制作机械设备多项，获得知识产权28项，获国家发明专利6项、实用新型专利28项，相关科技成果在四川宣汉、湖北恩施、贵州凤冈、四川名山等地转化应用。先后研发名优茶"九顶雪眉""绿源雪眉茶"，引领宣汉县茶叶产业化发展。荣获国家农业农村部、四川省农业厅"先进工作者"称号。

12. 蒲志福

蒲志福，1954年4月出生，四川万源人，大专文化，高级农艺师（图11-44）。1974年5月参加工作，1979年毕业于达县农学院茶果专业，历任万源县草坝茶场技术员、万源市国营农工商联合公司经理、万源市大巴山茶厂厂长、万源市大巴山生态农业有限公司执行董事职务。先后主持研制"巴山春芽""巴山银针"名茶，荣获1992年中国首届农业博览会优质奖。

图11-44 蒲志福

13. 谢中朝

谢中朝，1957年5月出生，四川达川区人，中共党员（图11-45）。1978年由村集体委派担任米城寨茶场场长兼技术员。1992年由茶场调任米城乡精制茶厂任厂长兼技术员。1994年与达川地区茶果站合作研制的"米城银毫"获四川省第三届"甘露杯"优质名茶奖，同年他获评助理工程师。2016年，米城茶场恢复生产后返聘担任技术负责人，配合企业发展方针，恢复米城茶场生产，推动并推广以原生态、群体种茶树为核心的高品质荒野茶，恢复"米城银毫"绿茶生产，开发老树红茶产品，深受消费者好评。

图11-45 谢中朝

14. 丁昭亮

丁昭亮，1963年6月出生，四川开江人，中共党员，高中文化，高级评茶员。2008年10月，承包双河口村茶园20hm²。2009年10月，创办开江县广福镇福龟茶叶种植专业合作社，任经理。在西南农业大学通过1年多时间的专业学习，学会了茶叶剪枝、施肥、采摘、制作等各项技术要领，同时学到了茶园的现代管理知识，被当地干部群众誉为"茶专家"。在他的管理下，茶园焕发出生机与活力，如今广福镇双河口村已成为大巴山远近闻名的茶叶之乡。创建的"巴山雪芽""达洲·福龟""冰川雪芽"等品牌茶叶，深受消费者喜爱。

15. 罗烈云

罗烈云，1963年8月出生，四川万源人，大专文化，万源市第三届政协委员、常委（图11-46）。2002年被达州市政府评为"达州市乡镇企业家"。2006年创办四川巴山雀舌名茶实业有限公司，任公司董事长、总经理。2006年11月，公司生产的"巴山雀舌"被评为"四川十大名茶"。2010年11月，"巴山雀舌"注册商标被认定为"中国驰名商标"，"巴山雀舌"蝉联第二届"四川十大名茶"。2011年12月，公司被列为中国农业产业化国家重点龙头企业。

图 11-46 罗烈云

16. 卫平

卫平，1967年2月出生，浙江湖州人，中专文化，投资商人兼白茶种植、加工能人，"四带"发展大竹白茶第一人（图11-47）。2011年，携资5000万元到大竹县团坝镇发展白茶产业，流转山地、荒地330hm²，栽植"白叶1号"140hm²，硬化园区产业路33kg。组建成立首个大竹白茶加工企业——四川竹海玉叶农业开发有限公司，注册第一个大竹白茶品牌"巴蜀玉叶"。2012年，又在黄滩乡流转土地320hm²，种茶180hm²。2013年，领办大竹县巴蜀玉叶白茶专业合作社，以"公司+基地+专业合作社+农户"模式带动当地农户种植白茶。2014—2016年，免费提供白茶苗320余万株，帮助当地村民发展新茶园60hm²。2015年，"巴蜀玉叶"白茶荣获第十一届"中茶杯"全国名优茶评比特等奖，茶叶品质得到业内及消费者的高度赞赏。他一边呼吁政府大力发展白茶产业，一边回浙江找亲戚、朋友来大竹发展白茶，先后引进叶春伟、廖显文、朱叶青、刘仕全等浙江商人来大竹发展白茶1333hm²。2018年，被四川日报、四川新经济组委会授予"2017四川创新农业十大杰出企业家"称号。2019年，被大竹县人民政府授予"大竹县劳动模范"荣誉称号。

图 11-47 卫平

17. 袁军培

袁军培，1968年7月出生，四川万源人（图11-48）。1985年8月到草坝供销合作社工作，2002年从供销社下岗后创办实业。先后创办万源市军培茶场、万源市雾语乡知茶业有限公司等实体，锐意进取，开拓创新。创立"雀园春绿""雾语乡知"等茶叶品牌。建成标准化生态茶叶基地186hm²，建设现代化茶

图 11-48 袁军培

叶加工厂一座，引进生产线3条，年生产能力200t，带动草坝茶叶产业健康有序发展。

18. 张晓华

张晓华，1968年8月出生，新疆伊宁县人，大专学历，万源市第六届优秀政协委员，政协万源市第七届委员会常委（图11-49）。1987年9月考入四川省射洪中医学校（现西南医学院），1990年12月在四川省白沙工农区参加工作，1997年3月下岗、失业。2000年，创办四川省万源市欣绿茶品有限公司，2012年领办万源市蜀绿茶叶专业合作社。经过不懈努力，建设标准化生态茶叶基地$150hm^2$，建设茶叶加工厂房$1400m^2$，年生产能力110t，先后创立"蜀馨""巴山正红"两个茶叶品牌，"蜀馨"获达州市知名商标，带动万源市固军镇茶叶产业健康有序发展。

图 11-49 张晓华

19. 王让银

王让银，1968年10月出生，四川万源人，万源市鑫王馨种养殖专业合作社理事长（图11-50）。致力于富硒茶叶生产、加工和销售，发展"瓦村茶语"富硒标准茶园$66hm^2$，大力开发夏秋茶，带动200多户精准贫困户脱贫增收。

图 11-50 王让银

20. 熊才平

熊才平，1970年10月出生，四川万源人，中共党员，大专文化（图11-51）。1995年，毕业于四川省师范大学应用生物专业。曾任万源市富硒食品开发公司副经理、四川智强食品集团开发公司副主任。2003年，调入四川智强巴山雀舌茶叶公司任副经理，同年创办万源市金山茶厂。万源市金山茶厂成为万源市首批获得"QS"认证的茶叶企业，并获得"四川省先进个体工商户""市茶叶产业发展先进企业""四川省质量诚信企业""四川省质量·信誉双优企业"等荣誉，产品"萼山雀舌"获得"四川省特优名茶"称号，注册商标"萼山"获"达州市知名商标"。

图 11-51 熊才平

21. 余锦青

余锦青，1971年9月出生，四川大竹人，高中文化，白茶种植、加工能人（图11-52）。2010年回乡创业。2014年8月，发起成立大竹县云峰白茶专业合作社，2019年被授予农民合作社省级示范社。以"合作社＋基地＋农户＋科技"的发展模式，种植白茶$95hm^2$，建设加工车间2000m²，年产白茶7000kg，产值1260余万元，常年吸纳务工人员90余人，人均年增收1.5万~1.8万元，采茶季提供就近就业工作岗位500余个。注册"蜀玉白月"商标，以工匠精神打造品质优异、特色突出的高品质"蜀玉白月"白茶，先后获得"中茶杯"国际鼎承茶王赛绿茶组金奖和特别金奖、"中茶杯"国际鼎承茶王赛绿茶组茶王奖，被推荐为2021年度中国茶叶博物馆"中国好茶"展示茶样。

图 11-52 余锦青

22. 张光明

张光明，1972年3月出生，四川万源人，西南农业大学食品系茶学专业（图11-53）。2007年至今担任万源市政协委员、达州市政协常委，2021年任达州市政协委员，2007—2012年、2021年至今当选万源市人大代表。万源市生琦富硒茶叶有限公司董事长。2007年，领办万源市惠民茶叶专业合作社。坚持以质量求生存、诚信谋发展的经营理念，企业多次被评为"诚信单位"、重信企业称号。注册的"生奇"商标被评为"达州市知名商标"。

图 11-53 张光明

23. 王吉芳

王吉芳，1972年12月出生，四川万源人，大专学历，万源市第三、四、五届人大代表（图11-54）。2005年四川省茶叶协会常务理事，2003年独资建立万源市利方茶厂，2005年成立芳轩茶品公司，注册"芳轩"商标。芳轩雀舌茶叶先后多次获得"中国（四川）国际茶业博览会"金奖、达州市知名商标。

24. 王忠华

王忠华，1973年5月出生，四川万源人，中共党员，高中文化，高级制茶师（图11-55）。万源市千秋茶场场长，万源市茶叶协会秘书长。2003年，创建千秋茶叶专业合作社，注册商标"千丘"。2011年，在万源市举办的青工制茶大赛中获得一等奖。2011—2012年，任四川巴山雀舌名茶实业有限公司经理。在2015年四川蒲江·中国（成都）采茶节上获得制茶四川省第一名的殊荣。2019年，获中国农民丰收节万源市制茶大赛第一名。

图 11-54 王吉芳

图 11-55 王忠华

25. 胡运海

胡运海，1974年4月出生，四川万源人，中共党员，大专文化，万源市蜀韵生态农业开发有限公司董事长（图11-56）。2012年，在万源市白羊乡开辟荒山，建成梯地茶园，建立茶叶加工厂房1300m²。2020年，公司被认定为农业产业化省级重点龙头企业。先后获得"全国十佳农民""四川省劳动模范""四川省百民新型职业农民标兵""达州市优秀民营企业家"等荣誉。

图 11-56 胡运海

26. 张德雷

张德雷，1974年10月出生，四川省渠县人，大专文化，民革党员，达州市第二、三届政协委员，达州市第四、五届人大代表，现任达州市人大农委委员、达州市工商联副主席、民革达州市委"三农"委主任、达州市茶叶协会副会长、四川巴晓白茶业有限公司董事长（图11-57）。2020年在通川区碑庙镇锣鼓村流转46hm²土地种植白叶1号、黄金芽，2021年公司获得达州市"万企帮万村"精准扶贫行动突出贡献企业，2021年被民革四川省委表彰为"民革助力脱贫攻坚工作先进个人"，2022年被四川省工商联表彰为"万企兴万村先进个人"，2023年公司"巴晓白"牌白茶获得第十五届"天府名茶"金奖。

图 11-57 张德雷

27. 胡明巍

胡明巍，1974年12月出生，四川万源人，中共党员，中专学历（图11-58）。1992年7月，毕业于万源市罗文农校蚕桑专业。历任万源市固军镇茶园坪村郑家湾组组长、白羊乡街道专职管理员、白羊乡名茶社区主任助理、名茶社区支部副书记等职。2015年，成立万源市华明农业开发有限公司，致力于万源市固军镇茶园坪村的茶叶产业发展，满足当地茶农就近种植、就近加工销售，极大地推动了全村及邻近村的经济发展。2018年，被中共达州市委组织部、达州市委农村工作委员会评为"年度脱贫攻坚优秀返乡人才"；2020年10月，荣获中共达州市委、达州市人民政府促进农业多贡献工作"优秀返乡创业就业农民"称号；2022年，被达州市农民工工作领导小组评为达州市"返乡入乡创业明星"称号。

图 11-58 胡明巍

28. 周德洪

周德洪，1975年7月出生，四川大竹人，大专学历，职业经理人，现任四川省鼎茗茶业有限责任公司总经理，大竹县白茶产业协会秘书长（图11-59）。先后协助大竹县茶叶（白茶）产业发展中心开展大竹县白茶产业协会的筹建及日常事务、大竹白茶农产品地理标志登记申报、白茶轻简栽培技术培训及四川、西安、上海茶博会参会参展等工作，同时，积极开展茶叶生产、加工、销售及管理，兢兢业业、任劳任怨，不断进取，为大竹白茶产业的发展作出了不少的贡献。先后荣获2020年达州市第

图 11-59 周德洪

三届"邮储杯"创业创新大赛个人优胜奖、第七届"创青春"达州青年创新创业大赛个人优秀奖。公司生产的"玉顶山"牌大竹白茶被认定为绿色食品A级产品，先后获得"中茶杯"第十一、十二、十三届国际鼎承茶王赛绿茶组特别金奖、金奖、特别金奖、茶王奖，2023年达州市"巴山青"十大茶叶精品第一名。

29. 廖 超

廖超，1978年12月出生，四川大竹人，高中文化，四川国峰农业开发有限公司总经理，白茶种植及加工技术能手（图11-60）。2009年在大竹县智力支乡联谊会上敲定了大竹县引种试种白叶1号事宜。11月，与其弟廖红军从浙江安吉购回3000株白茶苗试种成功。2011年，流转130hm²余荒山荒坡规模种植白茶。同年9月，成立四川竹海玉叶农业开发有限公司，并以"三包一兜底"的方式带动当地农户种植白茶。2016年，注册成立四川国峰农业开发有限公司，在团坝镇、中和乡流转

图 11-60 廖超

土地100hm²，建设标准化白茶基地。与农户签订"保底收购协议"，常年提供就业岗位2500多个。2018年8月，创建集休闲观光、康养民宿、茶旅融合为一体的四川云峰茶谷文化旅游开发有限公司，成功打造出云峰茶谷国家AAA级旅游景区。同年，国峰农业公司荣获"大竹县新型农业经营主体脱贫帮扶帮带先进单位"，个人荣获达州市第一届创业创新大赛南部赛区选拔赛创业成长组一等奖以及达州市"脱贫攻坚优秀返乡人才"称号。

30. 陈琴玲

陈琴玲，1979年3月出生，四川大竹人，大专学历，高级茶艺师，高级茶艺讲师，高级评茶员，第十五届大竹县政协委员（图11-61）。2017年，创办七莲花茶舍，任大竹县七莲花茶业公司总经理。坚持以"好茶敬奉天下客"的理念，精心经营管理茶舍，

实时传授或分享茶叶品鉴、茶艺表演、茶文化历史等，传播博大精深的中国茶文化，让更多的人知茶、懂茶、识茶、习茶、事茶。同时，她还积极开展茶艺培训，茶文化进校园、进企业，茶艺参博进展等活动，宣传大竹白茶品牌，助推大竹白茶产业的发展。先后培养初（中）级茶师15名，建立茶叶研学基地13.33hm²，举办茶文化进校园、进企业活动50余场，受训者达3000余人次。荣获2021年大竹县妇女创业协会优秀代表。

图11-61 陈琴玲

31. 吴 强

吴强，1979年5月出生，四川达川区人（图11-62）。达州市溪晨园生态农业有限公司和达州市古柏种植专业合作社负责人，一个有情怀的新农人。2016年，流转达川区米城老茶场，结合茶场生长于高山松林之间的独特自然环境，采用纯天然种植方式培育高品质原料，恢复名茶"甘露杯"优质名茶"米城银毫"生产，同时开发出"松林老树红茶"，在高端市场取得一定认可。

图11-62 吴强

32. 廖红军

廖红军，1981年2月出生，四川大竹人，中专学历，中共党员，退役军人，四川省人大代表，四川竹海玉叶农业生态开发有限公司董事长，中共大竹县白茶产业党委书记，达州市茶叶协会第三届理事会会长，川茶品牌促进会副会长，大竹白茶引种第一人（图11-63）。2008年回乡创业，"白茶竹引"带领群众共同致富。2011年，联合卫平等人组建成立四川竹海玉叶生态农业开发有限公司。2018年创建国家级AAA旅游景区——"云峰茶谷"。2021年，引进浙江杯来茶往生物科技有限公司技术，开发大竹白茶冻干闪萃茶粉，推动大竹白茶附加产值提升。先后获得"达州市致富带头人""四川省退役军人就业创业之星"等荣誉称号。

图11-63 廖红军

33. 邓 间

邓间，1981年1月出生，四川宣汉人，中共党员，万源市第七届政协委员（图11-64）。2004年毕业于云南财经大学市场营销专业，管理学学士。2017年，创办万源市巴山云叶农业开发

图11-64 邓间

有限公司，从事茶叶种植和销售。先后荣获2023年"四川省第二批农村致富带头人""万源市优秀民营企业家"。

34. 甘春旭

甘春旭，1982年3月出生，四川大竹县石河镇人，中专学历，大竹白茶生产管理及销售能人（图11-65）。2007年回乡创业，2010年在四川竹海玉叶生态农业开发有限公司从事管理及销售工作。2016年10月，发起成立大竹县新云白茶专业合作社，以"专业合作社+基地+农户"的发展模式，流转原云雾茶场200hm²余茶地，全部改种白茶，带动周边农户共同发展白茶特色产业，解决当地富余劳动力就近就业2100余人。2019年，修缮原云雾茶场旧厂房及办公楼1800m²，组建四川云雾鼎生态

图 11-65 甘春旭

农业开发有限公司，扩建茶叶加工厂房2000m²，添置茶叶加工生产线2条，设备70余台（套）。

35. 唐兴源

唐兴源，1982年4月出生，四川大竹人，中专学历，大竹白茶生产经营管理能人（图11-66）。2017年返乡创办大竹县绿然农业专业合作社，种植白茶80hm²。2019年，成立四川竹茗农业开发有限责任公司，新建茶叶加工厂房2000m²，以"公司+专业合作社+基地+农户"模式，解决工作岗位200余个，人均年增收3700余元，带动周边163农户（含贫困户）种植白茶32hm²，助农增收致富。先后被选为"全国农业科技创业致富带头人""达

图 11-66 唐兴源

州市劳模"。

36. 廖梓婷

廖梓婷，1984年1月出生，四川渠县人，毕业于新西兰奥克兰大学，研究生学历，无党派人士，高级经济师，四川秀岭春天农业发展有限公司法人代表兼总经理，达州市茶叶协会副会长（图11-67）。四川省"天府峨眉计划"入选者，四川省特聘专家。先后被表彰为"达州市脱贫攻坚优秀返乡人才先进个人""达州市优秀民营企业家""达州市建市20周年突出贡献奖先进个人""达州市十大女企业家""四川省三八红旗手"，四川省首届农村乡土人才创新创业大赛金奖获得者，被共青团中

图 11-67 廖梓婷

央、农业农村部授予第十一届"全国农村青年致富带头人"荣誉称号，入选文化和旅游部"2019年度乡村文化和旅游能人支持项目"。

37．范红英

范红英，1987年8月出生，中共党员（图11-68）。2019年，以"当春富硒茶产业发展"项目参加团中央"第六届航天科工杯"创新创业大赛获优秀奖；被达州市委农村工作领导小组授予达州市"最美新农人"称号。2021年，以"茶旅融合振乡村，茶叶飘香惠百姓"项目参加四川省第五届农村乡土人才创新创业大赛获金奖，被四川省妇联表彰为"四川省巾帼建功标兵"。

图 11-68 范红英

38．廖 芮

廖芮，1995年5月出生，四川万源人，退役军人，制茶师（图11-69）。2015年毕业于石家庄机械化步兵学院，大专学历。2019年创办万源市金泉茗茶有限责任公司，研制"双石子·龙潭金芽"，获得业内认可。

图 11-69 廖芮

茶 企

第十二章

1949年前，茶叶生产主要依靠茶农个体，生产效率低，茶叶产量少。20世纪50年代起，采取全民所有制、集体所有制形式，逐渐兴办起国营茶场（公司、茶厂）、大队集体茶场、生产队联办茶场，带动了茶叶的生产和贸易。1966年前，国营、公社办的茶场安置部分知青。20世纪80年代，农村经营体制改革，集体茶场转为实行户营、集体承包、专业承包，集体茶场逐渐解体。20世纪90年代后，境内民营茶企逐渐注册成立。21世纪初，原国有农垦茶场、外贸茶叶公司、供销茶叶公司相继改制、破产。在茶叶产业化发展的趋势下，大力推行业主开发机制，民营经济、私营经济迅速涌入茶叶产业，推动茶叶市场经济活跃。2010年后，民营茶企推广"公司＋基地＋专业合作社＋农户"的经营模式，联系更多茶农的茶叶专业合作社日益增多。2023年，达州市有茶叶生产企业72家，其中，农业产业化国家级重点龙头企业1家、省级7家、市级27家，有茶叶专业合作社96家。

第一节　计划经济时期的企业

一、国有企业

（一）国营草坝茶场

1956年初夏，四川灌县茶叶试验站干训班分配到达县专区工作的张明亮、袁德玉、杨虹芸、魏玉阶及万源青花茶试站的谢达松等同志从万源县罗文石岸口，沿山间羊肠小道爬坡下岭、越溪过涧来到远离汉渝公路50km、距万源县城110km、森林茂密、灌木丛生的草坝乡猪背梁，沿海拔800~1100m的山体两侧勘测设计建设国营万源县草坝茶场。1956年9月，国有农垦企业草坝茶场正式成立，并接收青花茶叶试验场基地作为分场，隶属万源县农业局，是以茶叶生产、加工、销售为主体的全民所有制企业。

1957年，茶场种植茶园3.6hm²，至1960年种植茶园44hm²，1962年初投产，生产毛茶437kg。1963—1965年，种植茶园56hm²，1963年产毛茶5660kg。1965年，茶场按上级指示生产红碎茶，同年，石窝公社番坝村向家坟茶场划归草坝茶场，并定名为金山分场。1962—1979年，茶场共生产茶叶542.65t。1980—1982年生产茶叶237.35t。1983年秋，茶场实行茶园管理家庭承包责任制，茶叶生产达到建场以来最高水平，产茶98t。1984年初春，草坝茶场遭受严重冰冻灾害，受冻茶园65.2hm²，其中严重冻害茶园26.67hm²，产量下降到62.5t。1985年恢复到65.5t。1986年，产茶75.5t，茶场面积148.67hm²，共有6个队、2个分场，其中茶园面积100hm²，果园6.67hm²，茶场房屋面积9418m²。茶场在1956—1985年的30年中，有24年亏损总计114万元，仅6年盈利共计14万元，国家政策补亏累计86万元。1992年12月28日，草坝茶场分流人员，在万源城区组建"巴山雀舌茶品有限公司"，公司盈利，茶场亏损。1993年，巴山雀舌茶品有限公司成为中国商品条码系统成员，取得厂商代码。1994年，全场面积186.67hm²，其中茶园面积152.87hm²，下设青花分场、金山分场、鹰背分场、万源市巴山雀舌茶品公司和六个茶叶生产队，实行统

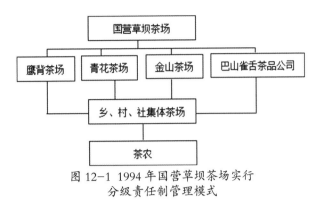

图12-1 1994年国营草坝茶场实行
分级责任制管理模式

一领导、管理、生产、核算、承包经营，场长（经理）负责制（图12-1）。

1956年8月，中共万源县委调侯克银任草坝茶场场长、书记，谢达松任技术员、委员，董怀珍任委员。1959年，魏光胜任副场长。1960年，王荣忠任场长、书记。1964年1月9日，钟安太任场长。1965年8月，王天福、魏光胜任副场长，卢庆合任政治指导员，谭显银任副指导员，李仕芳、吴荣华、吴安秀、曾祥林、张字济、曾淑军分别负责1~6队政治工作。1966年，熊永兴任金山分场政治工作员，杨淑杰任青花分场政治工作员，姜连兴、陈清兰、魏祖全分别任二队、三队、四队政治工作员。1969年12月，万源县革委会同意万源国营草坝茶场革委会由卢庆合、王天福、魏光胜、徐光清、文宪儒、张岢益、李瑞蓉、刁邦富、朱大作、吴安秀等10人组成。卢庆合任主任委员，王天福、徐光清任副主任委员。1970年，姚富祥任场长。1976年2月，卢庆合任副主任；3月，杨永禄任总支书、主任。1979年，赵永成任书记。1980年，王天福任场长。1984年8月，免去陶玲副场长职务，调县农工商公司任经理。1985年11月，张生奇任副场长，熊益政任青花分场场长，熊永兴任金山分场场长。1986年，何明承任书记。1987年8月，张生奇任场长。1990年，林志成任副场长。1997年，熊永兴任场长，朱大权、张应科任副场长。

1956年茶场成立后，在县域内招收工人80人。1958年，接收开江县移民300人（含老幼）。1963—1964年，招收重庆社会知识青年150人。1964年，从万源县水洋坪农场转至茶场12人。1971年，万源县伐木队转至茶场16人。1973年，达县地区伐木厂（南江县）转至茶场50人。1974年，安置县域知识青年100人。另经万源县劳动局批准，先后招收场内职工子女38人。据不完全统计，茶场职工1957年有71人，1960年有146人，1963年有256人，1965年有288人，1970年有296人，1976年有421人，1984年有415人，1986年有356人，1994年有526人，1999年末职工数435人。

《万源市茶业志》对草坝茶场的兴衰做了三点思考：一是早期入场的职工在20世纪80年代中后期（1986—1990年），陆续进入退休高峰，占生产职工总数的17.4%~27.8%，

企业负担重。二是茶场无技术创新及新产品开发能力。1956—1974年，茶场仅一位技术员（谢达松），且于1974年调入达县农校任教。1975年秋茶场推荐3名青工到达县农校社来社去班学习茶叶技术，1979年返场，仅安排一人在制茶车间，1985年春调离，其余两名不在技术岗位。熊永兴、陈朝明、刘中俊等人1984年8—12月去永川茶叶研究所短训。张生奇1992年去西南农业大学食品学系农干班学习。此后茶场再无受过专业教育、培训的技术人员指挥生产，普及型水平不可能稳固茶场技术水平。三是管理干部文化水平低，专业素质差。企业由计划经济向市场经济转变，因没能适应市场变化而走入困境。2000年11月，国营草坝茶场总场接受达州市智强集团并购，成立四川智强巴山雀舌有限公司，2001年2月挂牌经营。2003年8月申请破产，2004年5月宣布破产。

草坝茶场自1987年开始生产名茶，先后研制、开发"巴山雀舌""巴山毛尖""巴山毛峰"等系列巴山富硒名茶，多次获得国家级、省级名茶大奖，为万源巴山富硒茶系列，尤其是"巴山雀舌"名茶及其品牌赢得了丰厚的业界荣誉和市场口碑，成为当代万源茶文化中重要的一部分。

（二）国营云雾茶场

云雾茶场地处华蓥山北段大竹县清水镇，其前身是大竹县公安局所属云雾劳改农场，1952年辟荒种茶31.33hm²。1958年撤销时交大竹县人民政府农林水利科接管，成立大竹县红星农场（又称干部农场）（图12-2）。1959年改建为茶场，更名为大竹县云雾茶场（图12-3）。1963年归四川省农口系统管理，1966年更名为四川省国营大竹县红星茶场，1974年恢复大竹县云雾茶场。

图12-2 1958年3月17日大竹县人委农林水利科欢送首批同志上云雾山留影（张典全 供图）

图12-3 1959年8月云雾茶场制茶车间，图中人物为郭义铭（张典全 供图）

云雾茶场成立时，有茶园14.67hm²，其他耕地、林地16.47hm²，破旧房屋400m²。曾先后三次大招职工发展生产，共计400人，其中，1959年新招职工50人，1963年新招重庆知青300人（图12-4），1974年新招大竹知青50人。1976年8月，云雾茶场试制红碎茶茶样送省外贸审评，"符合国家出口标准，滋味浓强，汤色红鲜"，省农业厅给予5万元奖金（图12-5）。1978年，贯彻"以繁殖良种为主，适当开展多种经营"方针，各茶场划小核算单位，恢复"定人员、定质量、定原料（投入）、定产量"和超产（节约）奖励制度的生产管理、财务管理制度，着手纠正"需要就是计划，合理就是合法"的不良倾向，生产得到发展，大竹县云雾茶场与观音茶场茶叶总产量达到89.1t，较1976年增长29.6t，且生产成本降低。

图12-4 1964年9月大竹县云雾山的重庆知青在管理茶园（蒲建国 供图）

图12-5 1979年云雾茶场郭义铭与场员一起制红碎茶（张典全 供图）

据达县人、西南大学茶学专业教师王守生在《1978级茶叶专业毕业生30周年纪念》一文中提到，"教学生产实习是到大竹云雾茶场实习……在大竹云雾茶场实习期间，我们搞了茶树扦插根外施肥、衰老茶园改造、丰产茶园树冠结构调查、土壤养分速测，参与了红碎茶初制、红碎茶精制等车间劳动。有人说高山出好茶，高山也出好馒头。那里的馒头很白，很松软，很好吃。"

1981年8月1日，云雾茶场南天门水池竣工，池墙碑刻题记："山高水长、云雾茶香""劳动创乐园、荒山变茶园"，生动反映了茶场生产劳动和创业奋斗景象（图12-6）。1985年，茶场有土地414.4hm²，其中茶园92.27hm²，其余为林地、荒地、建设占地，场内房屋建筑有厂房、库房2800m²，职工宿舍6829m²，设有加工、金工车间，国家多年累计投资86.5万元。1985年产茶55t，生产加工产值36.5万元，在竹阳镇郎家坳设有综合经营部、百惠园食品厂、云雾茶庄，在重庆设有销售门市，全年农工副产值78.65万元。1990年，云雾茶场产值141.82万元，利润17.69万元，创历年利润纪录，税金17.74万元。1992年，云雾茶场所产"雾

图12-6 现存1981年8月立云雾茶场南天门水池碑刻（冯林 摄）

山云雀""雾山毛峰"获四川省农业厅"甘露杯"优质名茶奖。1994年，农业农村部下达"达川地区优质茶树良种苗木基地建设"任务，大竹县被列为达川地区茶树良种繁育基地，先后引进福鼎大白茶、南江大叶茶、筠连早白尖及蜀永1号、2号系列等10多个茶树良种，在大竹县国营云雾茶场建设母本园2.67hm²，苗圃4hm²，产穗条360万株，茶苗250万株，填补了达州无茶树良种母本园的空白。1999年末有职工数194人。

2000年，深化改革，实施国退民进战略，云雾茶场正式倒闭，出售给私人经营。目前，大竹县通过引进业主，注册成立四川云雾鼎生态农业开发有限公司，在云雾茶场改良茶树品种，专业化种植"白叶1号"，推进大竹白茶产业发展。

（三）国营大竹县观音茶场

国营大竹县观音茶场位于大竹县白坝乡（现为观音镇），前身为1957年四川省民政厅开办的四川省大竹县白坝农场（游民农场）。1964年植茶93.33hm²。《达州市志》载："1965年，达县专区11个国有农垦企业除大竹县观音茶场、万源县草坝茶场共盈利1.54万元之外，其余有8个国有农垦企业亏损，1个基本持平。"

1970年该场撤销，交大竹县农业局。1971年3月改建成立（国营）大竹县立新茶场，时有管理及工作人员184人，其中，干部20人、工人164人（工人来源：原白坝农场14人、乌木鱼场50人、同兴鱼场30人、红星茶场70人），土地面积713.33hm²（未具体划界），茶园面积80hm²，年产茶50t，下设种茶生产队（通常叫"工区"）5个、茶叶初加工和精制车间1个。1983年更名为大竹县观音茶场。1985年，全场有职工172人，茶园面积73.73hm²，拥有固定资产125万元，除建有制茶车间外，还建有茶园煤矿、新华塑料厂、皮鞋厂等工副业，当年产茶31.05t，农工副总产值160.6万元。1989年，总产值430.19万元。1991年，总产值710.47万元。1999年末职工数289人。2000年因深化改革，实施国退民进战略而关闭。2001年9月，农垦企业全面施行产权制度改革，面向社会公开拍卖，其职工和离退休人员，均妥善安置，原有茶园"退耕还林"。

（四）万源市农工商联合公司

万源市农工商联合公司成立于1980年6月，生产、加工、经营茶叶、香菇、木耳等特产。1980年12月，分流草坝茶场人员组成万源县农工商联合公司，隶属于万源县农业局。1994年，更名为万源市农工商联合公司。2004年8月，改制破产。

（五）大竹县国营农工商联合公司

大竹县国营农工商联合公司前身为1980年8月4日成立的大竹县国营农场茶工商联合企业公司，公司是以国营云雾茶场、观音茶场为依托，与社队茶场等生产单位在生产、加工、销售方面实行经济联合，实行集资入股，合股经营，独立核算，各计盈亏，"三不变"原则，即参加单位所有制不变、分配形式不变、领导关系不变。1980年报名认股502份（每股金额200元，图12-7），地区财政支持无息借款10万元，同年田坝公社民兵茶场等7个联办茶场申请入股，同年底建成年加工能力300t的精制茶叶加工厂房，联合公司纯盈利4973.03元；至1983年底，加入联合公司的单位或茶场达53个，入股金额达30.40万元，发放股票1520股，发展良种茶园16.67hm²、低改茶园43.33hm²，建茉莉花基地7.8hm²。1984年，联合公司与西南农学院合作研试茶叶热泵去湿干燥技术成果获达县地区科技进步奖二等奖。在推行家庭承包责任制时期，由于队办或联办茶场没能跟上改革的步伐，荒弃茶园或改种其他作物现象突出，联合公司逐步失去了依赖的基础。1990年，联合公司在清退股金后与云雾茶场合并，公司更名为大竹县国营农工商联合公司。《竹府函〔1990〕154号》文件批复："实行公司领导下的场、厂体制，对外两块牌子（两个单位原名），对内一套人马，全民所有制性质不变、职工身份不变、隶属关系不变、农垦性质不变，干部统一任免、债权债务统一清偿、账务统一管理、人员物资统一调配、产品统一处理，全场统一大核算"。1987年，联合公司产值61.41万元，利润26.58万元，税金2.18万元，此后利润逐年下滑。1993年2月，联合公司与云雾茶场、北京通州区工商个协联营在北京开办了云峰茶叶公司。1997年8月18日，北京经营部注销。1999年，"国退民进"时改为私营企业，更名为"大竹县茶叶有限责任公司"。2001年9月，面向社会公开拍卖，其职工和离退休人员，均妥善安置。

图 12-7 大竹县茶工商联合企业公司股票（张典全 供图）

（六）国营万源市大竹河精制茶厂

1958年7月商业部建达县地区大竹河精制茶厂，有职工102人。1961年12月划归达县专区外贸茶叶公司管理，1996年迁原万源市外贸火车站仓库，更名为"万源市福利茶厂"。1973年以前，收购边茶原料调川西，之后贴牌生产"民族团结"牌康砖。1983年，初、精制茶叶147.85t，产值55.76万元。加工品种有川青、炒青、沱茶、康砖茶、红碎茶。2003年6月，改制转行。

（七）万源市茶叶公司

1984年1月，由万源县供销社万源县川江针织厂转行改建万源县供销社茶厂，全厂75人，年加工能力1000t。1991年，更名为万源县茶叶公司。1994年，撤销万源县茶叶公司，组建万源市茶叶公司。2000年5月改制破产。

（八）国营四川省宣汉茶厂

国营四川省宣汉茶厂，1977年由外贸部投资120万元，在宣汉县城东乡镇项家山启动建设，1979年初步建成投产，隶属于中央外贸部，由四川省茶叶进出口公司管理，为四川省茶叶进出口公司出口茶生产定点茶厂，系原达县地区唯有的两家央企之一（另一家为达县地区罐头厂），也是当时四川省两家茶叶国有央企之一（另一家为四川省宜宾茶厂）。茶厂主要负责川东北地区红碎茶的收购、精制、拼配出口工作，负责制作全省部分茶叶收购等级的标准样。茶厂占地面积3.5hm²，原计划建设三期总投资1200万元，预计年产茶叶2500t，实际基本完成有一期建设工程项目，投资300万元，其中机械设备投资140万元。茶厂加工的茶类有红碎茶、绿茶、砖茶、沱茶、茉莉花茶、边茶原料等。1985年，通过上海口岸出口红碎茶，品质好获好评，当年创汇60余万美元。1986—1992年，茶厂达到辉煌时期，最高年产红碎茶650t（其中县内有300t），年创汇100多万美元，年加工茉莉花茶30t，曾在宣汉的方斗、柳池乡栽种茉莉花生产基地约20hm²。20世纪90年代中后期，由于茶叶产品由二类农副产品放开为市场经济商品，加之国际出口市场的影响，企业经营不景气，到2000年企业全面停产，当时企业在编职工人员总数为112人，企业人员最多时有160人。1994年，茶厂由中央企业下放为地方国有企业，交由宣汉县对外贸易局管理。1996年，茶厂改制。

二、联办茶场

20世纪50年代，达州茶区即有生产队联合创办茶场。1958年，开江县广福公社双河大队3个生产队联合创办双河茶场，为达县地区第一个联办茶场。1972年，四川省召开会议肯定了联办茶场的经营形式，并提出了改善联办茶场经营管理的意见，经省人民政府批准下达各地执行。自此，以生产队联办为主的公社办、大队办、大队联办各类茶场如雨后春笋般建立起来。

1972年，万源发展联办茶场，大多数办在高山地带，气候寒冷，土地瘠薄，缺水缺肥，久久不能投产。1979年，万源大竹区兴办联办茶场44个，场员404人。1979年《达县地区重点茶场情况登记》显示，达县地区有规划面积10hm²以上的公社办茶场56个，大队办茶场65个，生产队联办茶场395个，生产队办茶场7个，专业场员11608人。联办茶场占到集体茶场总数的75.5%（表12-1）。

表12-1　1979年达县地区重点茶场数量

县别	公社办	大队办	生产队联办茶场	生产队茶场
达县市	1		1	
达县	3	39		1
宣汉县	5	6	69	
开江县	3	16	1	
万源县	12		54	
白沙工农区	2	2		
大竹县	3		80	
渠县	3		42	
通江县	5		13	2
南江县	8		68	
巴中县	4	1	10	4
平昌县	4		16	
邻水县	3	1	41	
达县地区	56	65	395	7

注：①重点茶场指茶场规划面积10hm²以上。
②来源：达州市茶果站。

据《万源市茶业志》关于万源县的集体联办茶场调查：所谓茶场，不过是几间土墙或干打垒平房，存放农具及遮蔽风雨，屋内有简单的炊具和山区特有的火塘，可供劳作后歇息和便炊。场员一般早来晚去，生活自带米粮油盐及干菜、咸菜，每人每餐半斤米，各种菜用米汤煮成汤菜佐食。偶尔或因风雨阻隔，茶场也能住三五七人。晚间照明则用油灯，少有能用电照明的，茶场属集体所有（生产大队或生产队）大队革委确定茶场管理负责人，亦称场长。大队所属生产队派社员（人数相同）到茶场劳动记工，凭茶场证明在生产队按2分计酬。联办茶场一般没有茶叶加工条件，种茶二三年后，沿用老办法铁锅手工杀青，在簸席上脚蹬手揉，太阳晒干。加工量和卖价很低。1979年，多种经营办公室用外贸出口茶叶提取的"茶叶技术改进费"购置20台通江农机厂仿制50型揉茶机，20台紫阳农机厂仿制的900型二级变速瓶式炒茶机，配备三马力柴油机用地轴连动，奖励给20个先进联办茶场。

调查认为：发展集体联办茶场得不偿失，兴办的集体茶场没有加工条件，生存空间有限，老茶区粮茶间作，可当副业利用。全县茶园面积较20世纪70年代前期增加两倍，产量提高仅50%。具体如：罗文区4个人民公社，41个生产队，联办茶场36个，茶园分布在海拔900~1350m，面积185.8hm²，绝大多数茶园未投产就开始荒芜，茶场不过就是一名字。长坝乡街后面一村有1985年供销社职工的一个作坊式茶叶加工点。仅罗文九大队青坪梁茶场有奖励的瓶炒机和采茶机，茶园艰难维持至今可利用。青坪梁茶场1975年春至1978年春播种茶园7hm²，投工17120个，投资1800元；1979—1983年投工21168个，投资2431元；共计38288个工，按大队平均劳动时值0.7元，计26801.6元，现金4231元，累计投劳投资31032元。1979—1983年共产茶6927万斤，供销社按国家规定等级价格收购共11610元，亏损19422元，实行承包经营责任制后，茶场有时管理，有时荒芜，效益极低。

河口区5个人民公社34个生产大队，35个联办茶场。茶园分布在海拔1000~1200m处，面积354hm²。大沙分社茶场建在响党梁，面积73hm²，邻近有新店社办场43hm²，双龙社办场42hm²，草坝社办场53hm²，1977年播茶45120kg，未投产就开始荒芜，茶场名存实亡。河口五大队、大沙五大队、鹰背一大队茶场1979年分别获得奖励的瓶炒机、摘茶机，实行责任制前后曾有八九年时间加工茶叶，且品质较优，20世纪80年代后期亦荒老或少数粮茶间作，若计算建场投劳折价采制茶叶投资，与售茶相比较，是不能用得不偿失来概括的。

草坝区6个人民公社40个生产大队，42个联办茶场（含草坝、魏家、石窝、新店4个社办场）。茶园分布在海拔900~1250m的地方，面积205.6hm²，1981年供销社收购社队茶场的茶仅1000kg。石窝九大队曾获奖励的部分炒茶机至今还在利用。邻近国营草坝茶场的集体茶园有部分残留，社员采摘后卖给茶场。实行责任制前后，大多数茶场解体，茶园荒芜。

竹峪区5个人民公社，32个生产大队，有28个联办茶场，计155.5hm²；黄钟区6个人民公社，34个生产大队，开办有36个联办茶场。两区是县西部紧邻通江的中山窄"V"型谷酸性红（紫）泥土区。谷坡较陡，山峰连绵，多为生栎林、银耳、木耳、香菇、天麻等传统的优势副业经济。这一区域仅永宁、关坝及竹峪有近133hm²老茶树，两三个作坊或加工点，新发展的集体茶园分布在远离居住地的陡坡山岭，没有加工条件，实行责任制前后，茶园开始荒芜，茶场名存实亡。

官渡区4个人民公社，22个生产大队。土质多为石灰岩石渣子土，紧邻大竹茶区的皮窝公社有老茶树66hm²。全区开办10个联办茶场，官渡、蒿坝5个联办场约13hm²，茶园存活很少，皮窝公社5个联办茶场约80hm²茶园，坡陡土瘠，实行责任制后，茶随地走，粮茶间作部分得到利用。

大竹区、旧院区、城区共20个人民公社，165个生产队，有老茶树786hm²，兴办集体茶场108个，播种茶园673.6hm²。老茶区在生荒地、草坡梁开荒种茶，坡陡土瘠，远离农户住地，茶树生长缓慢，如百里公社江池果茶场，早早便自生自灭。有的离农户较近，能够粮茶间作，则部分得以利用。

总的来说，在发动群众开荒种茶的运动中，由于整个社会经济贫困落后，茶场生产力水平普遍较低，一般没有茶叶加工条件。但联办茶场的建立有效地克服了小农经营的局限性，一定程度上促使达州茶叶生产发展到一个新的历史水平。

第二节　当代茶叶企业

一、国家、省级重点龙头企业

（一）四川巴山雀舌名茶实业有限公司

四川巴山雀舌名茶实业有限公司成立于2006年5月，注册资本1亿元，是一家集茶叶种植、加工、贸易为一体的农业产业化国家级重点龙头企业（图12-8）。厂址位于四川省万源市八台乡万白路31号，拥有占地约53000m²的茶叶加工厂1个，3条清洁化名茶连续生产线和2条优质绿茶连续生产线通过GMP、GSP认证，配置紧压茶生产线和工夫红茶生产线各1条，年生产加工能力近1000t。

图 12-8　"巴山雀舌"商标

公司秉持"团结、务实、创新、拼搏"的企业精神和"绿色生命，和谐健康"的发展理念，坚持"以人为本、诚信合作、求同共享、互惠双赢"的服务宗旨，按照"市场为导向、科技为支撑、质量求发展、服务三农为己任"的经营思路，致力于加快茶叶产业化开发，弘扬中华茶文化，打造国际、国内知名茶叶品牌，为茶产业发展和乡村振兴作出积极贡献。公司获批建立达州市院士（专家）工作站，荣获"农业产业化国家级重点龙头企业"四川十大茶企"等众多荣誉称号。

品牌商标"巴山雀舌"取得"中国驰名商标""精制川茶十大品牌突出贡献奖"等荣誉。"巴山雀舌"牌系列产品主要有"巴山雀舌""巴山毛尖""巴山毛峰""巴山富硒绿茶"等。其中,名茶产品"巴山雀舌"选料精良、加工精细、品质优异、特色明显,荣获"四川省名牌产品""四川省十大名茶""四川最具影响力茶叶单品""2022十佳川商健康产品"等奖项。

(二)四川国峰农业开发有限公司

四川国峰农业开发有限公司成立于2016年3月,法定代表人廖超,注册资本800万元,主要从事茶叶的种植、加工和品牌化营销(图12-9)。厂址位于达州市大竹县团坝镇白茶村12组,自建白茶(主栽品种为白叶1号,下同)基地140hm²,

图12-9 "国礼"商标

茶博馆1个面积2800m²,民工用房4幢,茶叶初制加工厂房4000m²,配套名优绿茶加工生产线2条,年生产名优绿茶近20t。

公司成立了中共四川国峰农业开发有限公司支部委员会,2023年有党员6名,采取"党支部+公司+基地(合作社)+农户"的产业化经营方式,按照"市场导向、诚信为本、兴农强民"的经营理念,着力加强产业基地建设,强化科技引领,打造名品名牌,带动农民增收。采取"三免三保四统一"方式助农增收,即免费提供种苗、免费技术指导、免费加工白茶,保收购、保分红、保就业,统一产品质量、统一行业管理、统一利益联结、统一品牌推介。通过向农户免费提供茶苗和种植技术,并实行每亩4000元保底收购鲜叶,带动周边3287户农户种植白茶3000余亩。常年为当地群众提供日常管护、采摘、加工等季节性就业岗位2500余个,带动群众劳务收入达360万元,164户贫困户因发展白茶产业脱贫,呈现出企业增效、农民增收的双赢格局,实现了公司"一片叶子带富一方百姓"的铮铮誓言。公司获得"农业产业化省级重点龙头企业""大竹县2017年度新型农业经营主体脱贫帮扶帮带先进单位"等荣誉。

公司主要产品为"国礼"牌白茶,实现产品可追溯,主销北京、上海、杭州、成都、重庆等大中城市,年销售收入6500万元。"国礼·白茶"形如凤羽,色泽翠绿简黄,香气清鲜持久,汤色鹅黄,清澈明亮,滋味鲜醇,回味润而生津,叶底芽叶细嫩,叶白脉翠,荣获第九届"中绿杯"全国名优绿茶金奖、"中茶杯"第十届国际鼎承茶王赛绿茶组特别金奖、第十一届"中茶杯"国际鼎承茶王赛茶王奖、"四川最具影响力茶叶单品"等荣誉大奖。

（三）四川竹海玉叶生态农业开发有限公司

四川竹海玉叶生态农业开发有限公司成立于2011年7月，法定代表人廖红军，注册资本2000万元，系大竹县人民政府于2011年招商引进的重点浙商企业，现已发展成为一家集白茶种植、加工、销售，栀子种植、销售与生态观光旅游为一体的农业产业化省级重点龙头企业（图12-10）。厂址位于达州市大竹县团坝镇白茶村12组。公司现有优质茶园730hm²，建有茶叶初加工厂房8400m²，配套名优绿茶加工生产线2条，加工设备35台（套），年产茶76.6t。通过绿色食品认证，被评为"安全生产标准化达标企业"。

图 12-10 "竹海玉叶"商标

公司成立了中共四川竹海玉叶生态农业开发有限公司支部委员会，2023年有正式党员7名，走"公司+基地+专业合作社+农户"的产业化发展道路，创建了大竹县第一个白茶基地，发展白茶种植面积333hm²，先后在大竹县团坝镇、黄滩乡、朝阳乡带动1000余户农户种植白茶153hm²，每年采茶期间解决当地群众就业1000余人，实现了企业与农户共赢。改修建环山公路9条共计36km；建设民工用房4处，共4000m²，茶文化馆1个共3000m²。公司获得"农业产业化省级重点龙头企业"、达州市"建立现代企业制度示范企业"、大竹县新型农业经营主体助农增收先进单位等荣誉称号，为达州市茶叶协会第三届理事会会长单位。公司注册商标"竹海玉叶"。

（四）四川秀岭春天农业发展有限公司

四川秀岭春天农业发展有限公司成立于2003年1月，法定代表人廖梓婷，注册资金1138万元，是一家集茶叶种植、加工、销售、研发于一体的高新技术企业、农业产业化省级重点龙头企业、省"专精特新"企业，重点打造"秀岭春天"高山有机茶叶品牌（图12-11）。公司所属渠县龙寨茶场始建于1994年5月，场址位于达州市渠县临巴镇凉桥村，占地总面积800hm²，其中茶园面积266hm²，取得有机认证基地面积65.5hm²。现有加工厂房1200m²，生产生活和办公用房2400m²，加工设备130余台（套），建立了红茶、绿茶、花茶等生产线，年产茶叶约65t。

图 12-11 "秀岭春天"商标

公司坚持"高山、生态、有机"的产业发展理念，实行"公司+基地+专业合作社+

农户"的产业发展模式。创建有院士（专家）工作站、市级企业技术中心、市级技能大师工作室、茶叶研究所等研发平台。先后完成科研项目10余项，并获得市科技进步奖三等奖1项、县科技进步奖二等奖1项，拥有市级科技成果3项，专利、商标等知识产权近30项，企业标准2项。研发的产品在各种名优茶评比中荣获金奖5项、银奖3项，渠县"秀岭春天"绿茶获国家质量监督检验检疫总局（现国家知识产权局）生态原产地产品保护，"秀岭春天"牌精制茶加工荣获第十二届四川名牌产品称号。公司先后荣获第二届达州市政府质量奖、达州市优秀服务业企业、四川省先进私营企业等荣誉，被评为全国巾帼现代农业科技示范基地。

（五）四川国储农业发展有限责任公司

四川国储农业发展有限责任公司成立于2016年3月，法定代表人柴华，注册资本5000万元，系四川省粮食和物资储备局立足带动万源市扶贫产业发展而成立的全资国有企业（图12-12）。公司坚持新发

图12-12 "一山青"商标

展理念，积极对接乡村振兴战略，主动参与浙川东西部扶贫协作，在万源市5个乡镇6个贫困村建成规模化、标准化茶叶基地800hm²，打造了"石塘—白羊—旧院"和"草坝—石窝"两个核心茶叶产业带，覆盖3.4万贫困群众参与茶叶种植或就地务工，探索出"一片叶子带富一方百姓"的脱贫奔康"万源模式"。公司获得"农业产业化省级重点龙头企业"认定。生产绿茶、工夫红茶系列产品，"一山青"牌雀舌获得"四川名茶"称号。

（六）万源市蜀韵生态农业开发有限公司

万源市蜀韵生态农业开发有限公司成立于2012年12月，法定代表人胡运海，注册资本500万元，是集茶叶种植、加工、销售为一体的民营企业（图12-13）。公司位于达州市万源市固军镇新开寺村，

图12-13 "巴山早"广告

拥有茶园153.33hm²，茶叶初加工厂房1300m²，日加工能力500kg。

公司实行"公司+专业合作社+基地+农户"的经营模式，辐射带动周边农民参与从事茶叶生产经营活动，助农增收成效显著。新开寺茶园被评为"四川省十大最美茶乡"，胡运海荣获"全国十佳农民"称号。2019年至今，公司通过实施省、市、县级现代农业园区培育项目和浙川东西部扶贫协作项目，开发茶酒生产项目1个，配套建设集体验、科普、会议、民宿于一体的巴山云海休闲接待中心和巴山富硒茶史馆，带动茶乡旅游发展，三清庙村入选"中国美丽休闲乡村"。公司取得"四川省高新技术企业""农业产业

化省级重点龙头企业"认定。

主要产品为"巴山早"牌雀舌、毛峰、毛尖、炒青类绿茶系列产品。"巴山早"牌雀舌获得"四川名茶"荣誉称号。

（七）达州市会农实业有限责任公司

达州市会农实业有限责任公司成立于2014年12月，法定代表人张海滨，注册资本5000万元（图12-14）。所属天禾茶场始建于1972年，位于达州市达川区龙会乡张家山村、陈家乡沿溪河村。

图 12-14 "春申天禾"商标

公司采取"公司+专业合作社+基地"经营模式，自2013年始把握达州市委、市政府大力发展富硒茶产业的重要机遇，大规模新建标准化茶园，现有茶园333hm²，茶叶初加工厂1000m²，年加工能力50t。园内配套建设茶园肥水一体化喷灌系统，采用种养循环模式，建有鸡舍10栋。公司积极推进茶旅融合发展，将茶场打造成"中蜀天禾园"，采取多形式、多渠道、多途径广邀社会各界人士开展丰富多彩的茶旅文化活动，已举办两届"巴山采茶节"文化活动。公司被评为"农业产业化省级重点龙头企业"。

注册商标"春申天禾"为达州市知名商标，主要生产雀舌、龙井、毛峰、毛尖、大宗炒青绿茶、"白茶"、黄金芽、工夫红茶等系列产品，销往江、浙、陕、渝等地。毛峰、"白茶"系列产品于2021年12月获欧亚经济联盟认证，实现茶叶出口贸易。天禾茶叶以及天禾茶叶鸡在全国绿色环保产品监督活动中，产品质量达到国际"有害物质限量"标准，经中国国际绿色环保管理委员会审核入选为《中国绿色环保产品》。

二、骨干企业（表12-2）

（一）万源市生琦富硒茶叶有限公司

万源市生琦富硒茶叶有限公司成立于1998年4月，法定代表人张光明，注册资本30万元（图12-15）。公司位于万源市青花镇干溪沟村，是一家集茶叶种植、生产、销售和科技研发、技术培训、咨询服务等功能为一体的专业茶叶生产龙头企业。公司始终坚持以质量求生存，以诚信谋发展的经营理念，获得万源市"诚信单位"、达州市"重信企业"、四川省"质量信誉A级企业""达州市农

图 12-15 "生奇"商标

业产业化重点龙头企业"等荣誉称号。注册商标"生奇"商标被评为"达州市知名商标""四川省农产品知名品牌",公司主导产品有"生奇"牌雀舌、毛尖、毛峰等18个富硒绿茶品种。

（二）万源市大巴山生态农业发展有限公司

万源市大巴山生态农业发展有限公司由万源市大巴山茶厂改制后,于2014年3月成立,法定代表人张加涛,注册资本200万元,是一家集茶叶生产、加工、研发、销售为一体的民营企业（图12-16）。厂址位于达州市万源市井溪镇猫坪村,有茶叶初加工厂2000m²,配套名优绿茶生产线3条,年生产加工能力50t,辐射当地200hm²茶园。公司坚持"质量

图 12-16 "燕羽"商标

第一,诚实守信"的经营宗旨,深化"天然醇香,健康之享"的企业文化,获得"四川省质量信誉A级企业""农业产业化市级重点龙头企业"等称号。注册商标"燕羽",生产雀舌、毛峰、毛尖、巴山富硒绿茶、工夫红茶等20余个系列产品,畅销北京、天津、广东、浙江、陕西、安徽等地。

（三）四川省万源市欣绿茶品有限公司

四川省万源市欣绿茶品有限公司成立于2000年2月,法定代表人张晓华,注册资本500万元,是一家集茶叶种植、生产、加工、销售与产品研发为一体的民营企业,加工厂址位于万源市固军镇红枣社区（图12-17）。公司拥有加工厂房1幢,配套名优绿茶生产线3条,年生产加工能

图 12-17 "蜀馨"商标

力20t。公司引进四川大学轻工科学与工程学院专家,开展万源富硒茶精茶深加工关键技术及产品研发合作项目,获达州市人民政府批准建立达州市第九批院士（专家）工作站。公司荣获达州市"农业产业化市级重点龙头企业"称号。注册商标"蜀馨",主要生产名优绿茶雀舌、毛峰、毛尖,多次获得各类名茶评比奖励荣誉。与四川农业大学"校企"合作,研发有"巴山正红"系列工夫红茶、工艺"黄茶"产品并投入市场。

（四）万源市巴山云叶农业开发有限公司

万源市巴山云叶农业开发有限公司成立于2020年8月,注册资金3000万元,厂址位于万源市固军镇茶园坪村杨家塝组（图12-18）。公司是达州市级农业龙头企业,规模以上工业企业,达州市公用品牌"巴山青"授权使用企业。公司自有茶叶基地110hm²,茶叶加工

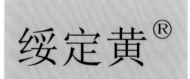

图 12-18 "绥定黄"商标

厂1个，产品主要有绿茶、红茶，日生产能力名优茶1t、大市茶3.5t。公司运用灵活的经营机制，引进高素质人才，有管理人员15人（其中专业技术人员3名），不断建立和完善管理制度，创建了一支诚信、专业、凝聚力强的企业文化团队。2023年5月，在杭州第五届中国茶叶博览会上，"绥定黄"牌黄金芽被中国国际茶叶博览会组委会评为"推荐优秀茶产品"。2023年9月，"绥定黄"牌黄茶被评为"巴山青十大茶叶精品"。

（五）万源市金泉茗茶有限责任公司

公司于2011年成立，位于四川省万源市井溪镇猫坪村二社，是集种植、加工、研发为一体的现代化加工企业，主要经营业务为茶叶种植、加工、销售（含互联网销售）（图12-19）。2021年扩建厂房，现有厂房面积1000m²，拥有3条现代化茶叶加工生产线，年生产干茶能力达20t，注册商标"双石子"，产品有雀舌、毛尖、毛峰、红茶、花茶等。公司研发的双石子系列红茶产品茶干条形紧实

图12-19 "双石子"商标

苗秀，色泽乌润；茶汤金黄透亮似琥珀色，其香气前调蜜香芬芳、中调薯香浓郁、后调淡淡花香，馥郁持久；茶地叶底绵软，芽叶饱满，已远销深圳、浙江等地，得到广大消费者的一致好评和喜爱，先后获得2022年四川省茶业博览会"金熊猫"奖、2023年四川省茶业博览会"金奖"、2023年国际茶叶博览会"优秀茶产品推荐"奖、2023年四川天府名茶"金奖"、2023年"巴山青十大茶叶精品"奖。

（六）万源市方欣茶厂有限公司

万源市方欣茶厂有限公司成立于2017年4月，法定代表人王聪，注册资本1000万元，是一家集富硒绿茶研发、生产、加工、销售于一体的专业化茶企（图12-20）。公司隶属于万源市方欣实业有限责任公司，厂址位于万源市茶叶生产重镇——青花镇，前身为1952年兴办的国营青花茶厂。公司获得达州市"农业产业化市级重点龙头企业"称号。

图12-20 "广山"商标

"广山雀舌冠六情，香味四溢播九区"。注册商标"广山"，主要生产"广山"牌名优绿茶雀舌、毛峰、毛尖系列产品。所生产的雀舌茶曾获得"95国际食品及加工技术博览会"金奖、"四川省第十届名牌产品"称号。

（七）万源市巴山富硒茶厂

万源市巴山富硒茶厂成立于2014年2月，法定代表人熊才平，注册资本50万元，位于万源市石窝镇番坝村（图12-21）。

图12-21 "莫山"商标

曾用名万源市金山茶厂，前身系原国有草坝茶场金山分场。茶厂自有茶园33hm²，取得有机茶认证。茶厂被评为"四川省质量信誉A级企业"，四川省工商行政管理局和四川省个体私营经济协会联合颁发的"先进个体工商户"。注册商标"萼山"被评为"达州市知名商标"，"萼山"牌"金山雀舌"被评为"四川省名优茶""四川省特优名茶"。

（八）万源市利方茶厂

万源市利方茶厂成立于2004年8月，法人代表王吉芳，是一家集茶叶、土特产生产、经营的综合企业，厂址位于万源市青花镇窝窝店村（图12-22）。公司拥有加工厂房4000m²，制茶师四名，其中"万源工匠"一名，是万源市首批获QS认证的茶叶企业，被万源市委市政府授予"茶叶产业发展先进企业"称号，四川省质量技术监督局授予A级质量信用证书。注册"芳轩"商标，经营"芳轩"牌雀舌、富硒绿茶，"八台山"牌巴山

图 12-22 "芳轩"商标

山珍、旧院黑鸡蛋，"八台蜂桶"牌蜂蜜。"芳轩雀舌"为达州市知名商标。

（九）万源市雾语乡知生态茶业有限公司

万源市雾语乡知生态茶业有限公司于2021年1月正式登记成立，注册资本680万元，法人代表袁军培，是一家集茶叶生产、加工、销售为一体的科技型中小企业，地址位于万源市草坝镇（图12-23）。公司以原国营草坝茶场为基础，

图 12-23 "雾语乡知"商标

建设茶叶基地166hm²。2018—2020年，公司以"浙川东西部扶贫协作茶叶产业基地建设项目"为契机，扩大种植规模，先后在草坝、石窝等地发展茶叶基地126hm²，建有茶叶生产车间约1300m²，茶叶加工生产线3条，实现年产干茶300t的生产能力。

（十）四川蕴硒茶业有限公司

四川蕴硒茶业有限公司成立于2017年11月，法定代表人苏俊文，注册资本3000万元，位于达州市宣汉县樊哙镇高台村（图12-24），是集茶叶生产、加工、销售为一体的茶叶龙头企业，获得"农业产业化经营市级重点龙头企业"称号。公司兼并宣汉县九顶茶叶有限公司，拥有"九顶"商标所有权，"九顶"商标被评为"四川省著名商标"，享誉国内外。生产的"九顶"系列绿茶产品，色泽翠绿，香高、味醇、汤清，其中"九顶雪眉"为达州名茶，曾获"首届巴蜀食品节金奖""中茶杯一等奖""中国国际农业博览会名牌产品""成都世界茶叶博览会金奖"等多项殊荣。

（十一）四川绿源春茶业有限公司

四川绿源春茶业有限公司成立于2009年，法定代表人向瑛，注册资本120万元，厂址位于达州市宣汉县漆树土家族乡漆碑社区（图12-25）。公司取得食品生产许可（SC）认证，获得"达州市质量管理先进企业""四川省质量管理先进企业""质量信用等级AAA""银行信用等级AA+""四川省成长型中小企业"等荣誉，获批建立达州市院士（专家）工作站，为"达州市农业产业化经营重点龙头企业"。注册商标有"绿源春""绿源雪眉""虹跃"。"虹跃"为达州市知名商标。"绿源春"牌绿茶系列产品色泽翠绿、香高馥郁，味爽回甘，汤清碧绿，叶底嫩绿，具有"色翠绿、汤碧绿、叶嫩绿"的三绿特色，"绿源春"牌绿茶获得"四川名牌产品"称号。

绿源雪眉

图12-25 "绿源雪眉"商标

（十二）达州市宣汉县红冠茶叶有限公司

达州市宣汉县红冠茶叶有限公司成立于2015年11月，法定代表人肖理强，注册资本300万元（图12-26）。公司位于达州市宣汉县漆树土家族乡花盆村，专业从事工夫红茶、白茶的生产、销售。注册商标"漆碑红"，生产的工夫红茶具有"闵红工夫"品质特征，白茶主要有"白毫银针""寿眉"系列产品。肖理强获"四川省十佳匠心茶人"荣誉称号。

漆碑红®

图12-26 "漆碑红"商标

（十三）宣汉当春茶业有限公司

宣汉当春茶业有限公司成立于2015年1月，法定代表人范红英，注册资本200万元，是集茶叶种植、加工、销售、科技研发、技术培训、旅游开发于一体的综合型茶叶企业，获得高新技术企业认证，为"达州市现代农业产业化市级重点龙头企业""达州市职工创新创业基地"（图12-27）。地址位于宣汉县东乡街道，在通往巴山大峡谷景区快速通道沿线的石铁乡建有当春茶厂，建筑面积3000m²。公司产品以"安全、绿色、生态"为理念，获得国家绿色食品安全认证，注册商标"当春"，主要生产经营硒锌绿茶、红茶、茉莉花茶。公司与四川大学、四川省茶叶研究所签订了科技研发合作协议，获各项专利35项，当春茶传统制作技艺被列为宣汉非物质文化遗产保护名录，当春红茶、绿茶多次获四川国际茶博会金奖，"当春雀舌"获第十届"中绿杯"全国名优绿茶特金奖。

图12-27 "当春"商标

（十四）四川省鼎茗茶业有限责任公司

四川省鼎茗茶业有限责任公司成立于2016年9月，法定代表人熊仁平，注册资本8000万元（图12-28）。公司隶属于兵峰集团，是一家集白茶种植、加工、销售、生态观光旅游于一体的农业产业化市级重点龙头企业。公司白茶基地位于大竹县高穴镇清滩村十三组，种植白茶面积100hm²、加工厂房4000m²，辐射带动周边农户种植白茶50hm²，建立订单茶园

图 12-28 "玉顶山"商标

基地，年产茶15000kg。2019年5月被推选为大竹县白茶产业协会会长单位。

注册商标"玉顶山"，生产的"玉顶山"牌白茶外形挺直，似兰花，色泽翠绿，汤色嫩绿润泽，清香鲜爽，回甘生津，获"中茶杯"第十届国际鼎承茶王赛绿茶组金奖、"中茶杯"第十一届国际鼎承茶王赛绿茶组特别金奖、"中茶杯"第十二届国际鼎承茶王赛绿茶组金奖，2022年7月被认定为绿色食品A级产品。

（十五）四川竹茗农业开发有限责任公司

四川竹茗农业开发有限责任公司成立于2019年3月，法定代表人唐兴源，注册资本200万元，是集茶叶种植、加工、销售及茶旅文化于一体的农业产业化市级重点龙头企业，也是全市规模以上工业企业之一（图12-29）。公司基地位于四川省达州市大竹县团坝镇白茶村，现有白茶种植面积80hm²、生产加工厂房2000m²、办公楼及职工宿舍等1000m²，年产精制"白茶"8.4t，实现产值1680余万元，利润500余万元。

图 12-29 "竹尖香玉"商标

公司按照"公司+合作社+基地+农户"的生产模式，充分发挥企业主体带动能力，与广大农户签订订单协议，解决农户后顾之忧，带动周边163农户（含贫困户）种植白茶32hm²，解决劳动岗位200余个，户年均增收1.8万元，人均增收3700余元。秉承"没有终点只有起点，没有最好只有更好"的经营发展理念，公司致力于打造成为集种植、精制茶加工、包装、销售、科研、观光、旅游及茶文化传播于一体的特色现代化农业产业化重点龙头企业。

注册商标"竹尖香玉"，主要产品有"竹尖香玉""竹茗"系列，纳入农产品质量溯源系统管理。"竹尖香玉"系列产品获得第九届四川国际茶博会金奖、"华茗杯"2021绿茶红茶产品质量推选活动特金奖、绿色食品标志A级产品等荣誉。

（十六）四川云鼎雪玉农业开发有限责任公司

四川云鼎雪玉农业开发有限责任公司成立于2020年9月，法定代表人甘春旭，注册

资本2000万元，是集白茶种植、加工、销售于一体的农业企业（图12-30）。基地位于大竹县清水镇云雾村，多是原云雾茶场老茶地换种白茶改植而建。云雾山属华蓥山北段，山势雄伟，云雾缭绕，植被丰富，松木成荫，很适合种茶。现有白茶基地230hm²，茶艺师6人，管理技术人员10人，正式投产后产量可达27.6t，产值5500余万元。

图12-30 "云鼎雪玉"商标

公司以"公司基地＋专业合作社＋农户"模式发展茶叶产业，带动190户农户种植白茶37hm²，解决当地民工就业难问题，走共同致富之路，公司免费提供茶苗和技术指导、鲜叶采摘后包回收，从头至尾确保农户利益。注册商标"云鼎雪玉""雾雨森"，所产"云鼎雪玉白茶"获第十届四川茶博会金奖、第十二届国际鼎承茶王赛绿茶组金奖。

（十七）四川云雾鼎生态农业开发有限公司

四川云雾鼎生态农业开发有限公司成立于2019年9月，法定代表人甘春旭，注册资本2000万元，是一家集白茶种植、加工、销售于一体的农业产业化市级重点龙头企业，基地位于大竹县清水镇云雾村南天门（原国营云雾茶厂）

图12-31 "鼎茗春"商标

（图12-31）。公司于2016年10月将原有云雾茶场老茶地200hm²从个体经营者手中流转过来，经过翻、晒土地后重新种植白茶，并以"公司＋专业合作社＋基地＋农户"模式带动周边农户发展白茶特色产业，走共同致富之路，助力乡村振兴，2016—2022年共带动农户230余户种植白茶45hm²，2022年产茶24t、产值4800余万元。

公司积极参加秦巴交流会、川茶博会等各推介会，宣传企业白茶品牌和茶企文化，助推大竹白茶产业发展。公司还将茶企文化融入三国古驿道文化、云雾寺文化中去，打造以西山古驿道、巴人穴居、云雾寺、生态茶园等为文化主线的云雾山生态茶园旅游线（茶园温泉—云雾村龙洞），充分展示云雾山的奇伟、古道的幽、白茶的妙，走以茶促旅、以旅兴茶、以文传茶之路。注册商标"鼎茗春""丹眉雪叶""天子玉露"。

（十八）四川巴山月芽茶业有限公司

四川巴山月芽茶业有限公司成立于2019年11月，主要从事白茶种植、加工、生产和销售，公司茶叶基地位于大竹县中华镇九盘村云雾山（图12-32）。公司坚持绿色生态发展理念，认证有机茶园33.33hm²，有加工厂房1500m²，解决工作岗位20余个、季节性务工人员130余人。注册商标"巴山月芽"，所产

图12-32 "巴山月芽"商标

大竹白茶先后获得2021年第十届四川国际茶业博览会金奖、2022年第十一届四川国际茶业博览会金熊猫奖、2023年第十二届四川国际茶业博览会金奖。

（十九）四川千口一品茶业有限公司

四川千口一品茶业有限公司成立于2019年6月，法定代表人周俊，注册资本100万元，集茶叶种植、加工、品牌营销为一体（图12-33）。基地位于达州市通川区碑庙镇千口村，自有基地33hm²，注册"千口一品""大律师"等多个商标，以生产名优绿茶为主，兼营国内其他名茶。

图12-33 "千口一品"
商标

（二十）四川巴晓白茶业有限公司

四川巴晓白茶业有限公司成立于2017年1月，法定代表人张德雷，注册资本200万元，公司集茶叶种植、加工、销售、科研为一体，厂址位于达州市通川区碑庙镇锣鼓村（图12-34）。公司拥有标准化茶叶生产基地30hm²，栽植品种主要为"白叶1号"，搭配栽植黄金芽。厂区面积近2000m²，配套名优绿茶生产线2条。公司凭借达州主城近郊优势，开发"巴山茶文化主题公园"茶旅融合项目。引进四川省茶叶研究所、达州市茶果技术推广站茶叶专家开展名优茶开发项目，

图12-34 "巴晓白"商标

获达州市人民政府批准建立达州市院士（专家）工作站。公司荣获"达州市农业产业化经营重点龙头企业"称号。注册商标"巴晓白"，主要生产"白叶1号""黄金芽"名优绿茶系列产品。

（二十一）达州天池金鳞茶业有限公司

达州天池金鳞茶业有限公司成立于2019年11月，法定代表人邓秀玲，注册资本500万元（图12-35）。公司位于达州市开江县广福镇双河口村，茶园100hm²，带动农户种植老鹰茶树，加工厂房800m²，配套名优绿茶生产线3条，年生产加工能力120t。注册商标"达洲福龟"，生产绿茶、红茶，开发有特色植物饮料"老鹰茶"。

图12-35 "达洲福龟"
商标

（二十二）四川双飞农业开发有限公司

四川双飞农业开发有限公司成立于2014年12月，法定代表人郑庆映，注册资本2800万元（图12-36）。公司位于达州市开江县讲治镇镇龙寺村，自有茶园33hm²，茶叶加工厂

图12-36 "怡千叶"商标

1000m²，配套名优绿茶生产线1条，大宗绿茶生产线1条。注册商标"怡千叶""恋茶匠"，主要生产绿茶，兼制工夫红茶。

（二十三）四川省蜀凰生态农业有限公司

四川蜀凰生态农业有限公司成立于2017年10月，法定代表人盛立茗，注册资本320万元（图12-37）。公司位于渠县卷硐乡逢春村，是一家以从事茶叶种植、加工和品牌经营为主的企业。公司卷硐白茶基地规模已达200hm²，建

图12-37　"蜀皇"商标

有白茶加工区、办公区1000m²，有茶叶加工生产线2条，年可加工白茶50t。采取"公司＋基地＋农户"的联农带农模式，农户从土地流转、务工等环节中获得收益，其中在采茶期务工农民达100~200人。注册商标有"蜀皇""蜀皇金芽""蜀皇金叶"，主要生产经营"蜀皇"牌白茶。

表12-2　2022年达州市农业产业化市级以上重点龙头茶叶企业

序号	企业名称	备注
1	四川巴山雀舌名茶实业有限公司	国家级
2	四川国储农业发展有限责任公司	省级
3	万源市蜀韵生态农业开发有限公司	省级
4	四川竹海玉叶生态农业开发有限公司	省级
5	四川国峰农业开发有限公司	省级
6	达州市会农实业有限责任公司	省级
7	四川秀岭春天农业发展有限公司	省级
8	万源市生琦富硒茶叶有限公司	市级
9	万源市大巴山生态农业开发有限公司	市级
10	四川省万源市欣绿茶品有限公司	市级
11	四川蕴硒茶业有限公司	市级
12	宣汉县绿源春茶业有限公司	市级
13	宣汉县当春茶业有限公司	市级
14	开江县双河鸿鑫茶叶有限公司	市级
15	四川省鼎茗茶业有限责任公司	市级
16	四川云雾鼎生态农业开发有限公司	市级
17	万源市安科实业有限公司	市级

序号	企业名称	备注
18	四川竹茗农业开发有限责任公司	市级
19	四川蜀凰生态农业有限公司	市级
20	万源市泰达农业综合开发有限公司	市级
21	万源市巴山云叶农业开发有限公司	市级
22	万源市金泉茗茶有限责任公司	市级
23	四川巴晓白茶业有限公司	市级
24	四川千口一品茶业有限公司	市级
25	四川巴山月芽茶业有限公司	市级
26	四川蜀雅茶业开发有限公司	市级
27	四川天源油橄榄有限公司	市级

三、重点茶叶专业合作社（表12-3）

（一）宣汉县九苑茶叶专业合作社

宣汉县九苑茶叶专业合作社成立于2009年6月，法定代表人周庆，主要从事茶叶种植、加工和销售，成员出资总额100万元。专业合作社位于宣汉县漆树土家族乡花盆村8组，现有合作社成员300多人，茶园146.67hm²，茶叶加工厂房300m²，2022年鲜叶产值600多万元，茶叶加工销售产值980多万元。

合作社坚持"统一管理、自主经营、自负盈亏、共同致富"的原则，充分发挥纽带作用，带动社员及周边农户共同致富，引领当地茶产业发展。2018年7月获得"四川省十佳优秀诚信品牌企业"，2020年11月成为宣汉县茶产业第一个"国家级示范合作社"。

（二）宣汉县春源茶业专业合作社

宣汉县春源茶业专业合作社，成立于2009年9月，注册资金520万元，合作社成员108户，由茶叶种植农户107户和茶叶加工企业1家组成，是一家集茶叶生产、加工、销售为一体的省级示范专业合作社，位于宣汉县漆树土家族乡漆碑社区。采取"合作社＋农户＋基地＋公司"的经营模式，企业与茶农优势互补、互为依托，茶叶生产、加工、销售紧密结合。拥有茶叶种植面积140hm²，配备耕耘机、机动喷雾机、机动修剪机、太阳能虫害防控灯等生产机械（具）85台（件）、手动修剪等生产用具500件，带动茶叶专业种植农户2300户。合作社产品许可使用商标"虹跃"，生产"虹跃"牌绿茶。

（三）万源市白羊茶叶专业合作社

万源市白羊茶叶专业合作社成立于2010年12月，法定代表人胡运海，成员出资总额581.5万元。合作社位于万源市白羊乡三清庙村一社，现有成员103人，辐射周边5个村3000户。专业合作社以富硒茶叶种植、销售，组织采购收购、销售成员种植的茶叶产品为主，通过对富硒茶叶、鲜叶进行初精加工、销售，对社员产品采用订单、定质和保护价的办法，对茶叶产品实行统一管理、统一质量标准；同时开展"与市大中型茶楼对接、茶叶配送"的统一销售模式；对茶苗进行统一采购，按照产量和质量进行奖励机制，对每户社员在发放茶苗时实施补贴返利；在收购社员所种植的产品时，对每户社员进行销售返利，实现"两次返利"，为合作社的可持续发展打下坚实的基础。合作社以"发展特色调结构，引领市场促增收"为导向，以"合作社+基地+农户"模式，以固军镇新开寺、三清庙两个村为中心，发展茶园153.33hm²，年产茶鲜叶100t，户均收入可达8300元。合作社获"国家级专业合作示范社"称号。

（四）大竹县云峰白茶专业合作社

大竹县云峰白茶专业合作社成立于2014年8月，法定代表人余锦青，成员出资总额309万元，是集白茶种植、加工、销售为一体的农民合作社省级示范社（图12-38）。专业合作社白茶基地位于铜锣山脉中段大竹县团坝镇白坝村6组，海拔900m左右，常年云雾缭绕，土壤有机质含量较高，多黄泥夹沙土、黄泥壤土，宜种白茶。现有无公害茶园面积95hm²，加工厂房2000m²，年产干茶8.5t，产值1530余万元。专业合作社坚持"科学、生态、

图 12-38 "蜀玉白月"商标

绿色"的发展理念，带动周边农户50余户共同致富，吸纳常年务工人员70余人，人均年增收1.7万~2万元。2017年10月被命名为达州市首批市级示范农民合作社，2019年被授予为农民合作社省级示范社。主要生产经营"蜀玉白月"系列高山白茶、野生红茶。"蜀玉白月"白茶香气清鲜持久、滋味鲜醇、汤色清澈明亮，先后获得第八、九届四川国际茶叶博览会金奖，第九和第十届"中茶杯"国际鼎承茶王赛绿茶组特别金奖，第十一届"中茶杯"国际鼎承茶王赛茶王奖，第十五届"天府名茶"奖。

（五）大竹县川莹白茶专业合作社

大竹县川莹白茶专业合作社成立于2018年12月，法定代表人李良富，成员出资总额500万元（图12-39）。茶叶基地位于华蓥山中脉清河镇万里坪村，海拔高度650~900m，境内林木丰茂，云蒸霞蔚，土质多黄泥壤，宜种茶。现有茶园面积103hm²，茶

图 12-39 "川莹"商标

叶加工厂房1000m²、加工机械16台（套），2022年茶园初产茶4.1t、产值650余万元。吸纳常年务工人员80余人，人均年增收1.5万~1.8万元。

注册商标"川莹"，生产的"川莹"牌大竹白茶条索紧直成朵，鹅黄隐翠，滋味鲜爽回醇，深受消费者喜爱，2021年6月荣获"中茶杯"第十一届国际鼎承茶王赛绿茶组特别金奖。

（六）大竹高升堂茶业专业合作社

大竹高升堂茶业专业合作社成立于2017年11月，法定代表人朱叶清，成员出资总额800万元，是大竹县明月山（白）茶带现仅有的白茶生产经营主体。基地分布在明月山脉中段观音镇高河村、青杠村，境内峰峦叠嶂、峡谷幽深、水清云幻，现有茶园总面积94hm²，主栽品种为白茶1号，其次为金香玉、极白、中白4号、飘雪等。建有茶叶加工厂房1500m²，配备茶叶生产线3条。2022年产茶12.7t，产值2280余万元，实现常年就业100余人，解决了1500余名群众就近务工问题，人均年增收6000余元，辐射带动重庆市梁平区碧山镇龙桥村种植白茶20hm²，为未来川渝特色产业合作奠定了坚实的基础。

表12-3　2023年达州市主要茶叶企业名录

序号	企业名称	企业地址	法定代表人
1	四川巴山雀舌名茶实业有限公司	万源市八台乡31km处	文鹏
2	四川国储农业发展有限责任公司	达州市万源市太平镇河街（原河街南路）一层	柴华
3	万源市蜀韵生态农业开发有限公司	四川省达州市万源市固军镇新开寺村郑昌湾组	胡运海
4	万源市巴山富硒茶厂	万源市石窝乡番坝村6组	熊才平
5	万源市生琦富硒茶叶有限公司	万源市太平镇福鑫大道344号	张光明
6	万源市大巴山生态农业有限公司	万源市太平镇临河路59号	张加涛
7	万源市利方茶厂	万源市青花镇窝窝店	王吉芳
8	万源市方欣茶厂有限公司	四川省达州市万源市青花镇油房沟村2组	王聪
9	万源市青花广山富硒茶厂	万源市青花镇茶叶路23号	熊辉
10	四川省万源市固军茶叶有限公司	四川省达州市万源市固军镇红枣社区1组88号	李林
11	万源市固军乡中河茶厂	万源市固军乡街道中心路27号	李正洪
12	四川省万源市欣绿茶品有限公司	万源市太平镇河街北路47号	张晓华
13	万源市安科实业有限公司	万源市石塘乡街道	兰松安

序号	企业名称	企业地址	法定代表人
14	万源市蜀雅茶业开发有限公司	万源市沙滩镇龚家坝村4社	罗毅
15	万源市金泉茗茶有限责任公司	万源市井溪乡猫坪村2社	廖芮
16	万源市巴山云叶农业开发有限公司	四川省达州市万源市固军镇茶园坪村杨家塝组	邓间
17	万源市山绿水秀茶叶有限公司	四川省达州市万源市古东关街道河西新区盛锦苑9号楼1楼150号	徐道金
18	万源市一馨怡芽茶叶有限公司	四川省达州市万源市柳黄乡3村1社	康朝义
19	万源市贡茗茶叶有限公司	四川省达州市万源市大竹镇莲花路236号	陈贵平
20	万源市硒都嘉木农业有限公司	四川省达州市万源市白羊乡大地坪村大地坪组11号	毛发亮
21	万源市硒乡贡茗农业开发有限公司	四川省达州市万源市固军镇大地坪村大地坪组25号	汪金权
22	万源市硒山云顶农业开发有限公司	四川省达州市万源市固军镇大地坪村大地坪组11号	毛新彩
23	万源市香韵农业开发有限公司	四川省达州市万源市鹰背镇蒙学堂村张元岭组18号	高文青
24	万源市山水云尖农业开发有限公司	四川省达州市万源市罗文镇梨子园村1社11号	谢朝辉
25	万源市泰达农业综合开发有限公司	四川省达州市万源市太平镇红卫路2号（裕丰街118号）	陈永福
26	万源市泰恒农业开发有限公司	四川省达州市万源市沙滩镇小河口村何家屋基组79号	龚应梅
27	万源市振鑫农业开发有限公司	四川省达州市万源市太平镇河西新区玉龙苑（9号楼）	陈银梅
28	万源市和旺农业开发有限公司	四川省达州市万源市石塘镇碾子路45号	王成华
29	万源市玉露青呈科技有限公司	四川省达州市万源市青花镇立信路93号	何润桂
30	万源市硒都茗品农业开发有限公司	四川省达州市万源市沙滩镇鸳鸯池村小鸳鸯组	程远刚
31	万源市巴山传承农业集团有限公司	四川省达州市万源市石塘镇大田坡村塘坊组38号	唐胜春
32	万源市雾语乡知生态茶业有限公司	四川省达州市万源市草坝镇草兴路112–116号	袁军培
33	四川蜀山秀农业开发有限公司万源分公司	四川省达州市万源市古东关街道河西新区（慧龙2-2号楼）2单元501号	王海
34	万源市兴辰农业开发有限责任公司	四川省达州市万源市曾家乡新桥河村9社	王军

序号	企业名称	企业地址	法定代表人
35	四川紫云茗冠茶业有限公司	四川省达州市万源市太平镇秦巴商贸富硒食品城 A 幢一楼 7、8 号	张瑜
36	万源市蜀硒农业开发有限公司	四川省达州市万源市白羊乡新开寺村郑昌湾组 35 号	胡年生
37	万源市华明农业开发有限公司	万源市白羊乡街道 63 号	胡明巍
38	万源市民富民发农业有限公司	四川省达州市万源市固军镇梨树坪村委员会	王仕洪
39	万源市华邑农业开发有限公司	四川省达州市万源市白羊乡柿树坪村凉水井组	柳德江
40	四川绿源春茶业有限公司	四川省达州市宣汉县东乡街道衙墙街 53 号	向瑛
41	宣汉县蕴硒茶业有限公司	四川省达州市宣汉县樊哙镇高台村	苏俊文
42	宣汉当春茶业有限公司	宣汉县东乡镇土地坡 21 号 5 栋 2-2 号	范红英
43	达州市宣汉县红冠茶叶有限公司	四川省达州市宣汉县漆树土家族乡花盆村 8 组	肖理强
44	四川省三润农业开发有限公司	四川省达州市宣汉县马渡关镇百丈村 12 组	雷媛媛
45	四川云茗生态茶业有限公司	宣汉县黄金镇康乐村 2 组	赵金根
46	宣汉县云锦茶业有限公司	宣汉县漆树土家族乡白鹤街 184 号	梁秀洪
47	四川竹海玉叶生态农业开发有限公司	四川省达州市大竹县团坝镇白茶村 12 组大石头	廖红军
48	四川国峰农业开发有限公司	四川省达州市大竹县团坝镇白茶村 12 组九龙潭	廖超
49	四川省鼎茗茶业有限责任公司	大竹县高穴镇清滩村 13 组	熊仁平
50	四川竹茗农业开发有限责任公司	四川省达州市大竹县团坝镇赵家村 4 组	唐兴源
51	四川云鼎雪玉农业开发有限责任公司	四川省达州市大竹县竹阳街道环湖路西段 1 号东湖湾 A1 幢 1-1 号	甘春旭
52	四川云雾鼎生态农业开发有限公司	四川省达州市大竹县清水镇云雾村南天门（原国营云雾茶厂）	甘春旭
53	四川樟可茗茶业有限公司	四川省达州市大竹县竹阳街道建设路金利多凯旋城 3 幢-1-18-6、7 号	蒲云东
54	大竹巴山巨竹农业科技开发有限公司	四川省达州市大竹县竹阳街道东湖街 56 号	甘元洪
55	大竹县翠怡农业有限公司	大竹县团坝镇农华村 10 组	黎春莲
56	四川国润天香生态农业开发有限公司	四川省达州市大竹县团坝镇赵家村 2 社	廖威旭

序号	企业名称	企业地址	法定代表人
57	四川铜锣山生态农业开发有限公司	大竹县月华乡光荣村 5 组	王志刚
58	四川巴山月芽茶业有限公司	四川省达州市大竹县中华镇九盘村 6 组	官良素
59	四川诚林农业有限公司	大竹县竹阳镇北大街华源生活广场 C 幢 206–211 号	陈明健
60	大竹阆苑农业技术开发有限公司	四川省达州市大竹县庙坝镇花板桥村 11 组	张光辉
61	达州市会农实业有限责任公司	达州市达川区通川南路 49 号 2 号门市	张海滨
62	四川秀岭春天农业发展有限公司	渠县渠江镇后溪街川瑞商都三楼	廖梓婷
63	四川省渠县龙潭茶厂	渠县龙潭乡龙潭村 10 社	罗龙忠
64	达州市龙安生态旅游开发有限责任公司	亭子镇胜利村	谭亲雄
65	四川巴晓白茶业有限公司	达州市通川区金兰路 305 号	张德雷
66	四川千口一品茶业有限公司	四川省达州市通川区凤凰大道 412–418 号	周俊
67	四川双飞农业开发有限公司	开江县讲治镇镇龙寺村	郑庆映
68	四川蜀凰生态农业有限公司	渠县卷硐乡逢春村	盛立茗
69	达州绮林农旅有限公司	四川省达州市通川区复兴镇复兴路 222 号柳复苑小区 1 楼 23 号	张仁明
70	四川天源油橄榄有限公司	开江普安工业集中发展区	何世勤
71	开江县双河鸿鑫茶叶有限公司	开江县广福镇双河口村 1 组 74 号	丁昭桥
72	达州天池金鳞茶业有限公司	四川省达州市开江县广福镇双河口村 3 组 159 号	邓秀玲
73	宣汉县菜家山茶海种植专业合作社	马渡乡百丈村 17 组	雷媛媛
74	宣汉县双虹茶叶种植专业合作社	宣汉县土黄镇百堰村 5 组	伍清泉
75	宣汉县九苑茶叶专业合作社	四川省达州市宣汉县漆树土家族乡花盆村 8 组	周庆
76	宣汉县漆碑乡仙峰茶叶专业合作社	宣汉县漆碑乡大树村	赵开翠
77	宣汉县巴山玉叶种植专业合作社	宣汉县天生镇油石村 1 组	胡全华
78	宣汉县巴蜀园茶叶种植专业合作社	宣汉县石铁乡白果村 2 组	范超平
79	宣汉县巾帼茶叶种植专业合作社	宣汉县漆碑乡琵琶村 2 社	吴兴翠
80	宣汉县月溪茶叶种植专业合作社	四川省宣汉县华景镇月溪村 1 组	刘玉会

序号	企业名称	企业地址	法定代表人
81	宣汉漆碑乡高望寨生态茶叶种植专业合作社	宣汉县漆碑乡杉木村 4 组	马易兵
82	宣汉县鑫山茶叶种植专业合作社	宣汉县三墩土家族乡大河村 4 社	崔明玉
83	宣汉县秦巴玉芽种植专业合作社	宣汉县东乡街道红界村 5 组	任登碧
84	宣汉县铁峰种植专业合作社	宣汉县石铁乡池岸村 3 社	朱成合
85	宣汉县春源茶业专业合作社	宣汉县漆树土家族乡漆碑社区辣子园街 212 号	向敏
86	宣汉县佳和种植专业合作社	宣汉县樊哙镇花梨村	袁诗波
87	万源市白羊茶叶专业合作社	万源市白羊乡三清庙村 1 社	胡运海
88	万源市猫坪茶叶专业合作社	万源市井溪乡猫坪村 3 组	张传会
89	万源耀扬茶叶专业合作社	万源市白沙镇 31km 八台乡天池坝村 1 社	宋中建
90	万源市蓝家坪茶叶专业合作社	万源市庙坡乡蓝家坪村马道河	杨燕
91	万源市三清庙茶叶专业合作社	万源市白羊乡三清庙村老林湾组	胡天友
92	万源市金银坎茶叶专业合作社	万源市草坝镇三队茶场	朱占坤
93	万源市仙民茶叶专业合作社	四川省达州市万源市白羊乡茶园坪村郑家湾组	胡明巍
94	万源市新开寺茶叶专业合作社	万源市白羊乡新开寺村 3 社	吴通成
95	万源市蜀绿茶叶专业合作社	万源市固军乡街道中心路 11 号	张晓华
96	万源市惠民茶叶专业合作社	万源市青花镇干溪沟村 1 组	张生琦
97	万源市硒海茶叶专业合作社	四川省达州市万源市草坝镇迎宾路 153 号	何润桂
98	万源市志荣茶叶专业合作社	万源市河口镇红土垭村于家岭组 3 号	蒲志荣
99	万源市罗园茶叶专业合作社	万源市草坝镇草兴路 71 号	罗斌
100	万源市新绿茶叶专业合作社	万源市大竹镇莲花路 236 号	陈贵平
101	万源市千秋茶叶专业合作社	万源市沙滩镇栀子园村罗家湾组	王忠华
102	万源市石玉茶叶专业合作社	万源市石窝乡番坝村小廖家坝组 29 号	张俊强
103	万源市荔之源茶叶专业合作社	四川省达州市万源市秦河乡三官场村街道	王纪成
104	万源市蒲家梁茶叶种植专业合作社	万源市石窝乡兰草溪村 3 社	裴兴德
105	万源市黄粱茶叶种植专业合作社	万源市沙滩镇小河口村何家屋基组 79 号	魏作行

序号	企业名称	企业地址	法定代表人
106	万源市土龙场茶叶种植专业合作社	万源市河口镇土龙场村土龙场组	喻红铭
107	万源市枣树坪茶叶种植专业合作社	万源市青花镇枣树坪村民委员会	王守怀
108	万源市民心茶叶种植专业合作社	万源市白果乡白果坝村郑家坪组	程列坤
109	万源市白羊乡创新茶叶种植专业合作社	万源市白羊乡新开寺村郑昌湾组	胡明建
110	万源市农发茶叶种植专业合作社	万源市石窝乡金山寺村 1 村 5 社	陈开川
111	万源市义东种养殖专业合作社	万源市赵塘乡白果村街道 60 号	严维义
112	万源市瓦店子农业专业合作社	四川省达州市万源市旧院镇石柱坪村村民委员会活动室	张书于
113	万源市泰乐白茶专业合作社	四川省达州市万源市石窝镇番坝村	卫平
114	万源市老蜀人种养殖专业合作社	四川省万源市白羊乡茶园坪村杨家塝组 5 号	邓间
115	万源市巴蜀红种养殖专业合作社	万源市沙滩镇正街 45 号	罗毅
116	万源市福民种养殖专业合作社	万源市大竹镇竹园村 2 社	王成华
117	万源市老林湾种养殖专业合作社	万源市白羊乡三清庙村老林湾组	胡绍超
118	万源市古月春茶种植专业合作社	四川省达州市万源市白果镇街道	陈贵花
119	万源市鑫王馨种养殖专业合作社	万源市石塘乡瓦子坪村汪家梁组	王让银
120	万源市冲天冠农业专业合作社	四川省达州市万源市石塘镇杉林湾村村民委员会活动室	黄晓江
121	万源市巴山安科种养殖专业合作社	万源市石塘乡柳树村	兰安明
122	万源市天碧绿茶专业合作社	万源市罗文镇钟老坟村 3 社	康天碧
123	万源市俊达白茶专业合作社	四川省达州市万源沙滩镇鸳鸯池村大鸳鸯组 19 号	刘高洪
124	万源市农鑫种养殖专业合作社	四川省达州市万源市	陈良峰
125	万源市大竹镇明镜村集体经济合作联合社	万源市大竹镇明镜村	冉丛术
126	大竹县宗达茶叶专业合作社	四川省达州市大竹县团坝镇白茶村 2 组	吕红
127	大竹县宇民茶叶种植专业合作社	大竹县城西乡马龙村村办公室底楼	刘德琼
128	大竹玉铁峰茶叶种植专业合作社	四川省达州市大竹县清河镇龙洞坝村 6 组	凌国祥
129	大竹县新云白茶专业合作社	大竹县清水镇云雾村 6 组	甘春旭
130	大竹县玉顶山茶业专业合作社	大竹县高穴镇清滩村 13 组	王善映

序号	企业名称	企业地址	法定代表人
131	大竹县巴蜀玉叶白茶专业合作社	大竹县团坝镇白坝村 6 组	於建国
132	大竹县云峰白茶专业合作社	四川省达州市大竹县团坝镇白茶村 12 组	余锦青
133	大竹县川莹白茶专业合作社	四川省达州市大竹县清河镇万里坪村 3 组	李良富
134	大竹县乐峰白茶专业合作社	四川省达州市大竹县城西乡垭角铺村 6 组	刘毅
135	大竹县绿润香白茶专业合作社	四川省达州市大竹县团坝镇赵家村 2 社	廖威旭
136	大竹县金玉芽白茶专业合作社	大竹县团坝镇白坝村 6 组	廖超
137	大竹县东御龙茶叶专业合作社	大竹县天城乡李子村 2 组	张华能
138	大竹县森峰白茶专业合作社	大竹县中和乡狮子村 5 组	廖小舟
139	大竹县云峰寨白茶专业合作社	四川省达州市大竹县朝阳乡仙桥村 3 组	冷长登
140	大竹县兴铜锣白茶专业合作社	四川省达州市大竹县中和乡狮子村 5 组	唐德兴
141	大竹野丫茶业专业合作社	四川省达州市大竹县中华镇九盘村 6 组	吴政坤
142	大竹县玉晨丰白茶种植专业合作社	四川省达州市大竹县清河镇龙洞坝村 1 组	邱根学
143	大竹高升堂茶业专业合作社	大竹县白坝乡高河村 4 组	朱叶青
144	大竹天生桥白茶种植专业合作社	四川省达州市大竹县中和乡牛心村 1 组	张娟
145	大竹千盈山茶业专业合作社	四川省达州市大竹县城西乡马龙村 8 组	於建强
146	大竹诗语琪白茶种植专业合作社	四川省达州市大竹县清水镇老书房何家村 10 组	陈德东
147	大竹县偏岩农业专业合作社	大竹县清水镇偏岩村村委会办公室	陈明健
148	大竹县绿然农业专业合作社	大竹县团坝镇赵家村 3 组	唐兴源
149	大竹县同人种植专业合作社	大竹县团坝镇农华村 10 组	张环
150	大竹县裕涵生态农业专业合作社	四川省达州市大竹县周家镇八角村 2 组	曾凡炳
151	大竹县御峰生态农林专业合作社	大竹县月华乡光荣村 5 组	黄毅
152	大竹蜀竹清农业专业合作社	四川省达州市大竹县清河镇龙洞坝村 8 组	贺志建
153	大竹县巴山月芽农业专业合作社	四川省达州市大竹县中华镇九盘村 6 社	周俊

序号	企业名称	企业地址	法定代表人
154	大竹县竹香玉白农业专业合作社	四川省达州市大竹县中华镇中华村10组	王勇
155	大竹青山筑园农业专业合作社	四川省达州市大竹县竹阳街道东湖路东湖街1-54号门市	夏禄权
156	达州市达川区天禾茶叶种植专业合作社	达州市达川区龙会乡张家山村1组8号	李继平
157	达州市钢山油茶果专业合作社	达州市达川区碑高乡龙洞坝村7组	陈钢
158	达州市粟茗茶叶专业合作社	四川省达州市通川区碑庙镇锣鼓村村民委员会办公室	张艳
159	达州市通川区巴山凤羽茶叶专业合作社	四川省达州市通川区碑庙镇千口村3组68号	范丁山
160	达州市通川区千口岭茶业专业合作社	四川省达州市通川区碑庙镇千口村村民委员会办公室	刘波
161	渠县秀岭茶叶农民专业合作社	渠县渠江镇后溪街（川瑞商都三楼）	廖梓婷
162	渠县寰山茶业种植农民专业合作社	渠县龙潭乡龙潭村10社改革桥	罗龙忠
163	开江县双飞茶叶专业合作社	开江县讲治镇镇龙寺村5组	周仕美
164	开江县飞云峰茶业专业合作社	开江县讲治镇镇龙寺村10组	郑景辉
165	开江县广福镇福龟茶叶种植专业合作社	开江县广福镇双河口村1组	邓秀玲
166	开江县琪森农业专业合作社	四川省达州市开江县淙城街道黄泥沟村老鹰岩片区3组	杨明英
167	开江县永宏桥鑫茶叶种植专业合作社	开江县广福镇双河口村1组	丁昭桥
168	达州市蜀茗种植专业合作社	开江县普安镇罗家坡村9组	石礼林

第三节　茶行业组织

一、达州市茶叶协会

达州市茶叶协会于2017年2月16日经达州市民政局批准成立，是达州市内从事茶叶行业生产（或销售、流通）的企业、相关经济组织自愿组成的全市性、行业性、非营利性社会组织。达州市茶叶协会作为政府、企业、茶农的桥梁和纽带，重在培育创新发展、协调发展、绿色发展、开放发展、共享绿色、分享、合作理念，加强达州茶叶种植、加工、品牌价值提升以及茶叶销售市场的拓宽。

2017年3月29日，达州市茶叶协会成立大会暨第一次会员大会在达州宾馆召开（图12-40）。43家会员单位负责人参会，会议选举产生第一届理事会，组建领导机构。四川巴山雀舌名茶实业有限公司当选第一届理事会会长单位，9家茶叶企业当选为协会副会长单位，10家茶叶企业当选为理事单位（表12-4）。陈中华、王全兴、王云、李龙等领导、专家和嘉宾到会祝贺。会上，与会领导和嘉宾分别为协会会长、副会长、理事、秘书长以及各副会长单位、理事单位颁证授牌。中共达州市委农村工作委员会、达州市发展和改革委员会、达州市农业局、达州市财政局、达州市质量技术监督局、达州市商务局等部门负责人，达州市各区县（市、区）农业局、茶果站（茶叶局）负责人、市茶叶协会会员单位负责人以及新闻媒体代表参加了会议。

图 12-40 达州市茶叶协会成立大会集体合影

表 12-4 达州市茶叶协会第一届理事会领导班子人员名单

姓名	所在单位	协会任职
宋中华	四川巴山雀舌名茶实业有限公司	会长 法定代表人
胡运海	万源市蜀韵生态农业开发有限公司	副会长
罗毅	四川蜀雅茶业开发有限公司	副会长
左维东	四川国储农业发展有限责任公司	副会长
肖理强	达州市宣汉县红冠茶叶有限公司	副会长
周宗明	宣汉县九顶茶业有限公司	副会长
李继平	达县天禾茶叶专业合作社	副会长
罗政	开江县双飞茶叶种植专业合作社	副会长
廖梓婷	四川秀岭春天农业发展有限公司	副会长
廖红军	大竹县巴蜀玉叶白茶专业合作社	副会长

姓名	所在单位	协会任职
兰松安	万源市安科实业有限公司	理事
熊才平	万源市巴山富硒茶厂	理事
蒲志福	万源市大巴山生态农业有限公司	理事
吴明勇	万源市方欣茶厂	理事
苟小莉	万源市金泉茗茶有限责任公司	理事
胡明巍	万源市仙民茶叶专业合作社	理事
向瑛	四川省绿源春茶业有限公司	理事
范红英	宣汉县当春茶叶公司	理事
费金花	四川省皓淳农业开发有限公司	理事
甘春旭	大竹县新云茶叶专业合作社	理事
李霞	四川巴山雀舌名茶实业有限公司	秘书长

2021年4月20日，达州市茶叶协会在达州市农广校会议室召开会员大会，选举产生第二届理事会及其领导班子。会议选举达州市农业农村局三级调研员胡明尧为第二届理事会会长，四川国储农业发展有限责任公司董事长柴华为常务副会长，胡运海、苏俊文、廖超、徐世平、唐斌、刘福东为副会长，甘春旭为监事会监事，大会聘任达州市茶果技术推广站站长刘军为秘书长（图12-41、表12-5）。

图 12-41 达州市茶叶协会第二届理事会选举大会

表 12-5　达州市茶叶协会第二届理事会领导班子人员名单

姓名	所在单位及职务	协会任职
胡明尧	达州市农业农村局三级调研员	会长
柴华	四川国储农业发展有限责任公司董事长	常务副会长 法定代表人
胡运海	万源市蜀韵生态农业开发有限公司董事长	副会长
苏俊文	四川桓源茶业发展有限公司法定代表人	副会长
廖超	四川国峰农业开发有限公司法定代表人	副会长
徐世平	四川秀岭春天农业发展有限公司公司经理	副会长
唐斌	达州天池金鳞茶业有限公司理事长	副会长
刘福东	四川巴山雀舌名茶实业有限公司总经理	副会长
刘军	达州市茶果技术推广站站长	秘书长
甘春旭	四川云鼎雪玉农业开发有限责任公司董事长	监事

2022年7月25日，达州市茶叶协会召开会员代表大会，选举产生第三届理事会及其领导班子成员。会议选举四川竹海玉叶生态农业开发有限公司董事长廖红军为第三届理事会会长，董铃、李华、胡运海、周宗明、熊伟、徐世平、唐斌、张德雷、李继平为副会长，甘春旭、卫平为监事会监事，大会聘任达州市茶果站刘军为秘书长（表12-6）。

表 12-6　达州市茶叶协会第三届理事会领导班子人员名单

姓名	所在单位及职务	协会任职
廖红军	四川竹海玉叶生态农业开发有限公司董事长	会长 法定代表人
李华	四川巴山雀舌名茶实业有限公司总经理	副会长
胡运海	万源市蜀韵生态农业开发有限公司董事长	副会长
周宗明	四川桓源茶业发展有限公司经理	副会长
熊伟	四川紫云茗冠茶业有限公司董事长	副会长
徐世平	四川秀岭春天农业发展有限公司公司经理	副会长
李继平	达州市会农实业有限责任公司董事长	副会长
张德雷	四川巴晓白茶业有限公司董事长	副会长
唐斌	达州天池金鳞茶业有限公司董事长	副会长
董铃	达州职业技术学院数字文旅与艺术学院院长	副会长
吴正美	四川千口一品茶业有限公司总经理	副会长

姓名	所在单位及职务	协会任职
刘军	达州市茶果技术推广站站长	秘书长
甘春旭	四川云鼎雪玉农业开发有限责任公司董事长	监事
卫平	大竹县巴蜀玉叶白茶专业合作社总经理	监事

二、万源市茶叶行业商会

万源市茶叶行业商会成立于2010年3月15日，业务范围是"开展技术服务、引进新技术；供应会员所需要的生产资料、生活资料、经济信息"，办公地址位于万源市太平镇欣锦苑1号楼24号门市。2010年4月1日，经万源市委办批复刘荣喜任会长。2017年，商会与行政主管部门脱钩，现任法定代表人、会长胡运海（图12-42）。

图 12-42 万源市茶叶行业商会成立大会

三、大竹县白茶产业协会

2019年5月30日，大竹县白茶产业协会挂牌成立。当天上午9点，大竹县白茶产业协会第一次全体会员大会准时召开，大会共计50余人参加，会议选举了理事会单位、理事会成员、会长，副会长、秘书长。随后，大竹县白茶产业协会成立大会正式拉开帷

图 12-43 大竹县白茶产业协会成立大会

幕，大竹县农业农村局相关负责人宣布大竹县本届协会理事单位、会长、副会长、秘书长名单，并由新当选的协会会长王善映致欢迎辞。随后，大竹县人民政府副县长宁小礼、协会会长王善映为大竹县白茶产业协会揭牌，大竹县农业农村局相关负责人颁发会长单

位牌匾，协会会长颁发副会长、理事单位牌匾（图12-43）。

　　大竹县白茶产业协会的成立标志着大竹县白茶产业有了自主、自愿、自我约束、自我管理、自我发展的行业组织。大竹县白茶产业协会是联系政府与企业、市场和农户的纽带和桥梁。协会的宗旨：根据县委、县政府培育和壮大大竹白茶产业的战略部署，开展调查研究，提出意见和建议；整合内部资源，为会员提供一个交流、合作、资源共享的平台。扩大行业视野和行业的影响，维护会员合法权益，密切同有关部门的联系，团结社会力量，以促进茶叶文化发展和交流为目标，以发展大竹白茶产业为目的（表12-7）。

表12-7　2023年大竹县白茶产业协会理事会领导班子

姓名	所在单位及职务	协会任职
王善映	四川省鼎茗茶业有限责任公司	会长 法定代表人
卫平	四川竹海玉叶生态农业开发有限公司	常务副会长
廖超	四川国峰农业开发有限公司	副会长
陈芝秀	大竹县御峰生态农林专业合作社	副会长
李良富	大竹县川莹白茶专业合作社	副会长
周德洪	四川省鼎茗茶业有限责任公司	秘书长
甘春旭	四川云鼎雪玉农业开发有限责任公司	监事
余锦青	大竹县云峰白茶专业合作社	理事
刘成文	四川玉叶椿茶业有限公司	理事

参考文献

陈椽. 王镇恒. 中国名茶[M]. 北京：中国展望出版社,1989.

陈好,陆建良,郑新强,等. 新世纪中国茶树育种和良种繁育研究进展[J]. 茶叶,2010,36(1):6-9.

陈卫东,何振华,王鲁茂,等. 四川宣汉罗家坝遗址1999年度发掘简报[J]. 四川文物,2009(4):17.

达州市人民政府地方志办公室. [乾隆]直隶达州志译注[M]. 北京：国家图书馆出版社,2017.

《达州市志》编纂委员会. 达州市志（1911—2003）[M]. 北京：方志出版社,2009.

杜长煜,闵未儒. 四川茶叶（修订本）[M]. 成都：四川科学技术出版社,1991.

段新友. 优质茶生产使用新技术[M]. 成都：四川人民出版社,2001.

胡平生. 北宋大观三年摩崖石刻《紫云坪植茗灵园记》考[J]. 文物,1991(4):80-84.

刘勤晋,周才琼,叶国盛. 学茶入门[M]. 北京：中国农业出版社,2023.

山人. 20世纪中国的茶树育种和良种推广[J]. 中国茶叶,2000(4):3-5.

沈冬梅. 陆羽与茶经[J]. 中华茶人,2008,39(1):46-48.

四川省地方志编纂委员会. 四川历代方志集成（第二辑）[M]. 北京：国家图书馆出版社,2015.

宋小静. 唐宋僧人茶诗研究[D]. 西安：陕西师范大学,2016.

谭和平,赵学谦. 四川名茶[M]. 成都：四川大学出版社,2000.

谭和平. 四川茶叶研究[M]. 成都：四川大学出版社,2000.

谭向红,蒋光藻,陈天伟. 茶蚜园蚜的防治方法[J]. 四川农业科技,1985(1):30-31.

王镇恒,王广智. 中国名茶志[M]. 北京：中国农业出版社,2000.

薛德炳,杨军. 茶毛虫核型多角体病毒的保存和利用[J]. 茶叶,2002(3):158.

薛德炳. 巴渠古茶史考[J]. 中国茶叶,1988(1):24-25.

薛德炳. 茶的利用始源于荆巴间[J]. 茶叶通讯,1997(3):36-38.

姚国坤,王存礼,程启坤. 中国茶文化[M]. 上海：上海文化出版社,1991.

中共四川省委党史研究室. 中国共产党四川 100 年简史 [M]. 北京：中共党史出版社,2022.

中共中央文献研究室. 三中全会以来重要文献选编 [M]. 北京：人民出版社,1982.

朱荣. 当代中国的农作物业 [M]. 北京：中国社会科学出版社,1988.

附录一

达州茶业大事记

一、上古时期

传说"神农尝百草，日遇七十二毒，得茶而解"。陆羽《茶经》载："茶之为饮，发乎神农氏。"有研究认为，在5000多年前，茶的发现实为游离到川东一带的神农氏族后裔巴人。

二、商周时期

"周武王伐纣，实得巴蜀之师……桑、蚕、麻、纻、鱼、盐、铜、铁、丹、漆、茶……皆纳贡之""园有芳蒻、香茗"。3000多年前，茶叶在巴地已经得到了很好的利用，园中有"香茗"，茶叶始"纳贡"。巴国"香茗"作为土特产纳贡周王朝，进而使茶"闻于鲁周公"。（晋常璩《华阳国志·巴志》）

三、战　国

公元前316年，战国周慎靓王五年（公元前316年），秦灭巴、蜀，"自秦人取蜀而后，始有茗饮之事"。（清·顾炎武《日知录》）

四、三　国

魏人张辑《广雅》载："荆巴间采叶作饼，叶老者，饼成以米膏出之。欲煮茗饮，先炙令赤色，捣末置瓷器中，以汤浇覆之，用葱、姜、橘子芼之。"这描述了巴人将茶叶直接制成茶饼，外用米汤刷黏固形的制作方法。

五、西　晋

孙楚《出歌》载："姜、桂、茶荈出巴蜀。"

六、唐代

茶圣陆羽著《茶经》载："茶者，南方之嘉木也，一尺，二尺，乃至数十尺，其巴山、峡川有两人合抱者，伐而掇之。"

公元815年，诗人元稹贬谪通州（今达州）任司马，其有作品《一字至七字诗·茶》。

七、宋代

宋元丰七年（1084年），《宋史》载："夔州路达州有司皆义榷茶，言利者踵相蹑，然神宗闻鄂州失催茶税，辄蠲之。"

元符二年（1099年），王雅、王敏父子得福建建溪茶种，植于今万源石窝镇古社坪。

大观三年（1109年）十月二十三日，王敏、王俊、王古三兄弟在今万源石窝镇古社坪村一处摩崖石壁上，刻《紫云坪植茗灵园记》，记录王氏父子引进茶种、开荒种茶、辛苦经营的经过。该石刻于1988年文物普查时被发现。经证实，《紫云坪植茗灵园记》是我国迄今发现的保存最完好、年代最早的记载种茶活动的石刻文字资料，其对我国早期远距离的茶树引种、栽培以及盛极一时的茶禅文化有极为重要的研究价值。

政和至靖康年间（1111—1126年），陈弁、余应求、朱肱、李升、韩均，皆以言事切直，谪监达州茶场，时称五君子。

八、明代

洪武四年（1371年），明军攻克达州。《明史》载："四川巴茶三百十五户，茶二百三十八万余株。宜令每十株官取其一。无主茶园，令军士薅采，十取其八，以易番马。"

洪武五年（1372年），《太祖实录》载："四川产巴茶凡四百七十七处，茶二百三十八万六千九百四十三株，茶户三百一十五，宜依定制，每茶十株，官取其一，征茶二两，无户茶园，令人薅种，以十分为率，官取其八，岁计得茶一万九千二百八十斤，令有司贮候西蕃易马，从之。"

正统七年（1442年），"议准夔州、保宁二府所属茶，洪武年间经运至秦州。永乐间……茶课亦运赴保宁仓，一体令军夫关运"。

成化十九年（1483年），规定"四川夔州、东乡、保宁、利州一带，附近陕西通茶地方，不论军卫有司，凡事于茶法者，悉听陕西巡茶御管理"。

正德十年（1515年）前后，万源为巴茶入陕的重要通道（巴间道、荔枝道、任河谷道），由陕西巡茶御史管理茶政。

九、清 代

康熙二十年（1681年）以后，清廷开始在四川推行茶引制度，行销康藏地区为边引，行销天全土司地区为土引，行销川内地区为腹引。

雍正八年（1730年），四川巡抚宪德正式定川茶税制，茶业由盐茶道管理，改按茶叶产量计征茶税。万源"以雍正八年为始，颁行腹引四十二张，每张行茶一百斤，随带耗茶一十四斤"；宣汉县"雍正八年奉行清查"。

雍正九年（1731年），万源"分请增腹引六十张"；宣汉县"九年为始，配腹引三张"；渠县"奉文设立茶商，认销通江县茶，腹引一百五十张"。

雍正十年（1732年），宣汉县"据茶户王俸臣等请，增腹引二十二张。新旧共二十五张"。

雍正十一年（1733年），万源"分请增腹引一百四十张"。

雍正十二年（1734年）二月，开江县"内奉文为详明宪示事，案内认销太平县腹引四十张，即系太平县商人领引，运茶于新宁县地方行销发卖"。

雍正十三年（1735年），大竹县"奉文认销通江茶腹引三十张"。（《大竹县志》）

乾隆六年（1741年），万源"分请增腹引一十八张，以上旧额新增共引二百六十张"；宣汉"据茶户王俸臣等请，腹引一十三张，照额输税"。

乾隆二年至十二年（1737—1747年），乾隆《直隶达州志·卷二·盐茶》论及茶叶生产利国利民："管仲煎山煮海而齐国富，君谟进御南郊而民用足，盐茶之利大矣哉！今国家计引收税，买卖之任一委诸商，法最便也。然而价高则民病，价低则商困，量其时势，酌其事宜，俾权制于官，而商不得行其奸；货运于商，而民有以敷其用，亦仁政所不可不亟讲者也。"

乾隆年间，乾隆《直隶达州志》："直隶达州（赋税）：苎麻、棉花、翎毛、桐油、鱼鳔、茶叶、鱼油……今俱无征。"

嘉庆十三年（1809年），王梦庚作《社前试新茶》诗，赞美万源茶"雀舌芒欺蛾顶撷，龙团饼压临邛研"。

道光元年（1821年），万源"奏请改拨事，按案内拨出腹引九十八张，归入城口厅，征解外尚存原额腹引一百四十四张，又巴州拨归腹引四十六张，又通江县拨归腹引一百四十六张"。

清道光二年（1822年），《大竹县志》载："竹引通江科条。"

道光十五年（1835年），《新宁县志》载："现在境内前间有种植茶树者。"

道光三十年（1850年），万源"奉文裁拨茶腹引二百三十六张"。

光绪十九年（1893年），杨汝偕等纂修《太平县志》，首次有《紫云坪植茗灵园记》的文献记载。

十、中华民国

1915年，财政厅长刘莹泽，奉中央财政部批饬，切实整顿茶法。乃拟定整理腹茶产销税暂行简章18条，及茶照票颁发各县，饬令招商承办，查照前清引额。每年渠县应销腹茶票170张，每张完纳库平银1两；准配天平称净茶100斤，指定万源县采买，即渠岸每年应缴茶税银170两，由本岸征收局收解。

1919年，四川省议会决定去引破岸，由商人自由贩卖……于是废岸散销。

1920年，复改订腹地茶税试办章程。

1924年，财政厅长宋光勋整理茶务，规复引岸，就前财政部批准四川腹茶产销税简单办法，略为变通。

1928年，《续修大竹县志》载："茶有甜茶、藤茶、姑娘茶、老鹰茶等，而家茶反少，因清有茶税，种者伐之，以避催科，至茶去税存，入民国始获免……团坝铺茶山亦荒废。"

1933年，营渠战役、宣达战役后，绥定道苏区政权建立。按《川陕省苏维埃税务条例草案》《公粮条例规定》，在苏区征收统一累进税、特种税、关税和公粮，取缔国民党和军阀的一切苛捐杂税，茶叶免税。

1936年，财政部四川区川东分区税务管理所在渠县、开江设分所，茶、土酒、丝、煤、纸等货物税的征解受两分所专管。

1937年5月，改定腹茶税。

1938年，撤销茶税，改征营业税。是年，四川农村合作委员会训令成立万源县农村合作指导室。1938年4月1日，指导成立青花溪茶叶生产运销合作社（社址青花乡关岳庙），其业务是改进茶叶生产、加工方法，办理茶叶运输事务。指导通过《保证责任万源县青花溪茶叶生产运销合作章程》，章程共8章54条，组织川东北茶区茶叶北运。

1940年，万源茶叶职业同业公会成立，公会旨在平衡会员与茶叶生产者之间的关系，发展茶叶生产，调解茶叶购销中的纠纷。

1941年3月，茶叶专卖，由茶叶公司统购统销，从价计征，税率15%。

1942年4月，取消茶叶统税，改征暂时消费行为税。

1945年1月，恢复征收茶叶统税，税率为10%。

1946年6月，茶叶改征货物税，税率仍为10%。

十一、中华人民共和国

1950年，茶叶外销由达县专区外贸公司下达计划，主要流向西北地区兰州、天水、西安、宝鸡、汉中，其次调达县、重庆，品种以青茶为主，部分粗茶销往西康。万源贸易公司兼营茶叶购销业务。

1951年3月，在万源县青花乡成立中国茶业公司西南区公司第四红茶推广站。4月，万源白羊乡、青花乡改制红茶。是年，中茶公司西南区公司在筠连、高县、宜宾和万源的青花、白羊共设五个红茶技术推广站，开始在四川推广生产外销工夫红茶，万源成为川红工夫最早生产县之一；中茶公司西南区公司在万源设立茶叶收购总站，产茶区分设收购站。宣汉县被中茶公司西南区公司确定为全国产茶县之一。1951—1952年，中茶公司西南区公司先后在万源青花溪、大竹河、白羊庙、宣汉土黄乡设立直属收购站，主要收购红茶和少数晒青茶。

1952年，四川省农林生产工作会议确定在万源县青花乡设立万源茶叶试验场，受四川省灌县茶叶试验场管理，负责川东北万源、南江、通江、宣汉县的技术指导工作。是年，万源红茶首次出口，主销苏联及东欧国家。大竹县国营云雾茶场成立。

1954年，达县专区增设茶叶公司，为国营商业专业公司，发挥主渠道作用。是年，中国茶业公司万源收购站在青花、白羊采用竹篾烘笼焙茶叶，改变了万源"晒青"历史，制出了香气浓郁的"烘青茶"。

1955年4月，万源中茶收购总站实行"茶叶预购定金"。是年，为贯彻部、省增加边茶生产、改善边茶供应的指示精神，达县专区茶叶生产实行以细转粗，扩大南路、西路边茶生产，以南路边茶为主；成立万源茶叶生产技术组，在大竹河推广手推木揉茶机。

1956年夏初，张明亮、袁德玉、杨虹芸、魏玉阶、谢达松等人赴万源草坝勘测设计建设国营万源县草坝茶场。8月，国营万源县草坝茶场成立，并接收青花茶叶试验基地作为分场，隶属万源县农业局。是年，中茶公司万源收购总站撤销，茶叶业务由县农产品采购局接管。

1957年8月，万源农产品采购局撤销，茶叶业务交供销合作社经营，区乡采购站与基层供销社合并。是年，外贸达县茶厂建立，主要生产红茶、绿茶、花茶、沱茶。达县茶厂所产红碎茶唛头代字为"达分"，以示生产单位。

1958年5月，省商业厅、农业厅工作组到万源大竹茶区白果乡，发现该乡一村村民李良才双手一天采鲜叶50kg左右。6月，国家精简机构，万源县供销合作社、服务局、商业局合并，茶叶购销由商业局经营，境内各县成立外贸采购站，区、乡茶叶业务由基层供销社代理。7月，省棉麻烟茶贸易局会同达县专区棉麻烟茶站在万源国营青花溪茶场召开双手采茶现场会，万源、宣汉、南江、通江、开江、渠县、大竹、邻水8县代表30多人参会，李良才在现场进行双手采茶操作表演。8月，推广"茶叶短穗扦插法"，万源茶技站鞠大林与蒲家梁生产队共同制成水力揉茶机。12月，万源白羊乡建立了全县第一个社办茶场——白羊上游茶场。是年，开江县广福公社双河大队三个生产队联合创办双河茶场，为达县地区第一个联办茶场。

1959年，四川省茶叶研究所蒋心崇、狄化焰在万源大竹公社建立的356m²高产茶园，单产达379.32kg，是当地平均单产的6~12.8倍，茶叶质量也较当地一般茶园为高，总结出小面积茶园的丰产经验。是年，外贸大竹河茶场建立，主要生产红茶、绿茶、砖茶。大竹河茶场所产外销川红唛头代字为"大"，所产红碎茶唛头代字为"大分"，以示生产单位和花色品种。

1962年，万源县外贸采购站成立，实行国家与生产队签订茶叶派购合同。

1963年，万源县成立茶叶技术站。大竹县云雾山红星茶场建成投产。

1964年，万源县茶技站下放大竹乡、白羊乡两个茶叶技术组。是年，万源白果乡双手采茶获得国务院表彰。

1966年2—3月，全国茶叶专业会议在北京召开，万源县大竹河公社蒲家梁生产队等全国10个单位获得"茶叶增产先进单位"表彰，周恩来总理署名颁发"粮茶双丰收"奖旗。7月，推广双动四桶水力揉茶机，引进铁质单桶电动揉茶机和杀青机、烘干机。是年，达县地区下达《评茶计价工作细则》。

1969年，四川省外贸业务组根据外贸部的建议，决定将达县、万县地区的红茶全部转产绿茶，宜宾地区的兴文、长宁、珙县将红茶转产绿茶，保留高县、筠连、宜宾3县继续生产工夫红茶。

1973年1月，四川省农业局、商业局、农机局在筠连召开全省茶叶生产收购经验交流会。会上，万源县大竹公社蒲家梁生产队作了题为《大巴山上蒲家梁，粮丰茶茂好风光》的经验交流。会后一段时期，达县地区6县从浙江省武义、安吉等地引进茶种1500t余，开展了开荒种茶的群众性活动，兴办联办茶场1000余个，开辟新茶园约4000hm²，茶园面积大幅增长。是年，达县地区按照全省茶叶生产科技工作会议"增产细茶，稳定粗茶"的生产经营方针，逐步增加生产细茶。是年，达县地区茶果技术推广站成立，万源、宣汉、大竹、达县、开江、渠县、巴中、通江、南江、平昌、邻水等县相继成立茶果技术推广站。

1974年4月，达县地区在万源县草坝区召开茶叶生产工作会议，传达了全国茶叶工作会议精神，现场参观国营草坝茶场。9月，四川省农业局、外贸局根据全国茶叶会议精神，制定了建立宣汉等8个年产5万担左右的县，建立万源等25个年产3万担左右的县的茶叶发展规划。

1976年5月，大竹国营云雾茶场暴发白星病和赤星病，约73hm²茶园遭到毁灭性侵害，当年茶叶绝收。是年，大竹国营观音茶场在白坝劳改农场基础上成立。根据全国红碎茶生产会议确定在人民公社发展红碎茶生产的要求，四川在农村社队推广红碎茶生产，宣汉、大竹、万源试点成功。

1976年8月，国营大竹县云雾茶场试制红碎茶茶样送四川省外贸审评，"符合国家出口标准，滋味浓强，汤色红鲜"，四川省农业厅给予5万元奖金。是年，中央三部召开全国茶叶生产会议，万源、宣汉被列为全国年产5万担茶叶生产基地县。大竹县被列为全省优质红碎茶生产基地县。

1977年5—6月，宣汉县、万源县革委会负责同志参加了由农业部、外贸部、供销合作总社在安徽省休宁县召开的"全国年产茶五万担经验交流会"。会议议定四川省到1980年达到5万担的县有宣汉、万源、梁平、开县、南川、高县、筠连、雅安8县，到1985年达到5万担的县有巴县、珙县、彭水、北川4县。

1979年6月，西南农学院郝世怀、刘勤晋、付承德带首届茶叶本科学生，到大竹云雾茶场实习，并指导红碎茶生产。

1980年6月，国营万源草坝茶场人员分流，成立国营万源县农工商联合公司，县境内划片收购，结束由外贸茶叶公司独家经营的历史。8月，大竹县农工商联合公司成立，推行场厂联合；达县地区茶果站安排部署全区茶树资源调查工作，南江、万源、宣汉、通江、邻水、大竹、渠县等7个县分到调查任务，四年时间搜集20多个地方茶树良种，筛选出万源矿山茶、宣汉金花茶、大竹云雾茶、渠县硐茶、南江大叶茶、通江枇杷茶、邻水甘坝茶等具有一定经济价值的地方品种。是年，各县外贸公司设立销售门市部，负责茶叶零售，计划供应防温降暑劳保用茶。宣汉县"红碎茶"经国家外贸总局批准为出口免检产品，由宣汉外贸局组织直接出口到欧洲市场，每年经达县地区外贸局返得宣汉县10万美元外币。为扩大出口茶类品种，达州万源、宣汉部分茶厂（场）用绿毛茶改制普洱茶。达县地区大竹河茶厂试制"万源沱茶"成功。

1981年4月，四川省茶叶工作领导小组在宣汉县土黄区公所召开"全省茶叶高产现场工作会议"，全省32个产茶县有关同志参加了会议。6月，达县地区茶果站张明亮、李少敬等人在宣汉县土黄公社十三大队茶场一块333m²套作蔬菜的茶园中发现德氏钝绥螨，为捕食茶跗线螨的天敌。9月，中共万源县委茶叶领导小组成立。11月，达县地区茶叶学会成立，达县地区农业局局长唐国玺任第一届理事会理事长，达县地区茶果站站长张明亮、地区外贸茶叶公司陈绍允任副理事长，刘国材任秘书长。12月，达县地区茶果站《幼龄茶园速成丰产技术》经四川省科学技术委员会成果管理办公室批准登记四川省科学技术研究成果。是年，达县地区茶果站提出《对达县地区茶叶生产区划的意见》。是年，大竹县城西乡红碎茶厂生产的1500kg红碎茶由于农残超标，在上海口岸被迫销毁。

1982年，中共万源县委、县政府决定"茶叶谁经营谁扶持，谁收购，谁培训"的原则，茶工商公司与外贸局划片包干，扶持区、乡发展茶叶生产。是年，宣汉县茶河乡333hm²茶园遭受茶蚜圆蚧的毁灭性为害，省、地、县业务部门组成联合工作组，采取以农业防治为主的综合防治措施，于次年得到了有效控制。是年，万源、宣汉、大竹、通江、南江、邻水等县6246hm²茶园遭受茶毛虫严重为害，虫口密度每亩高达10万头以上；万源县茶果站茶技人员薛德炳、张正中、贾德先等人在开展万源县茶树品种资源普查工作的同时，试验扁形茶炒制手法。

1983年5月，四川省首次地方名茶审评座谈会在成都召开。万源溪口烘青、宣汉金花寺烘青获得优质茶称号，是达县地区首次获得省级优质茶奖的2只茶样。是年，四川大学生物系在万源开展茶毛虫核型多角体病毒防治茶毛虫实验取得成功。6月，达县地区在万源县红旗公社一大队四队茶场召开"应用茶毛虫多角体病毒防治茶毛虫现场会"，推广"应用茶毛虫核型多角体病毒防治茶毛虫"。10月，达县地区在万源县召开改造低产茶园学术交流会。是年，大竹县金鸡乡红碎茶1号样检出"DDT"含量高达18.34mg/kg，超过国家规定标准90多倍。

1984年1月，达县地区成立"茶树病虫综合防治协作组"，同时参加了四川省茶树病虫害综合防治试验示范协作组，重点在达县米城乡卫星茶场和宣汉县东南乡炉坪茶场开展试验示范，落实了宣汉、邻水示范面积200hm²；达县地区茶果站、达县地区茶叶学会牵头成立"达县地区改造低产茶园技术规范化研究协作组"；达县地区茶果站制定"茶叶生产、加工试验示范"科研计划任务书，提出填补达县地区名茶空白的研发计划。3月，四川省改造低产茶园技术攻关协作组在达县地区召开"改造低产茶园技术培训会"；达县地区茶果站张明亮、汤子江同达县地区外贸茶叶公司刘国材、陈绍允等人在渠县汇南公社长久茶场制作了一批扁形茶，取名"碧兰"，参加了全省名茶选优并获奖，填补了达县地区无名茶的空白，拉开了达州名茶开发的序幕。7月，达县地区农业局在邻水县举办第一期"茶树主要病虫综合防治训练班"，达县、大竹、渠县、邻水四县的部分重点茶场共47人参加学习。11月，四川省茶叶学会在宣汉县召开"全省低产茶园改造现场观摩会及学术讨论会"，全省9个地区茶叶学会、西南农学院、四川农学院、四川省农牧厅、四川省茶叶研究所等20多个单位80多名专家学者及代表参加。

1985年3月，达县地区农业局在宣汉县举办第二期"茶树主要病虫综合防治训练班"，七个县部分重点茶场技术员共计84人参加培训学习，进一步明确了长期乱用和滥用农药的危害性，认识到合理使用农药是综合防治工作中的一种辅助手段。4月，西南农学院刘勤晋等人在渠县外贸公司支持下，试制出黄茶类"硐茶1号"。8月，万源县茶果站具有地方自主知识产权的绿茶系列产品雀舌、毛峰、毛尖名茶工艺初步定型。是年，茶叶由二类物资改为三类物资，茶叶市场开放，议购议销，实行多渠道经营，允许个体户贩运。国营万源草坝茶场生产的优质绿茶"巴山青"包装上市。

1986年9月，达县地区茶叶学会派副理事长张明亮、陈绍允，秘书长刘国材，理事谢达松等人出席四川省茶叶学会为从事茶业工作30年颁奖及科学种茶制茶研讨会，会上做论文交流，并获优秀论文奖。是年，大竹县由四川省计经委、省经贸厅正式命名为优质红碎茶基地县。是年冬，西南农业大学进驻万源县开展科技扶贫专项工作，陈宗道、刘勤晋、杨坚、吴永娴、龚正礼、姚立虎、吴建生、包先进等人先后分批到万源考察、指导。

1987年3月，万源县农业局、万源县茶果站、西南农业大学有关人员在万源青花茶场座谈后，将万源扁形茶定名"巴山雀舌"。4月，巴山雀舌投放市场。5月，全省地方名优茶评优选优会在成都市召开。评选会议上，获得过省级地方优质名茶的"碧兰"参展。"万源县的雀舌"（即巴山雀舌）获优质名茶奖，"大竹县的炒青茶样"（即大竹"永绿"炒青茶）获优质茶奖。

1988年7月，达县地区南江县召开"南江大叶茶"商品生产基地建设论证会，地区行署副专员潘志久同志到会讲话。10月，达县地区茶叶学会派副理事长张明亮、副秘书长袁德玉出席中国茶叶学会在云南省召开的茶叶经济与贸易发展战略研讨会。是年，万源县文物保管所开展全县文物普查，余天健等同志在石窝古社坪村西北1km以外的苏家岩石壁上发现有一摩崖石刻，即《紫云坪植茗灵园记》。

1989年3月，达县地区茶叶学会举办生产名特优茶的采制技术培训。是年，"三清碧兰"入选陈椽主编的《中国名茶》名录，是达县地区唯一入选的中国名茶；国营万源县草坝茶场注册"巴山雀舌"商标，宣汉县漆碑乡茶厂注册茶叶商标"九顶"。

1990年4月，中共中央政治局委员、四川省委书记杨汝岱来达县地区，视察了万源草坝茶场；达县地区茶叶学会在宣汉县漆碑茶厂举办外贸出口优质绿茶的初、精制技术培训班，推广长炒青绿茶初制技术，提高出口绿茶加工工艺。5月，达县地区茶叶生产工作会议在宣汉县土黄区召开；西部五省一市（川、陕、鄂、滇、黔、渝）名茶评比委员会奖给"巴山雀舌茶"陆羽杯。7月，中共达县地委、达县地区行署作出《关于大力兴办集体"绿色工厂"发展农户"庭院经济"的决定》,茶叶被列为全区发展种植业"绿色工厂""庭院经济"的重要选项。8月,巴山青加工工艺技术通过达县地区科学技术委员会鉴定。10月,巴山雀舌加工工艺技术由国家科学技术委员会编入《中国技术成果大全》第16分册。是年,四川省科学技术委员会下达"万源县富硒茶开发研究"项目,"万源县土壤和茶叶含硒量的测定"作为项目重要研究内容。

1991年4月,《紫云坪植茗灵园记》岩刻文字拓片被收进杭州中国茶叶博物馆,岩刻被四川省人民政府列为省级文物保护单位;"巴山雀舌"获得"九一中国杭州国际茶文化节"名茶评选第五名,赢得"中国文化名茶"称号;四川省农牧厅经作处张世民、李长沛,四川省茶叶研究所钟渭基,四川农业大学李家光,西南农业大学李华钧,达县地区茶果站张明亮六名专家组成的"四川省茶树良种考察组"先后到大竹县金鸡乡,宣汉县土黄、漆碑、平楼、茶河,万源草坝茶场进行实地考察,指出全区茶叶经济效益低的原因,在于缺乏茶树良种。5月,胡平生发表《北宋大观三年摩崖石刻〈紫云坪植茗灵园记〉考》,较为全面、翔实地考证了石刻文字大意;达县地区开展名茶评选活动。8月,达县地区茶叶学会组织召开"在发展外向型经济中,如何使我区茶业发挥更大作用"的研讨会,生产、流通、科研、教学部门等30多人参加。9月,四川省省长张皓若视察达县地区,并考察万源草坝茶场。10月,达县地区名优茶开发课题及机械采茶项目研讨会举办,会议证明了达州市凭借独特的自然条件发挥名优茶生产优势,既能够提高产品质量、满足市场需求,又能提高经济效益,解决山区农民脱贫致富,前景十分广阔。11月,国家科学技术委员会在北京展览馆举办"七五"全国星火计划成果博览会,江泽民亲临参观万源展台,对万源茶叶连声叫好。是年,西南农业大学刘勤晋主持"万源富硒茶开发"课题,普查万源茶叶含硒量,测定茶样平均含硒量为0.359mg/kg。是年,巴山雀舌、巴山毛峰的开发列入全国名优茶开发项目;四川省茶叶研究所、达县地区茶果站、宣汉县茶果站与漆碑乡茶厂技术人员采用全手工方法共同研制出扁形名茶,因色如雪、形似眉,命名为"九顶雪眉"。

1992年5月,四川省农牧厅举办第二届"甘露杯"名优茶评审活动,达县地区名茶获奖数目占到全省获奖总数的三分之一,赢得"四川名茶东移,好茶出在巴山"的赞誉。9月,由西南农业大学和万源县草坝茶场共同承担的星火计划项目"巴山富硒茶系列产品开发"成果验收鉴定会在四川大学学术交流中心举行,认为"研究成果填补了四川天然保健食品研究的一项空白"。10月,针对茶叶市场出现疲软,茶叶如何走出市场低谷,达川地区茶叶学会召开"茶叶产销座谈会"。是年,达县地区茶果站着手实施机械化采茶试验示范,从浙江购回一台日本产采茶机,推广机械采茶。

1993年7月，通江、南江、邻水等重点产茶县划出达县地区，达县地区更名为"达川地区"。是年，由西南农业大学食品学系、万源县草坝茶场共同完成的《巴山富硒茶系列产品开发研究》获1993年度四川省星火奖三等奖，主要完成人为刘勤晋、张生琦、陈宗道、熊益政、雷蜀明。

1994年4月，达川地区第一届名优茶评选活动举办，8只获奖名茶被推荐到四川省农牧厅参加第三届"甘露杯"评选，其中"铁山剑眉""米城银毫"获得优质名茶称号。11月，达川地区茶叶学会召开第一届二次会员代表大会，地、县级茶果站茶叶专家及行业代表围绕名优茶开发做了学术论文交流，大竹县代表卢文丁提出"开发一只名茶，建设一片基地，创立一块牌子，办好一个实体，富裕一方农民"的茶叶产业发展思路。是年，农业部下达"达川地区优质茶树良种苗木基地建设"项目，大竹县被列为达川地区茶树良种繁育基地，在大竹县国营云雾茶场建设母本园2.67hm²，苗圃4hm²，填补了达州无茶树良种母本园的空白。是年，为加快推进茶叶生产由产品经济向商品经济过渡，达川地区地委、行署印发了《关于加速茶叶商品基地建设的意见》，提出"三万亩名优茶基地建设"任务，其中宣汉县、大竹县、万源市在1994年分别建成1000hm²、400hm²、600hm²茶叶基地。该意见允许农户以使用权入股，建立股份合作制企业，以形成规模效益；集体茶园实行专业承包的，承包到期后，重新签订承包合同延长期至少10年，以调动承包者增加茶园基础设施投入的积极性，成为推动全区大力发展名优茶的一项重大举措。

1995年2月，万源市人民政府制定《关于一九九五年多种经营生产安排意见》，将茶叶排在万源发展多种经营的十大骨干项目的首位。5月，达川地区第二届名优茶评审会举办，新评出"巴山春芽""云雾春芽""平顶碧芽"3只地方名茶；推荐参加四川省农牧厅开展第三届第二次"甘露杯"名优茶评选活动，"巴山春芽""平顶碧芽"被评为优质名茶。10月，推荐4只茶样参加第二届中国农业博览会，"九顶雪眉""九顶翠芽""巴山雀舌"顺利参展并获得金奖，万源市农工商公司研制的"巴山银针"，因样品不足1kg，未能参展。

1998年5月，原万源市茶果站更名为万源市果树站，分流人员成立万源市茶叶局。12月，"巴山雀舌""九顶雪眉""九顶翠芽"荣获中国（成都）国际食品精品特别金奖和第二届巴蜀食品节金奖。是年，万源市茶叶局在青花镇矿山发现了早生绿茶品种，开始进行小面积无性繁殖；国营万源草坝茶场由达州市智强集团兼并，组建达州市智强集团巴山雀舌公司；达川地区茶叶产值首次突破亿元大关。

1999年6月，撤达川地区，成立达州市，辖7个县、市、区，均产茶。是年，达州市茶果站和万源市茶叶局在青花镇干溪沟村进行茶树短穗扦插技术示范；四川省丰牧办下达达川地区茶果站"茶叶优质高产综合配套技术"项目，达川地区茶果站牵头，组织万源、宣汉两县市实施，推广名优茶机制。

2000年5月，四川省第四期名优茶实用专业技术培训会在万源市举办。6月，达州市人民政府印发《关于实施茶叶生产"552"工程，加速茶叶产业化进程的意见》，提出用5年时间，发展无性系良种茶园5万亩，年产名优茶增加2000t，即"552"工程。10月，万源市茶叶产业化开发领导小组成立。11月，"巴山雀舌"商标专用权改属四川智强巴山雀舌茶叶有限公司所有。

2001年5月，《紫云坪植茗灵园记》摩崖石刻被达州市人民政府列为达州市重点文物保护单位。7月，达州市农业产业化工作会议召开，会议提出将茶叶产业作为达州农业产业化发展的关键龙头，以抓产品、抓龙头、抓加工、抓机制、抓项目为重点推进达州茶叶产业化发展，选择巴山雀舌、九顶雪眉、九顶翠芽等主要名牌产品作为重点，推进名牌产品上规模、上档次、做大做强，实现一县一品。12月，万源市被四川省特产协会授予"四川省富硒名茶之乡"。是年，万源市、宣汉县分别举办良种茶园栽培及名优茶机制技术流动培训班。与会专家针对达州茶叶产业化发展问题提出"发展达州茶叶生产的思路应该有一个大的调整，基础要有一个大的发展，品种结构要有一个大的突破，科技含量要有个大的提高"四点意见，得到达州市委、市政府的重视。

2002年9月，万源市2000hm²茶园通过四川省农业厅认证为无公害农产品基地，"万源雀舌"为无公害农产品。是年，万源市人民政府通过万源市国投公司出资20万元拍卖收购"巴山雀舌"商标。

2003年3月，万源市农业标准《特种绿茶》发布实施。5月，万源市"无公害优质富硒绿茶基地建设"项目获科技部国家级星火计划立项。8月，四川智强巴山雀舌茶叶有限公司申请破产。是年，中共达州市委办公室印发《关于进一步加速茶叶产业化经营进程的意见》，进一步推进茶叶"552"工程的实施；万源市提出实施"10万亩无公害茶叶生产基地建设工程"，并纳入"7个10万亩"农业重点项目；宣汉县被命名为"四川省绿茶基地县"。

2005年，万源市国投公司无偿将"巴山雀舌"商标专用权转让给万源市茶叶局；"552"工程获得2005年达州市人民政府科技进步奖三等奖。

2006年5月，四川巴山雀舌名茶实业有限公司在万源市注册成立；万源市茶叶局按照万源市委、市政府招商引资达成的协议，原价20万元将"巴山雀舌"商标专用权转让给四川巴山雀舌名茶实业有限公司。9月，万源市被农业部认定为全国无公害农产品基地，认定"万源绿茶"为无公害农产品。

2007年3月，向淑道、唐开祥、陈中华等24名人大代表联名向人大第二届达州市委员会第三次会议提出"关于将茶叶纳入推进达州市新农村建设的特色产业重点项目扶持的建议"。6月，万源市富硒绿茶通过国家级农业标准示范区验收。7月，达州市人民政府办公室印发《关于切实抓好茶果产业发展的通知》，提出"扩展面积，主攻单产；调整布局，优化结构；强化管理，突出品质；培育品牌，拓展市场；产业开发，增效增收"的发展思路。9月，"巴山早芽"地方茶树品种通过四川省茶树良种审定委员会审定为四川省茶树良种。是年夏末秋初，万源市固军、白羊、井溪、旧院等地近600hm²茶园和宣汉县石铁乡66hm²茶园，遭遇几十年不遇的暴发性军配虫危害。12月，中共万源市委办公室、市政府办公室成立万源市申报"中国富硒茶都"誉名工作领导小组；"中国富硒茶都"誉名认定申报工作在北京评审通过，中国食品工业协会授予万源市"中国富硒茶都"荣誉称号。是月，由成都理工大学与达州市科技局和万源市科技局共同完成的达州市市校合作项目"四川省万源市硒的地球化学特征及开发价值研究"通过四川省科技厅专家鉴定。是年，"万源市富硒茶种植区划和发展规划研究"项目获得万源市科技进步奖一等奖、达州市科技进步奖一等奖。

2008年1月，"巴山早芽"地方茶树品种经四川省农作物品种审定委员会审定为省级茶树优良品种，正式定名"巴山早"，"巴山早"的选育获2008年度达州市人民政府技术进步一等奖，填补了达州市无无性系茶树优良品种的空白；成都理工大学与达州市"市校合作"项目"四川省万源市硒的地球化学特征及开发价值研究"举行新闻发布会，确定万源市存在大面积富硒土壤。4月，"中国富硒茶都——四川万源首届天然富硒茶文化节"在万源市举办。

2009年1月，四川省农业厅命名万源市茶叶基地为"四川省优势特色效益农业基地"。9月，达州市农业局编制《达州市优势特色农产品基地建设规划（2010—2014年）》，规划以万源、宣汉为主的北部优质富硒茶叶核心区和达县、开江、大竹为重点的南部高效生态观光茶区产业发展布局，提出坚持"集中连片、突出重点、择优发展"的发展原则。11月，大竹县人廖红军从浙江安吉购回3000株白茶1号茶苗，在大竹县团坝镇白坝村曾家沟试种。是年，万源市茶叶局编制DB 511781/T 003.6—2009《万源天然硒绿茶》。

2010年1月，达州市人民政府印发《关于大力实施茶业富民工程的意见》。万源市人民政府贯彻出台《关于大力实施富硒茶产业发展战略的意见》。3月，农业部批准"万源富硒茶"农产品地理标志登记；万源市茶叶行业商会成立。4月，万源市委、市政府在重庆市解放碑举办"中国富硒茶都——四川·万源天然富硒茶暨生态旅游重庆推介会"。是年，基本确立以万源"巴山雀舌"、宣汉"九顶雪眉"为主导的品牌产品发展格局。

2011年，"巴山雀舌"被国家工商总局认定为"中国驰名商标"。

2012年6月，达州市茶叶工作会议召开。12月，达州市人民政府副市长王全兴带领市农业局局长、分管副局长，万源市、宣汉县人民政府分管领导、农业局局长、市（县）茶叶专家以及四川巴山雀舌名茶实业有限公司、宣汉县九顶茶叶有限公司法人代表等一行10余人，前往汉中市学习考察茶叶基地建设、品牌整合打造等方面经验，形成了打造达州市茶叶区域品牌的共识；四川巴山雀舌名茶实业有限公司通过审定成为农业产业化国家级重点龙头企业。是年，万源市青花片区万亩茶叶示范区、万源市大竹片区万亩茶叶示范区通过四川省农业厅第二批现代农业万亩示范区命名，万源市（茶叶）被纳入四川省现代农业产业基地强县。

2013年4月，四川巴山雀舌名茶实业有限公司与达州市茶果站签订《"巴山雀舌"商标使用权授权委托合同》，将"巴山雀舌"品牌商标使用权授权给达州市茶果站监管，供市域范围内符合条件的茶叶企业无偿使用；达州市首次统一以"巴山雀舌"品牌形象，组团参加第三届中国（北京）国际茶业及茶艺博览会。5月，成立由达州市委常委陈中华任组长、市人民政府副市长王全兴任副组长、20个市级部门主要负责人为成员的"达州市茶叶产业发展领导小组"，强化对达州茶产业发展的组织领导；达州市出台《关于推进达州市茶叶品牌整合工作的意见》《达州市"巴山雀舌"商标使用管理办法》《"巴山雀舌"茶包装物印制管理办法（试行）》等，推动"巴山雀舌"商标成为达州市茶叶区域公用品牌。9月，达州市农业局局长王成、副局长侯重成、达州市茶果站贾炼、冯林四人赴湖北省恩施州、陕西省汉中市学习考察茶产业发展经验；国家质监总局审查批准宣汉县"漆碑茶"为"国家地理标志保护产品"；达州市农业局召开全市茶叶产业规划工作研讨会暨学习考察经验总结会，部署启动实施达州富硒茶产业"双百"工程，同时部署制定全市茶产业发展规划。是年，四川省农业厅编制《茶产业强省建设规划》，规划"两带两区"建设，达州市列入川东北优质富硒茶产业带。

2014年3月，达州市人民政府印发《关于大力实施富硒茶产业"双百"工程的意见》；10家茶叶企业提出"巴山雀舌"商标使用申请并获准使用。4月，达州市富硒茶产业"双百"工程现场推进会在开江县召开；万源市人民政府制发《关于大力发展富硒茶产业的意见》；达州市工商行政管理局开展保护"巴山雀舌"商标专用权专项行动，严打侵犯"巴山雀舌"商标专用权等违法行为。8月，达州市组织重点茶企参加第六届香港国际茶展。10月，达州市人民政府召开《达州市富硒茶产业发展总体建设规划》评审会议，《达州市富硒茶产业发展总体建设规划》评审通过。11月，达州市农业局组织七家茶叶企业统一以"巴山雀舌"品牌形象参加中国（广州）国际茶业博览会暨第十五届广州国际茶文化节；达州市茶果站在市农广校会议室组织举办全市茶叶生产技术培训会，邀请四川省茶叶研究所王云、王迎春、唐晓波授课。12月，达州市人民政府正式发布《达州市富硒茶产业发展总体建设规划》。是年，渠县人民政府出台《关于加快渠县茶叶产业化发展的意见》，大竹县农业局出台《关于大力实施2014年度富硒茶产业"双百"工程的意见》，达川区天禾茶场举办2014年中国·达州（达川）首届巴山采茶节。

2015年4月，达州市茶产业"双百"工程现场推进会在达州市达川区举办；达州市人民政府在达州宾馆举办富硒茶产业"双百"工程项目推介会，达川区天禾茶场举办2015年中国·达州（达川）第二届巴山采茶节。5月，达州市茶果站组织12家企业，作为全国十大政府展团之一和四川唯一政府参展团体，参加第十二届上海国际茶业博览会。6月，达州市茶果站编制的DB 511700/T 31—2015《巴山雀舌》（栽培技术规范、加工技术规范、质量等级要求）发布实施；大竹县"巴蜀玉叶白茶"获得第十一届"中茶杯"全国名优茶评比特等奖，成为达州市首只获此殊荣的名茶。8月，达州市茶果站在万源市组织召开全市"巴山雀舌"绿茶加工技术暨有机产品标准和实施规则培训会，邀请四川省茶叶研究所王云、省园艺总站张冬川授课。12月，达州市人民政府批复万源市人民政府同意《关于恳请收回"巴山雀舌"品牌授权的请示》，达州市茶果站根据批复要求，终止"巴山雀舌"作为达州市茶叶区域公用品牌。

2016年4月，达州市富硒茶产业"双百"工程现场推进会在万源市举办；达州市农业局组织10家公司参加第七届（北京）中国国际茶业及茶艺博览会。展会期间，达州市与中国农业国际合作促进会茶产业委员会、陕西省安康市、湖北省恩施州共同举办了"2016中国富硒茶产区政府发展论坛"，"达州富硒茶"为"论坛唯一指定用茶"。同期，达州市还举办了"四川达州富硒茶推介会"，推介达州富硒茶产业招商项目。10月，达州市茶果站在达川区龙会乡举办全市茶叶冬管技术现场培训会，邀请四川省茶叶研究所王云授课。

2017年3月，达州市茶叶协会成立大会暨第一次会员大会在达州宾馆召开，选举四川巴山雀舌名茶实业有限公司为会长单位。6月，达州市农业机械研究推广站在万源市举办茶叶机械化采摘技术推广培训会；大竹县撤销县茶果技术推广站，保留县经济作物站，新成立大竹县茶叶（白茶）产业发展中心。8月，达州市农业局、市茶果站组织八家茶企参加第五届中国呼和浩特国际茶产业博览会。10月，达州市茶果站在万源市举办全市机采茶园建设现场会，邀请四川省茶叶研究所王云授课。12月，达州市茶果站在第七届秦巴地区商品交易会期间举办"2017首届中国·达州富硒茶产业发展论坛"。是年，达州市富硒茶产业"双百"工程现场推进会整合并入全市现代农业园区建设现场会，之后未再召开。

2018年5月，达州市茶果站选送万源市白羊生态茶园被四川茶博会组委会评为"四川省十大最美茶乡"。10月，达州市茶果站在万源市举办达州市茶产业扶贫技术培训会暨全市推进机采工作会，邀请四川省茶叶研究所王云授课。12月，四川省茶叶学会2018年学术年会在万源市召开。是年，浙江省普陀区按照中央新一轮东西部扶贫协作工作要求，依托东西部扶贫协作项目资金，立足万源实际，确定将茶叶作为扶贫的主导产业。

2019年5月，彭清华巡视第八届中国（四川）国际茶业博览会并亲临"大竹白茶"主题展馆，详细了解大竹白茶生产情况和"四带三供"推进模式，品鉴并赞赏大竹白茶"淡淡的，妙！"；四川巴山雀舌名茶实业有限公司获"四川十大茶叶企业"，达州市在达州展馆隆重宣传；由达州市六大产业推进领导小组、市农业农村局、市经济和信息局、市农产品加工产业推进办支持，市茶叶协会主办，市茶果站协办的"达州市茶产业企业家沙龙活动"在凤凰大酒店举行，会议传达了彭清华参观第八届四川茶博会时关于强调不断提高川茶产业发展质效和竞争的重要指示精神；大竹县白茶产业协会成立。7月，万源市大巴山茶文化小镇建成开园；中共达州市委、达州市人民政府印发《达州市乡村振兴战略规划（2018—2022年）》，提出进一步优化产业空间布局，着力形成达陕高速沿线万源—宣汉富硒茶叶产业带建设。达州种植业重点发展粮油、茶叶、果蔬、中药材、苎麻，其中茶叶、苎麻为重点发展的两个特色农业产业。8月，四川省园艺作物技术推广站总站在万源市举办"农业农村部协同推广项目工夫红茶加工技术培训班"，绵阳市、广元市、巴中市、达州市、北川县、平武县、青川县、旺苍县、平昌县、通江县、南江县、宣汉县、万源市、达川区、开江县、渠县、大竹县农业农村局、经作（茶叶）站（局）负责同志以及各地重点龙头企业负责人共计70余人参加培训，培训会由四川省园艺作物技术推广站总站段新友主持，邀请宜宾学院赵先明现场教学指导；达州市农业农村局副局长侯重成、市茶果站冯林、市商务局胡克强带队，组织八家茶叶企业赴香港参加第十一届香港国际茶展。9月，万源市在八台镇茶文化小镇举办2019年中国农民丰收节绿茶手工制作大赛，达州市茶果站、万源市茶叶局茶叶专家组成大赛裁判，王忠华获一等奖。11月，达州市茶果站在大竹县举办达州市茶叶生产技术培训会，邀请四川省园艺作物技术推广总站段新友、四川省茶叶研究所马伟伟授课；大竹县白茶产业协会在大竹县兵峰集团举办大竹白茶产业技能培训会，达州市茶果站唐开祥、冯林作培训。12月，"万源市白羊石塘富硒茶现代农业园区""大竹县铜锣山大竹白茶现代农业园区"成功创建；四川巴山雀舌名茶实业有限公司通过达商总会向达州市人民政府呈报《关于做好达州市重点品牌"巴山雀舌"区域公共整合方案的报告》，标志着达州市新一轮茶叶品牌整合工作正式开启。

2020年1月，万源市白羊—石塘富硒茶现代农业园区经中共四川省委农村工作领导小组办公室、四川省农业农村厅命名为四川省星级现代农业园区（四星级）。2月，达州市农业农村局印发《关于新冠病毒疫情防控期间切实抓好茶产业稳定发展的指导意见》。6月，中共达州市委农村工作领导小组决定组建现代农业"1+4"推进工作专班，茶产业工作专班成立。7月，达州市农业农村局组织16家茶企参加第九届中国（四川）国际茶业博览会，万源市获得"四川茶业十强县"荣誉，四川巴山雀舌名茶实业有限公司获得"四川十大茶叶企业"奖补资金10万元。10月，中共达州市委、达州市人民政府印发《关于加快建设现代农业"9+3"产业体系推进农业大市向农业强市跨越的实施意见》，将"茶叶"纳入达州现代农业"9+3"产业体系重点推进。12月，达州市茶果站在通川区举办达州市茶产业培训会；"大竹白茶"获农业农村部农产品地理标志登记。是年，宣汉县农业农村局、宣汉县茶叶果树技术推广站等单位编制的标准DB 5117/T 29—2020《地理标志产品 漆碑茶》发布实施。

2021年1月，达州市委、市政府召开专题会议，研究确定"巴山青"作为达州市茶叶区域公用品牌首选名称。2月，中共达州市委农村工作领导小组印发《达州市茶叶区域公用品牌培育行动方案》，明确"由达州市茶果技术推广站申请，市市场监督管理局负责注册，尽快完成达州市茶叶区域公用品牌商标注册"。3月，四川省人才工作领导小组办公室印发通知，在全省开展"科技下乡万里行"活动，四川省茶叶研究所王云、王迎春、刘飞，四川省农机院邓佳及达州市茶果站冯林组成专家团，对口帮扶达州、巴中两市。4月，"巴山青"图形商标设计完成，达州市市场监督管理局完成向国家知识产权局提交"巴山青"商标注册申请工作；达州市农业农村局以"巴山青""达州富硒茶"双标识在第十届中国（四川）国际茶业博览会上设置特装展馆，"巴山青"首次亮相重大茶事活动；中共达州市委农村工作领导小组办公室印发《达州茶业振兴工作推进方案》。达州市总工会、达州市农业农村局、重庆市梁平区总工会联合主办"2021年'蜀韵杯'茶叶行业职业技能大赛"，来自四川省达州市通川区、达川区、万源市、宣汉县、大竹县、开江县、渠县和重庆市梁平区的8支代表队共计56名工人参加竞赛；达州市茶叶协会在达州市农广校会议室召开会员大会，选举产生第二届理事会及其领导班子，胡明尧任会长，柴华任常务副会长，四川国储农业发展有限责任公司为常务副会长单位，聘请达州市茶果站刘军任秘书长。6月，大竹县"国礼·白茶""蜀玉白月白茶"双获"中茶杯"第十一届国际鼎承茶王赛茶王奖，成为全国仅有的2只绿茶组茶王。10月，中国共产党达州市第五次代表大会召开，大会报告写入"整合培育'巴山青'"。11月，"大竹白茶"

成功注册地理标志证明商标。12月，达州市第五届人民政府第六次常务会议通过《达州市"十四五"推进农业农村现代化规划》，全市茶产业按照"一带、三核、四区、十园"总体布局；"巴山青"涉及茶叶及相关产业、广告宣传推广的13个商品、服务类别商标获准注册。

2022年2月，达州市人民政府召开新闻发布会，正式对外发布达州市茶叶区域公用品牌"巴山青"。中共达州市委办公室、达州市人民政府办公室印发《达州市茶叶区域公用品牌"巴山青"培育推广方案（2022—2024年）》；达州市茶果站编制的四川省（达州市）地方标准DB 5117/T 48—2022《巴山青茶栽培技术规程》、DB 5117/T 49—2022《巴山青茶加工技术规程》正式发布实施；大竹县茶叶（白茶）产业发展中心编制的四川省（达州市）地方标准DB 5117/T 50—2022《大竹白茶栽培技术规程》、DB 5117/T 51—2022《大竹白茶加工技术规程》发布实施；达州市茶果站冯林、向洪远带领袁正武、王伦、胡年生、张传会、蒋中和、陈会娟6名制茶技术人员参加"天府龙芽杯"2022年四川省扁形绿茶手工制作职业技能竞赛，获团体二等奖。3月，大竹县举办第六届"喊山开茶"文化节，四川省政协副主席祝春秀、中共达州市委书记邵革军等领导出席开幕式活动。4月，达州市农业农村局、达州市市场监督管理局在万源市固军镇三清庙村举办"巴山青"品牌质量标准培训会暨首批授权使用企业签约仪式。5月，"万源市茶旅融合环线2日游"经中国农业国际合作促进会茶产业委员会、中国茶产业联盟及农业农村部等相关单位专家评审为"春季踏青到茶园"全国茶乡旅游精品线路。6月，达州市茶叶协会团体标准T/DZCX 01—2022《巴山青茶》通过全国团体标准信息平台正式发布；四川省职业院校技能大赛（高职组）中华茶艺赛项在达州职业技术学院举办。7月，达州市茶叶协会召开第三届理事会改选大会，选举四川竹海玉叶生态农业开发有限公司董事长廖红军为会长，聘任达州市茶果站刘军为秘书长。8月，达州巴山青茶产业学院成立，挂靠达州职业技术学院数字艺术与文旅学院。10月，第十一届中国（四川）国际茶业博览会举办，开幕式当天，达州市农业农村局、达州市茶果站举办达州市茶叶区域公用品牌"巴山青"推介会，达州市人民政府副市长张杰现场推介"巴山青"，达州市政协副主席、市茶叶专班负责人廖清江主持活动；达州市茶果站研制扁形名茶"巴山青·雀舌"获得"金熊猫奖"，成为达州市茶叶区域公用品牌"巴山青"茶产品获得的首个省级会展大奖，万源"巴山雀舌众妙绿茶"和大竹县"国礼·白茶"被评为全省首批10个"四川最具影响力茶叶单品"；中共达州市委农村工作领导小组印发《达州市茶叶区域公用品牌"巴山青"使用管理办法》。11月，万源市固军镇三清庙村被农业农村部授予"中国美丽休闲乡村"称号。12月，四川省人民政府办公厅印发《关于推动精制川茶产业高质量发展促进富民增收的意见》，达州市列入川东北高山生态茶产业带布局。

2023年3月，达州市首届"巴山青"茶文化节在大竹县、万源市举办，节会同期举办大竹县第七届"喊山开茶"文化节、首届大巴山茶叶行业职工职业技能大赛、大巴山富硒茶产业发展大会等活动；"中国农业科学院茶叶研究所大竹成果转化示范基地""四川省白茶产业联盟"挂牌成立；张正中、唐开祥、薛德炳分别被授予"巴山青制茶大师"称号；达州市人社局、达州职业技术学院承办四川省"巴山青杯"茶与健康职业技能大赛。5月，第十二届四川国际茶业博览会开幕式确定达州市为2024年第十三届四川茶博会主题市。其间，达州市设置1000m²的"巴山青"特装展馆，组织35家企业参展，规模空前。万源市、宣汉县分别选送舞蹈节目，演绎达州茶文化。大竹县"大竹白茶最美茶乡"获得"四川十大最美茶乡"称号。达州市农业农村局、达州市茶果站、大竹县农业农村局以"大竹白茶，点靓川茶"为主题，联合举办达州市巴山青"大竹白茶"推介会。四川省人大常委会副主任祝春秀，中国工程院院士刘仲华，达州市委副书记熊隆东，达州市政协副主席、市茶叶专班负责人廖清江等领导和专家出席。6月，达州市人民政府办公室印发《关于推动达州茶产业高质量发展促进富民增收的实施意见》；大竹县"玉顶山"牌大竹白茶斩获"中茶杯"第十三届国际鼎承茶王赛（春季赛）茶王奖，排名全国参赛绿茶组第一位。达州市市场监督管理局组织召开"达州市区域公用品牌保护工作专题会商会"，研究"巴山青"品牌保护事宜；达州市农业农村局主办，达州市茶果站、万源市农业农村局联合承办的"2023年达州市夏秋茶开发利用现场会"在万源市举行，邀请四川省茶叶研究所王云、刘飞授课。7月，中国共产党达州市第五届委员会第六次全体会议通过中共达州市委《关于深入推进新型工业化加快建设现代化产业体系的决定》，茶叶全产业链建设、整合培育"巴山青"品牌等工作写入该决定。8月，"宣汉绿茶"入选农业农村部《2023年第二批全国名特优新农产品名录》。9月，达州市农业农村局开展2023年"巴山青"十大茶叶精品评选活动，助力第六个中国农民丰收节达州会场活动；大竹县团坝镇白茶村被农业农村部评为"中国美丽休闲乡村"。11月，达州市农业农村局、达州市茶果站实施"2023年全市巩固拓展脱贫攻坚成果同乡村振兴有效衔接专项资金"巴山青"品牌培育推广"项目，在全市改造低产低效（老旧）茶园646hm²，改造建设清洁化茶叶加工厂11个。

附 录 二

达州市茶业相关文件

达州市茶叶区域公用品牌"巴山青"培育推广方案（2022—2024年）

（达市委办〔2022〕17号）

中共达州市委办公室、达州市人民政府办公室 2022年2月15日印发

为贯彻落实市第五次党代会精神，紧紧围绕市委"157"总体部署，培育、擦亮达州市茶叶区域公用品牌"巴山青"，促进达州茶产业提质增效，特制定本方案。

一、总体要求

坚持以习近平新时代中国特色社会主义思想为指导，深入实施乡村振兴战略，认真贯彻落实省委、省政府关于加快建设现代农业"10+3"产业体系和市委、市政府关于加快建设现代农业"9+3"产业体系的决策部署，培育达州市茶叶区域公用品牌，提升茶产业质量效益，为我市建设成渝地区现代农业强市贡献力量。

二、工作目标

培育推广茶叶区域公用品牌"巴山青"，全面提升"巴山青"对外的辨识度、知名度、美誉度和影响力，引领全市茶叶产业迈向高质量发展。2022年，树立品牌形象，形成达州茶叶名片。到2024年，擦亮达州茶叶名片，确立在川茶品牌中的优势地位，提升在全国的影响力。

三、重点任务

（一）夯实产业基础。2022年，制定巴山青茶栽培、茶加工技术规程地方标准和茶产品质量团体标准。坚持绿色循环发展，按照良种、良法要求，创建一批"巴山青"标准示范园。到2024年，创建标准示范园20个，基地面积5万亩。按照准入标准，培育一批"巴山青"加工企业，推动"母子品牌"（母品牌即巴山青，子品牌即企业品牌）做大做强。〔牵头单位：市市场监督管理局、市农业农村局；责任单位：各县（市、区）人民政府，达州高新区、达州东部经开区管委会〕

（二）塑造品牌形象。以"高山、富硒、生态"为特色，依托巴文化、茶文化，厚植

"巴山青"品牌内涵。开办"巴山青"茶文化节。开设"巴山青"技能大赛，开展"巴山青"名茶评比活动，展现"巴山青"品牌魅力。运用文学、音乐、摄影等多种形式，创作一批文艺作品，讲好"巴山青"品牌故事。（牵头单位：市委宣传部、市农业农村局、市总工会、市文联；责任单位：市巴文化研究院、万源市人民政府）

（三）强化品牌推介。召开"巴山青"新闻发布会和品牌发布会，举办"巴山青"专题推介会。鼓励"巴山青"品牌企业参加茶博会等重大会展活动，并设立"巴山青"特装展位或主题展区。征集"巴山青"宣传用语，拍摄"巴山青"专题宣传片和广告短视频。加大在主流媒体及公交场站、公共场所、购物中心、旅游景区等线上线下平台投放"巴山青"品牌广告力度。组织新闻媒体重点宣传报道"巴山青"品牌活动，在网络平台、社交平台开展"巴山青"线上宣传活动。［牵头单位：市委宣传部、市农业农村局、市市场监督管理局；责任单位：市委网信办、市交通运输局、市商务局、市文体旅游局，各县（市、区）人民政府，达州高新区、达州东部经开区管委会］

（四）拓宽销售渠道。支持"巴山青"品牌企业开设"巴山青"品牌专卖店，并统一店招设计。引导"巴山青"品牌企业提升包装设计，开发本地市场，推动"巴山青"产品进驻全市主要购物中心、社区超市、旅游景区、大型酒店。支持"巴山青"品牌企业在成都、重庆等地的主要公交场站、购物中心、茶叶市场等开设"巴山青"专卖店或展销专柜。鼓励"巴山青"品牌企业在淘宝、京东、抖音等平台线上开店、"直播"卖货，开设"巴山青"品牌旗舰店。鼓励引导工会会员助力"巴山青"茶叶消费。［牵头单位：市农业农村局、市商务局、市文体旅游局、市供销合作社联合社、市总工会；责任单位：各县（市、区）人民政府，达州高新区、达州东部经开区管委会］

（五）加强融合推广。依托万源中国硒部茶园走廊、大竹云峰茶谷、宣汉巴山大峡谷茶溪谷，打造茶旅精品线路3条。融合万源茶叶现代农业园区创建工作，在园区建设"巴山青"茶叶博览馆或科普文化体验中心。融合"巴山食荟"农产品区域公用品牌宣传推广工作，重点推介茶叶区域公用品牌"巴山青"。［牵头单位：市农业农村局、市文体旅游局、万源市人民政府；责任单位：市供销合作社联合社，各县（市、区）人民政府，达州高新区、达州东部经开区管委会］

四、保障措施

（一）加强组织保障。按照"政府推动、协会主导、企业参与"的品牌管理运营机制，市委、市政府牵头抓总，市级有关部门协同配合，扎实开展"巴山青"品牌培育推广工作。各县（市、区）党委、政府要高度重视茶叶产业发展，积极鼓励茶叶企业参与茶叶区域公用品牌"巴山青"的培育推广工作。

（二）加强政策支持。市委宣传部把"巴山青"品牌宣传纳入全市对外宣传工作计划，市县主流新闻媒体、公共信息服务平台要将"巴山青"纳入公共宣传体系予以支持。市经济合作外事局要将"巴山青"作为区域名片进行重点宣传推介。市级有关部门要将"巴山青"品牌培育推广工作列入本行业支持农业农村优先发展年度工作计划的重要内容并组织实施，年度工作计划和完成情况向市委农村工作领导小组报告。市级有关部门要充分发挥行业优势，利用自有平台资源，制定支持"巴山青"品牌培育推广的政策措施。

（三）加强资金支持。市本级财政设立"巴山青"茶叶区域公用品牌培育推广专项资金，其他涉农项目整合资金向"巴山青"品牌培育推广工作倾斜。万源市、宣汉县、大竹县要积极支持茶叶区域公用品牌"巴山青"培育推广工作。

达州市茶叶区域公用品牌"巴山青"茶包装物印制管理办法（试行）

（达市农〔2022〕47号）

达州市农业农村局、达州市市场监督管理局 2022年3月21日印发

一、适用范围

本办法适用于符合下列条件的茶叶企业：在达州市域范围内的茶叶生产者经营者，同时取得"巴山青"商标使用资格的企业。

二、印制原则

必须符合国家食品饮品包装物设计印制的有关要求和GB/T191、GB7718、食品包装材料卫生标准的规定，包括袋、盒、瓶、听、箱、手提袋等在内。

三、印制规定

（一）包装设计布局合理，图文并茂，色调协调，美观大方，突出宣传达州茶叶特色和浓厚的历史文化底蕴。

（二）保证以下重点要素不遗漏。分别是：巴山青商标、质量认证、SC认证、条码、卫生许可证号、产品标准、产品名称、产品等级、净含量、生产日期、保质期、生产单位名称、详细地址、联系电话、监制单位等。

（三）产品标准按茶叶类型对应执行：

1.绿茶：即"巴山青茶"，按T/DZCX 01《巴山青茶》执行。

2.白茶：特指以白化茶树品种制作的绿茶，参照"大竹白茶"产品质量标准执行。

3.工夫红茶：按DB51/T 878—2022《精制川茶 川红工夫红茶加工技术规程》执行。

（四）监制单位：达州市茶果技术推广站，达州市茶叶协会。

（五）须在醒目位置标注注册商标"巴山青"，不得更改商标的字体、图形、颜色。

（六）实行母子商标的茶叶企业，企业原有商标以不大于"巴山青"商标的字号印注在"巴山青"商标的右侧。

（七）符合"三品一标"（无公害农产品、绿色食品、有机茶、"地标产品"）的产品分别在企业商标右侧粘贴相应的专用标志。

（八）茶叶包装正面标注产品名称字样。本办法第三条第3款规定的"绿茶"产品统一标注"巴山青"字样；"白茶""工夫红茶"产品不做硬性规定。字体应力求端正美观，易于辨识。

（九）为维护现有企业产品的知名度和市场占有率，按照"循序渐进，逐步统一"的原则，对本办法第三条第3款规定的"绿茶"产品包装，正面字样于2024年12月31日前，可使用企业自有产品名称；自2025年1月1日起，统一使用"巴山青"字样。

（十）为保护并持续推进优势茶叶产品单品突破性发展，对在2021年12月31日前，企业品牌获得"中国驰名商标"、产品获得"中国文化名茶""四川十大名茶"的"绿茶"产品包装可使用相应的企业产品名称（如：巴山雀舌），属于"地标产品"的可使用相应地标产品名称（如：万源富硒茶、大竹白茶），不受本条第9款限制。

（十一）产品类别（如：雀舌、毛峰）、等级（如：特级、一级）、净含量可以小字形式标注于包装正面醒目位置。产品包装上使用其他等级标识的（如：以"大师级"对等代表"特级"），需将相应的等级标识对应T/DZCX 01《巴山青茶》产品分类中的要求，并报达州市茶果技术推广站备案。

（十二）相对应的英译（拼音）等不做硬性规定，应做到准确，简洁美观，布局合理。

（十三）为突出产品特征，可标注"高山""生态"字样，富硒茶可标注"富硒"字样，有机茶可标注"有机"字样。

（十四）小袋内包装参照上述条款的规定印制。

四、印制参考内容

（一）达州茶产区环境特点简介

达州市位于四川东北部，大巴山南麓，是四川省主产茶区之一和四川省重点规划建设的川东北优质富硒绿茶区。达州茶区主要分布在大巴山南麓海拔600~800m的缓坡地，土壤pH值5~6，雨量充沛，土层深厚，有机质含量高，富含对人体有益的天然硒、锌等微量元素。达州市茶史文化底蕴深厚，宋大观三年，万源石窝场古社坪苏家岩的《紫云坪植茗灵园记》，是我国最早记载植茶树活动的摩崖石刻。清嘉庆、道光年间，在四川署理茶政40余年的王梦庚留下《社前试新茶》"驮山重到真前缘，三河百岭登眺便。灵腴最早社前出，石花甘露输芳鲜……雀舌芒欺蛾顶撷，龙团饼压临邛研"等赞美我市茶叶品质优异的诗句。（可根据县域环境特点详加描述）

（二）产品描述

1.巴山青

雀舌：外形扁平匀直，色泽翠绿，汤色黄绿清澈，香气鲜嫩，滋味鲜爽回甘、叶底嫩绿鲜活。

毛峰：形似松针、满披白毫，茶汤杏绿明亮，毫香显露，滋味鲜爽，叶底嫩绿完整。

毛尖：紧细匀卷、绿润有毫，茶汤黄绿明亮，栗香浓郁，滋味鲜爽，叶底嫩绿完整。

炒青：外形紧结，色泽嫩绿，汤色黄绿明亮，香高持久，滋味鲜浓爽口，叶底黄绿匀齐。

2.白茶：外形条直显芽，芽壮实匀整，汤色嫩绿明亮，清香持久，滋味鲜醇甘爽，叶底叶白脉翠。

3.工夫红茶：紧细匀齐，色泽乌润，甜香甘爽，汤色红亮，叶底匀嫩。

五、监督管理

（一）各县（市、区）人民政府和主管部门要高度重视，统一思想，统一认识，切实抓好品牌整合工作，从2022年起要重点推介宣传巴山青，将巴山青品牌打造成全省乃至全国茶叶知名品牌。要确定1~2名工作认真负责、作风扎实、敬业廉洁的干部，具体负责包装物印制的指导监管工作。指导监管人员的名单和通信方式要书面报达州市茶果技术推广站备案。

（二）各企业（指"巴山青"商标使用企业，下同）按照"巴山青"茶包装物印制规定结合企业自身特色设计包装，设计稿交由各县（市、区）茶叶主管部门初审合格后制作清样，清样交与各县（市、区）茶叶主管部门、达州市茶叶协会、达州市茶果技术推广站审核；通过后，企业按照规定印制"巴山青"包装。

（三）各企业包装物印刷出成品后分别送县（市、区）农业农村局、达州市茶叶协会、达州市茶果技术推广站各一套存查备案，以利市场检查时核对。

（四）各企业已印制的不带"巴山青"商标的茶包装物，用至2022年12月31日为止。

（五）对不符合本办法第三条第10款规定的条件的企业，根据本办法第三条第9款的规定，相关企业印制的带"巴山青"商标的"绿茶"产品包装，正面使用企业产品名称字样的，用至2024年12月31日为止。

（六）包装物市场监管按属地管理原则，由县（市、区）农业农村局、市场监督管理局等有关部门共同组成包装监管组织机构，加强茶叶市场日常监督检查，专项检查每年不少于5次。对伪造或冒用"巴山青"商标、印制或使用不符合国家食品饮品包装管理及本管理办法要求的包装物的行为，视其情节予以查处。发现带"巴山青"字样的无品名、无厂名、无SC生产许可编号、无净含量、无生产日期的"五无"假冒、伪造包装物，依法收缴，严厉打击。市茶叶工作专班每年将组织市农业农村局、市市场监督管理局等部门对各县（市、区）茶叶市场监督抽查3次以上。

本暂行办法从发文之日起执行。

本暂行办法由达州市茶果技术推广站负责解释。

达州市茶叶区域公用品牌"巴山青"使用管理办法

（达市农领〔2022〕26号）

中共达州市委农村工作领导小组 2022年9月20日印发

第一章 总 则

第一条 为规范达州市茶叶区域公用品牌"巴山青"商标的使用和管理，扩大品牌影响力，提升品牌效益，根据《中华人民共和国民法典》《中华人民共和国商标法》和《中华人民共和国商标法实施细则》等法律、法规及相关政策规定，结合我市实际，制定本办法。

第二条 "巴山青"是经国家知识产权局商标局注册的商标。达州市茶果技术推广站是具有独立承担民事法律责任的公益类事业单位，是"巴山青"商标的注册人，对该商标享有所有权。根据相关文件精神，达州市茶果技术推广站已依法授权达州市茶叶协会使用并运营管理"巴山青"商标。

第三条 申请使用"巴山青"商标，应当按照本办法的规定，由达州市茶叶协会审核批准。

第二章 申请条件及程序

第四条 使用"巴山青"商标，应当向达州市茶叶协会提出申请，并取得相应授权文件后方可使用"巴山青"商标。

第五条 申请使用"巴山青"商标，申请企业须同时满足以下条件：

（一）具备独立承担民事法律责任的法人或其他组织；

（二）系在达州市域内注册的茶叶企业；

（三）生产经营需有相应规模，即申请企业须持有全国工业产品生产许可证件，自身具备一定规模的茶叶基地、规范的茶叶加工厂，持有合法有效证件的茶叶生产技术人员以及拥有相应的营销市场；

（四）申请企业生产的产品原料必须来源于达州市境内，并符合 DB 5117/T 48—2022《巴山青茶栽培技术规程》和 DB 5117/T 49—2022《巴山青茶加工技术规程》；产品质量必须符合《达州市茶叶协会巴山青茶质量标准》。

第六条　申请使用"巴山青"商标，应向达州市茶叶协会递交《"巴山青"商标使用申请书》。

第七条　达州市茶叶协会收到申请企业递交的申请书后，按以下程序办理：

（一）由达州市茶叶协会秘书处对申请企业进行资格审查并出具初步审核意见；

（二）初步审核意见报达州市茶叶协会会长办公会议通过后，许可申请人使用；

（三）对审批同意的企业，由达州市茶叶协会与其签订《"巴山青"商标使用许可合同》，送交达州市市场监管局和达州市茶果技术推广站备案。

（四）备案成功后15个工作日内向申请企业出具《"巴山青"商标授权书》。

第三章　商标使用管理

第八条　按照"五统一分"（统一品牌商标、统一对外宣传、统一质量标准、统一包装规范、统一行业管理，分企业生产营销）的管理模式，对"巴山青"商标使用进行管理。

第九条　已取得商标使用授权的企业应当统一使用"巴山青"商标，标注相应的企业名称和产地；如需使用企业原有商标，原有商标应当作为"巴山青"统一商标下的子商标。

第十条　取得商标使用授权的企业，应当按照以下程序印制产品包装：

（一）按照达州市农业农村局、达州市市场监督管理局《关于印发〈达州市茶叶区域公用品牌"巴山青"茶包装物印制管理办法（试行）〉的通知》（达市农〔2022〕47号）要求，结合企业自身特色，组织开展产品包装初步设计；

（二）初步设计完成后，将设计稿报各县（市、区）茶叶主管部门进行初步审核；

（三）初步设计经审核合格后制作产品包装清样，将清样依次报各县（市、区）茶叶主管部门和达州市茶叶协会审核，审核通过后，按照规定印制"巴山青"包装。

第十一条　开办巴山青茶专卖店（旗舰店）的企业须同时满足以下条件：

（一）依法取得"巴山青"商标使用授权；

（二）为达州市茶叶协会的会员单位；

（三）遵纪守法，不销售劣质茶叶、无损害消费者利益的欺诈行为和不良记录，近两年来，国家、省、市各项抽查连续合格；

（四）专卖店（旗舰店）门面必须按照统一的模式进行装潢，报达州市茶叶协会同意后，方可开展销售活动。

第十二条　达州市茶叶协会应当按照《"巴山青"商标使用许可合同》的约定对商标使用授权的企业进行监管，并于每年12月31日前对取得"巴山青"商标使用授权的企业进行考核。

第十三条　已取得"巴山青"商标使用权的企业，商标许可使用期满后如需继续使用商标，应于期满30日前向达州市茶叶协会提出续签《"巴山青"商标使用许可合同》申请。对年度考核合格，且遵守本办法规定使用"巴山青"商标的企业，达州市茶叶协会原则上应核准其继续使用"巴山青"商标，并与其续签《"巴山青"商标使用许可合同》。企业未向达州市茶叶协会申请续签《"巴山青"商标使用许可合同》的，视为放弃"巴山青"商标使用授权，不得以任何形式继续使用"巴山青"商标，否则，将依法承担由此产生的法律责任及后果。

第四章　商标使用授权企业的权利和义务

第十四条　商标使用授权企业的权利：

（一）在其产品包装上使用"巴山青"商标；

（二）使用"巴山青"商标进行产品广告宣传、推广等活动；

（三）优先参加达州市茶叶协会主办或协办的技术培训、招商贸易洽谈、产品展示展销，信息交流等活动。

第十五条　商标使用授权企业的义务：

（一）按照本办法及相关授权文件的规定使用"巴山青"商标；

（二）维护"巴山青"商标及品牌声誉，保证产品质量，原料生产、加工销售等必须严格遵守"巴山青"标准体系的规定；

（三）接受相关部门对产品品质和商标使用的监督，积极配合相关职能部门工作人员开展的监督检测工作；

（四）安排专人负责品牌包装的管理、使用工作，确保"巴山青"包装不失控、不挪用、不流失；

（五）不得向他人转让、出售、馈赠"巴山青"包装，不得再次授权他人使用"巴山青"商标；

（六）生产经营中不得出现损害"巴山青"商标及品牌形象的行为。

第五章　责任追究

第十六条　对未经达州市茶叶协会许可，擅自在茶叶产品及包装上使用与"巴山青"

相同或相类似商标的生产经营者，由市场监督管理部门依法进行查处；涉嫌犯罪的，移送司法机关依法追究刑事责任。

第十七条　取得"巴山青"商标使用授权的企业，如有违反本办法规定的行为，达州市茶叶协会有权按照《"巴山青"商标使用许可合同》约定，取消该企业"巴山青"商标使用、运营管理等权利，追究其相应法律责任，及时向社会公布，并移交相关部门依法处理。

第六章　附　则

第十八条　本办法自发布之日起生效，原《达州市茶叶区域公用品牌商标使用管理办法》同时废止。

第十九条　本办法由达州市茶果技术推广站负责解释。

后 记

"开门七件事，柴米油盐酱醋茶。"中国是茶的故乡，茶文化早已深深融入我们的血脉，不仅成为我们生活的一部分，也成为传承中华文化的国家名片。在民族复兴的伟大征程中，秦巴大地正上演达茶振兴的大戏。达茶作为主角，它已集聚千年的磅礴之力，义不容辞地扛起这片红色热土、几百万人的乡村振兴重任；它"变荒山为金山、变茶园为公园、变园区为景区"，铺设美好生活；它艳压群芳，是中国天然富硒茶产品、四川最大白茶生产区；它畅销全国，走向世界，成为达州的一张靓丽名片……串串荣誉与业绩，是达茶留下的足迹。

与五代同君，与茶圣同名。达茶在互动演进中，既留下了灿烂厚重的优秀文化，又留下了独具特色的制茶技艺；既涌现了众多为达茶付出毕生心血的先贤、大师，又涌现了大批谋实善干的科技人员、实业精英。挖掘、记录、总结、传承、发扬这些足迹，让达茶瑰宝在历史中传承，在传承中创新，在创新中发展。

为一大事来，做一大事去。编纂《中国茶全书·四川达州卷》是千年达茶发展史上最重要的大事。当得到编纂任务后，市委市政府高度重视，全力支持，我们既深感责任重大、使命光荣，又深感时间紧迫、任务艰巨。我们深知作为精制川茶主产市，参与《中国茶全书·四川达州卷》编纂统一行动，对于挖掘茶历史、传播茶文化、推动茶发展具有重要意义。责任和情结的驱使，我们挑起了这副担子。市领导多次督导该书编纂进度，并要求坚持"博、大、精、深、特"的原则，全面、客观、科学、真实反映达茶文化和产业发展历程，立志打磨成最具完整性、系统性、专业性的达茶百科全书。编写该书虽然有厚重历史和较大的产业作支撑，但正式编写中，仍遇到了史料零散、资料残缺、若干问题没有定性或定量等问题。为此，全体编纂人员严格按照编纂工作规定要求，秉承文需有益于茶叶、描述历史原貌，凸显地方特色，以源于历史、尊重历史的态度，遍访茶人茶山，遍寻茶文茶迹，集茶企名录于大川，搜茶事茶诗于乡野，实地整理第一手材料。到地方志办、档案馆、博物馆等地反复查阅资料，核对史实准确性，力求客观、公正、全面、准确地反映了巴山茶区——达州的茶叶发展历史。

《中国茶全书·四川达州卷》作为新时代重大文化工程，全书紧紧围绕国家出版基金

"体现国家意志，传承优秀文化，推动繁荣发展，增强文化软实力"二十五字方针，传承、宣传中国茶和中国茶文化，旨在推动达州茶文化建设，着力打造达茶品牌，推动全市经济繁荣发展。该书根据编写大纲和达州茶产业的特点，分为12章，涵盖茶历史、茶产区、茶技艺、茶产品、茶品牌、茶市场、茶产业、茶振兴、茶文化、茶旅游、茶人、茶企等方面。编纂过程中，先后经历了资料收集、甄别、编辑、征求意见、送审等几个环节，对一些重大事件、重要技艺、主要人物进行了专题考证与调研，对缺失环节采取佐证或跨区域补正，力求完整。

饮水思源，缘木思本。今天，我们非常欣慰，《中国茶全书·四川达州卷》这部达茶专著历时2年，终于搁笔了，虽编书的千斤重担终于卸下，但达茶振兴发展才刚拉开序幕。"山再高，往上攀，总能登顶；路再长，走下去，定能到达。"两年多来，我们坚定信念，饱含热情，以书为剑、以茶为马，不辱使命，克服困难，完成了该书的编写。该书编纂中得到了万源市、大竹县、宣汉县、渠县、开江县、达川区和通川区党委、政府和相关部门的大力支持；得到了达州市委政策研究室、达州市巴文化研究院、达州市地方志办公室、达州日报社、达州市文旅局、达州市统计局、达州市商务局、达州市科技局、达州市财政局、达州职业技术学院及达州市博物馆、图书馆、文化馆、档案馆等编委单位的大力支持；得到了众多茶企、茶人的关心与帮助。感谢《中国茶全书·四川卷》主编覃中显的组织与指导；感谢《中国茶全书·四川蒙顶山茶卷》主编钟国林、四川省茶叶研究所王云、四川农业大学茶学系原系主任陈昌辉等专家、教授，他们为该书编写提出了较高的要求和富有建设性的建议，提供了大量可供借鉴的编写经验；感谢各县（市、区）茶果站相关同志提供了很有时代价值和意义的资料和照片。当然，该书能成书，更离不开编写人员夜以继日的辛勤付出，特别是编写骨干冯林付出了大量心血，还有张典全、邓高、袁智勇、蒲建国、刘来、刘春阳、李雷、赵飞、刘平等人不但参与该书的编写，还为该书提供了较多史实记载、实物详情、历史照片。由于时间、编写水平等原因，书中必有遗憾和不足，请予见谅。

"无由持一碗，寄与爱茶人。"今天，我们将《中国茶全书·四川达州卷》这部饱含茶人初心、热心、匠心，包罗茶文茶史、茶人茶事、茶企茶品的浓情好茶呈献给大家，为大家的健康幸福生活增添茶趣茶乐，希望读者在品尝达茶的同时，能看到达州茶人在历史前进中的每一个脚印、每一页辉煌，从中汲取发展力量。

《中国茶全书·四川达州卷》编纂委员会

癸卯年十一月于达州